Mathematik 10

Berlin/Brandenburg

Autoren:

Bernd Liebau
Uwe Scheele
Wilhelm Wilke

westermann

Zeichenerklärung:

	Seite mit grauem Streifen	Einführung in ein neues Thema und Übungen auf Grundniveau zur Auswahl
	Seite mit blauem Streifen	Übungen auf gehobenem Niveau und Zusatzstoffe
	Seite mit rotem Streifen	Übungen auf hohem Niveau und Zusatzstoffe
6	Aufgaben mit Prüfzahlen zur Selbstkontrolle.	

Aufgaben zum Tüfteln

Suche in geeigneten Medien (z.B. Lexikon, Atlas, Internet, ...)

Anregung zum projektorientierten Arbeiten

Grundwissen

Druck A ^{3} / Jahr 2013
Alle Drucke der Serie A sind im Unterricht parallel verwendbar.

Lektorat: Gerhard Strümpler
Typografie, Umschlaggestaltung und Layout: Andrea Heissenberg
Herstellung: Dirk Walter-von Lüderitz
Satz: O & S Satz GmbH, Hildesheim
Repro, Druck und Bindung: westermann druck GmbH, Braunschweig

ISBN 978-3-14-**121822**-0

Mengen

$M = \{4, 5, 6, 7\}$	Menge aus den Elementen 4, 5, 6 und 7 in aufzählender Form
$\mathbb{N} = \{0, 1, 2, 3, \ldots\}$	Menge der natürlichen Zahlen
$\mathbb{Z}$	Menge der ganzen Zahlen
$\mathbb{Q}$	Menge der rationalen Zahlen
$\mathbb{Q}_+$	Menge der positiven rationalen Zahlen einschließlich Null
$\mathbb{Q}_-$	Menge der negativen rationalen Zahlen einschließlich Null
$\mathbb{R}$	Menge der reellen Zahlen
L	Lösungsmenge für eine Gleichung bzw. Ungleichung
$\{\ \}$	leere Menge
$a \in M$	a ist Element der Menge *M*.
$b \notin M$	b ist nicht Element der Menge *M*.
$A \subset M$	Menge *A* ist Teilmenge der Menge *M*.

Rationale Zahlen

$a = b$	a gleich b	$a > b$	a größer als b
$a \neq b$	a ungleich b	$a < b$	a kleiner als b
$a + b$	Summe (*lies:* a plus b)	$a \cdot b$	Produkt (*lies:* a mal b)
$a - b$	Differenz (*lies:* a minus b)	$a : b$	Quotient (*lies:* a geteilt durch b)
a^b	Potenz (*lies:* a hoch b)	$\lvert a \rvert$	Betrag der Zahl a

Kommutativgesetz (Vertauschungsgesetz)

$a + b = b + a$ $\quad$ $a \cdot b = b \cdot a$

$3 + 7 = 7 + 3$ $\quad$ $3 \cdot 7 = 7 \cdot 3$

Assoziativgesetz (Verbindungsgesetz)

$a + (b + c) = (a + b) + c$ $\quad$ $a \cdot (b \cdot c) = (a \cdot b) \cdot c$

$3 + (7 + 5) = (3 + 7) + 5$ $\quad$ $3 \cdot (7 \cdot 5) = (3 \cdot 7) \cdot 5$

Distributivgesetz (Verteilungsgesetz)

$a \cdot (b + c) = a \cdot b + a \cdot c$ $\quad$ $a \cdot (b - c) = a \cdot b - a \cdot c$

$6 \cdot (8 + 5) = 6 \cdot 8 + 6 \cdot 5$ $\quad$ $6 \cdot (8 - 5) = 6 \cdot 8 - 6 \cdot 5$

Geometrie

A, B, C,…	Punkte
$\overline{AB}$	Strecke mit den Endpunkten A und B
AB	Verbindungsgerade durch die Punkte A und B
g, h, k,…	Geraden
$g \parallel h$	g ist parallel zu h
$g \perp k$	g ist senkrecht zu k
$P(3 \vert 4)$	Punkt im Koordinatensystem mit den Koordinaten 3 (x-Koordinate) und 4 (y-Koordinate)

$\alpha, \beta, \gamma, \delta, \varepsilon, \varphi$
$\sphericalangle ASB$
$\sphericalangle (a, b)$
} Winkel

Große Entfernungen im Weltraum

1

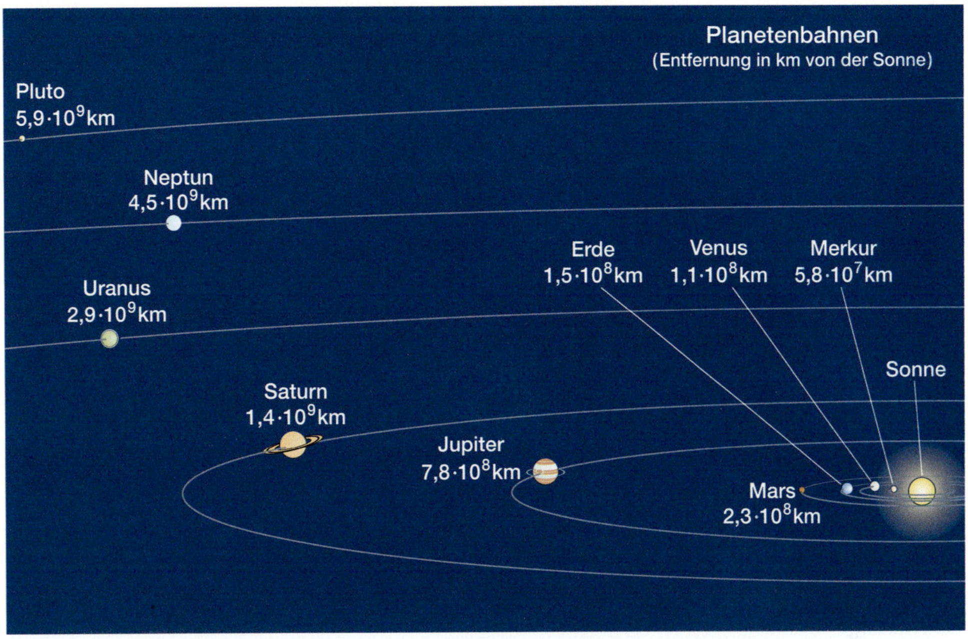

Entfernung Erde – Sonne:

$1{,}5 \cdot 10^8$ km
$= 1{,}5 \cdot 10 \cdot 10 \cdot 10 \cdot 10 \cdot 10 \cdot 10 \cdot 10 \cdot 10$ km
$= 1{,}5 \cdot 100\,000\,000$ km
$= 150\,000\,000$ km

lies: hundertfünfzig Millionen Kilometer

Gib ebenso die Entfernung der anderen Planeten von der Sonne an.

2

	Masse (kg)	Äquatordurchmesser (m)
Merkur	$3{,}3 \cdot 10^{23}$	4 900 000
Venus	$4{,}9 \cdot 10^{24}$	12 000 000
Erde	$6 \cdot 10^{24}$	13 000 000
Mars	$6{,}4 \cdot 10^{23}$	6 800 000
Jupiter	$1{,}9 \cdot 10^{27}$	140 000 000
Saturn	$5{,}7 \cdot 10^{26}$	120 000 000
Uranus	$8{,}7 \cdot 10^{25}$	51 000 000
Neptun	10^{26}	50 000 000
Pluto	$1{,}3 \cdot 10^{22}$	2 200 000

In der Tabelle findest du die Masse und den Äquatordurchmesser der Planeten unseres Sonnensystems.

a) Schreibe die Durchmesser der einzelnen Planeten mit Zehnerpotenzen. Dabei soll der Faktor vor der Zehnerpotenz größer als 1 und kleiner als 10 sein.

Durchmesser des Merkur:

$4\,900\,000 \text{ m} = 4{,}9 \cdot 1\,000\,000 \text{ m}$
$= 4{,}9 \cdot 10^6 \text{ m}$

b) Ordne die Planeten nach ihrer Masse.

3 Die großen Entfernungen im Weltraum werden in Lichtjahren (Lj) gemessen. Ein Lichtjahr ist die Entfernung, die das Licht in einem Jahr (a) zurücklegt.
Das Licht breitet sich mit einer Geschwindigkeit von $300\,000\ \frac{\text{km}}{\text{s}}$ aus. Für die 150 000 000 km lange Strecke von der Sonne zur Erde benötigt das Licht nur etwa 8 Minuten. Ein Lichtjahr ist also eine außerordentlich große Entfernung.

$$
\begin{aligned}
& 300\,000\ \tfrac{\text{km}}{\text{s}} \\
&= 300\,000 \cdot 60\ \tfrac{\text{km}}{\text{min}} \\
&= 300\,000 \cdot 60 \cdot 60\ \tfrac{\text{km}}{\text{h}} \\
&= 300\,000 \cdot 60 \cdot 60 \cdot 24\ \tfrac{\text{km}}{\text{d}} \\
&= 300\,000 \cdot 60 \cdot 60 \cdot 24 \cdot 365\ \tfrac{\text{km}}{\text{a}} \\
&= 9\,460\,800\,000\,000\ \tfrac{\text{km}}{\text{a}} \\
&\approx 9{,}5 \cdot 10^{12}\ \tfrac{\text{km}}{\text{a}}
\end{aligned}
$$

$1\ \text{Lj} \approx 9{,}5 \cdot 10^{12}\ \text{km}$

Die Tabelle gibt die Entfernung einiger Sterne von der Erde an.

Stern	Sternbild	Entfernung
Altair	Adler	16 Lj
Wega	Leier	26 Lj
Pollux	Zwillinge	36 Lj
Antares	Skorpion	500 Lj
Polarstern	Kleiner Wagen	800 Lj
Rigel	Orion	880 Lj

Entfernung Erde–Altair:

$$
\begin{aligned}
16\ \text{Lj} &= 16 \cdot 9{,}5 \cdot 10^{12}\ \text{km} \\
&= 152 \cdot 10^{12}\ \text{km} \\
&= 1{,}52 \cdot 10^{14}\ \text{km}
\end{aligned}
$$

Gib ebenso die Entfernung der anderen Sterne in Kilometern an.

Erde und Mond vor Sonne und Milchstraße

Andromedanebel M 31

4 Der Weltraum besteht aus verschiedenen Systemen von Sternen, die man Galaxien nennt. Milchstraße nennt man die Galaxis, zu der unser Sonnensystem gehört. Die Galaxis, die der Milchstraße am nächsten liegt, heißt Andromedanebel. Ihr Abstand von der Erde beträgt etwa $2 \cdot 10^6$ Lj.

Entfernung Erde–Andromedanebel

$$
\begin{aligned}
2 \cdot 10^6\ \text{Lj} &= 2 \cdot 10^6 \cdot 9{,}5 \cdot 10^{12}\ \text{km} \\
&= 2 \cdot 9{,}5 \cdot 10^6 \cdot 10^{12}\ \text{km} \\
&= 19 \cdot \underbrace{10 \cdot \ldots \cdot 10}_{\text{6 Faktoren}} \cdot \underbrace{10 \cdot \ldots \cdot 10}_{\text{12 Faktoren}} \\
&= 19 \cdot 10^{18}\ \text{km} \\
&= 1{,}9 \cdot 10^{19}\ \text{km}
\end{aligned}
$$

Centaurus A ist eine andere spiralförmige, besonders energiegeladene Galaxis. Sie ist von der Erde $8 \cdot 10^6$ Lj entfernt. Wie viele Kilometer sind das?

1 Das Blut der Wirbeltiere besteht aus dem flüssigen Blutplasma und den darin schwimmenden festen Bestandteilen, den Blutkörperchen. Man unterscheidet rote und weiße Blutkörperchen sowie Blutplättchen.

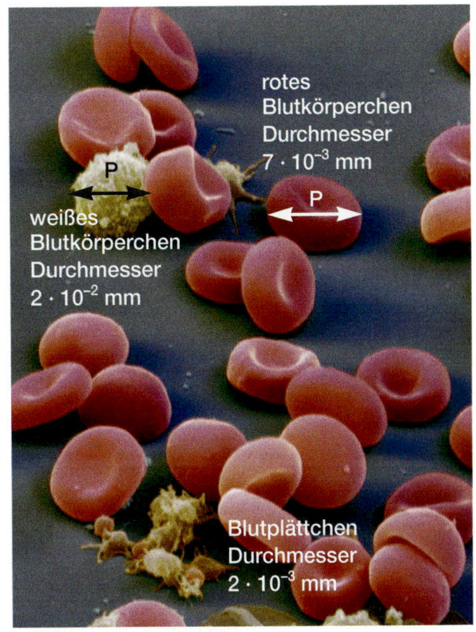

Durchmesser der roten Blutkörperchen:

$$7 \cdot 10^{-3}\text{ mm} = 7 \cdot \frac{1}{10^3}\text{ mm} = 7 \cdot \frac{1}{1000}\text{ mm} = 7 \cdot 0{,}001\text{ mm} = 0{,}007\text{ mm}$$

Gib den Durchmesser der weißen Blutkörperchen (der Blutplättchen) als Dezimalbruch an.

2 Die Masse von Atomen wird in der Einheit u (abgeleitet vom englischen Wort *unit*) gemessen. Ein u ist der zwölfte Teil der Masse des Kohlenstoffisotops $^{12}_{6}C$. Das entspricht ungefähr der Masse eines Wasserstoffatoms.

$$1\text{ u} = 1{,}66043 \cdot 10^{-27}\text{ kg}$$

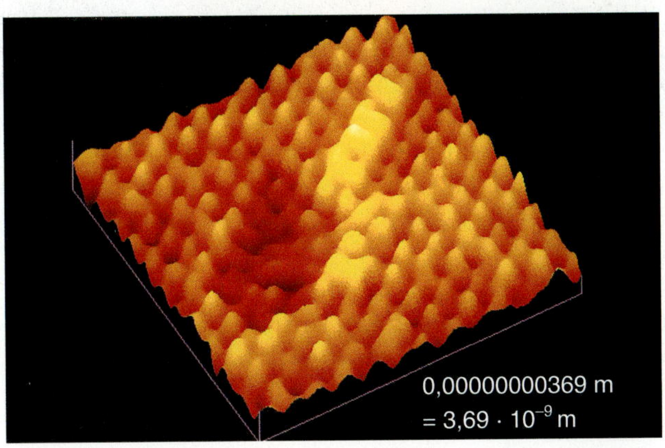

Das Raster-Tunnelmikroskop macht Atome auf einer Metalloberfläche sichtbar.

Dic Tabelle gibt die Masse der Atome von vier chemischen Elementen an.

Element	Zeichen	Masse (u)
Kohlenstoff	C	12
Sauerstoff	O	16
Schwefel	S	32
Wasserstoff	H	1

Ein Wassermolekül besteht aus zwei Wasserstoffatomen und einem Sauerstoffatom. Seine chemische Formel ist H_2O. So kannst du die Masse eines Wassermoleküls in Kilogramm bestimmen:

Masse eines Wassermoleküls

$$\begin{aligned} & 2 \cdot 1\text{ u} + 1 \cdot 16\text{ u} \\ = & 18\text{ u} \\ = & 18 \cdot 1{,}66043 \cdot 10^{-27}\text{ kg} \\ = & 29{,}88774 \cdot 10^{-27}\text{ kg} \\ = & 2{,}988774 \cdot 10^{-26}\text{ kg} \end{aligned}$$

Gib jeweils die Masse des Moleküls in Kilogramm an.

a) Schwefelwasserstoff H_2S b) Kohlenstoffdioxoid CO_2 c) Schwefelsäure H_2SO_4

In den Naturwissenschaften werden sehr große und sehr kleine Zahlen mithilfe von Zehnerpotenzen ausgedrückt.
Dabei ist der Faktor vor der Zehnerpotenz immer größer als 1 und kleiner als 10.

$3 \cdot 10^6 = 3\,000\,000$ $\qquad$ $4 \cdot 10^{-3} = 4 \cdot \frac{1}{10^3} = 0{,}004$

$2{,}7 \cdot 10^9 = 2\,700\,000\,000$ $\qquad$ $6{,}92 \cdot 10^{-7} = 6{,}92 \cdot \frac{1}{10^7} = 0{,}000000692$

Für alle $n \in \mathbb{N}$ gilt:
$10^{-n} = \frac{1}{10^n}$

1 Schreibe ohne Zehnerpotenz.

a) $7 \cdot 10^5$; $3 \cdot 10^4$; $2 \cdot 10^8$
b) $1{,}6 \cdot 10^3$; $6{,}2 \cdot 10^6$; $8{,}2 \cdot 10^4$
c) $1{,}23 \cdot 10^5$; $3{,}88 \cdot 10^6$; $5{,}935 \cdot 10^8$
d) $5 \cdot 10^{-2}$; $4 \cdot 10^{-3}$; $9 \cdot 10^{-7}$
e) $1{,}7 \cdot 10^{-3}$; $2{,}6 \cdot 10^{-5}$; $4{,}8 \cdot 10^{-4}$
f) $2{,}115 \cdot 10^{-6}$; $5{,}463 \cdot 10^{-8}$; $5{,}533 \cdot 10^{-6}$

2 Schreibe mithilfe von Zehnerpotenzen.

a) 200 000; 3 000 000; 40 000 000
b) 17 000; 230 000; 3 800 000
c) 1 230 000 000; 4 781 000 000; 1 922 000 000
d) 0,0004; 0,00007; 0,00089
e) 0,0000314; 0,00000667; 0,00004138

3 Berechne ohne Taschenrechner. Achte darauf, dass im Ergebnis der Faktor vor der Zehnerpotenz größer als 1 und kleiner als 10 ist.

a) $4 \cdot 5 \cdot 10^3$; $6 \cdot 8 \cdot 10^8$
b) $200 \cdot 4{,}2 \cdot 10^7$; $3000 \cdot 2{,}1 \cdot 10^5$
c) $2 \cdot 5 \cdot 10^{-2}$; $7 \cdot 8 \cdot 10^{-5}$
d) $300 \cdot 2{,}5 \cdot 10^{-4}$; $4000 \cdot 1{,}2 \cdot 10^{-5}$

4

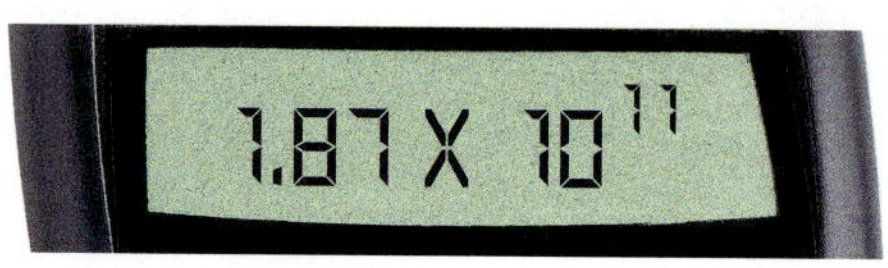

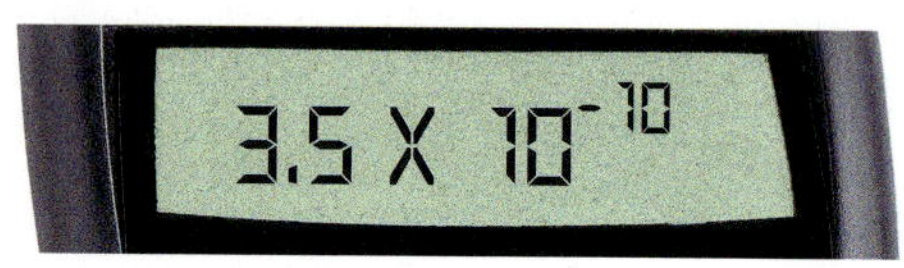

a) In den Displays der abgebildeten Taschenrechner siehst du das Ergebnis der Multiplikation [8 500 000 000 · 22] und das Ergebnis der Division [0,28 : 800 000 000]. Überprüfe die Ergebnisse, indem du ohne Taschenrechner nachrechnest.

b) Berechne mit dem Taschenrechner.

14 · 6 700 000	0,000025 · 0,000000148	0,56 : 700 000 000
280 · 4 500 000	0,000072 · 0,00000875	0,017 : 8 500 000 000
4400 · 35 700 000	0,00042 · 0,0000016	0,000112 : 700 000 000

5 Mithilfe der [x10ˣ] - Taste kannst du Zehnerpotenzen in den Rechner eingeben.

$5{,}2 \cdot 10^7 \cdot 3{,}5 \cdot 10^4 =$ ■

Tastenfolge: 5.2 [x10ˣ] 7 [x] 3.5 [x10ˣ] 4 [=]
Anzeige: 1.82 x 10^{12}

$5{,}2 \cdot 10^7 \cdot 3{,}5 \cdot 10^4 = 1{,}82 \cdot 10^{12}$

a) $4341 \cdot 4 \cdot 10^8$; $732 \cdot 2{,}4 \cdot 10^7$; $61 \cdot 8{,}23 \cdot 10^9$
b) $3 \cdot 10^5 \cdot 7{,}1 \cdot 10^4$; $5{,}3 \cdot 10^9 \cdot 2{,}1 \cdot 10^4$; $8{,}2 \cdot 10^8 \cdot 5{,}3 \cdot 10^7$
c) $7{,}4 \cdot 10^{11} \cdot 6{,}9 \cdot 10^3 \cdot 2{,}7 \cdot 10^{-6}$; $5{,}6 \cdot 10^{17} \cdot 4{,}3 \cdot 10^5 \cdot 5{,}1 \cdot 10^{-4}$; $7{,}3 \cdot 10^{23} \cdot 8{,}2 \cdot 10^9 \cdot 9{,}6 \cdot 10^{-14}$

6 In der Tabelle sind die Radien der Atome von fünf chemischen Elementen angegeben. Schreibe den Radius jeweils als Dezimalbruch.

Radius des Eisenatoms:
$1{,}24 \cdot 10^{-7}$ mm = $1{,}24 \cdot 0{,}0000001$ mm
= 0,000000124 mm

Element	Zeichen	Radius (mm)
Eisen	Fe	$1{,}24 \cdot 10^{-7}$ mm
Kohlenstoff	C	$7{,}7 \cdot 10^{-8}$ mm
Kupfer	Cu	$1{,}28 \cdot 10^{-7}$ mm
Sauerstoff	O	$6{,}6 \cdot 10^{-8}$ mm
Wasserstoff	H	$5 \cdot 10^{-8}$ mm

7 Gib die Längen mithilfe von Zehnerpotenzen an.
a) Milzbranderreger 0,00001 m
b) Nukleinsäurefaden 0,000056 m
c) Colibakterien 0,000003 m
d) Pockenvirus 0,00000024 m

8

	Masse (kg)	Volumen (km³)
Erde	$6 \cdot 10^{24}$	$1{,}1 \cdot 10^{12}$
Mond	$7{,}35 \cdot 10^{22}$	$2{,}2 \cdot 10^{10}$

Erdaufgang über dem Mond

a) Untersuche das Größenverhältnis von Erde und Mond. Bestimme dazu das Verhältnis der Masse des Mondes (m_M) zur Masse der Erde (m_E). Berechne ebenso $V_M : V_E$.
b) Die Dichte des Mondes beträgt etwa drei Fünftel der Dichte der Erde. Überprüfe diese Behauptung.

$\text{Dichte} = \frac{\text{Masse}}{\text{Volumen}}$

9 a) Die Erde bewegt sich mit einer durchschnittlichen Geschwindigkeit von $29{,}79\ \frac{\text{km}}{\text{s}}$ um die Sonne. Wie viele Kilometer legt sie an einem Tag (in 365 Tagen) zurück?
b) Die mittlere Entfernung der Erde von der Sonne beträgt $1{,}496 \cdot 10^{8}$ km. Welche Strecke legt die Erde bei einem Umlauf um die Sonne zurück?
c) Vergleiche die Ergebnisse von a) und b). Warum sind beide Rechnungen ungenau?

10 a) Die Masse eines Wassermoleküls beträgt ungefähr $3 \cdot 10^{-29}$ g. Bei 4 °C hat ein Gramm Wasser ein Volumen von einem Kubikzentimeter. Wie viele Wassermoleküle befinden sich in einem Kubikzentimeter Wasser?
b) Auf der Erde gibt es etwa $1{,}34 \cdot 10^{9}$ km³ Wasser. Wie viele Moleküle sind das?

$1\ \text{km}^3 = 10^{15}\ \text{cm}^3$

11 Ein Zuckerwürfel hat die Masse 2,5 g. Er wird in einer Tasse Kaffee (einer Flasche Fruchtsaft, einem Tanklastzug mit Milch, im Bodensee) gelöst. Gib an, wie viel Gramm Zucker jeweils in 1 *l* Flüssigkeit enthalten sind.

1

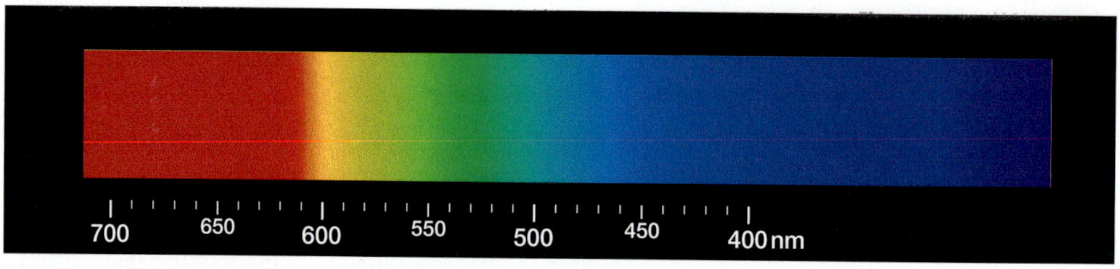

Um sehr kleine Längen auszudrücken, verwenden die Naturwissenschaftler Einheiten, die kleiner als 1 Millimeter sind. Die Wellenlängen des farbigen Lichts zum Beispiel werden in Nanometern (nm) angegeben. 1 nm entspricht 10^{-9} m. Gib die Wellenlänge des roten (gelben, blauen) Lichts in Metern an.

2 Einheiten für sehr kleine Größen werden mithilfe bestimmter Vorsilben gebildet. Dabei gibt jede dieser Vorsilben eine bestimmte Zehnerpotenz an.

Vorsilbe	Potenz	Beispiele	
Milli	10^{-3}	Millimeter:	1 mm = 10^{-3} m
		Milligramm:	1 mg = 10^{-3} g
Mikro	10^{-6}	Mikrometer:	1 µm = 10^{-6} m
		Mikrogramm:	1 µg = 10^{-6} g
Nano	10^{-9}	Nanometer:	1 nm = 10^{-9} m
		Nanogramm:	1 ng = 10^{-9} g

a) Gib in Metern an.

12 µm = $12 \cdot 10^{-6}$ m = 0,000012 m

23 mm	6 mm	450 nm
350 µm	9,2 mm	782 nm
42 µm	0,4 µm	15 nm

b) Gib in Gramm an.

34 mg	4 mg	4,8 mg
670 µg	83 µg	56,2 µg
1200 ng	750 ng	11 000 ng

3 1987 entstand in Kaiser-Wilhelm-Koog an der Nordseeküste der erste deutsche Windpark mit einer Gesamtleistung von einem Megawatt (1 MW = 1000 kW).
Im Jahr 2005 betrug die elektrische Leistung aller Windenergieanlagen in den Ländern der Europäischen Union insgesamt 40,504 Gigawatt. (1 GW = 1000 MW). Wie viel Watt sind das?

4 Gib in der Einheit an, die in Klammern steht.

1,2 MW = $1{,}2 \cdot 10^{6}$ W = 1 200 000 W

a) 56 kW (W)
345 MW (W)
1,7 GW (W)

b) 236 Mt (t)
27,5 kt (t)
0,5 Gt (t)

c) 23,8 GW (kW)
6151 MW (kW)
83,4 Mt (kg)

d) 2,18 Gt (kg)
15000 t (Mt)
4700 W (MW)

Auch zur Bezeichnung besonders großer Einheiten werden bestimmte Vorsilben verwendet. Dabei entspricht jeder Vorsilbe eine bestimmte Zehnerpotenz.

Vorsilbe	Potenz	Beispiele	
Kilo	10^{3}	Kilotonne:	1 kt = 10^{3} t
		Kilowatt:	1 kW = 10^{3} W
Mega	10^{6}	Megatonne:	1 Mt = 10^{6} t
		Megawatt:	1 MW = 10^{6} W
Giga	10^{9}	Gigatonne:	1 Gt = 10^{9} t
		Gigawatt:	1 GW = 10^{9} W

5 Die Rügenbrücke über den Strelasund ist 4,1 km lang. Wenn die Temperatur um 1 °C steigt, dehnt sich 1 m Beton um 12 µm aus.
Um wie viel Zentimeter unterscheidet sich die Länge der Brücke bei 30 °C von ihrer Länge bei − 10 °C?

6 Beim Verbrennen von Heizöl, Benzin, Erdgas oder Kohle wird Kohlenstoffdioxid (CO_2) in die Atmosphäre der Erde abgegeben. Da die Konzentration von Kohlenstoffdioxid in der Atmosphäre immer weiter steigt, ist das Klima auf der Erde ernsthaft gefährdet.
1990 betrug der CO_2-Ausstoß in der Europäischen Union 3087 Megatonnen. Bei einer internationalen Konferenz in Kyoto wurde vereinbart, diese Menge bis zum Jahr 2012 um 8 % zu verringern. Gib den für 2012 geplanten CO_2-Ausstoß in der Europäischen Union in Kilogramm an.

7 Bei einem Schiffsunglück sind 1000 m^3 Öl ins Meer gelangt. Die Ölschicht ist 10 µm dick. Wie groß ist die Wasserfläche, die von Öl bedeckt ist?

8 Die Kante eines würfelförmigen Kristalls ist 3 nm lang.
a) Gib die Kantenlänge des Kristalls in Millimetern an.
b) Berechne das Volumen des Kristalls. Gib das Ergebnis in Kubikmillimetern an.
c) Wie viel Quadratmillimeter beträgt der Oberflächeninhalt des Kristalls?

9 Schwefelwasserstoff hat einen unangenehmen Geruch. Die Nase des Menschen kann diesen Duft wahrnehmen, wenn die Konzentration mehr als 4 Nanogramm je Kubikzentimeter Luft beträgt. Der Chemieraum der Schule ist 10 m lang, 8 m breit und 3,50 m hoch. Der Geruch von Schwefelwasserstoff ist überall im Raum wahrzunehmen. Wie viel Gramm Schwefelwasserstoff sind mindestens hergestellt worden?

10 Die kleinste Speichereinheit eines Computers ist ein Bit, acht Bits bilden ein Byte. Ein Byte entspricht dem Speicherplatz für eine Zahl oder einen Buchstaben. Da bei Computern nicht mit Zehner-, sondern mit Zweierpotenzen gerechnet wird, entspricht ein Kilobyte nicht 1000 Byte, sondern $1024 = 2^{10}$ Byte.

Speichermaße bei Computern

Kilobyte $1\ kB = 2^{10}$ Byte

Megabyte $1\ MB = 2^{10}\ kB = 2^{20}$ Byte

Gigabyte $1\ GB = 2^{10}\ MB = 2^{30}$ Byte

a) Ein Memory-Stick hat eine Speicherkapazität von 512 MB. Wie viel Byte sind das?
b) Ein Computer hat eine 80-GB-Festplatte. Gib den Speicherplatz der Festplatte in Byte an.

1 Falte ein quadratisches Blatt Papier längs einer Diagonalen. Es entsteht ein Dreieck. Falte dieses Dreieck längs seiner Symmetrieachse. Es entsteht wieder ein Dreieck. Je nach der Größe des Papiers kannst du den Faltvorgang noch einige Male wiederholen.

Ergänze die Tabelle.

Faltvorgang	1.	2.	3.	4.	5.	6.	7.	8.	9.
Anzahl der Faltdreiecke	$2 = 2^1$	$4 = 2^2$	$8 = 2^3$	$16 = 2^4$	$32 = 2^5$	■	■	■	■

$3 \cdot 3 \cdot 3 \cdot 3 \cdot 3 = 3^5$

$5 \cdot 5 \cdot 5 \cdot 5 = 5^4$

$\left(\frac{2}{5}\right) \cdot \left(\frac{2}{5}\right) \cdot \left(\frac{2}{5}\right) = \left(\frac{2}{5}\right)^3$

$x \cdot x \cdot x \cdot x \cdot x \cdot x = x^6$

Ein Produkt aus gleichen Faktoren kann als Potenz geschrieben werden.

Für alle $a \in \mathbb{R}$ und alle $n \in \mathbb{N}$ $(n > 0)$ gilt:

$$\underbrace{a \cdot a \cdot a \ldots a \cdot a}_{n \text{ Faktoren}} = a^n$$

a heißt Basis, n heißt Exponent, a^n heißt Potenz

2 Gib als Potenz an.

a) $4 \cdot 4 \cdot 4 \cdot 4 \cdot 4 \cdot 4$
$7 \cdot 7 \cdot 7 \cdot 7 \cdot 7 \cdot 7 \cdot 7$
$5 \cdot 5 \cdot 5 \cdot 5 \cdot 5 \cdot 5 \cdot 5 \cdot 5 \cdot 5$

b) $11 \cdot 11 \cdot 11 \cdot 11 \cdot 11$
$13 \cdot 13 \cdot 13 \cdot 13 \cdot 13 \cdot 13$
$22 \cdot 22 \cdot 22 \cdot 22 \cdot 22 \cdot 22 \cdot 22$

c) $y \cdot y \cdot y \cdot y \cdot y \cdot y \cdot y \cdot y$
$b \cdot b \cdot b \cdot b \cdot b \cdot b \cdot b \cdot b \cdot b \cdot b$
$z \cdot z \cdot z \cdot z$

3 Fasse gleiche Faktoren zu Potenzen zusammen.

$x \cdot y \cdot x \cdot x \cdot y \cdot x \cdot y$
$= x^4 \cdot y^3$

a) $x \cdot y \cdot y \cdot y \cdot x \cdot y$
$y \cdot x \cdot x \cdot y \cdot x \cdot x \cdot y \cdot y \cdot y$

b) $a \cdot a \cdot b \cdot a \cdot b \cdot b \cdot a \cdot a \cdot a$
$a \cdot a \cdot a \cdot c \cdot a \cdot a \cdot a \cdot c$

c) $u \cdot u \cdot u \cdot v \cdot u \cdot u \cdot u \cdot v \cdot u$
$x \cdot x \cdot x \cdot y \cdot y \cdot x \cdot y \cdot x \cdot y$

d) $z \cdot z \cdot y \cdot x \cdot x \cdot x \cdot z \cdot z \cdot z$
$r \cdot t \cdot s \cdot t \cdot t \cdot s \cdot r \cdot r \cdot s$

e) $2 \cdot a \cdot a \cdot 2 \cdot a \cdot a \cdot 2 \cdot a \cdot a \cdot 2 \cdot a$
$3 \cdot x \cdot x \cdot 3 \cdot x \cdot x \cdot 3 \cdot 3 \cdot x \cdot x$

4 Berechne.

a) 7^2	b) 2^3	c) 3^3	d) 2^4	e) 5^4	f) 8^3	g) 2^7	h) 5^1
9^2	14^2	4^3	3^4	7^3	3^6	2^9	7^1
11^2	15^3	5^3	2^5	3^5	6^3	2^{11}	19^1
i) 1^5	k) 0^7	l) 10^4	m) 50^2	n) 30^3	o) $\left(\frac{1}{3}\right)^4$	p) $\left(\frac{3}{10}\right)^4$	q) $\left(\frac{4}{5}\right)^4$
1^9	0^8	10^7	70^2	50^4	$\left(\frac{1}{2}\right)^5$	$\left(\frac{2}{3}\right)^5$	$\left(\frac{5}{6}\right)^3$
1^{37}	0^{13}	10^{11}	20^3	20^5	$\left(\frac{1}{8}\right)^3$	$\left(\frac{4}{7}\right)^3$	$\left(\frac{7}{9}\right)^1$

5 Berechne.

$5^3 = 5\cdot5\cdot5 = 125$
$0{,}5^3 = \underbrace{0{,}5\cdot0{,}5\cdot0{,}5}_{\text{je 1 Stelle nach dem Komma}} = \underbrace{0{,}125}_{\text{3 Stellen nach dem Komma}}$
$0{,}05^3 = \underbrace{0{,}05\cdot0{,}05\cdot0{,}05}_{\text{je 2 Stellen nach dem Komma}} = \underbrace{0{,}000125}_{\text{6 Stellen nach dem Komma}}$

$5^4 = 5\cdot5\cdot5\cdot5 = 625$
$0{,}5^4 = \underbrace{0{,}5\cdot0{,}5\cdot0{,}5\cdot0{,}5}_{\text{je 1 Stelle nach dem Komma}} = \underbrace{0{,}0625}_{\text{4 Stellen nach dem Komma}}$
$0{,}05^4 = \underbrace{0{,}05\cdot0{,}05\cdot0{,}05\cdot0{,}05}_{\text{je 2 Stellen nach dem Komma}} = \underbrace{0{,}00000625}_{\text{8 Stellen nach dem Komma}}$

a)	b)	c)	d)	e)	f)
$0{,}1^3$	$0{,}1^4$	$0{,}2^5$	$0{,}01^3$	$0{,}02^3$	$0{,}001^3$
$0{,}2^3$	$0{,}3^4$	$0{,}3^5$	$0{,}01^4$	$0{,}02^4$	$0{,}002^3$
$0{,}6^3$	$0{,}4^4$	$0{,}2^6$	$0{,}01^5$	$0{,}03^3$	$0{,}0001^3$
$0{,}8^3$	$0{,}2^4$	$0{,}1^9$	$0{,}01^6$	$0{,}03^4$	$0{,}0002^3$

6 Schreibe als Potenz. Manchmal gibt es mehrere Möglichkeiten.

$49 = 7^2$
$32 = 2^5$

a)	b)	c)	d)	e)	f)
25	64	27	625	128	0,0016
16	81	125	256	512	0,0625

7 Berechne. Beachte die Reihenfolge der Rechenoperationen.

$5 \cdot 3^4$
$= 5 \cdot 81$
$= 405$

$48 : 2^4$
$= 48 : 16$
$= 3$

a)	b)	c)	d)
$3 \cdot 2^3$	$6 \cdot 4^2$	$36 : 3^2$	$128 : 4^3$
$4 \cdot 5^2$	$4 \cdot 3^3$	$48 : 2^3$	$288 : 2^5$
$5 \cdot 2^5$	$3 \cdot 5^3$	$96 : 2^4$	$1000 : 5^3$

8 a) Berechne wie im Beispiel. Achte auf das Vorzeichen.
$(-3)^1, (-3)^2, (-3)^3, (-3)^4, (-3)^5$

b) Eine Potenz hat eine negative Zahl als Basis. Bei welchen Exponenten ist ihr Wert positiv, bei welchen Exponenten negativ? Formuliere eine Regel.

$(-2)^1 = (-2) = -2$
$(-2)^2 = (-2)\cdot(-2) = +4$
$(-2)^3 = (-2)\cdot(-2)\cdot(-2) = -8$
$(-2)^4 = (-2)\cdot(-2)\cdot(-2)\cdot(-2) = +16$
$(-2)^5 = (-2)\cdot(-2)\cdot(-2)\cdot(-2)\cdot(-2) = -32$

9 Berechne. Achte auf das Vorzeichen.

$(-5)^3 = -125$
$(-4)^4 = +256$

a)	b)	c)	d)	e)
$(-4)^3$	$(-6)^3$	$(-1)^7$	$(-20)^4$	$(-0{,}1)^7$
$(-5)^4$	$(-17)^1$	$(-1)^8$	$(-50)^3$	$(-0{,}5)^3$

10 Bestimme x. Manchmal gibt es zwei Lösungen.

a)	b)	c)	d)	e)	f)
$x^2 = 64$	$x^3 = 27$	$x^4 = 10000$	$x^4 = 81$	$x^5 = 243$	$x^3 = -8$
$x^2 = 49$	$x^3 = 125$	$x^3 = 8000$	$x^5 = 32$	$x^4 = 256$	$x^3 = -64$

11 Berechne mit dem Taschenrechner. Benutze die [x■]-Taste. Runde, wenn nötig, auf zwei Stellen nach dem Komma.

$23^6 =$ ■
Tastenfolge: 23 [x■] 6 [=]
Anzeige: 148035889
$23^6 = 148035889$

a)	b)	c)	d)
19^3	$2{,}6^6$	$6 \cdot 7^4$	$5{,}1 \cdot 2{,}5^6 + 2{,}4 \cdot 3{,}1^7$
12^5	$7{,}1^4$	$4 \cdot 6^5$	$7{,}4 \cdot 3{,}4^8 - 1{,}2 \cdot 1{,}5^7$
15^4	$4{,}5^5$	$7 \cdot 8^4$	$4{,}8 \cdot 1{,}7^9 + 9{,}1 \cdot 2{,}1^3$
11^6	$9{,}3^7$	$2 \cdot 3^9$	$7{,}9 \cdot 8{,}2^7 - 4{,}5 \cdot 9{,}2^3$

1 Schreibe als eine Potenz.

a) $2^5 \cdot 2^3$ $3^2 \cdot 3^4$ $4^3 \cdot 4^2$
b) $5^2 \cdot 5^3$ $10^3 \cdot 10^2$ $10^4 \cdot 10^5$
c) $a^3 \cdot a^5$ $b^4 \cdot b^3$ $c^2 \cdot c^5$
d) $x^7 \cdot x^3$ $y^3 \cdot y^9$ $z^8 \cdot z^6$
e) $u^{15} \cdot u^7$ $v^7 \cdot v^{20}$ $w^{13} \cdot w^2$
f) $r^{10} \cdot r^{16}$ $s^{23} \cdot s^{12}$ $t^{25} \cdot t^{35}$

> Potenzen mit gleicher Basis werden multipliziert, indem man die Exponenten addiert. Die Basis wird beibehalten.
>
> $a^4 \cdot a^2 = \boxed{a \cdot a \cdot a \cdot a} \cdot \boxed{a \cdot a} = a^6$
>
> $a^4 \cdot a^2 = a^{\boxed{4}+\boxed{2}} = a^6$

2 Vereinfache.

$x^3 \cdot x^2 \cdot x^7 = x^{3+2+7} = x^{12}$
$y^9 \cdot y^5 \cdot x^{11} = y^{9+5+11} = y^{25}$

a) $a^7 \cdot a^9 \cdot a^3$ $b^6 \cdot b^2 \cdot b$ $c^2 \cdot c^7 \cdot c^8$
b) $r^{11} \cdot r^4 \cdot r^6$ $s^9 \cdot s^{15} \cdot s^3$ $t^{12} \cdot t^4 \cdot t^{16}$
c) $u^2 \cdot u^8 \cdot u^2 \cdot u^3$ $v^7 \cdot v^7 \cdot v^7 \cdot v^7$ $w^4 \cdot w^8 \cdot w^2 \cdot w$

3 Schreibe als eine Potenz.

a) $\frac{2^8}{2^5}$ $\frac{5^4}{5^2}$
b) $\frac{3^7}{3^4}$ $\frac{11^6}{11^4}$
c) $\frac{a^9}{a^5}$ $\frac{b^{10}}{b^4}$
d) $\frac{x^{12}}{x^4}$ $\frac{y^8}{y^5}$
e) $\frac{u^9}{u^7}$ $\frac{v^{13}}{v^6}$
f) $\frac{r^{20}}{r^{13}}$ $\frac{s^{22}}{s^5}$

> Potenzen mit gleicher Basis werden dividiert, indem man die Exponenten subtrahiert. Die Basis wird beibehalten.
>
> $\frac{a^7}{a^3} = \frac{\not{a} \cdot \not{a} \cdot \not{a} \cdot a \cdot a \cdot a \cdot a}{\not{a} \cdot \not{a} \cdot \not{a}} = a^4$
>
> $\frac{a^7}{a^3} = a^{7-3} = a^4$

4 Vereinfache zunächst und berechne dann den Wert der Potenz.

$8^5 : 8^3 = \frac{8^5}{8^3} = 8^2 = 64$

a) $4^7 : 4^5$ $2^9 : 2^6$
b) $3^9 : 3^6$ $5^7 : 5^4$
c) $6^{14} : 6^{12}$ $2^{17} : 5^{13}$
d) $12^8 : 12^6$ $11^9 : 11^7$

5 Schreibe mit einem Exponenten.

$\frac{a^3 \cdot a^4}{a^2} = \frac{a^7}{a^2} = a^5$

$\frac{a^3 \cdot a^4}{a^2} = a^{3+4-2} = a^5$

a) $\frac{x^6 \cdot x^2}{x^3}$ $\frac{y^7 \cdot y^5}{y^3}$
b) $\frac{r^7 \cdot r^3}{r^5}$ $\frac{s^9 \cdot s^2}{s^7}$
c) $\frac{p^{17}}{p^3 \cdot p^7}$ $\frac{q^{10}}{q^3 \cdot q^4}$
d) $\frac{v^{20}}{v^3 \cdot v^{10}}$ $\frac{u^9}{u^3 \cdot u^3}$
e) $\frac{w^{11}}{w^7 \cdot w^2}$ $\frac{z^{15}}{z^2 \cdot z^7}$
f) $\frac{c^3 \cdot c^7}{c^4}$ $\frac{d^7 \cdot d^7}{d^{10}}$
g) $\frac{a^5 \cdot a^{10}}{a^7}$ $\frac{b^{19}}{b^3 \cdot b^{10}}$
h) $\frac{x^4 \cdot x^{10}}{x^{11}}$ $\frac{y^{17} \cdot y^3}{y^2}$
i) $\frac{t^4 \cdot t^5}{t^3 \cdot t^2}$ $\frac{u^7 \cdot u^5}{u^3 \cdot u^6}$
k) $\frac{x^7 \cdot x^9}{x^4 \cdot x^{10}}$ $\frac{y^2 \cdot y^{12}}{y^4 \cdot y^3}$

6 Schreibe als eine Potenz.

a) $(3^4)^2$ $(2^5)^2$ $(5^2)^2$ $(10^4)^3$ $(2^3)^3$
b) $(a^4)^2$ $(b^3)^4$ $(c^5)^3$ $(d^3)^7$ $(e^5)^6$
c) $(p^5)^7$ $(q^9)^2$ $(r^5)^5$ $(s^4)^6$ $(t^6)^8$
d) $(x^7)^{11}$ $(y^{10})^6$ $(u^{12})^3$ $(v^4)^{13}$ $(w^9)^{15}$

> Eine Potenz wird potenziert, indem man die Exponenten multipliziert. Die Basis wird beibehalten.
>
> $(a^2)^3 = (a^2) \cdot (a^2) \cdot (a^2) = a^2 \cdot a^2 \cdot a^2 = a^{2+2+2} = a^6$
>
> $(a^2)^3 = a^{2 \cdot 3} = a^6$

1 Im Beispiel werden die Terme $\frac{a^4}{a^4}$ und $\frac{a^5}{a^7}$ auf zwei verschiedene Arten vereinfacht.

durch Kürzen	durch Anwenden eines Potenzgesetzes
$\frac{a^4}{a^4} = \frac{\cancel{a}\cdot\cancel{a}\cdot\cancel{a}\cdot\cancel{a}}{\cancel{a}\cdot\cancel{a}\cdot\cancel{a}\cdot\cancel{a}} = \frac{1}{1} = 1$	$\frac{a^4}{a^4} = a^{4-4} = a^0$
$\frac{a^5}{a^7} = \frac{\cancel{a}\cdot\cancel{a}\cdot\cancel{a}\cdot\cancel{a}\cdot\cancel{a}}{\cancel{a}\cdot\cancel{a}\cdot\cancel{a}\cdot\cancel{a}\cdot\cancel{a}\cdot a\cdot a} = \frac{1}{a^2}$	$\frac{a^5}{a^7} = a^{5-7} = a^{-2}$

Das Beispiel zeigt, dass es sinnvoll ist zu vereinbaren : $a^0 = 1$ und $a^{-2} = \frac{1}{a^2}$.

Die Schreibweise mit negativen Exponenten macht es möglich, das Potenzgesetz $\frac{a^m}{a^n} = a^{m-n}$ auch dann anzuwenden, wenn m kleiner als n ist.

Forme die Terme auf zwei verschiedene Arten um.

a) $\frac{b^3}{b^3}$ b) $\frac{x^4}{x^7}$ c) $\frac{y^2}{y^8}$ d) $\frac{z}{z^6}$

> Für alle $a \in \mathbb{R}$ $(a \neq 0)$ und alle $n \in \mathbb{N}$ gilt: $\mathbf{a^{-n} = \frac{1}{a^n}}$
>
> Für alle $a \in \mathbb{R}$ $(a \neq 0)$ gilt: $\mathbf{a^0 = 1}$

2 Schreibe die Brüche als Potenzen mit negativem Exponenten.

a)	b)	c)	d)	e)	f)	g)	h)
$\frac{1}{x^3}$	$\frac{1}{a^7}$	$\frac{1}{8^2}$	$\frac{1}{10^5}$	$\frac{1}{x}$	$\frac{1}{3}$	$\frac{1}{100}$	$\frac{1}{49}$
$\frac{1}{y^5}$	$\frac{1}{b^{11}}$	$\frac{1}{7^3}$	$\frac{1}{5^4}$	$\frac{1}{a}$	$\frac{1}{9}$	$\frac{1}{1000}$	$\frac{1}{25}$

3 Schreibe als Bruch und berechne.

a)	b)	c)	d)	e)	f)	g)	h)
6^{-2}	3^{-3}	7^{-2}	5^{-4}	2^{-9}	10^{-4}	13^{-1}	1^{-5}
9^{-2}	2^{-7}	15^{-2}	8^{-3}	3^{-5}	10^{-6}	23^{-1}	1^{-15}
11^{-2}	4^{-3}	5^{-3}	12^{-2}	6^{-3}	20^{-3}	59^{-1}	1^{-1}

4 Schreibe mit positivem Exponenten und berechne.

$$\frac{1}{7^{-2}} = \frac{1}{\frac{1}{7^2}} = \frac{7^2}{1} = 7^2 = 49$$

$$\left(\frac{3}{4}\right)^{-2} = \frac{1}{\left(\frac{3}{4}\right)^2} = \left(\frac{1}{\frac{3}{4}}\right)^2 = \left(\frac{4}{3}\right)^2 = \frac{16}{9}$$

a)	b)	c)	d)
$\frac{1}{5^{-2}}$	$\left(\frac{2}{3}\right)^{-3}$	$\left(\frac{6}{11}\right)^{-2}$	$\frac{1}{3^{-2}}$
$\frac{1}{8^{-3}}$	$\left(\frac{5}{2}\right)^{-4}$	$\left(\frac{4}{5}\right)^{-3}$	$\frac{7}{2^{-3}}$

5 Berechne und vergleiche.

a)

2^4	-2^4	$(-2)^4$	2^{-4}
-2^{-4}	$(-2)^{-4}$	4^2	-4^2
$(-4)^2$	4^{-2}	-4^{-2}	$(-4)^{-2}$

b)

5^3	3^5	$(-5)^3$	$(-5)^{-3}$
$(-3)^{-5}$	$(-3)^5$	3^{-5}	5^{-3}
-5^{-3}	-3^{-5}	-5^3	-3^5

6 Bestimme x.

a)	b)	c)	d)	e)
$x^{-2} = \frac{1}{36}$	$x^{-3} = \frac{1}{512}$	$x^{-1} = \frac{1}{11}$	$x^{-2} = 0{,}25$	$x^{-1} = -1$
$x^{-4} = \frac{1}{81}$	$x^{-5} = \frac{1}{32}$	$x^{-3} = \frac{1}{1000}$	$x^{-2} = 0{,}01$	$x^{-1} = 2$

1 a) Die abgebildeten Würfel haben ein Volumen von 8 cm³ bzw. 27 cm³. Wie groß sind jeweils ihre Kantenlängen? Begründe.
b) Gib die Kantenlänge eines Würfels mit dem Volumen 125 cm³ (1000 dm³; 1 m³; 64 cm³) an.

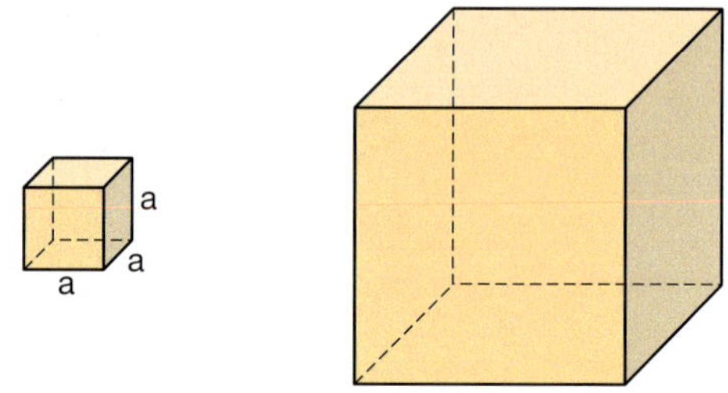

2 Bestimme jeweils die dritte Wurzel:

$\sqrt[3]{1000}$ $\sqrt[3]{125}$ $\sqrt[3]{0{,}001}$ $\sqrt[3]{0{,}125}$ $\sqrt[3]{0{,}008}$

$\sqrt[3]{\frac{125}{1000}}$ $\sqrt[3]{\frac{27}{343}}$ $\sqrt[3]{\frac{1}{216}}$ $\sqrt[3]{\frac{1}{512}}$ $\sqrt[3]{\frac{8}{729}}$

Die dritte Wurzel aus 216 ist die nichtnegative Zahl, die mit 3 potenziert 216 ergibt.
$\sqrt[3]{216} = 6$, denn $6^3 = 216$
Lies: dritte Wurzel aus 216 ist gleich 6

3 Bestimme jeweils die Wurzel.

$\sqrt[4]{625} = 5$, denn $5^4 = 625$

$\sqrt[4]{10\,000}$ $\sqrt[4]{1}$ $\sqrt[4]{16}$ $\sqrt[4]{81}$ $\sqrt[4]{2401}$ $\sqrt[4]{x^4}$ $\sqrt[5]{3125}$ $\sqrt[5]{z^5}$ $\sqrt[6]{64}$

$\sqrt[4]{81} = 3$, denn $3^4 = 81$
$\sqrt[3]{64} = 4$, denn $4^3 = 64$
$\sqrt{25} = 5$, denn $5^2 = 25$

$\sqrt[n]{a}$ ist die nichtnegative Zahl b, die mit n potenziert a ergibt.
$\sqrt[n]{a} = b$, wenn gilt $b^n = a$, $a \in \mathbb{R}_+$; $n \in \mathbb{N}$, $n \neq 0$
a: Radikand n: Wurzelexponent

Wurzelziehen oder **Radizieren*** ist die Umkehrung des Potenzierens:

$$\sqrt[n]{a^n} = a,\ a \in \mathbb{R}_+,\ n \in \mathbb{N},\ n \neq 0$$

4 Bestimme die Wurzel und überprüfe das Ergebnis.

$\sqrt[3]{0{,}027} = 0{,}3$, denn $0{,}3^3 = 0{,}027$

a) $\sqrt{256}$ b) $\sqrt[3]{8}$ c) $\sqrt{169}$ d) $\sqrt[3]{1000}$ e) $\sqrt[4]{16}$ f) $\sqrt[5]{32}$
g) $\sqrt{225}$ h) $\sqrt[3]{0{,}001}$ i) $\sqrt[3]{0{,}125}$ k) $\sqrt[3]{\frac{1}{8}}$ l) $\sqrt[4]{\frac{1}{81}}$ m) $\sqrt[3]{\frac{8}{27}}$
n) $\sqrt{625}$ o) $\sqrt[4]{256}$ p) $\sqrt[3]{8000}$ q) $\sqrt[4]{0{,}0016}$ r) $\sqrt[4]{0{,}0081}$ s) $\sqrt[5]{0{,}00032}$

5 Berechne mit dem Taschenrechner. Runde gegebenenfalls auf die dritte Nachkommastelle.

a) $\sqrt[4]{2401}$ b) $\sqrt[4]{1785}$ c) $\sqrt[4]{500}$
$\sqrt[3]{1728}$ $\sqrt[6]{9474}$ $\sqrt[10]{999}$
$\sqrt[2]{729}$ $\sqrt[9]{78\,815}$ $\sqrt[7]{9084}$

$\sqrt[6]{4096} = \square$
Tastenfolge: 6 [$\sqrt[\square]{\square}$] 4096 [=]
Anzeige: 4
$\sqrt[6]{4096} = 4$

6 Vereinfache so weit wie möglich.

a) $\sqrt{4x^2}$ b) $\sqrt[4]{16a^4}$ c) $\sqrt[5]{32z^5}$
d) $\sqrt{4x^2y^2}$ e) $\sqrt[3]{27a^3b^3}$ f) $\sqrt[3]{8x^3 64y^3}$

$$\sqrt[3]{27a^3} = \sqrt[3]{3^3a^3} = \sqrt[3]{(3a)^3} = 3a$$

*Radix (lat.): die Wurzel

1 In den Beispielen siehst du, wie auf Potenzen mit einer gebrochenen Zahl als Exponenten das Potenzgesetz $(a^n)^m = a^{n \cdot m}$ angewendet wird.
a) Erläutere die Umformungsschritte.
b) Schreibe als Wurzel und berechne.

$36^{\frac{1}{2}}$ $49^{\frac{1}{2}}$ $8^{\frac{1}{3}}$ $125^{\frac{1}{3}}$ $16^{\frac{1}{4}}$ $81^{\frac{1}{4}}$

$\left(5^{\frac{1}{2}}\right)^2 = 5^{\frac{1}{2} \cdot 2} = 5$ $\quad$ $\left(5^{\frac{1}{3}}\right)^3 = 5^{\frac{1}{3} \cdot 3} = 5$

$\left(\sqrt{5}\right)^2 = 5$ $\quad$ $\left(\sqrt[3]{5}\right)^3 = 5$

$5^{\frac{1}{2}} = \sqrt{5}$ $\quad$ $5^{\frac{1}{3}} = \sqrt[3]{5}$

$9^{\frac{1}{2}} = \sqrt{9}$, denn $\left(9^{\frac{1}{2}}\right)^2 = 9$

$8^{\frac{1}{3}} = \sqrt[3]{8}$, denn $\left(8^{\frac{1}{3}}\right)^3 = 8$

$z^{\frac{1}{5}} = \sqrt[5]{z}$, denn $\left(z^{\frac{1}{5}}\right)^5 = z$

Für alle $a \in \mathbb{R}_+$ und alle $n \in \mathbb{N}$, $n \neq 0$ gilt:

$$\mathbf{a^{\frac{1}{n}} = \sqrt[n]{a}}$$

2 Gib als Wurzel an.

a)	b)	c)	d)	e)	f)	g)	h)	i)	k)	l)
$a^{\frac{1}{3}}$	$s^{\frac{1}{5}}$	$x^{\frac{1}{6}}$	$m^{\frac{1}{4}}$	$x^{\frac{1}{8}}$	$z^{\frac{1}{2}}$	$y^{\frac{1}{n}}$	$b^{\frac{1}{m}}$	$g^{\frac{1}{p}}$	$(ab)^{\frac{1}{4}}$	$(xy)^{\frac{1}{q}}$

3 Gib als Potenz an.

a)	b)	c)	d)	e)	f)	g)	h)	i)	k)	l)
$\sqrt[3]{d}$	$\sqrt{b}$	$\sqrt[5]{s}$	$\sqrt[4]{x}$	$\sqrt[6]{a}$	$\sqrt[9]{z}$	$\sqrt[n]{y}$	$\sqrt[p]{b}$	$\sqrt[5]{m}$	$\sqrt[3]{ab}$	$\sqrt[q]{xy}$

4 Berechne. $\quad 512^{\frac{1}{3}} = \sqrt[3]{512} = 8$

a) $8^{\frac{1}{3}}$ b) $25^{\frac{1}{2}}$ c) $625^{\frac{1}{4}}$ d) $64^{\frac{1}{2}}$ e) $64^{\frac{1}{3}}$ f) $64^{\frac{1}{6}}$ g) $125^{\frac{1}{3}}$
h) $1^{\frac{1}{3}}$ i) $0{,}01^{\frac{1}{2}}$ k) $0{,}125^{\frac{1}{3}}$ l) $0{,}0144^{\frac{1}{2}}$ m) $0{,}008^{\frac{1}{3}}$ n) $0{,}0081^{\frac{1}{4}}$ o) $1^{\frac{1}{6}}$

5 Berechne den Potenzwert wie im Beispiel. Runde auf die dritte Nachkommastelle.

a) $5712^{\frac{1}{3}}$ b) $549{,}4^{\frac{1}{5}}$ c) $1547{,}65^{\frac{1}{4}}$
d) $56{,}78^{\frac{1}{3}}$ e) $196{,}4^{\frac{1}{5}}$ f) $2372{,}5^{\frac{1}{6}}$
g) $0{,}635^{\frac{1}{4}}$ h) $1{,}078^{\frac{1}{5}}$ i) $2^{\frac{1}{10}}$

$1834^{\frac{1}{4}} = \square$

Tastenfolge: 1834 [$x^\square$] (1 [÷] 4) [=]

Anzeige: 6.544098579

$1834^{\frac{1}{4}} \approx 6{,}544$

L 0,893; 1,015; 1,072; 2,875; 3,532; 3,652; 3,844; 6,272; 17,876

6 Bestimme den Wert der Wurzel mit dem Taschenrechner. Runde auf die zweite Nachkommastelle.

a) $\sqrt[3]{135}$ b) $\sqrt[4]{1785}$ c) $\sqrt[3]{34{,}85}$ d) $\sqrt{8{,}936}$ e) $\sqrt[5]{0{,}683}$ f) $\sqrt[8]{12895}$
g) $\sqrt[7]{0{,}984}$ h) $\sqrt[6]{70821}$ i) $\sqrt[5]{65{,}821}$ k) $\sqrt[4]{100{,}89}$ l) $\sqrt[3]{5{,}777}$ m) $\sqrt{0{,}044}$

L 0,21; 0,93; 1,00; 1,79; 2,31; 2,99; 3,17; 3,26; 3,27; 5,13; 6,43; 6,50

1 In den Beispielen siehst du, wie Potenzen der Form $a^{\frac{m}{n}}$ mithilfe von Wurzeln geschrieben werden können. Begründe die Umformungen.

$$a^{\frac{2}{3}} = a^{2 \cdot \frac{1}{3}} = (a^2)^{\frac{1}{3}} = \sqrt[3]{a^2}$$

oder:

$$a^{\frac{2}{3}} = a^{\frac{1}{3} \cdot 2} = \left(a^{\frac{1}{3}}\right)^2 = \left(\sqrt[3]{a}\right)^2$$

Für $a \in \mathbb{R}_+$, $m \in \mathbb{Z}$ und $n \in \mathbb{N}$, $n \neq 0$ gilt:

$$\mathbf{a^{\frac{m}{n}} = (a^m)^{\frac{1}{n}} = \sqrt[n]{a^m}} \qquad \mathbf{a^{\frac{m}{n}} = \left(a^{\frac{1}{n}}\right)^m = \left(\sqrt[n]{a}\right)^m}$$

2 Gib die Potenzen mithilfe von Wurzeln an. Benutze beide Umformungen.

a)	b)	c)	d)	e)	f)	g)	h)	i)	k)	l)
$z^{\frac{2}{3}}$	$y^{\frac{2}{5}}$	$s^{\frac{3}{4}}$	$a^{\frac{5}{4}}$	$x^{\frac{3}{8}}$	$z^{\frac{3}{2}}$	$y^{\frac{m}{7}}$	$b^{\frac{2}{n}}$	$(xy)^{\frac{3}{2}}$	$(ab)^{\frac{n}{m}}$	$(xy)^{\frac{3}{9}}$

3 Gib als Potenz mit gebrochenem Exponenten an.

a)	b)	c)	d)	e)	f)	g)	h)	i)	k)	l)
$\sqrt[3]{a^4}$	$(\sqrt{x})^3$	$\sqrt[5]{c^2}$	$(\sqrt[4]{x})^5$	$\sqrt[6]{a^3}$	$\sqrt{z^4}$	$(\sqrt[8]{y})^4$	$\sqrt{b^3}$	$(\sqrt[3]{x})^4$	$(\sqrt[5]{ab})^3$	$(\sqrt[3]{xy})^5$

4 Forme um wie im Beispiel.

$$a^{-\frac{3}{4}} = \frac{1}{a^{\frac{3}{4}}} = \frac{1}{\sqrt[4]{a^3}}$$

a) $x^{-\frac{1}{3}}$, $y^{-\frac{1}{2}}$, $z^{-\frac{1}{4}}$

b) $a^{-\frac{2}{3}}$, $b^{-\frac{2}{5}}$, $c^{-\frac{3}{4}}$

c) $b^{-\frac{3}{8}}$, $a^{-\frac{5}{6}}$, $g^{-\frac{4}{5}}$

d) $z^{-\frac{4}{n}}$, $a^{-\frac{m}{3}}$, $p^{-\frac{m}{n}}$

5 Schreibe als Potenz. $\sqrt[5]{x^{-3}} = x^{-\frac{3}{5}}$

a) $\sqrt[3]{x^{-4}}$ b) $\sqrt[4]{z^{-5}}$ c) $\sqrt{a^{-1}}$ d) $\sqrt{y^{-2}}$ e) $\sqrt[3]{s^{-1}}$ f) $\sqrt[n]{w^{-n}}$ g) $\sqrt{x^{-2n}}$ h) $\sqrt[m]{y^{-mn}}$

6 Berechne. $16^{\frac{3}{2}} = \left(\sqrt{16}\right)^3 = 4^3 = 64$

a) $8^{\frac{2}{3}}$ b) $25^{\frac{3}{2}}$ c) $625^{\frac{3}{4}}$ d) $16^{\frac{3}{4}}$ e) $64^{\frac{2}{3}}$ f) $64^{\frac{2}{6}}$ g) $125^{\frac{4}{3}}$

7 Berechne den Potenzwert mit dem Taschenrechner. Runde auf die zweite Nachkommastelle.

a) $13{,}4^{0{,}5}$ b) $25{,}3^{0{,}75}$ c) $195{,}6^{1{,}5}$ d) $316{,}8^{0{,}3}$ e) $0{,}75^{12{,}6}$ f) $8{,}34^{2{,}2}$

8 Forme zunächst in eine Potenz mit gebrochenem Exponenten um. Berechne dann den Potenzwert mit dem Taschenrechner. Runde, falls erforderlich, auf die erste Nachkommastelle.

a)	b)	c)	d)	e)	f)	g)	h)	i)	k)	l)
$(\sqrt[3]{5})^4$	$\sqrt{12^3}$	$(\sqrt[5]{9})^2$	$\sqrt[4]{1{,}4^5}$	$(\sqrt[6]{8})^3$	$(\sqrt{2})^4$	$(\sqrt[8]{4})^4$	$\sqrt{2{,}5^2}$	$(\sqrt{3})^3$	$(\sqrt[5]{15})^3$	$\sqrt[3]{36^6}$

L zu Nr. 7 und Nr. 8: 0,03; 1,5: 2; 2,4; 2,5; 2,8; 3,66; 4; 5,1; 5,2; 5,63; 8,5; 11,28; 41,6; 106,31; 1296; 2735,60

Ein Produkt aus gleichen Faktoren kann als Potenz geschrieben werden. $\underbrace{a \cdot a \cdot a \cdot a \ldots \cdot a}_{\text{n Faktoren}} = a^n$ a heißt Basis, n heißt Exponent Es gilt: $a^0 = 1$ $\quad a^1 = a$	$3 \cdot 3 \cdot 3 \cdot 3 \cdot 3 \cdot 3 \cdot 3 = 3^7$ $\left(\frac{2}{5}\right) \cdot \left(\frac{2}{5}\right) \cdot \left(\frac{2}{5}\right) \cdot \left(\frac{2}{5}\right) = \left(\frac{2}{5}\right)^4$ $a \cdot a \cdot a \cdot a \cdot a \cdot a = a^6$ $17^1 = 17$ $17^0 = 1$
Für alle $a \in \mathbb{R}$ $(a \neq 0)$ und $n \in \mathbb{N}$ gilt $a^{-n} = \frac{1}{a^n}$	$5^{-3} = \frac{1}{5^3} = \frac{1}{125}$ $a^{-5} = \frac{1}{a^5}$
Für alle $a, b \in \mathbb{R}$ $(b \neq 0)$ und alle $m, n \in \mathbb{Z}$ gilt: $a^m \cdot a^n = a^{m+n}$ $\frac{a^m}{a^n} = a^{m-n}$ $(a \cdot b)^n = a^n \cdot b^n$ $\frac{a}{b} = \frac{a^n}{b^n}$ $(a^m)^n = a^{m \cdot n}$	$x^3 \cdot x^5 = x^{3+5} = x^8$ $\frac{y^4}{y^7} = y^{4-7} = y^{-3}$ $(uv)^6 = u^6v^6$ $\left(\frac{s}{t}\right)^4 = \frac{s^4}{t^4}$ $(z^2)^{-3} = z^{2(-3)} = z^{-6}$
In den Naturwissenschaften werden sehr große und sehr kleine Zahlen mithilfe von Zehnerpotenzen ausgedrückt. Dabei ist der Faktor vor der Zehnerpotenz immer größer als 1 und kleiner als 10.	$4 \cdot 10^9 = 4\,000\,000\,000$ $1{,}2 \cdot 10^{-5} = 0{,}000012$
Anstelle von Zehnerpotenzen werden bei Größen häufig genormte Vorsätze verwendet.	Giga (G) 10^9 Mega (M) 10^6 Kilo (k) 10^3 Hekto (h) 10^2 Dezi (d) 10^{-1} Zenti (c) 10^{-2} Milli (m) 10^{-3} Mikro (μ) 10^{-6}

1 $400000 = 4 \cdot 100000 = 4 \cdot 10^5$ $\quad 0{,}0023 = 2{,}3 \cdot \frac{1}{1000} = 2{,}3 \cdot 10^{-3}$

Schreibe mithilfe von Zehnerpotenzen.

a) 80000; 12000000; 245000000
b) 1900000; 256700000; 879990000000
c) 0,00023; 0,000000125; 0,000000034
d) 0,00000000003324; 0,000000000022598

2 Schreibe ohne Zehnerpotenzen. $5{,}24 \cdot 10^7 = 52400000$

a) $3{,}2 \cdot 10^6$ b) $5{,}1 \cdot 10^8$ c) $2{,}9 \cdot 10^6$ d) $4{,}19 \cdot 10^5$ e) $7{,}59 \cdot 10^9$ f) $2{,}165 \cdot 10^4$

3 Schreibe als Dezimalbruch. $4{,}5 \cdot 10^{-5} = 4{,}5 \cdot 0{,}00001 = 0{,}000045$

a) $6 \cdot 10^{-3}$ b) $9 \cdot 10^{-5}$ c) $3 \cdot 10^{-7}$ d) $2 \cdot 10^{-2}$ e) $6 \cdot 10^{-1}$ f) $2{,}8 \cdot 10^{-2}$
g) $8{,}1 \cdot 10^{-7}$ h) $2{,}6 \cdot 10^{-8}$ i) $9{,}5 \cdot 10^{-3}$ k) $6{,}73 \cdot 10^{-4}$ l) $9{,}15 \cdot 10^{-3}$ m) $6{,}632 \cdot 10^{-1}$

4 Notiere mithilfe von Zehnerpotenzen in Metern.

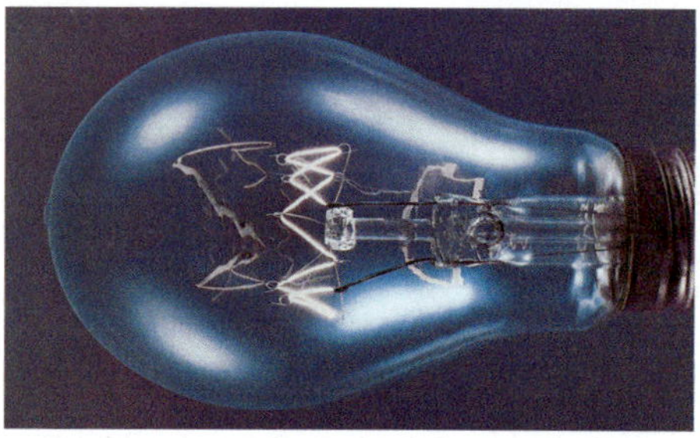

a) Der Durchmesser eines Glühlampenfadens beträgt 8 µm.
b) Ein Zuckermolekül hat einen Durchmesser von 700 pm.
c) Tetanusbazillen haben eine Länge von bis zu 6 µm.
d) Der Radius eines Atomkerns beträgt etwa 1 pm.
e) Pockenviren haben eine Größe von etwa 240 nm.
f) Einige Moleküle haben einen Durchmesser von etwa 1,5 nm.
g) Ein Nukleinsäurefaden hat eine Länge von 56000 nm.
h) Die Wellenlänge des sichtbaren Lichtes liegt zwischen 0,39 µm und 0,75 µm.

5 Berechne mit dem Taschenrechner.

a) $3{,}5 \cdot 10^{-4} \cdot 1{,}8 \cdot 10^{-3}$
$6{,}2 \cdot 10^{-5} \cdot 4{,}9 \cdot 10^{-3}$
b) $671 \cdot 5{,}9 \cdot 10^{-5}$
$1{,}4 \cdot 10^{-6} \cdot 85{,}3$

$2{,}3 \cdot 10^{-6} \cdot 8{,}5 \cdot 10^{-8} = \square$
Tastenfolge: 2.3 [x10ˣ] −6 [x] 8.5 [x10ˣ] −8 [=]
Anzeige: 1.955 x 10^{-13}
$2{,}3 \cdot 10^{-6} \cdot 8{,}5 \cdot 10^{-8} = 1{,}955 \cdot 10^{-13}$

1 Jahr = 365 Tage

6 Unser Sonnensystem bewegt sich mit einer Geschwindigkeit von 22 Kilometer pro Sekunde um das Zentrum der Milchstraße.

a) Berechne die Geschwindigkeit unseres Sonnensystems in Kilometer pro Stunde.
b) Welche Strecke legt es in 24 Stunden (30 Tagen, 1 Jahr, 15 Jahren, 100 Jahren) zurück?

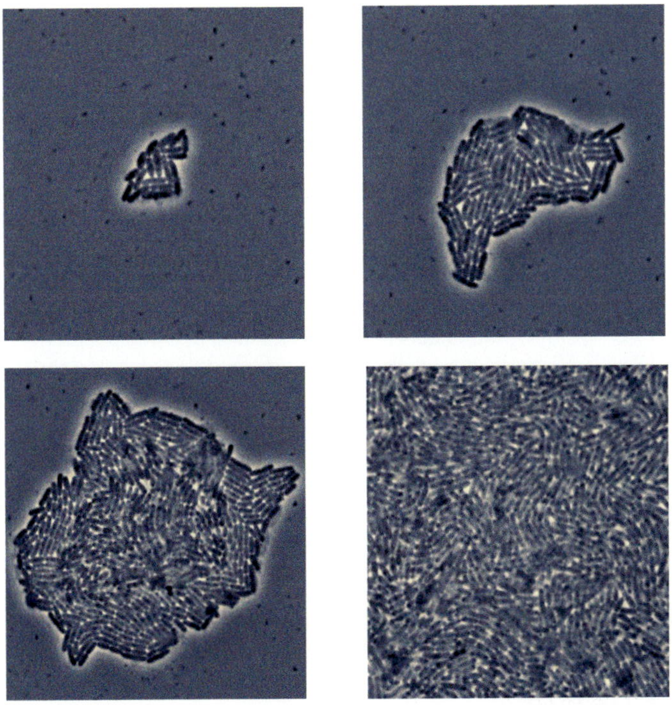

7 Eine Bakterienkultur vergrößert sich jede Stunde auf das 2,5fache. Zu Beginn nimmt sie eine Fläche von 3 cm^2 ein. Welche Fläche hat sie nach 5 (12; 15; 24; 30) Stunden eingenommen?

Zeit (h)	Fläche (cm^2)
0	3
1	$3 \cdot 2{,}5$
2	$3 \cdot 2{,}5 \cdot 2{,}5 = 3 \cdot 2{,}5^2$
3	$3 \cdot 2{,}5 \cdot 2{,}5 \cdot 2{,}5 = 3 \cdot 2{,}5^3$
4	$3 \cdot 2{,}5 \cdot 2{,}5 \cdot 2{,}5 \cdot 2{,}5 = 3 \cdot 2{,}5^4$

8 Bakterien vermehren sich durch Teilung. In einer Kultur werden 25 Bakterien gezählt, die sich alle 15 Minuten teilen.

a) Wie viele Bakterien sind in der Kultur nach 1 (2; 3) Stunden vorhanden?

b) Nach welcher Zeit sind es über eine Million Bakterien? Löse durch weiteres Multiplizieren.

9 Eine Bakterie bewegt sich mit einer Geschwindigkeit von 1,4 µm pro Sekunde.

a) Welche Strecke hat sie in 1 Minute (1 Stunde, 24 Stunden) zurückgelegt?

b) Welche Zeit benötigt sie für eine Strecke von 1 m (15 cm)?

Raummeter: In der Forst- und Holzwirtschaft übliche Benennung für 1 m^3 geschichtetes Holz unter Einschluss der Luftzwischenräume.

10 

Der Holzbestand einer Waldfläche beträgt 20000 Raummeter. Unter normalen Bedingungen wächst der Holzbestand jährlich mit einem Faktor von 1,03.
Wie hoch ist der Holzbestand nach 5 (8; 12; 15) Jahren?

11 Auf einer Insel werden 100 Kaninchen ausgesetzt. Pro Monat wächst die Anzahl der Kaninchen um 10 %. Wie viele Kaninchen gibt es voraussichtlich nach 12 Monaten?

12 Ein Kapital von 8000 Euro wird zu einem Zinssatz von 4,5 % festgelegt. Wie groß ist das Guthaben nach 6 (10; 15) Jahren?

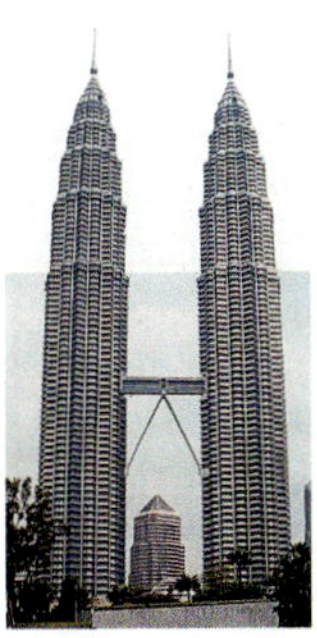

13 Falte (in Gedanken) eine Zeitung der Dicke von 1,5 cm.

a) Wie dick wäre die Zeitung, wenn sie 10 Mal gefaltet werden könnte?

b) Wie oft müsste die Zeitung gefaltet werden, damit die Höhe der Petronas Towers (452 m) in Kuala Lumpur (Malaysia) überschritten wird?

1 Der Seitenlänge x eines Quadrates wird der Flächeninhalt y des Quadrats zugeordnet.

a) Begründe, dass diese Zuordnung eine Funktion ist.

b) Gib die Funktionsgleichung an.

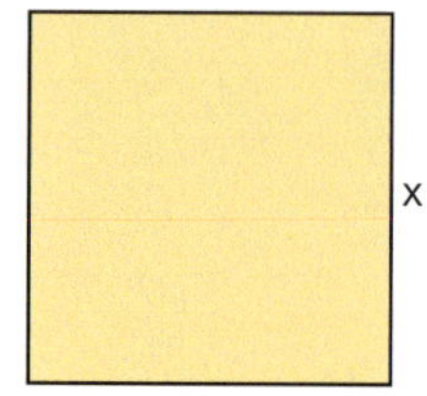

2

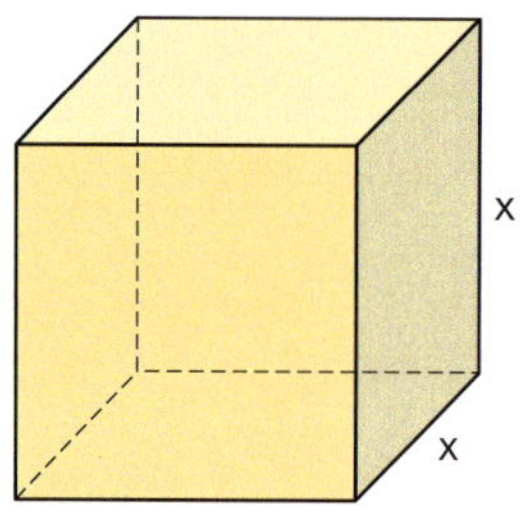

Die Funktion f ordnet der Kantenlänge x eines Würfels das Volumen y des Würfels zu.

a) Gib die Funktionsgleichung von f an.

b) Berechne f(1) (f(1,5), f(2,5), f(5), f(7,5)).

3 Der Flächeninhalt eines Rechtecks soll 1 m^2 betragen. Wird die Länge x einer Seite des Rechtecks festgelegt, so kannst du die Länge y der anderen Seite berechnen.

a) Vervollständige die Tabelle.

Seitenlänge x (m)	1	2	3	4	5	10	0,5	0,25	0,2	0,1	0,01
Seitenlänge y (m)											

b) Die Funktion f ordnet der Seitenlänge x die Seitenlänge y zu. Gib die Gleichung von f in Potenzschreibweise an.

4

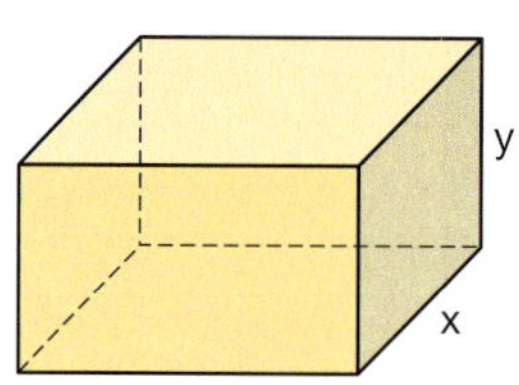

Eine quadratische Säule hat ein Volumen vom 1 m^3. Wird die Länge x der Grundkante festgelegt, so kannst du die Höhe y berechnen.

a) Vervollständige die Tabelle.

Grundkante x (m)	1	2	3	4	5	10	0,5	0,25	0,2	0,1	0,01
Höhe y (m)											

b) Die Funktion f ordnet der Länge der Grundkante x die Höhe y zu. Gib die Gleichung von f in Potenzschreibweise an.

f: $y = x^2$ h: $y = x^{-1}$

g: $y = x^3$ k: $y = x^{-2}$

Eine Funktion f mit der Funktionsgleichung

$$y = x^n,\ n \in \mathbb{Z}$$

heißt **Potenzfunktion.**

1 a) Zeichne den Graphen der Funktion f mit der Gleichung $f(x) = x^2$ für x-Werte zwischen −4 und 4 in ein Koordinatensystem.
b) Lege für die Funktion g mit der Gleichung $g(x) = x^4$ eine Wertetabelle für x-Werte mit $-2 \leq x \leq 2$ an (Schrittweite 0,25). Zeichne den Graphen von g in dasselbe Koordinatensystem.
c) Welche Symmetrieeigenschaft haben die beiden Graphen?
d) Beschreibe das Steigungsverhalten der Graphen von f und g.
e) Gib die Koordinaten der Punkte an, die die Graphen der Funktionen gemeinsam haben?
f) Gib den Wertebereich der Funktionen f und g an.

2 Im Koordinatensystem ist jeweils ein Ausschnitt der Graphen der beiden Potenzfunktionen f und g mit den Gleichungen $f(x) = x^2$ und $g(x) = x^6$ dargestellt.
a) Vergleiche das Steigungsverhalten der beiden Graphen.
b) Wie verliefe der Graph der Funktion h mit der Gleichung $h(x) = x^4$ (k mit der Gleichung $k(x) = x^8$) in diesem Koordinatensystem?

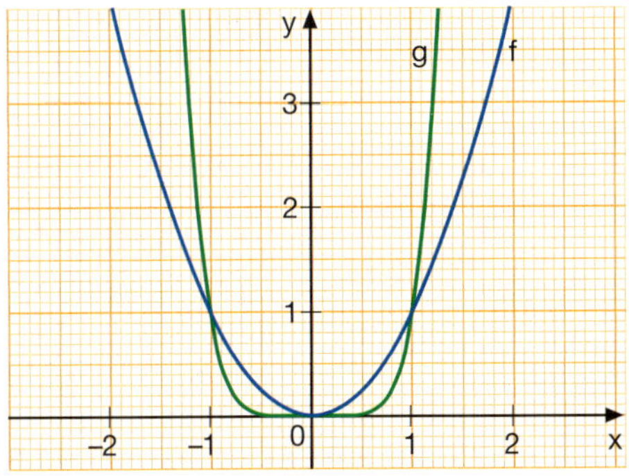

Potenzfunktionen mit der Gleichung $\mathbf{y = x^n}$ n > 0, n **gerade**

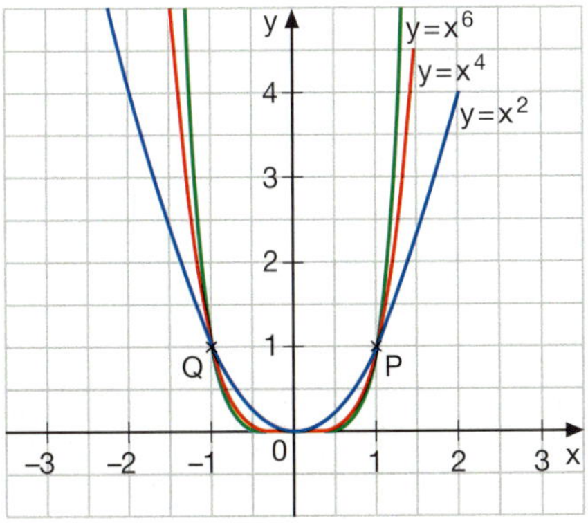

Für jede Potenzfunktion mit geradem Exponenten gilt:

Der Definitionsbereich ist $\mathbb{R}$.

Der Graph ist symmetrisch zur y-Achse.

Er verläuft durch die Punkte P (1 | 1), Q(−1 | 1) und S(0 | 0).

S(0 | 0) ist der Scheitelpunkt.

Für $x \leq 0$ fällt der Graph, für $x \geq 0$ steigt er. Der Wertebereich ist $\mathbb{R}_+$.

3

Funktionsgleichung:	$f(x) = x^4$	$f(x) = x^4$
Punkt:	P(2,1 | 19,4481)	Q(−1,7 | 8,3512)
Berechnen des Funktionswertes:	$f(2,1) = 2,1^4$	$f(-1,7) = (-1,7)^4$
	$f(2,1) = 19,4481$	$f(-1,7) = 8,3521$
Vergleichen des Funktionswertes mit der y-Koordinate des Punktes:	19,4481 = 19,4481 w	8,3521 = 8,3512 f
Ergebnis:	P liegt auf dem Graphen.	Q liegt nicht auf dem Graphen.

Prüfe, ob die Punkte P, Q, R und S auf dem Graphen der Funktion f liegen.

a) $f(x) = x^4$ P(1,3 | 2,8561) Q(−0,3 | 0,0081) R(−2,4 | 33,1776) S(0,8 | 0,4609)
b) $f(x) = x^6$ P(0,7 | 0,117649) Q(−5 | 15625) R(−1,5 | 11,390625) S(6 | 46566)

1 a) Zeichne den Graphen der Funktion f mit der Gleichung $f(x) = x$ in ein Koordinatensystem.
b) Lege für die Funktion g mit der Gleichung $g(x) = x^3$ eine Wertetabelle für x-Werte mit $-2 \le x \le 2$ an (Schrittweite 0,25). Zeichne den Graphen von g in dasselbe Koordinatensystem.
c) Gib die Koordinaten der Punkte an, die die Graphen der Funktionen gemeinsam haben.
d) Beschreibe den Verlauf des Graphen von g. Welchen Wertebereich hat die Funktion g?
e) Vergleiche die Funktionswerte $g(2)$ und $g(-2)$ ($g(1{,}5)$ und $g(-1{,}5)$; $g(0{,}5)$ und $g(-0{,}5)$). Was stellst du fest?
f) Beschreibe die Symmetrieeigenschaften des Graphen von g.

2 Im Koordinatensystem ist jeweils ein Ausschnitt der Graphen der beiden Potenzfunktionen f und g mit den Gleichungen $f(x) = x^3$ und $g(x) = x^5$ dargestellt.

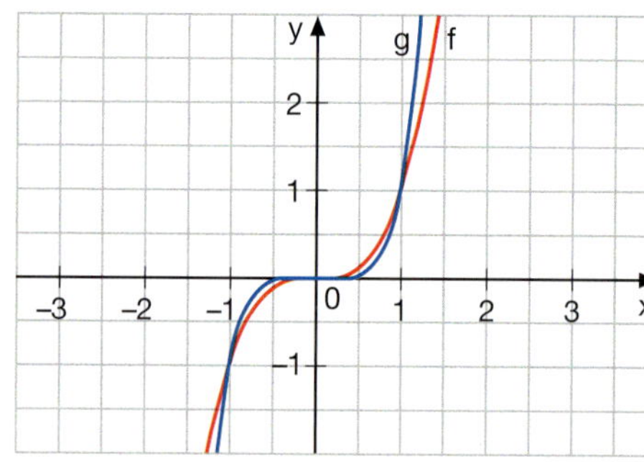

a) Vergleiche das Steigungsverhalten der beiden Graphen.
b) Beschreibe den Verlauf der beiden Graphen in der Nähe des Punktes $O(0|0)$.
c) Wie verliefe der Graph der Funktion h mit $h(x) = x^7$ in diesem Koordinatensystem?
d) Gib die Koordinaten der Punkte an, die die Graphen von f und g gemeinsam haben. Prüfe, ob diese Punkte auch auf dem Graphen von h liegen.

Potenzfunktionen mit der Gleichung $\mathbf{y = x^n}$ $n > 0$, n **ungerade**

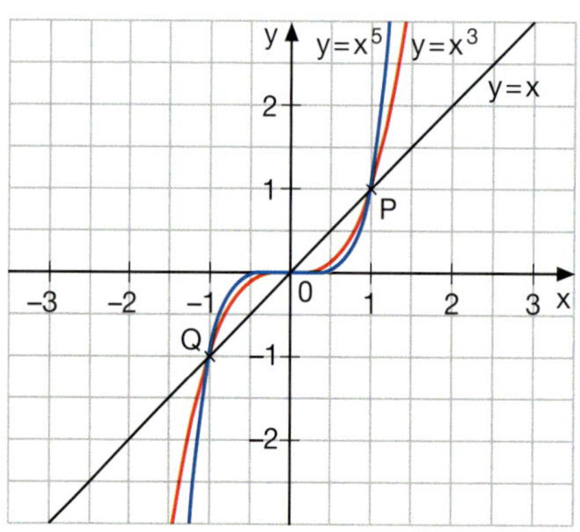

Für jede Potenzfunktion mit ungeradem Exponenten gilt:

Der Definitionsbereich ist $\mathbb{R}$.

Der Graph ist punktsymmetrisch zum Ursprung des Koordinatensystems.

Er verläuft durch die Punkte $P(1|1)$, $Q(-1|-1)$ und $S(0|0)$.

Der Graph steigt für alle $x \in \mathbb{R}$.

Der Wertebereich ist $\mathbb{R}$.

3 Prüfe, ob die Punkte P, Q, R und S auf dem Graphen der Funktion f liegen.

a) $f(x) = x^3$ $P(1{,}5|3{,}375)$ $Q(-0{,}7|0{,}343)$ $R(-2{,}1|-9{,}261)$ $S(15|3735)$
b) $f(x) = x^5$ $P(6|7777)$ $Q(-1{,}1|-1{,}61051)$ $R(-7|-16807)$ $S(1{,}5|7{,}59375)$

4 P und Q sind Punkte des Graphen der Potenzfunktion f. Bestimme zunächst die fehlenden Koordinaten von P und Q. Gib dann die Koordinaten der Bildpunkte P′ und Q′ an, die durch Spiegelung von P bzw. Q am Ursprung des Koordinatensystems entstehen.

a) $f(x) = x^3$ $P(6|■)$ $Q(-4|■)$ b) $f(x) = x^5$ $P(-2|■)$ $Q(■|243)$
c) $f(x) = x^3$ $P(0{,}4|■)$ $Q(■|0{,}125)$ d) $f(x) = x^7$ $P(-0{,}2|■)$ $Q(■|-0{,}0000001)$

1 Im Koordinatensystem siehst du einen Ausschnitt des Graphen der Funktion f mit der Gleichung $f(x) = x^{-2} = \frac{1}{x^2}$.

a) Vervollständige die Wertetabelle für die Funktion f in deinem Heft.

x	−2	−1	−0,5	−0,25	0,25	0,5	1	2
f(x)								

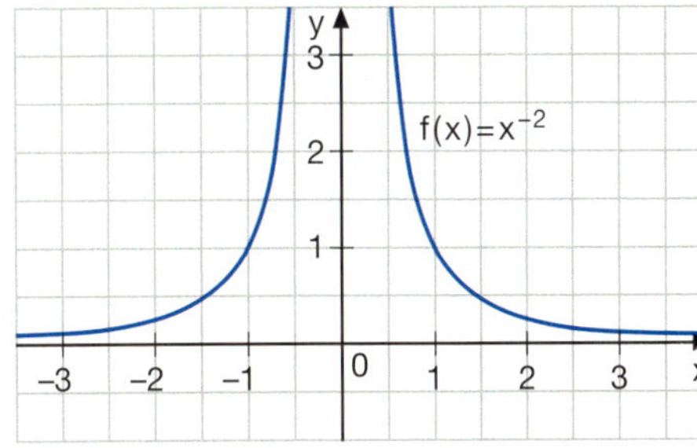

b) Warum darfst du für x nicht Null einsetzen?

c) Welche Symmetrieeigenschaft hat der Graph?

d) Bestimme den Wertebereich von f.

e) Beschreibe den Verlauf des Graphen, wenn x immer größere (immer kleinere) Werte annimmt.

f) Wie verläuft der Graph, wenn sich die x-Werte Null nähern?

2 Vervollständige die Wertetabelle für die Funktion f mit $f(x) = x^{-4}$ in deinem Heft.

x	−2	−1,75	−1,5	−1,25	−1	−0,75	−0,5	0,5	0,75	1	1,25	1,5	1,75	2
f(x)														

Zeichne den Graphen von f in ein Koordinatensystem.

3 Im Koordinatensystem ist jeweils ein Ausschnitt der Graphen der beiden Potenzfunktionen f und g mit den Gleichungen $f(x) = x^{-2}$ und $g(x) = x^{-4}$ dargestellt.

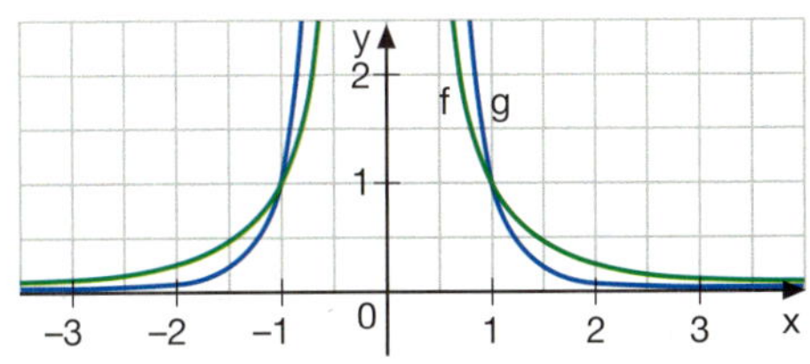

a) Vergleiche das Steigungsverhalten der beiden Graphen.

b) Wie verliefe der Graph der Funktion h mit der Gleichung $h(x) = x^{-6}$ in diesem Koordinatensystem?

c) Gib die Koordinaten der Punkte an, die beide Graphen gemeinsam haben. Prüfe, ob diese Punkte auch auf dem Graphen h liegen.

Potenzfunktionen mit der Gleichung $\mathbf{y = x^{-n}}$ $n > 0$, n **gerade**

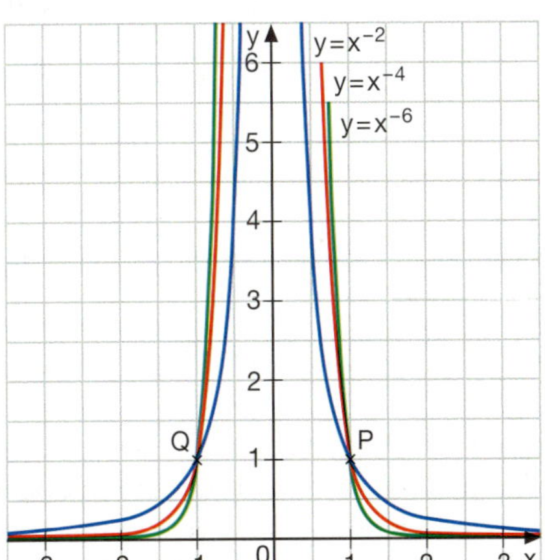

Für jede Potenzfunktion mit geradem negativem Exponenten gilt:

Der Definitionsbereich ist $\mathbb{R} \setminus \{0\}$.

Der Graph ist symmetrisch zur y-Achse.

Er verläuft durch die Punkte P (1 | 1) und Q (−1 | 1).

Für $x < 0$ steigt der Graph, für $x > 0$ fällt er.

Der Wertebereich ist die Menge aller positiven reellen Zahlen.

1 a) Übertrage die Wertetabellen für die Funktionen f mit der Gleichung $f(x) = x^{-1}$ und g mit der Gleichung $g(x) = x^{-3}$ ins Heft und vervollständige sie.

x	−4	−3	−2	−1	−0,75	−0,5	−0,25	0,25	0,5	0,75	1	2	3	4
f(x)														

x	−2	−1,75	−1,5	−1,25	−1	−0,75	−0,5	0,5	0,75	1	1,25	1,5	1,75	2
g(x)														

b) Zeichne die Graphen von f und g in dasselbe Koordinatensystem.
c) Gib die Koordinaten der Punkte an, die die Graphen der Funktionen f und g gemeinsam haben.
d) Vergleiche die Funktionswerte f(−4) und f(4) (f(−2) und f(2)) sowie g(−2) und g(2) (g(−0,5) und g(0,5)). Was stellst du fest?
e) Welche Symmetrieeigenschaften haben die Graphen von f und g?
f) Beschreibe den Verlauf der beiden Graphen, wenn x immer größere (immer kleinere) Werte annimmt.
g) Wie verlaufen die beiden Graphen, wenn sich die x-Werte Null nähern?
h) Warum sind die Funktionswerte f(0) und g(0) nicht definiert?
i) Gib den Wertebereich von f und g an.

Potenzfunktionen mit der Gleichung $\mathbf{y = x^{-n}}$ $n > 0$, n **ungerade**

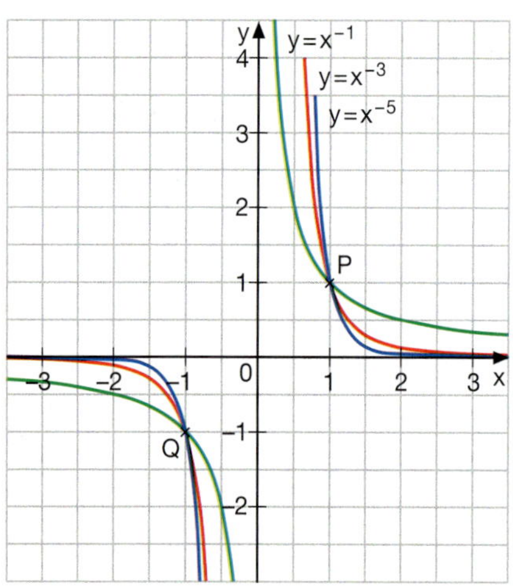

Für jede Potenzfunktion mit ungeradem negativem Exponenten gilt:

Der Definitionsbereich ist $\mathbb{R} \setminus \{0\}$.

Der Graph ist punktsymmetrisch zum Ursprung des Koordinatensystems.

Der Graph ist eine Hyperbel.

Er verläuft durch die Punkte P (1|1) und Q (−1|−1).

Der Graph fällt für alle $x \in \mathbb{R}$.

Der Wertebereich ist $\mathbb{R} \setminus \{0\}$.

2 Prüfe, ob die Punkte P und Q auf dem Graphen der Funktion f liegen.

a) $f(x) = x^{-1}$ P (8|0,125) Q (−5|−0,2)
b) $f(x) = x^{-3}$ P (−2|−0,125) Q (4|0,016)
c) $f(x) = x^{-5}$ P (0,25|1024) Q (−0,5|32)
d) $f(x) = x^{-1}$ P (−4|0,5) Q (−100|−0,01)

3 P und Q sind Punkte des Graphen der Potenzfunktion f. Bestimme zunächst die fehlenden Koordinaten von P und Q. Gib dann die Koordinaten der Bildpunkte P′ und Q′ an, die durch Spiegelung von P bzw. Q am Ursprung des Koordinatensystems entstehen.

a) $f(x) = x^{-1}$ P (5|) Q (|0,1)
b) $f(x) = x^{-3}$ P (|0,125) Q (|−0,001)
c) $f(x) = x^{-5}$ P (|32) Q (−1|)
d) $f(x) = x^{-1}$ P (−0,25|) Q (|−5)

1 Zeichne mithilfe eines Geometrieprogramms den Graphen der Funktion f. Stelle für jede Potenzfunktion fest, durch welche Quadranten ihr Graph verläuft. Wie kannst du das am Exponenten der Funktionsgleichung erkennen?

a) f: $y = x^3$ b) f: $y = x^4$
c) f: $y = x^5$ d) f: $y = x^6$

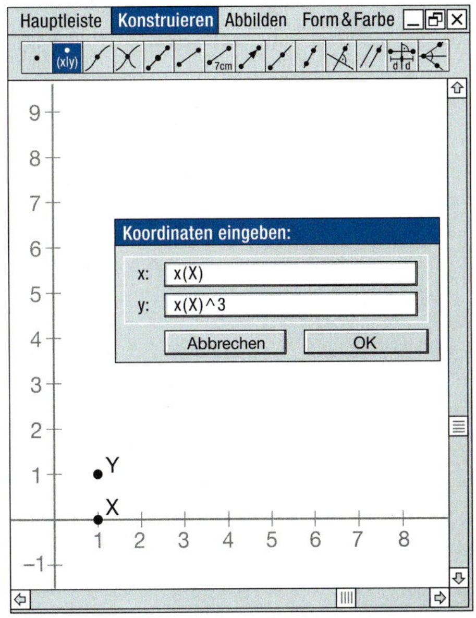

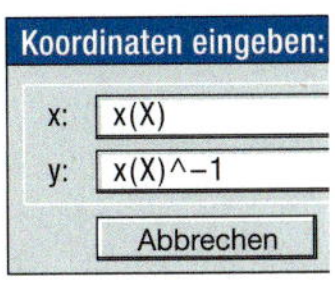

2 Zeichne mithilfe des Geometrieprogramms die Graphen der Potenzfunktion f. Stelle fest, durch welche Quadranten der Graph verläuft. Erkläre den Zusammenhang mit dem Exponenten in der Funktionsgleichung.

a) f: $y = x^{-1}$ b) f: $y = x^{-2}$ c) f: $y = x^{-3}$ d) f: $y = x^{-4}$

3 a) Zeichne den Graphen der Potenzfunktion f mit der Gleichung $y = x^4$.
b) Spiegele den Punkt P mit den Koordinaten (x(X) | x(X)^4) an der y-Achse. Wähle dazu im Menü **„Abbilden“** den Befehl **„Objekt an einer Achse spiegeln“.** Wo liegt der Bildpunkt P′?
c) Ziehe den Punkt X über die x-Achse. Wie bewegt sich der Bildpunkt P′?
d) Begründe, dass der Graph von f symmetrisch zur y-Achse ist.
e) Prüfe ebenso die Symmetrie der Funktionsgraphen von g und h.
g: $y = x^6$ h: $y = x^{-2}$
f) Gib die Gleichungen von weiteren Potenzfunktionen an, deren Graphen symmetrisch zur y-Achse sind.

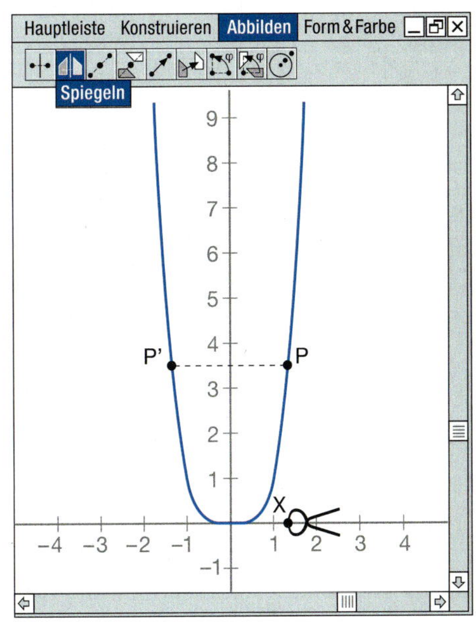

4 a) Prüfe, ob der Graph der Funktion f mit der Gleichung $y = x^3$ symmetrisch zum Ursprung des Koordinatensystems ist.
b) Prüfe ebenso die Symmetrie des Graphen der Funktion g mit der Gleichung $y = x^{-1}$.
c) Gib die Gleichungen von weiteren Potenzfunktionen an, deren Graphen symmetrisch zum Ursprung des Koordinatensystems sind.

f: $\mathbf{y = x^n}$ $n \in \mathbb{N}, n > 0$, n **gerade**

Definitionsbereich: $D = \mathbb{R}$

Wertebereich: $W = \{y \in \mathbb{R} \mid y \geq 0\}$

Graph:
- symmetrisch zur y-Achse
- verläuft durch P (1 | 1), Q (−1 | 1) und S (0 | 0)
- fällt für $x \leq 0$, steigt für $x \geq 0$

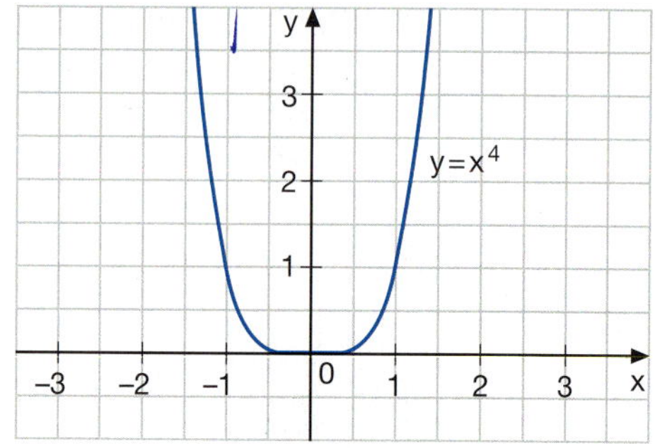

f: $\mathbf{y = x^n}$ $n \in \mathbb{N}, n > 0$, n **ungerade**

Definitionsbereich: $D = \mathbb{R}$

Wertebereich: $W = \mathbb{R}$

Graph:
- symmetrisch zum Ursprung des Koordinatensystems
- verläuft durch P (1 | 1), Q (−1 | −1)
- steigt für alle $x \in \mathbb{R}$

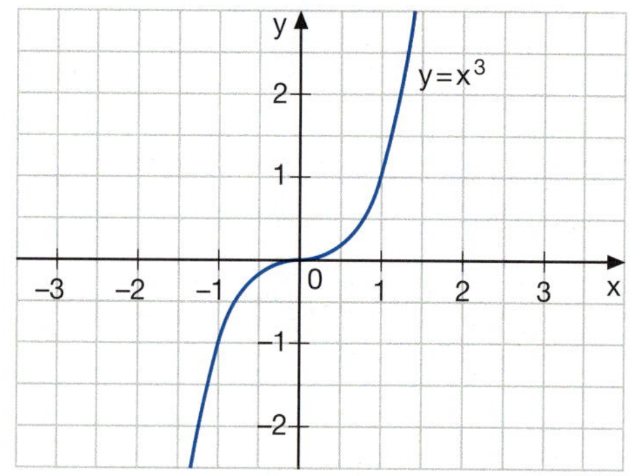

f: $\mathbf{y = x^{-n}}$ $n \in \mathbb{N}, n > 0$, n **gerade**

Definitionsbereich: $D = \mathbb{R} \setminus \{0\}$

Wertebereich: $W = \{y \in \mathbb{R} \mid y > 0\}$

Graph:
- symmetrisch zur y-Achse
- verläuft durch P (1 | 1), Q (−1 | 1)
- steigt für $x < 0$, fällt für $x > 0$

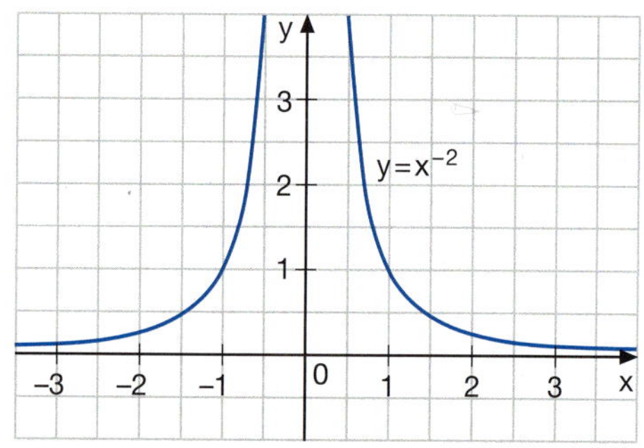

f: $\mathbf{y = x^{-n}}$ $n \in \mathbb{N}, n > 0$, n **ungerade**

Definitionsbereich: $D = \mathbb{R} \setminus \{0\}$

Wertebereich: $W = \mathbb{R} \setminus \{0\}$

Graph:
- symmetrisch zum Ursprung des Koordinatensystems
- verläuft durch P (1 | 1), Q (−1 | −1)
- ~~steigt für alle~~ $x \in \mathbb{R} \setminus \{0\}$

fällt

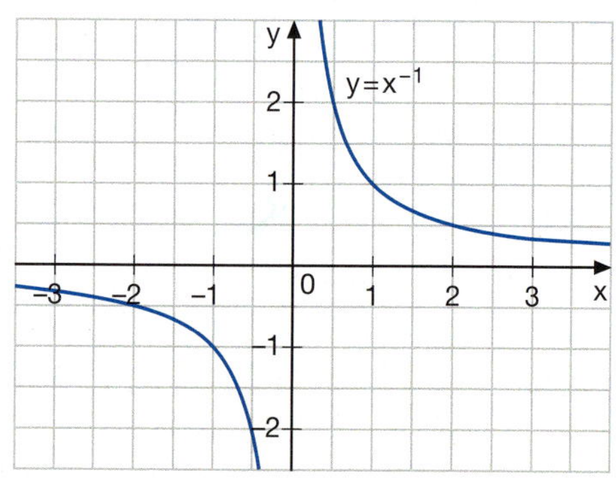

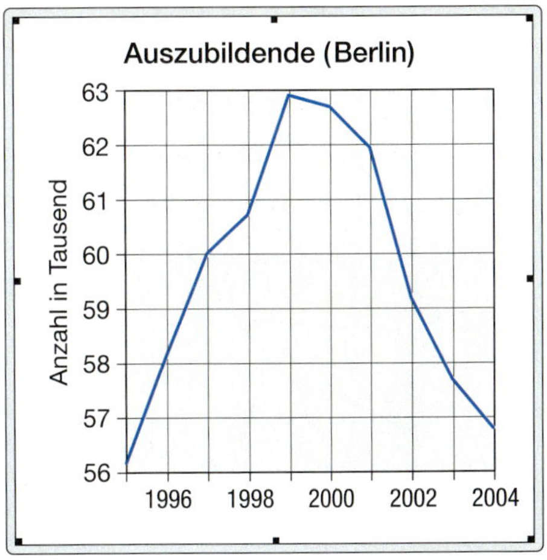
Auszubildende (Berlin)
Anzahl in Tausend
63
62
61
60
59
58
57
56
1996
1998
2000
2002
2004

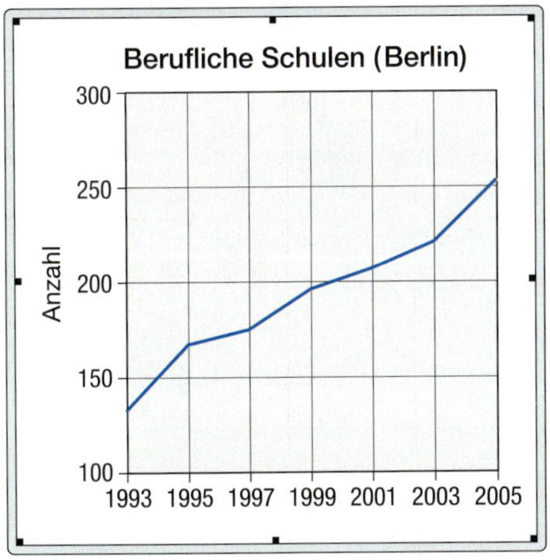
Berufliche Schulen (Berlin)
Anzahl
300
250
200
150
100
1993
1995
1997
1999
2001
2003
2005

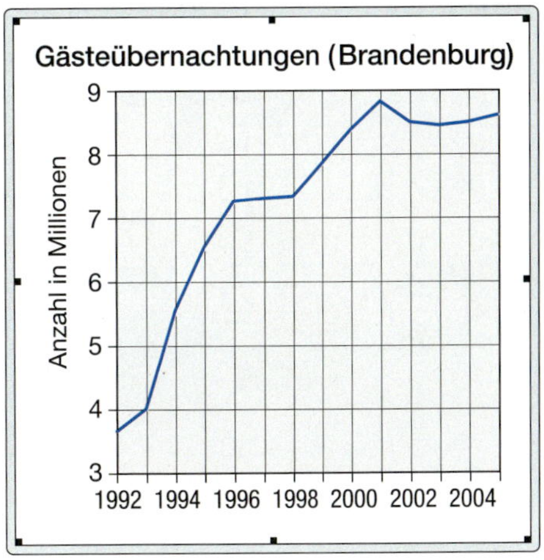
Gästeübernachtungen (Brandenburg)
Anzahl in Millionen
9
8
7
6
5
4
3
1992
1994
1996
1998
2000
2002
2004

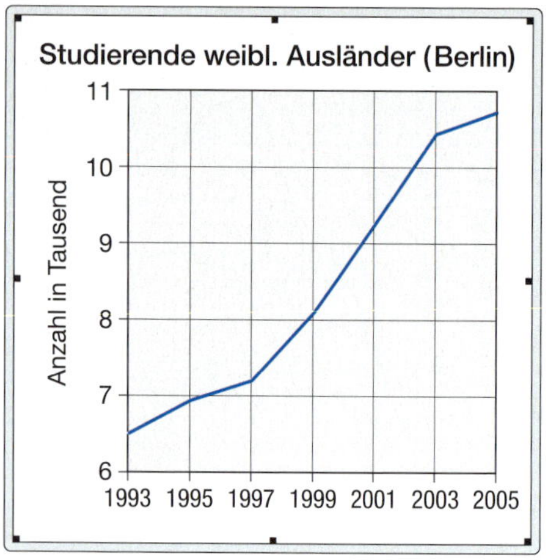

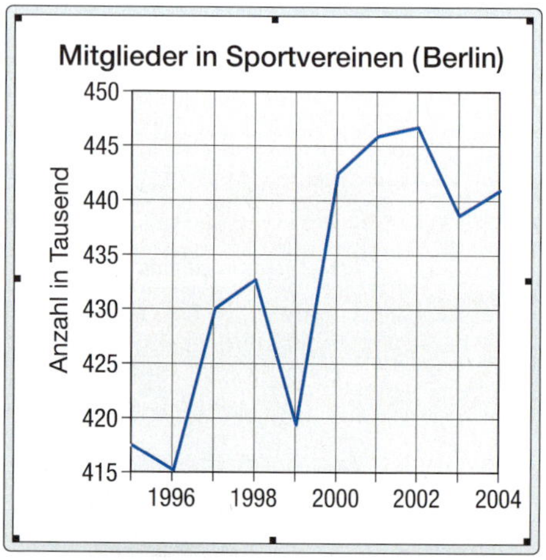

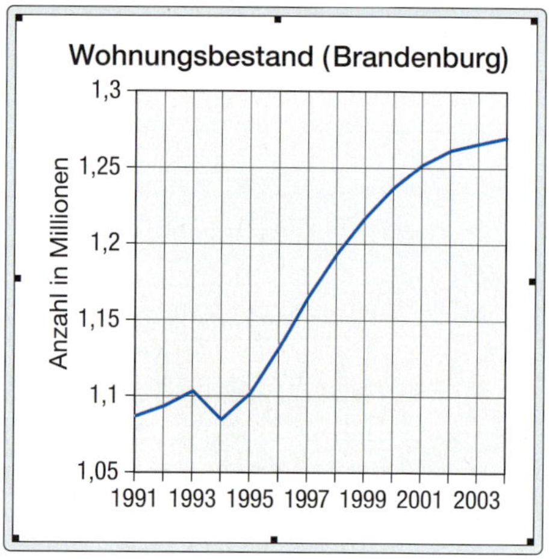

In den Diagrammen sind statistische Daten aus Berlin und Brandenburg grafisch dargestellt. Beschreibe die Graphen.

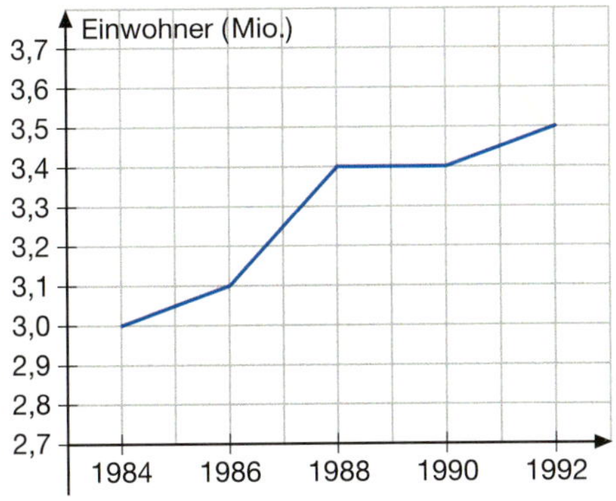

1 a) Im Koordinatensystem ist die Entwicklung der Einwohnerzahl Berlins zwischen 1984 und 1992 dargestellt. Beschreibe den Verlauf des Graphen.

b) Lies die Einwohnerzahl im Jahr 1984 (1986, 1988, 1990, 1992) ab. In welchem Zweijahreszeitraum war die Bevölkerungszunahme am größten (am geringsten)? Wie kannst du das unmittelbar am Graphen ablesen?

2 Morgens um 7 Uhr startet Herr Lüttke in Kiel und fährt mit seinem Wagen über die Autobahn nach Düsseldorf. Im Koordinatensystem kannst du die Entfernung ablesen, die er von Kiel aus zurückgelegt hat.

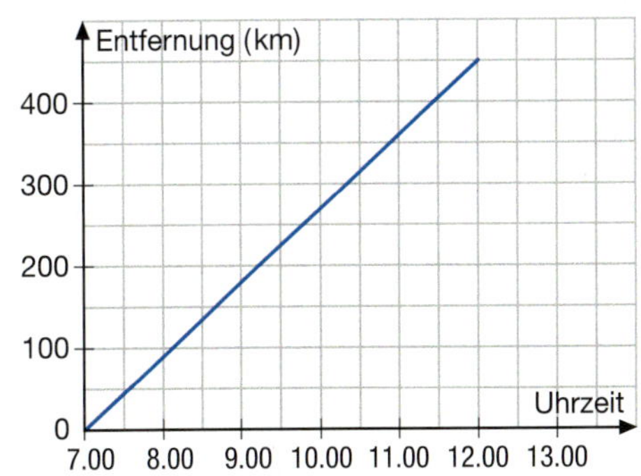

a) Beschreibe den Verlauf des Graphen.

b) Lies aus dem Koordinatensystem ab, wie weit Herr Lüttke um 8 Uhr (9 Uhr, 10 Uhr, 11 Uhr, 12 Uhr) von Kiel entfernt ist.

c) Vervollständige die Tabelle.

	von 7 Uhr bis 8 Uhr	von 8 Uhr bis 9 Uhr	von 9 Uhr bis 10 Uhr	von 10 Uhr bis 11 Uhr	von 11 Uhr bis 12 Uhr
Zunahme der Entfernung (km)	90				

Was stellst du fest?

3 Der Benzintank eines Autos enthält noch 8 Liter Benzin. Beim Tanken werden 0,5 Liter pro Sekunde in den Tank eingefüllt.

a) Vervollständige die Tabelle.

	Tankinhalt (l)
vor dem Tanken	8
nach 1 Sekunde	8,5
nach 2 Sekunden	9
nach 10 Sekunden	13
nach 20 Sekunden	
nach 30 Sekunden	
nach 40 Sekunden	
nach 60 Sekunden	

b) Begründe Katrins Behauptung.

c) Zeichne den Graphen der Zuordnung „Zeit → Tankinhalt" in ein Koordinatensystem.

d) Der Tank des Autos fasst 42 Liter. Wie lange dauert es, bis er ganz gefüllt ist?

Lineares Wachstum

Eine Größe wächst linear, wenn sie in gleichen Zeitspannen um den gleichen Betrag zunimmt.

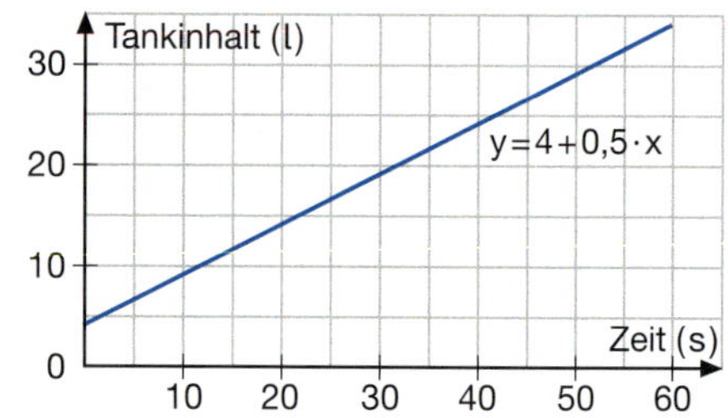

Der Benzintank eines Autos enthält noch 4 Liter Benzin. Beim Tanken werden 0,5 l pro Sekunde eingefüllt.

Zeit ⟶ Tankinhalt

Im Koordinatensystem kann lineares Wachstum mithilfe einer Geraden dargestellt werden.

4 Ein Schwimmbecken wird mit Wasser gefüllt. 4000 Liter Wasser sind bereits eingefüllt. Pro Minute kommen 100 Liter hinzu. Lege für die Zuordnung „Zeit ⟶ Inhalt des Schwimmbeckens" eine Wertetabelle an. Gib die Gleichung der Zuordnung an. Zeichne ihren Graphen in ein Koordinatensystem.

5 Ein Mobilfunkunternehmen bietet zwei verschiedene Tarife an.

Tarif A	
Grundgebühr:	5 €
Gesprächsgebühr:	0,50 € pro Minute

Tarif B	
Grundgebühr:	30 €
Gesprächsgebühr:	0,15 € pro Minute

a) Bestimme für jeden der beiden Tarife die Gleichung der Zuordnung „Zeit ⟶ Telefonkosten" und zeichne die Graphen in ein Koordinatensystem.

b) Isabell telefoniert durchschnittlich 50 Minuten (90 Minuten, 75 Minuten, 70 Minuten) pro Monat. Welcher Tarif ist für sie günstiger? Wie kannst du das unmittelbar an den Graphen ablesen?

6 Das menschliche Kopfhaar wächst einen Zentimeter pro Monat.

a) Begründe, dass die Haare des Menschen linear wachsen.

b) Wie viel Zentimeter wächst ein Kopfhaar in einem halben Jahr (einem Jahr, drei Jahren), wenn es nicht abgeschnitten wird?

c) Im Alter von 20 Jahren hat ein Mensch 90 000 Kopfhaare. Wie viel Meter neues Haar bildet er in einem Monat (an einem Tag)?

1 

AIRBUS A 340-200

Länge:	59 m
Höhe:	17 m
Spannweite:	60 m
Maximale Flughöhe:	12 500 m
Reisegeschwindigkeit:	940 km/h
Reichweite (beladen):	12 000 km
Maximaler Tankinhalt:	140 000 *l*

Um 6 Uhr morgens startet in Frankfurt ein Airbus 340-200 nach New York. Die Flugzeit beträgt 8 Stunden. Im Koordinatensystem kannst du den Tankinhalt des Flugzeugs ablesen.

a) Beschreibe den Verlauf des Graphen.
b) Wie viel Tonnen Kerosin sind beim Start in den Tanks der Maschine?
c) Gib den Tankinhalt um 7 Uhr (8 Uhr, 9 Uhr, 10 Uhr, 12 Uhr, 14 Uhr) an.
d) Wie viel Tonnen Kerosin hat das Flugzeug in der Zeit von 6 Uhr bis 7 Uhr (von 7 Uhr bis 8 Uhr, von 8 Uhr bis 9 Uhr, von 13 Uhr bis 14 Uhr) verbraucht?
e) Warum spricht man von linearer Abnahme?

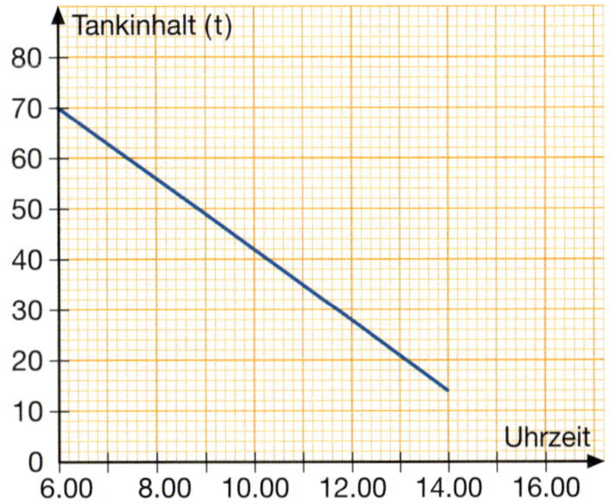

2 Ein Airbus 340-200 fliegt in 12 Stunden von Frankfurt nach Rio de Janeiro. Vor dem Start wurden 90 t Kerosin getankt. Die Maschine verbraucht 7 t Kerosin pro Flugstunde.
a) Wie viel Tonnen Kerosin enthalten die Tanks des Flugzeugs nach einer Stunde (nach 2, 3, 4, … 12 Stunden)? Lege eine Wertetabelle an.
b) Zeichne den Graphen der Zuordnung „Zeit ⟶ Tankinhalt" in ein Koordinatensystem.
c) Begründe, dass du den Tankinhalt mithilfe der Gleichung $\boxed{y = 90 - 7x}$ bestimmen kannst. Was bezeichnet die Variable x, was bezeichnet y?

3 Im Winter verbraucht Familie Kirchhoff durchschnittlich 16 Liter Heizöl pro Tag. Vor Beginn des Winters ist der Öltank mit 2000 Litern Heizöl gefüllt worden.
a) Bestimme den Inhalt des Öltanks nach 10 (20, 30, … 100) Tagen. Lege eine Wertetabelle an.
b) Zeichne den Graphen der Zuordnung „Zeit ⟶ Tankinhalt" in ein Koordinatensystem.
c) Gib die Gleichung der Zuordnung an.
d) Für wie viele Tage reicht der Ölvorrat von Familie Kirchhoff?

4 Ein Patient muss durch Infusion künstlich ernährt werden. Dabei fließen unter anderem pro Minute 2 ml einer sterilen Glucoselösung in die Vene des Patienten. Zu Beginn der Infusion enthält die Infusionsflasche 500 ml Glucoselösung.
Bestimme die Gleichung der Zuordung „Zeit ⟶ Inhalt der Infusionsflasche" und zeichne den Graphen in ein Koordinatensystem.

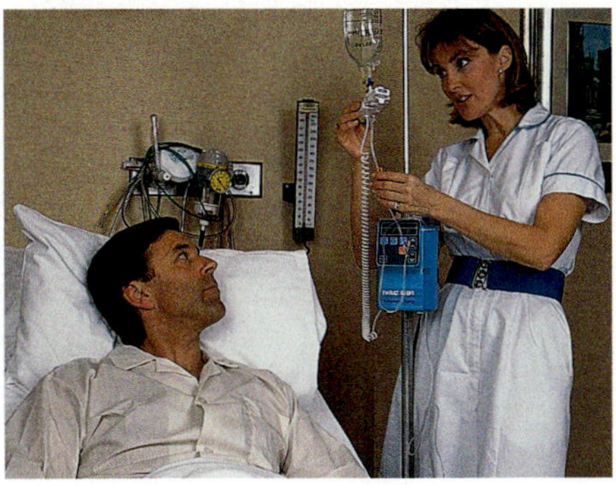

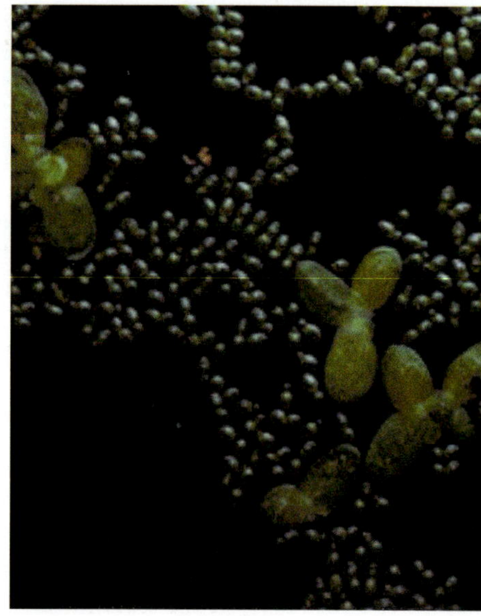

1 Wasserlinsen sind die am schnellsten wachsenden höheren Pflanzen. Bei günstigen Bedingungen verdoppelt sich die von ihnen bedeckte Fläche an jedem Tag. Corinna beobachtet, dass ein Quadratmeter der Oberfläche eines Teiches von Wasserlinsen bedeckt ist.

a) Wie viel Quadratmeter der Oberfläche bedecken die Wasserlinsen einen Tag später? Wie viel Quadratmeter sind es zwei (drei, vier, fünf) Tage nach Corinnas Beobachtung? Vervollständige die Wertetabelle.

Zeit (d)	x	0	1	2	3	4	5
Flächeninhalt (m^2)	y	1					
			$\cdot 2$	$\cdot 2$	$\cdot 2$	$\cdot 2$	$\cdot 2$

b)

Zeit (d)	Inhalt der von Wasserlinsen bedeckten Fläche (m^2)
0	1
1	$1 \cdot 2 = 2^1$
2	$1 \cdot 2 \cdot 2 = 2^2$
3	$1 \cdot 2 \cdot 2 \cdot 2 = 2^3$
4	$1 \cdot 2 \cdot 2 \cdot 2 \cdot 2 = 2^4$
5	$1 \cdot 2 \cdot 2 \cdot 2 \cdot 2 \cdot 2 = 2^5$

Begründe, dass die Zuordnung „Zeit → Inhalt der von Wasserlinsen bedeckten Fläche“ mit der Gleichung $y = 2^x$ beschrieben werden kann.
In der Gleichung tritt die Variable x als Exponent auf. Daher sprechen wir von **exponentiellem Wachstum**.

c) Berechne mithilfe der Gleichung, wie viel Quadratmeter des Teiches sieben (acht, zehn) Tage nach Corinnas erster Beobachtung von Wasserlinsen bedeckt sind.

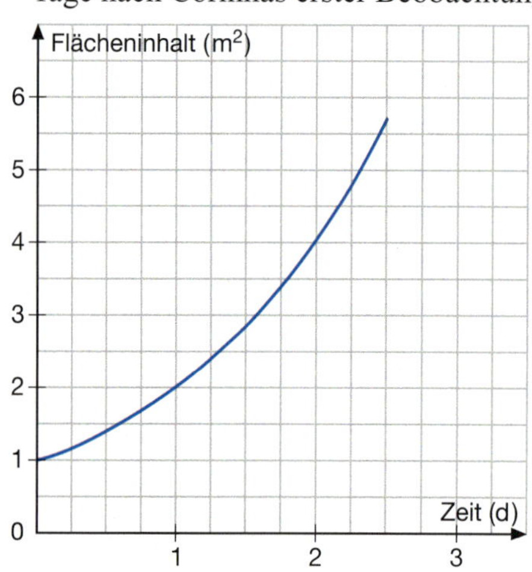

d) Im Koordinatensystem ist die Zuordnung „Zeit → Inhalt der von Wasserlinsen bedeckten Fläche“ dargestellt. Beschreibe den Verlauf des Graphen.
e) Übertrage den Graphen in dein Heft.
f) Bestimme mithilfe des Graphen, wie viel Quadratmeter des Teiches einen halben Tag (1,5 Tage; 2,5 Tage) nach Corinnas erster Beobachtung von Wasserlinsen bedeckt sind.

2 Die Masse einer Bakterienkultur verdreifacht sich innerhalb einer Stunde. Zu Beginn der Beobachtung beträgt die Masse 1 Gramm.
a) Bestimme die Masse der Bakterien nach einer Stunde (2 h, 3 h, 4 h, 5 h).
b) Bestimme die Gleichung der Zuordnung „Zeit → Masse der Bakterien“.
c) Zeichne den Graphen der Zuordnung in ein Koordinatensystem.

Exponentielles Wachstum
Eine Größe wächst exponentiell, wenn sie in gleichen Zeitspannen um den gleichen Faktor zunimmt.

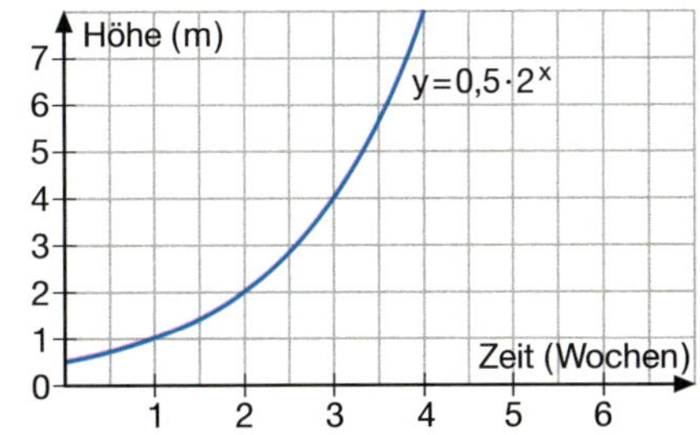

Eine Braunalge ist zu Beginn der Beobachtung 0,5 m hoch. Ihre Höhe verdoppelt sich in einer Woche.

Zeit → Höhe

3 a) Braunalgen wachsen sehr schnell. Ihre Höhe verdoppelt sich in einer Woche. Eine Alge ist zu Beginn 3 m hoch. Wie hoch ist sie eine Woche später? Welche Höhe hätte sie nach 2 (3, 4, 5) Wochen? Vervollständige die Wertetabelle.

Zeit (Wochen)	x	0	1	2	3	4	5
Höhe (m)	y	3					
		·2	·2	·2	·2	·2	

b)

Zeit (Wochen)	Höhe der Braunalge (m)
0	3
1	$3 \cdot 2 = 3 \cdot 2^1$
2	$3 \cdot 2 \cdot 2 = 3 \cdot 2^2$
3	$3 \cdot 2 \cdot 2 \cdot 2 = 3 \cdot 2^3$

Begründe: Wenn die Braunalge zu Beginn der Beobachtung 3 m hoch ist, kann die Zuordnung „Zeit → Höhe der Braunalge“ mithilfe der Gleichung $y = 3 \cdot 2^x$ beschrieben werden.

4

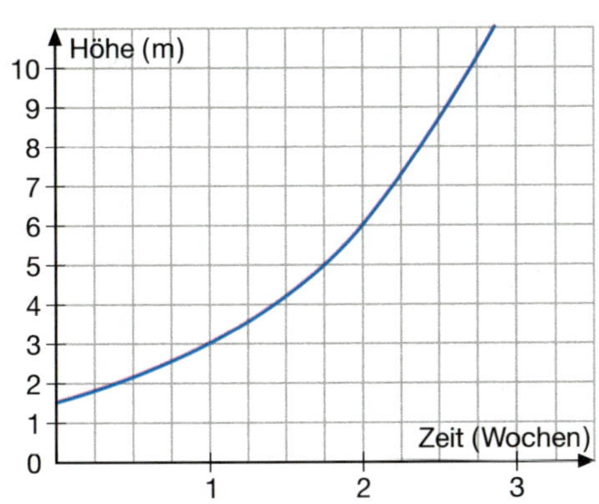

Eine Braunalge ist zu Beginn der Beobachtung 1,50 m hoch und verdoppelt ihre Höhe in einer Woche.

a) Im Koordinatensystem ist die Zuordnung „Zeit → Höhe der Braunalge“ dargestellt. Beschreibe den Graphen. Wo schneidet er die y-Achse?

b) Lies die Höhe der Alge nach einer Woche (nach zwei Wochen) aus dem Koordinatensystem ab.

c) Gib die Gleichung der Zuordnung „Zeit → Höhe der Braunalge“ an.

5 Eine Braunalge ist zu Beginn der Beobachtung 2,50 m hoch. Ihre Höhe verdoppelt sich in einer Woche. Welche Höhe hat sie nach 2 (3, 4, 5) Wochen? Lege eine Wertetabelle an. Gib die Gleichung der Zuordnung „Zeit → Höhe der Alge“ an und zeichne ihren Graphen in ein Koordinatensystem.

1

Im Physikunterricht der Klasse 10 wird ein Modellversuch zum radioaktiven Zerfall durchgeführt. Kristina, Irina und Johannes haben dazu Bier in einen Messzylinder geschüttet, sodass eine hohe Schaumschicht entsteht. Alle 30 Sekunden bestimmen sie die Höhe des Bierschaums und tragen den Wert in eine Tabelle ein.
Sie haben ihre Messergebnisse in ein Koordinatensystem eingetragen.

a) Beschreibe den Verlauf des Graphen.
b) Auf welchen Bruchteil der Ausgangshöhe ist die Höhe des Bierschaums nach 1 (2, 3) Minuten gesunken?

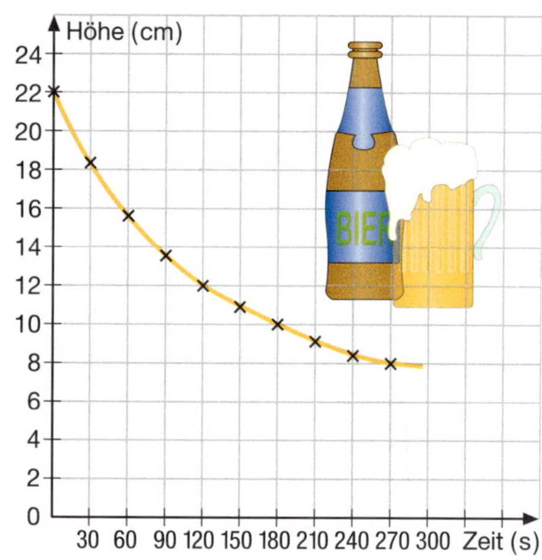

2

Der Luftdruck der Atmosphäre beträgt in Meereshöhe durchschnittlich 1013,25 hPa (Hektopascal) und nimmt mit zunehmender Höhe über dem Meeresspiegel ab. Mithilfe der barometrischen Höhenformel kann der Luftdruck berechnet werden:

$$p = 1013{,}25 \cdot 0{,}999875^{h}$$

Setzt man für h die Höhe über dem Meeresspiegel (gemessen in Metern) ein, so erhält man für p den Luftdruck in dieser Höhe (gemessen in Hektopascal).

a) Berechne den Luftdruck in 1000 (2000, 3000) Metern Höhe?
b) Der Mount Everest ist mit 8848 m der höchste Berg der Erde. Wie groß ist der Luftdruck auf seinem Gipfel? Vergleiche mit dem Luftdruck auf Meereshöhe.

1 Bei einer Quizshow werden dem Kandidaten bis zu zehn Fragen gestellt. Wird eine Frage nicht oder falsch beantwortet, scheidet der Kandidat aus. Vor Beginn der Fragerunde muss der Kandidat wählen, wie sein Gewinn bestimmt wird.

> 1. Möglichkeit
> Für jede richtig beantwortete Frage erhält er 200 €.

> 2. Möglichkeit
> Beantwortet er die erste Frage richtig, erhält er 10 €. Bei jeder weiteren richtigen Antwort wird der Gewinn verdoppelt.

a) Entscheide dich ohne Rechnung für eine der beiden Möglichkeiten.
b) Vervollständige die Tabelle.

	eine richtige Antwort	zwei richtige Antworten	drei richtige Antworten		zehn richtige Antworten
Gewinn (1. Möglichkeit)	200 €	400 €			
Gewinn (2. Möglichkeit)	10 €	20 €			

c) Ein Kandidat beantwortet fünf (sieben, zehn) Fragen richtig. Bei welcher Möglichkeit ist sein Gewinn größer? Wie viele Fragen muss ein Kandidat mindestens richtig beantworten, damit er bei der zweiten Möglichkeit den größeren Gewinn erhält?
d) Bei welcher Möglichkeit wächst der Gewinn linear, bei welcher exponentiell?

2 Um einen Motorroller kaufen zu können, muss Laura ein Jahr lang sparen. Ihr Großvater will sich an den Kosten beteiligen. Er schlägt ihr zwei verschiedene Möglichkeiten vor.

a) Vervollständige die Tabelle.

	Startkapital	1. Monat	2. Monat	3. Monat		12. Monat
Guthaben (1. Möglichkeit)	500 €	600 €	700 €			
Guthaben (2. Möglichkeit)	0,50 €	1 €	2 €			

Was stellst du fest?
b) Stelle für beide Möglichkeiten Lauras Guthaben als Graph in demselben Koordinatensystem dar. Vergleiche die beiden Graphen.
c) Bei welcher Möglichkeit wächst Lauras Guthaben linear, bei welcher exponentiell?
d) Beschreibe Lauras Guthaben jeweils durch eine Gleichung. Dabei soll x die Anzahl der Monate und y das Guthaben bezeichnen.

1 Eine Bakterienkultur verdreifacht stündlich ihre Masse. Zu Beginn der Beobachtung beträgt die Masse 1 g.

a) Bestimme die Masse der Bakterienkultur nach 1 (2, 3, 4, 5) Stunden.

Zeit (h)	0	1	2	3	4	5
Masse (g)	1	■	■	■	■	■

b) Gib den Term an, der das Wachstum der Bakterienkultur beschreibt.

c) Bestimme die Masse der Kultur nach 0,5 (1,5; 2,5; 3,5; 4,5) Stunden.

d) Handelt es sich bei der Zuordnung „Zeit ⟶ Masse“ um eine Funktion? Begründe.

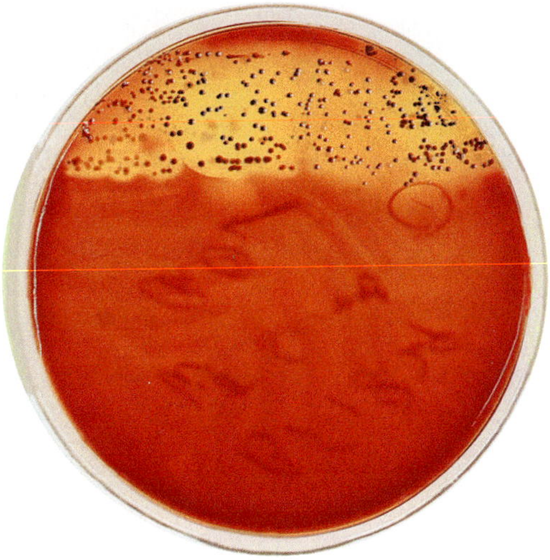

2 Im Koordinatensystem siehst du einen Ausschnitt des Graphen der Funktion mit der Funktionsgleichung $y = 2^x$ und dem Definitionsbereich $D = \mathbb{R}$.

a) Lege eine Wertetabelle mit x-Werten zwischen −3 und 3 an (Schrittweite 0,5) und zeichne den Funktionsgraphen.

b) Gib den Wertebereich der Funktion an.

c) In welchem Punkt schneidet der Graph der Funktion die y-Achse?

d) Wie verläuft der Graph, wenn die x-Werte immer kleiner werden?

e) Warum hat der Graph keinen Schnittpunkt mit der x-Achse?

f) Was kannst du über das Steigungsverhalten des Graphen aussagen?

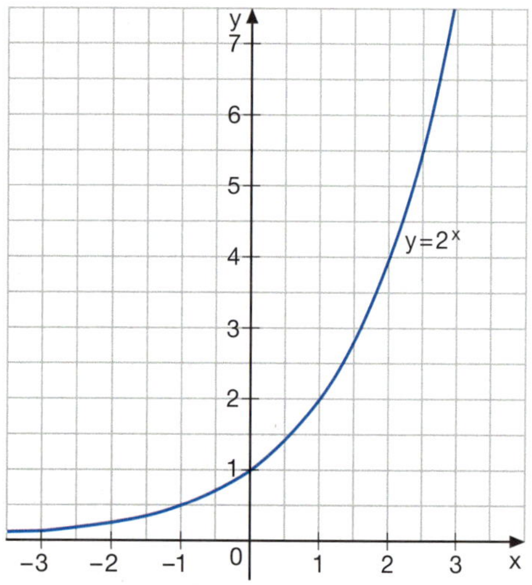

3 Die Exponentialfunktion f hat die Zuordnungsvorschrift $f\colon x \to 3^x$, die zugehörige Funktionsgleichung lautet $f(x) = 3^x$.

a) Lege eine Wertetabelle mit x-Werten zwischen −3 und 3 an (Schrittweite 0,5).

b) Zeichne den Funktionsgraphen in ein Koordinatensystem (Einheit 1 cm).

c) Gib den Schnittpunkt des Graphen mit der y-Achse an.

d) Beschreibe den Verlauf des Graphen für sehr kleine x-Werte.

e) Beschreibe das Steigungsverhalten des Graphen.

4 a) Zeichne zu der Funktion $y = 4^x$ den Graphen der Exponentialfunktion in ein Koordinatensystem (x-Achse: 4 cm ≙ 1, y-Achse: 4 cm ≙ 1). Berechne dazu die Funktionswerte mit $-2 \leq x \leq 2$. (Schrittweite 0,5)

b) Bestimme mithilfe des Graphen die fehlenden x- oder y-Werte:

$f(0) =$ ■	$f(-0{,}75) =$ ■	$f(-1{,}5) =$ ■	$f(0{,}5) =$ ■	$f(-0{,}25) =$ ■
$f(x) = 0{,}25$	$f(x) = 0{,}5$	$f(x) = 4$	$f(x) = 0{,}125$	$f(x) = -2$

5 Zeichne den Graphen der Exponentialfunktion mit der Funktionsgleichung $y = 1^x$ in ein Koordinatensystem. Beschreibe den Funktionsgraphen und gib den Wertebereich an.

6 Ein Körper mit einer Temperatur von 120 °C wird zum Abkühlen in einen Raum mit einer konstanten Temperatur von 0 °C gebracht. Nach Ablauf einer Stunde beträgt die Temperatur jeweils die Hälfte des Wertes, den sie zu Beginn der Stunde hatte.

a) Gib die Temperatur nach 1 (2; 3; 4; 5) Stunde(n) an.

b) Im Koordinatensystem ist der Abkühlungsvorgang grafisch dargestellt. Lies die Temperatur des Körpers nach 1,5 (2,5; 3,5; 4,5) Stunden ab.

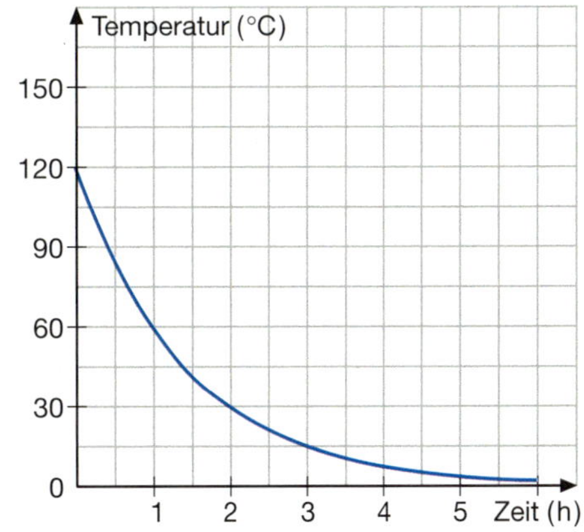

7 Im Koordinatensystem ist ein Ausschnitt des Graphen der Funktion f mit der Funktionsgleichung $f(x) = (\frac{1}{2})^x$ und dem Definitionsbereich $D = \mathbb{R}$ dargestellt.

a) Lege eine Wertetabelle mit x-Werten zwischen −3 und 3 an (Schrittweite 0,5) und zeichne den Graphen der Funktion.

b) Gib den Wertebereich der Funktion an.

c) In welchem Punkt schneidet der Graph die y-Achse?

d) Wie verläuft der Graph, wenn die x-Werte immer größer werden?

e) Warum schneidet der Graph die x-Achse nicht?

f) Beschreibe die Steigung des Graphen.

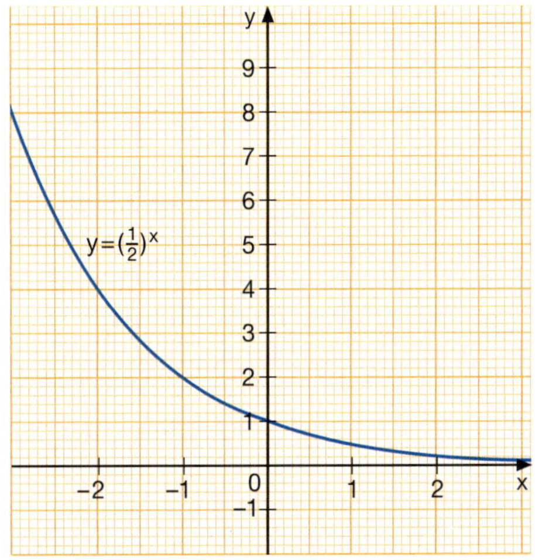

8 a) Lege für die Funktionen f mit $f(x) = 3^x$ und g mit $g(x) = (\frac{1}{3})^x$ eine Wertetabelle für x-Werte mit $-2 \leq x \leq 2$ an (Schrittweite 0,5).

b) Zeichne die Graphen der Funktionen in ein Koordinatensystem (Einheit 1 cm).

c) Beschreibe die Lage der beiden Graphen zueinander.

d) Vergleiche das Steigungsverhalten der beiden Graphen miteinander.

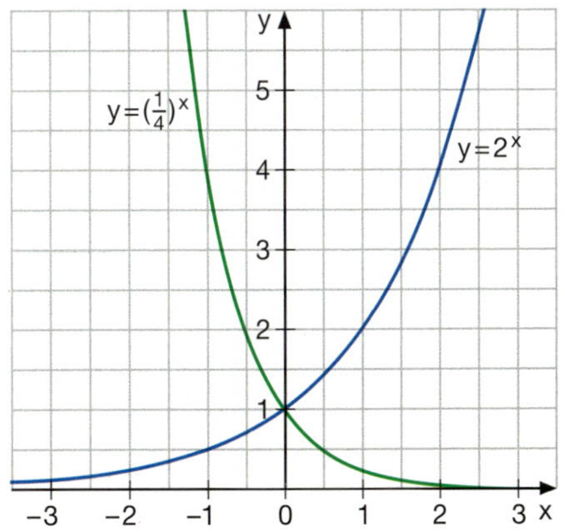

Eine Funktion f mit der Funktionsgleichung

$$f(x) = a^x \quad a > 0$$

heißt **Exponentialfunktion**.

Der Definitionsbereich ist $\mathbb{R}$.

Für $a \neq 1$ ist der Wertebereich die Menge aller positiven reellen Zahlen.

Der Graph schneidet die y-Achse in P (0|1).

Für $a > 1$ steigt der Graph, für $a < 1$ fällt er.

Rechne mit dem Wachstumsfaktor.
Zu einem Wachstum von 3,5 % gehört ein Wachstumsfaktor von 1,035.

1 Der Holzbestand einer Waldfläche beträgt 20 000 Festmeter. Forstwirtin Gerke muss für weitere Planungen die Zunahme des Holzbestandes berechnen. Unter normalen Wachstumsbedingungen nimmt der Bestand jährlich um 3,5 % zu. Wie viel Festmeter (Fm) beträgt der Holzbestand nach 5 (8, 12, 15) Jahren?

Bestand nach einem Jahr:
$20000\ \text{Fm} \cdot 1{,}035 = 20700\ \text{Fm}$
Bestand nach zwei Jahren:
$20000\ \text{Fm} \cdot 1{,}035^2 = 21424{,}5\ \text{Fm}$

2 Im Koordinatensystem sind die Graphen der Funktionen f und g mit den Gleichungen $f(x) = 2^x$ und $g(x) = 3 \cdot 2^x$ dargestellt.
a) Lege für beide Funktionen eine Wertetabelle mit x-Werten zwischen −3 und 3 (Schrittweite 0,5) an. Vergleiche die Funktionswerte. Was stellst du fest?
b) Wo schneidet der Graph der Funktion g die y-Achse? Wie kannst du die y-Koordinate des Schnittpunktes unmittelbar aus der Funktionsgleichung ablesen?
c) Wo schneidet der Graph der Funktion h mit $h(x) = 4 \cdot 2^x$ (k mit $k(x) = 2{,}5 \cdot 2^x$) die y-Achse?

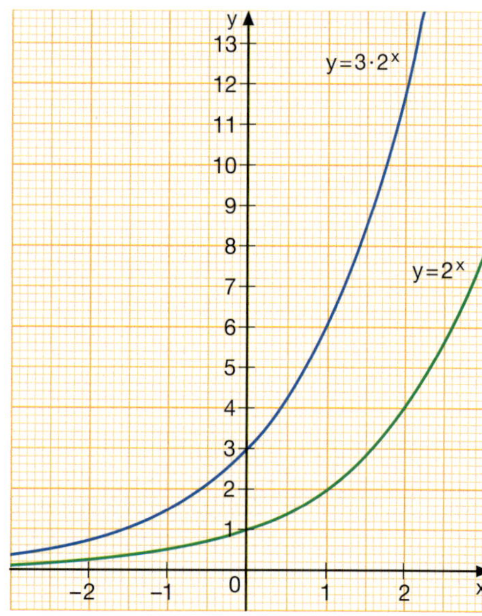

3 Lege für die Funktionen f und g jeweils eine Wertetabelle mit x-Werten zwischen −2 und 2 an. Zeichne beide Graphen in dasselbe Koordinatensystem (1 Einheit ≙ 1 cm). Gib jeweils den Schnittpunkt mit der y-Achse an.

a) $f(x) = 2 \cdot 3^x$ $\quad g(x) = 0{,}5 \cdot 3^x$ $\qquad$ b) $f(x) = 3 \cdot 0{,}5^x$ $\quad g(x) = 1{,}5 \cdot 0{,}5^x$

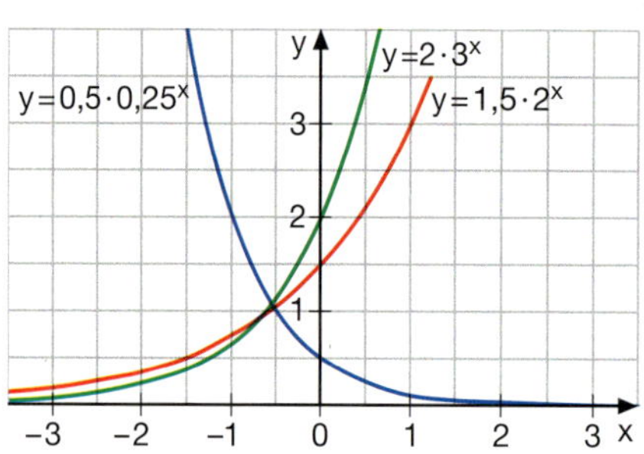

Der Graph der Exponentialfunktion f mit der Gleichung

$f(x) = k \cdot a^x \qquad k, a \in \mathbb{R}, a > 0, k \neq 0$

schneidet die y-Achse im Punkt $(0|k)$.

Aram eröffnet ein Sparkonto mit 25 €. Monatlich zahlt er 15 € ein.

+1 +1 +1 +1 +1

Monate	0	1	2	3	4	5
Betrag (€)	25	40	55	70	85	100

+ 15 + 15 + 15 + 15 + 15

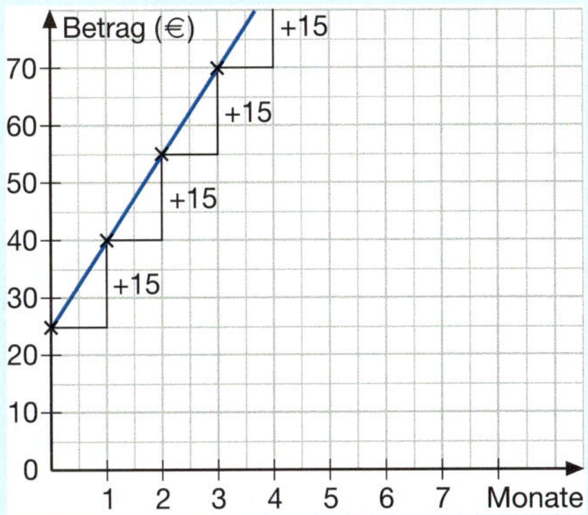

Lineare Zunahme
Nimmt die erste Größe um 1 zu, dann wächst die zweite Größe um einen festen Betrag.

Eine Bakterienkultur verdoppelt stündlich ihre Masse. Zu Beginn der Beobachtung beträgt die Masse 1 g.

+1 +1 +1 +1 +1

Zeit (h)	0	1	2	3	4	5
Masse (g)	1	2	4	8	16	32

·2 ·2 ·2 ·2 ·2

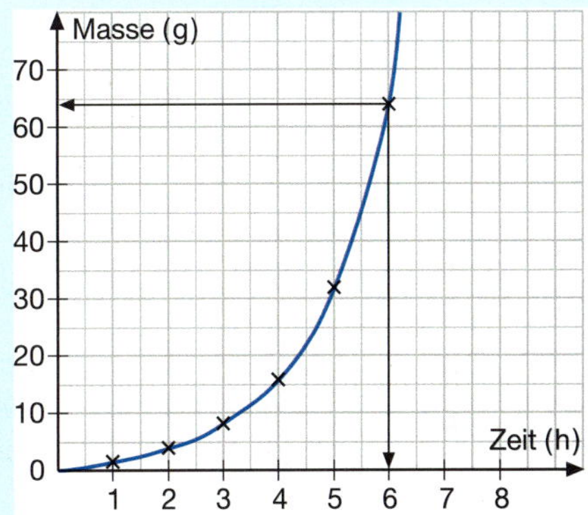

Exponentielle Zunahme
Nimmt die erste Größe um 1 zu, dann vervielfacht sich die zweite Größe jeweils um einen festen Wachstumsfaktor.

Eine Funktion f mit der Gleichung
$f(x) = a^x$ $(a > 0)$
heißt Exponentialfunktion.

Der Definitionsbereich ist $\mathbb{R}$.

Für $a \neq 1$ ist der Wertebereich die Menge aller positiven reellen Zahlen.

Der Graph schneidet die y-Achse in P (0|1).

Für $a > 1$ steigt der Graph, für $a < 1$ fällt er.

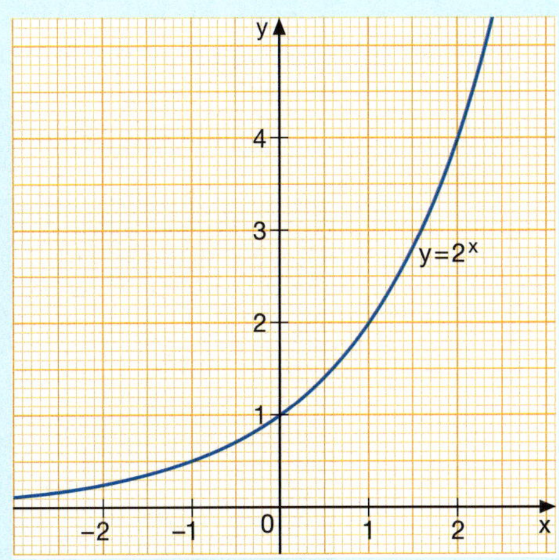

Der Graph der Exponentialfunktion f mit der Gleichung

$f(x) = k \cdot a^x$ $k, a \in \mathbb{R}, a > 0, k \neq 0$

schneidet die y-Achse im Punkt (0|k).

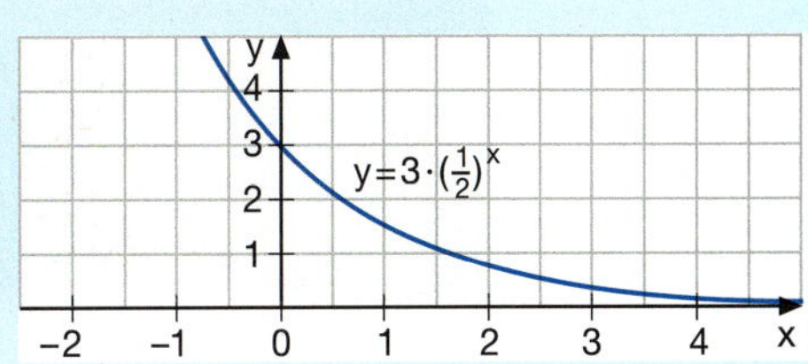

1 Entscheide, ob ein lineares oder ein exponentielles Wachstum vorliegt. Begründe deine Antwort.

a) Ein Tank enthält 350 Liter Wasser. Pro Minute fließen 12 Liter hinzu.

b) Eine Baugrube ist bereits 300 m^3 groß. Ein Bagger vergrößert sie stündlich um 18 m^3.

c) Auf einem Nährboden ist eine 8 cm^2 große Fläche mit Pilzen bewachsen. Die Fläche nimmt täglich um die Hälfte zu.

2 Auf Meereshöhe beträgt die mittlere Temperatur 20 °C. Die Temperatur nimmt bei einer Höhenzunahme von 1000 m um jeweils 6,5 °C ab.

a) Lege eine Tabelle an und bestimme die Temperaturentwicklung für die Höhen von 0 bis 10000 m. Übertrage die Werte in ein Koordinatensystem.

b) Welche Temperatur herrscht in einer Höhe von 2000 m (3500 m, 4500 m, 7500 m)?

c) Wie groß ist die Temperaturänderung von 4500 m auf 8500 m?

d) In welcher Höhe herrscht eine Temperatur von −10°, −5°, 0° bzw. 10°?

3 Majonäse wird mit rohen Eiern zubereitet. Daher kann sie Bakterien der Art Salmonella enteridis enthalten. Durch diese Bakterienart wird eine Erkrankung des Darms hervorgerufen. 10^6 Bakterien reichen für eine Infektion. Bei 37 °C vervierfacht sich die Zahl der Bakterien dieser Art in einer Stunde.
Bei sommerlicher Hitze macht Nadine mit ihrer Klasse einer Ausflug. Sie nimmt eine Portion Kartoffelsalat mit, der mit Majonäse angemacht ist. In Nadines Kartoffelsalat befinden sich zunächst 1000 Salmonellen.

a) Wie groß ist die Anzahl der Salmonellen nach einer Stunde (nach 3 Stunden)?

b) Nach welcher Zeit muss sie den Kartoffelsalat spätestens verzehrt haben, um einer Infektion zu entgehen?

4

Von einer besonderen Seerosenart berichtet eine alte Legende. Diese Seerosen vermehrten sich so schnell, dass sie an jedem Tag eine doppelt so große Fläche bedeckten wie am Tag zuvor. In einem Teich wurde eine von diesen Seerosen gepflanzt und 20 Tage später war der ganze Teich mit Seerosen bedeckt.

a) Nach wie vielen Tagen war der Teich zur Hälfte (zu einem Viertel) mit Seerosen bedeckt?

b) Nach wie vielen Tagen wäre der Teich vollständig mit Seerosen bedeckt gewesen, wenn zu Beginn zwei Seerosen gepflanzt worden wären?

1

a) Herr Müller hat ein Guthaben (Kapital) von 8000 € für vier Jahre angelegt. Der Zinssatz beträgt 5 % pro Jahr.
Nach Ablauf eines Jahres werden die Zinsen, die in diesem Jahr angefallen sind, dem Konto gutgeschrieben und im folgenden Jahr zusammen mit dem Guthaben verzinst. Diese Zinsen heißen **Zinseszinsen**.

	Guthaben am Jahresanfang	Zinsen	Guthaben am Jahresende
1. Jahr	8000 € +	400 € =	8400 €
2. Jahr	8400 € +	420 € =	8820 €
3. Jahr	8820 € +	=	
4. Jahr	+	=	

Vervollständige die Tabelle. Wie groß ist das Guthaben, über das Herr Müller nach vier Jahren verfügen kann?

b) Das Guthaben nach vier Jahren kannst du auch mithilfe des Zinsfaktors ausrechnen. Vervollständige die Tabelle und vergleiche mit dem Ergebnis von a).

	Guthaben am Jahresanfang	Zinsfaktor	Guthaben am Jahresende
1. Jahr	8000 € ·	1,05 =	8400 €
2. Jahr	8400 € ·	1,05 =	8820 €
3. Jahr	8820 € ·	1,05 =	
4. Jahr	·	=	

Zu einem Zinssatz von p % gehört der Zinsfaktor $q = 1 + \frac{p}{100}$.
Wenn man das Guthaben am Jahresanfang mit dem Zinsfaktor multipliziert, erhält man das Guthaben am Jahresende.
Zinssatz: 7 %
Zinsfaktor: $1 + \frac{7}{100} = 1,07$
Guthaben am Jahresanfang: 1000 €
Guthaben am Jahresende:
1000 € · 1,07 = 1070 €

c) Das Beispiel zeigt eine weitere Möglichkeit, das Guthaben nach 4 Jahren zu bestimmen.

Anfangskapital: $K_0 = 8000$ €
Kapital nach einem Jahr: $K_1 = 8000$ € · 1,05
Kapital nach zwei Jahren: $K_2 = 8000$ € · 1,05 · 1,05 = 8000 € · $1{,}05^2$
Kapital nach drei Jahren: $K_3 = 8000$ € · 1,05 · 1,05 · 1,05 = 8000 € · $1{,}05^3$
Kapital nach vier Jahren: $K_4 = 8000$ € · 1,05 · 1,05 · 1,05 · 1,05 = 8000 € · $1{,}05^4$

Erkläre, wie im Beispiel das Guthaben nach vier Jahren bestimmt wird.
Berechne 8000 · $1{,}05^4$ und vergleiche mit dem Ergebnis von b).
Begründe Mirjams Behauptung.

$K_0 = 10\,000$ € $n = 5$ Jahre K_0 Anfangskapital n Laufzeit in Jahren
$p\% = 4{,}5$ % $q = 1{,}045$ K_n Kapital nach n Jahren q Zinsfaktor

$K_5 = 10\,000 \cdot 1{,}045^5$ €
$= 12\,461{,}82$ €

Zinseszinsformel: $\mathbf{K_n = K_0 \cdot q^n}$

2 Bestimme das Guthaben am Ende der Laufzeit.

	a)	b)	c)	d)	e)	f)
Kapital	500 €	2000 €	1200 €	8000 €	15 000 €	17 500 €
Zinssatz	3 %	4 %	5,5 %	6,5 %	5,7 %	5,25 %
Laufzeit	4 Jahre	5 Jahre	8 Jahre	10 Jahre	5 Jahre	4 Jahre

3 a) Frau Beierle hat ein Guthaben von 12 000 € für sechs Jahre angelegt. Der Zinssatz beträgt 4 %. Berechne möglichst einfach, über welches Kapital Frau Beierle nach sechs Jahren verfügen kann.
b) Herr Leise hat 30 000 € geerbt. Er legt dieses Kapital für zehn Jahre an. Der Zinssatz beträgt 7,5 %. Welches Kapital besitzt Herr Leise am Ende der Laufzeit?
c) Michaela hat auf ihrem Sparbuch ein Guthaben von 600 €. Sie erhält 2 % Zinsen. Wie hoch ist ihr Guthaben nach drei Jahren, wenn sie kein Geld vom Konto abhebt?
d) Vor vier Jahren hat Herr Goller 6500 € zu einem Zinssatz von 4,25 % angelegt. Wie groß ist sein Guthaben heute?
e) Ihren Lottogewinn von 7345 € legt Frau Bauer für fünf Jahre zu einem Zinssatz von 3,75 % an. Wie groß ist ihr Guthaben am Ende der Laufzeit?

4 Frau Stein und Herr Kötter haben jeweils ein Guthaben von 10 000 €. Beide erhalten 4,5 % Zinsen. Frau Stein lässt die Zinsen auf ihrem Konto, Herr Kötter hebt sie jeweils am Ende eines Jahres ab. Wie viel Euro Zinsen hat Frau Stein nach vier Jahren insgesamt erhalten, wie viel Herr Kötter?

5

Spar-Bank

Sparbrief (ab 2000 €)

im 1. Jahr 3,5 % im 3. Jahr 5 %
im 2. Jahr 4 % im 4. Jahr 5,5 %

Herr Kompes kauft für 4000 € bei der Spar-Bank einen Sparbrief. Frau Jahnke legt denselben Betrag für vier Jahre zu einem Zinssatz von 4,5 % an. Wer von beiden verfügt nach vier Jahren über das größere Guthaben?

6 Im Beispiel wird das Wachstum eines Guthabens von 1000 €, das zu einem Zinssatz von 3,75 % angelegt ist, mithilfe eines Tabellenkalkulationsprogramms berechnet.
Berechne ebenso das Wachstum unterschiedlicher Guthaben. Wähle verschiedene Zinssätze.

B6 = =$B$1*$B$3*A6

	A	B
1	Anfangskapital (EUR):	1000
2	Zinssatz (p %):	3,75
3	Zinsfaktor:	1,0375
4		
5	Laufzeit (Jahre)	Guthaben am Ende der Laufzeit (EUR)
6	1	1037,50
7	2	1076,41
8	3	1116,77
9	4	1158,65
10	5	1202,10
11	6	1247,18
12	7	1293,96

7 Das Beispiel zeigt zwei Möglichkeiten, wie du mithilfe der Zinseszinsformel den Zinssatz bestimmen kannst.

Gegeben:	Laufzeit:	$n = 6$ Jahre
	Anfangskapital:	$K_0 = 10\,000{,}00$ €
	Kapital nach n Jahren:	$K_n = 13\,788{,}43$ €
Gesucht:	Zinssatz:	p %

Erst einsetzen, dann umformen:

$$K_n = K_0 \cdot q^n$$

$$13\,788{,}43 = 10\,000 \cdot q^6 \quad | : 10\,000$$

$$\frac{13\,788{,}43}{10\,000} = q^6$$

$$1{,}378843 = q^6$$

$$\sqrt[6]{1{,}378843} = q$$

Tastenfolge: 6 [√□] 1.378843 [=]

Anzeige: 1.0550000256

$q = 1{,}055$

$p\,\% = 5{,}5\,\%$

Erst umformen, dann einsetzen:

$$K_n = K_0 \cdot q^n \quad | : K_0$$

$$\frac{K_n}{K_0} = q^n$$

$$q = \sqrt[n]{\frac{K_n}{K_0}}$$

$$q = \sqrt[6]{\frac{13\,788{,}43}{10\,000}} = 1{,}055$$

Tastenfolge:
6 [√□] [(] 13788.43 [÷] 10000 [)] [=]
Anzeige: 1.055000025

$q = 1{,}055$

$p\,\% = 5{,}5\,\%$

Der Zinsfaktor ist $q = 1{,}055$. Der Zinssatz beträgt 5,5 %.

Berechne den Zinsfaktor q und gib den Zinssatz p % an.

	a)	b)	c)	d)	e)	f)
Anfangskapital (€)	1400	4000	8000	12 000	20 000	8459,53
Endkapital (€)	1529,82	4866,61	9540,15	20 497,73	31 876,96	12 000
Laufzeit	3 Jahre	5 Jahre	4 Jahre	10 Jahre	8 Jahre	6 Jahre

8 Bestimme den Zinssatz.

a) Herr Eggenwirt hat 5000 € für zwei Jahre anlegt. Am Ende der Laufzeit erhält er 5512,50 €.

b) Im Jahr 2001 hat Frau Mai 8000 € angelegt, drei Jahre später hat sie ein Guthaben von 9129,33 €.

c) Frau Kruppa hat 10 000 € angelegt. Nach vier Jahren beträgt das Guthaben einschließlich Zinseszinsen 13 604,89 €.

d) Herr Seippel hat ein Guthaben von 18 880,61 €. Sechs Jahre zuvor hat er 13 500 € angelegt.

e) Vor fünf Jahren hat Herr Schlemmiger 6000 € angelegt. Jetzt beträgt sein Guthaben 7926,39 €.

f) Am 1.4.1998 hat Frau Then ein Guthaben von 30 000 DM auf einem Konto angelegt. Die jährlichen Zinsen werden jeweils im folgenden Jahr zusammen mit dem Guthaben verzinst. Am 1.4.2008 beträgt der Kontostand 28 523,63 €. (1 DM = 0,51129 €)

9 a) Ein Kapital von 1000 € wird zu einem Zinssatz von 2 % angelegt. Begründe, dass das Kapital einschließlich Zinseszinsen nach 35 Jahren doppelt so groß ist.
b) Ein Kapital von 1000 € wird zu einem Zinssatz von 7 % angelegt. Nach wie vielen Jahren ist das Kapital einschließlich Zinseszinsen doppelt so groß?

> Zinssatz: p %
> Verdopplungszeit in Jahren: n
> $p \cdot n \approx 70$
>
> Multipliziert man den Zinssatz und die Verdopplungszeit, so erhält man immer ungefähr 70.

10

> Gegeben: p % = 3,5 %
> Gesucht: Verdopplungszeit n
> $n = 70 : p$
> $= 70 : 3{,}5$
> $= 20$
> Nach 20 Jahren ist das Kapital doppelt so groß.

Bestimme, nach wie vielen Jahren sich das Anfangskapital bei einem Zinssatz von 2,5 % (8 %; 4 %; 2,8 %; 1,4 %; 5,25 %; 8,75 %; 6,2 %; 14 %) verdoppelt hat.

11 Berechne das Anfangskapital.

Endkapital	1000 €	7500 €
Zinssatz	4,5 %	6,7 %
Laufzeit	5 Jahre	8 Jahre

> $K_n = 2000$ € p % = 4 % n = 3
> $K_0 = \frac{K_n}{q^n} = \frac{2000}{1{,}04^3}$ € = 2222,49 €

12 Berechne die fehlende Angabe.

	a)	b)	c)	d)	e)	f)
Anfangskapital (€)	800	960	1800	6300	30 000	3000
Endkapital (€)	■	■	2025,92	9668,53	■	6000
Zinssatz	3,5 %	3,8 %	■	■	6,1 %	5 %
Laufzeit (Jahre)	2	5	4	8	10	■

	g)	h)	i)	k)	l)	m)
Anfangskapital (€)	16 000	3500	5500	8000	■	■
Endkapital (€)	20 615,73	■	11 000	16 000	2171,53	10 000
Zinssatz	■	5,7 %	4,375 %	■	4,2 %	6,2 %
Laufzeit (Jahre)	5	6	■	10	2	6

13

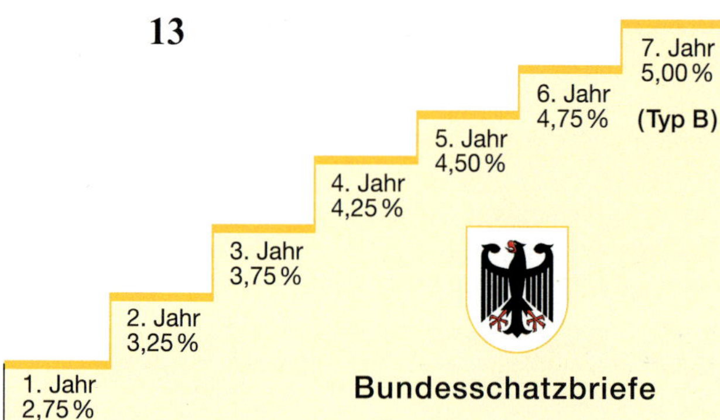

a) Frau Stöckling legt 10 000 € für sieben Jahre in Bundesschatzbriefen an. Wie hoch ist ihr Guthaben am Ende der Laufzeit?
b) Auch Frau Breves legt 10 000 € an. Der Zinssatz beträgt jährlich 3,75 %. Berechne ihr Guthaben einschließlich Zinseszinsen nach sieben Jahren?
c) Zu welchem jährlichen Zinssatz müsste Frau Breves ihr Guthaben anlegen, um nach sieben Jahren genauso viel wie Frau Stöckling zu erhalten?

Die Atomkerne bestimmter chemischer Elemente sind so instabil, dass sie sich ohne äußere Einwirkung in Atomkerne anderer Elemente verwandeln. Dabei werden Energie und Strahlen frei. Dieser Vorgang heißt **radioaktiver Zerfall.**
Welcher einzelne Atomkern aus einer Menge radioaktiver Atome zerfällt, lässt sich nicht vorhersagen; der radioaktive Zerfall verläuft aber so, dass nach einer für jeden radioaktiven Stoff genau festgelegten Zeit gerade die Hälfte der Anfangsmenge zerfallen ist. Diese Zeit heißt die **Halbwertszeit.**

Stoff	**Halbwertszeit**
Uran 234	250 000 Jahre
Radium 226	1 600 Jahre
Plutonium 238	86 Jahre
Strontium 90	28 Jahre
Calcium 45	164 Tage
Polonium 210	138 Tage
Iridium 192	74 Tage
Ruthenium 103	40 Tage
Arsen 74	18 Tage
Radium 223	11 Tage

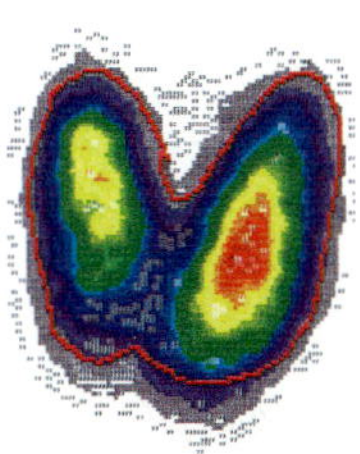

Szintigramm einer Schilddrüse

1 Bei einer Untersuchung der Schilddrüse verabreicht der Arzt einem Patienten 12 mg radioaktives Technetium 99, dessen Verbreitung im Körper mit Strahlenmessgeräten verfolgt werden kann. Technetium 99 hat eine Halbwertszeit von 6 Stunden.

a) Im Koordinatensystem kannst du ablesen, welche Menge Technetium der Körper des Patienten enthält.
Beschreibe den Verlauf des Graphen. Wo schneidet er die y-Achse?

b) Wie viel Milligramm Technetium enthält der Körper nach 4 (8, 12, 24) Stunden?

c) Nach wie vielen Stunden hat der Patient weniger als 2 mg in seinem Körper?

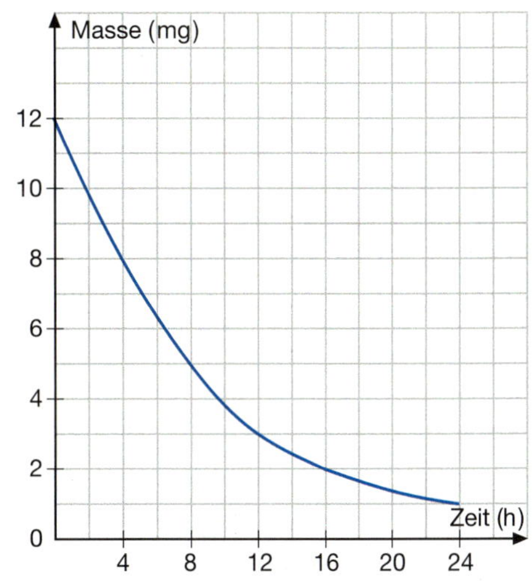

2

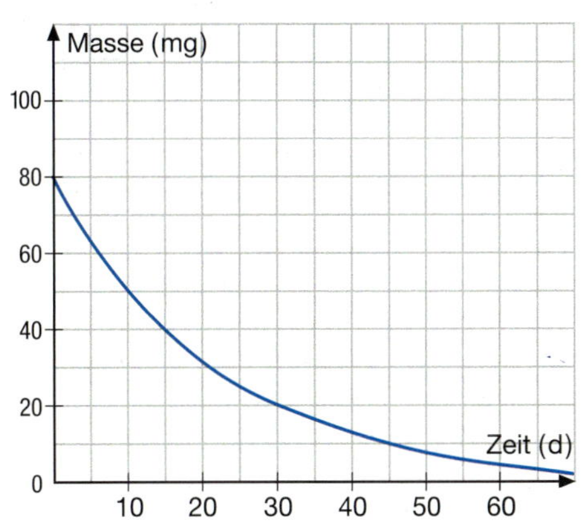

Auch Osmium 191 ist eine radioaktive Substanz.

a) Lies aus der Zeichnung ab, wie viel Milligramm Osmium 191 zu Beginn der Beobachtung vorhanden sind.

b) Welche Menge ist nach 15 (30, 45, 60, 75) Tagen noch vorhanden? Lege eine Wertetabelle an.

c) Gib die Halbwertszeit von Osmium 191 an.

3 Einsteinium 253 hat eine Halbwertszeit von 20 Tagen. Zu Beginn der Beobachtung sind 100 mg vorhanden.
Welche Menge ist nach 20 (40, 60, 80, 100) Tagen noch vorhanden? Lege eine Wertetabelle an. Zeichne den Graphen der Zuordnung „Zeit ⟶ Masse“ in ein Koordinatensystem.

1

Wenn die Welt ein Dorf mit nur 100 Einwohnern wäre...

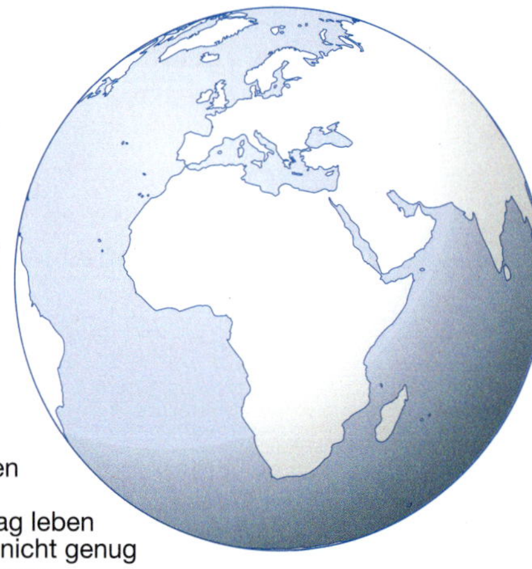

Bevölkerung

...wären davon:
14 Afrikaner
5 Nordamerikaner
11 Europäer
9 Lateinamerikaner
61 Asiaten

...wären davon:
28 Kinder unter 15 J.
7 älter als 65 Jahre

...wären davon:
50 Frauen
50 Männer

Armut

16 Bewohner müssten von weniger als 1 US-Dollar am Tag leben
11 Bewohner hätten nicht genug Wasser zur Verfügung

Zukunft

Die Zahl der Dorfbewohner würde jährlich um eine Person steigen. Im Jahr 2050 würden bereits 140 Menschen im Dorf leben:

29 Afrikaner
7 Nordamerikaner
10 Europäer
12 Lateinamerikaner
82 Asiaten

Familienplanung

Im Durchschnitt bekämen die Frauen 3 Kinder. Von den 26 Frauen zwischen 15 und 49 Jahren, die in einer Partnerschaft leben, wenden 14 eine Verhütungsmethode an.

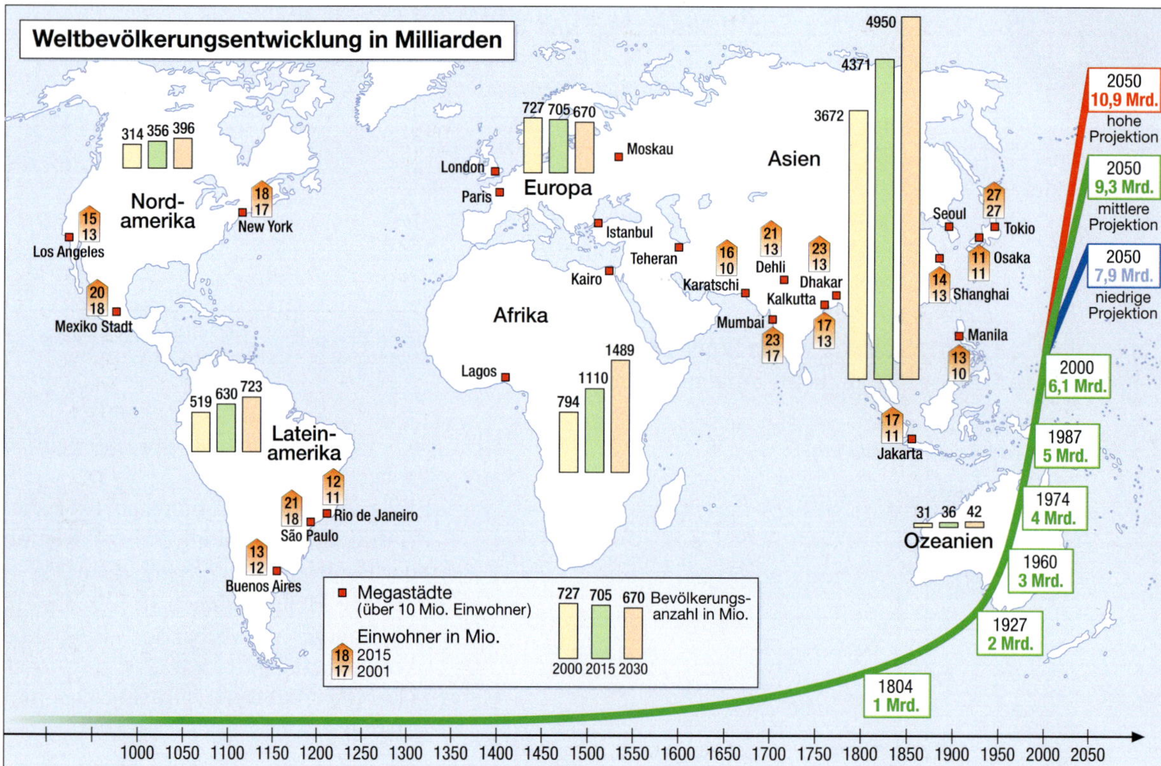

Die Vereinten Nationen geben alle zwei Jahre ihre neuesten Berechnungen zur zukünftigen Entwicklung der Weltbevölkerung bekannt. Das Diagramm zeigt drei verschiedene Voraussagen (Projektionen) über die Entwicklung der Weltbevölkerung bis 2050.
Beschreibe jeweils den Verlauf der Graphen. Vergleiche die Entwicklung der Bevölkerung bis zum Jahr 1800 mit der Entwicklung danach.
Was bedeutet es für die verschiedenen Länder und Erdteile, wenn die Bevölkerung in dem vorausgesagten Umfang wächst?

2 Die Bevölkerungszahl in Nigeria wächst jährlich um 2,5 %. Im Jahr 2007 lebten dort 144,4 Millionen Menschen. Für die folgenden Jahre kannst du die Bevölkerungszahl auf zwei verschiedene Arten ausrechnen. Runde auf eine Nachkommastelle.

Jahr	2007	2008	2009	2010
Einwohnerzahl (in Mio.) am Jahresanfang	144,4	148,0	151,7	■
Zunahme 2,5 % (in Mio.)	3,6	3,7	■	■
Einwohnerzahl (in Mio.) am Jahresende	148,0	151,7	■	■

Jahr	2007	2008	2009
Einwohnerzahl (in Mio.) am Jahresanfang	144,4	148,0	■
Wachstumsfaktor	1,025	1,025	■
Einwohnerzahl (in Mio.) am Jahresende	$144{,}4 \cdot 1{,}025 \approx 148{,}0$	$148{,}0 \cdot 1{,}025 \approx 151{,}7$	■

3 Gib für jedes Land den Wachstumsfaktor an und berechne damit die Einwohnerzahl im Jahr 2010 (im Jahr 2020).

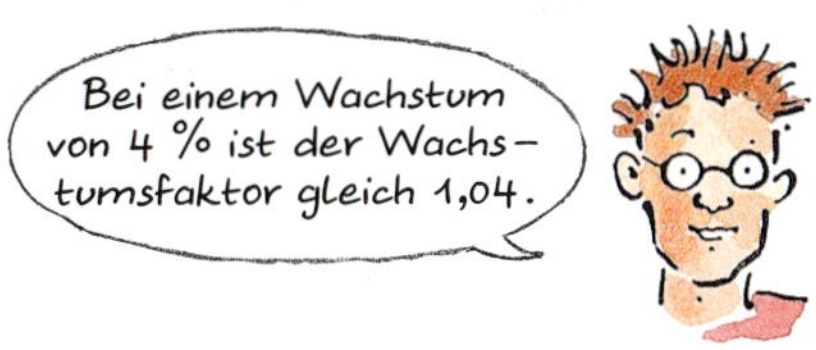

	Einwohnerzahl in Millionen im Jahr 2007	jährliches Bevölkerungswachstum
Saudi-Arabien	27,6	2,7 %
Peru	27,9	1,5 %
Südafrika	47,9	0,8 %
Kanada	32,9	0,3 %
Indien	1131,9	1,6 %

4 Im Jahr 2007 lebten in Senegal 12,4 Millionen Menschen. Das jährliche Wachstum beträgt 3 %. Mithilfe des Wachstumsfaktors haben Özlem und Max die Einwohnerzahl Senegals für die nächsten Jahre berechnet.

Jahr	Einwohnerzahl Senegals in Millionen	
2007	12,4	
2008	$12{,}4 \cdot 1{,}03$	$= 12{,}772$
2009	$12{,}4 \cdot 1{,}03 \cdot 1{,}03$	$= 13{,}15516$
2010	$12{,}4 \cdot 1{,}03 \cdot 1{,}03 \cdot 1{,}03$	$= 13{,}5498148$
2011	$12{,}4 \cdot 1{,}03 \cdot 1{,}03 \cdot 1{,}03 \cdot 1{,}03$	$= 13{,}95630924$

a) Beschreibe die Bevölkerungsentwicklung des Landes mit einer Gleichung.

b) Berechne für jedes Land mithilfe der Gleichung, wie groß die Einwohnerzahl voraussichtlich im Jahr 2020 sein wird.

	Einwohnerzahl (in Mio.) 2007	jährliches Bevölkerungswachstum
Pakistan	169,3	2,3 %
Türkei	74,0	1,2 %
Schweden	9,0	0,2 %
Kasachstan	15,5	0,9 %

5 a) Im Jahr 2007 hatte Argentinien 39,4 Millionen Einwohner und ein Bevölkerungswachstum von 1,2 %. Leonie hat ausgerechnet, dass sich die Einwohnerzahl Argentiniens in 58 Jahren verdoppelt.
Bestimme die Gleichung, die die Bevölkerungsentwicklung in Argentinien beschreibt und überprüfe Leonies Rechnung.

b) Gib die Gleichung an, die die Bevölkerungsentwicklung in Somalia (9,1 Millionen Einwohner im Jahr 2007; jährliches Bevölkerungswachstum 2,9 %) beschreibt. Berechne, nach wie vielen Jahren sich die Einwohnerzahl Somalias verdoppelt hat.

	jährliches Bevölkerungswachstum	Verdopplungszeit (in Jahren)
Argentinien	1,2 %	58
Haiti	1,8 %	39
Uganda	3,1 %	23

Multipliziert man den Prozentsatz für das jährliche Wachstum und die Verdopplungszeit, so erhält man immer ungefähr 70.

6 Gib für jedes Land an, nach wie vielen Jahren sich die Einwohnerzahl verdoppelt hat, wenn sich das jährliche Bevölkerungswachstum nicht ändert.

	jährliches Bevölkerungswachstum
Kongo	2,7 %
Sudan	2,2 %
Marokko	1,5 %
USA	0,6 %
China	0,5 %
Spanien	0,3 %

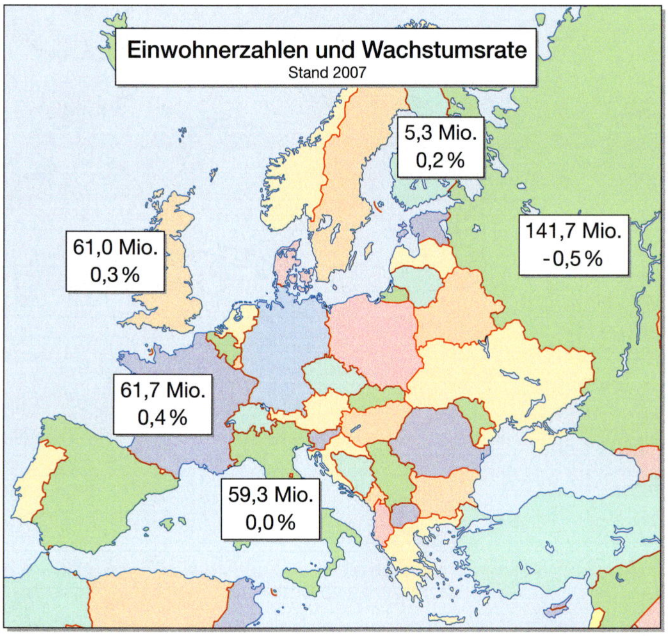

7 Wenn keine Menschen nach Europa einwandern, verringert sich die Einwohnerzahl um 0,1 %.

jährliche Wachstumsrate: −0,1 %
Wachstumsfaktor: 0,999

Die abgebildete Landkarte zeigt die Einwohnerzahl und die jährliche Wachstumsrate verschiedener europäischer Länder. Wie viele Menschen werden voraussichtlich in diesen Ländern jeweils im Jahr 2020 (2050) leben?

1 Die Menschheit benötigte Hunderttausende von Jahren, bis sie etwa im Jahr 1500 eine halbe Milliarde erreichte. Fatih hat Daten über die Entwicklung der Weltbevölkerung für den Zeitraum von 0 bis 1900 in einem Tabellenkalkulationsprogramm dargestellt.
Stelle mithilfe eines Tabellenkalkulationsprogramms die Entwicklung der Weltbevölkerung für den Zeitraum von 1900 bis 2000 grafisch dar.

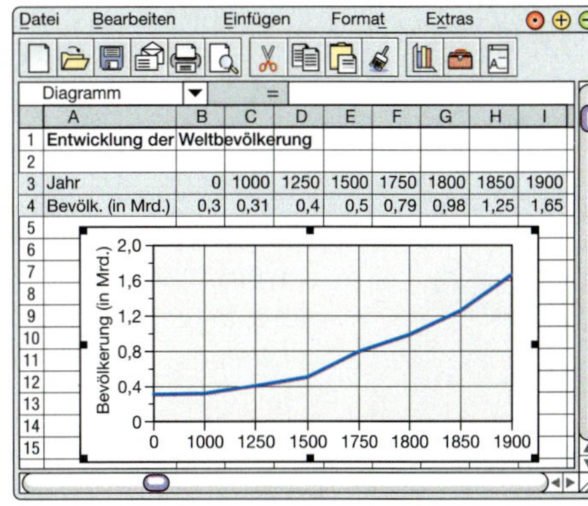

Jahr	1900	1910	1920	1930	1940	1950	1960	1970	1980	1990	2000
Bevölkerung (in Mrd.)	1,65	1,75	1,86	2,07	2,30	2,52	3,02	3,70	4,43	5,25	6,06

2 Das Kreisdiagramm zeigt die regionale Verteilung der Weltbevölkerung.

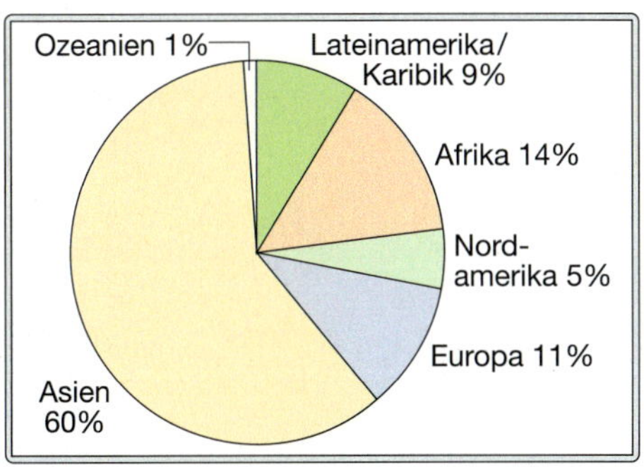

Bevölkerung Stand 2007	jährliche Wachstumsrate
Ozeanien: 35 Mio.	1,0%
Lateinamerika/Karibik: 569 Mio.	1,5%
Afrika: 944 Mio.	2,4%
Nordamerika: 335 Mio.	0,6%
Europa: 733 Mio.	−0,1%
Asien: 4010 Mio.	1,2%

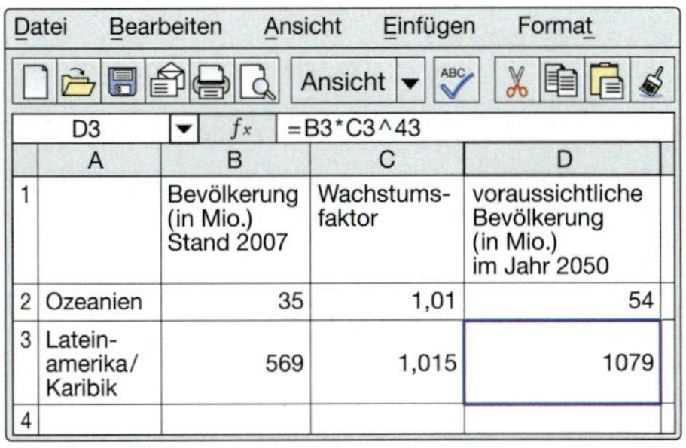

Erzeugt in Gruppenarbeit mithilfe eines Tabellenkalkulationsprogramms ein Kreisdiagramm, das die voraussichtliche regionale Verteilung der Weltbevölkerung im Jahr 2050 zeigt.
Rechnet mit den in der Tabelle angegebenen Wachstumsraten.

3 Setzt in das Feld C3 andere Wachstumsfaktoren ein. Wie ändert sich dann die Entwicklung der Weltbevölkerung?

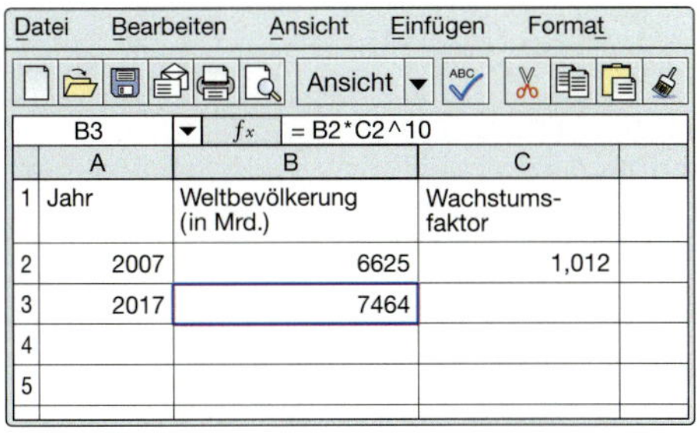

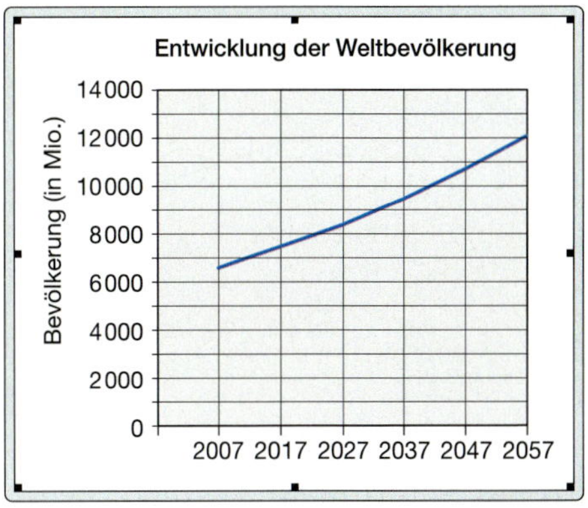

Zu Beginn des 19. Jahrhunderts wurden in ganz Europa verstärkt Landvermessungen vorgenommen. Die klassische Methode der Geodäsie (Lehre von der Erdvermessung) ist die **Triangulation.** Hierbei wird das zu vermessende Land von einem **Dreiecksnetz** überzogen.

Carl Friedrich Gauß
1777–1855
Mathematiker, Astronom, Geodät, Physiker

Triangulationsverfahren

1. Der Landvermesser bestimmt zunächst die Länge einer Strecke zwischen zwei markanten Geländepunkten. Mit einem Winkelmessgerät (Theodolit) peilt er anschließend einen dritten Punkt an.
Er misst die Größe der markierten Winkel (siehe Abbildung).

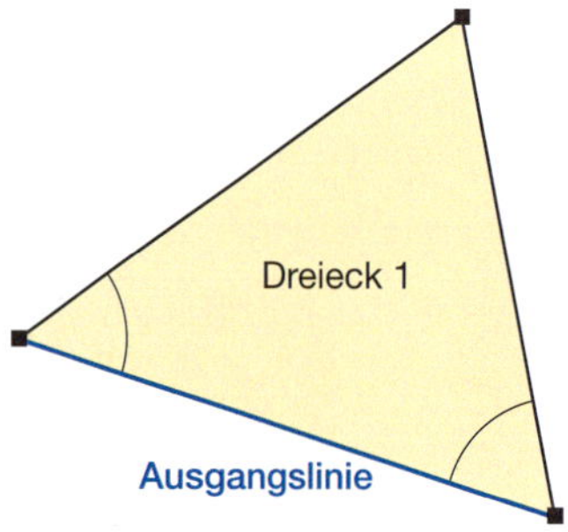

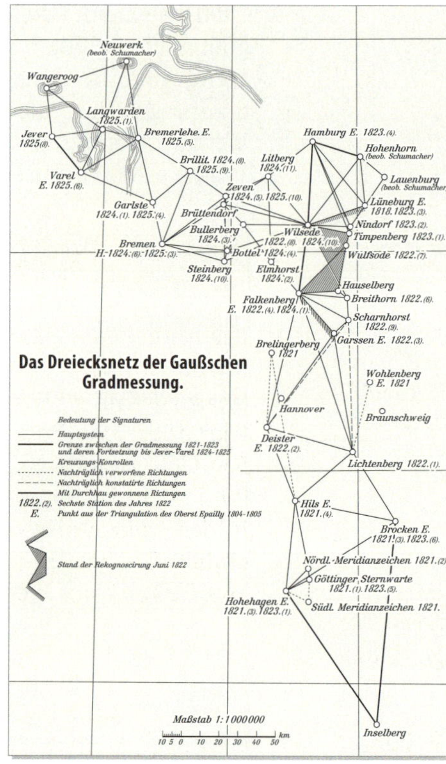

2. Aus der Länge der Ausgangslinie und den beiden Winkelgrößen können die fehlenden Seitenlängen des Dreiecks berechnet werden.

3. Der Landvermesser visiert einen weiteren Punkt in der Landschaft an, misst die entsprechenden Winkelgrößen und berechnet die fehlenden Seitenlängen in dem neuen Dreieck II.

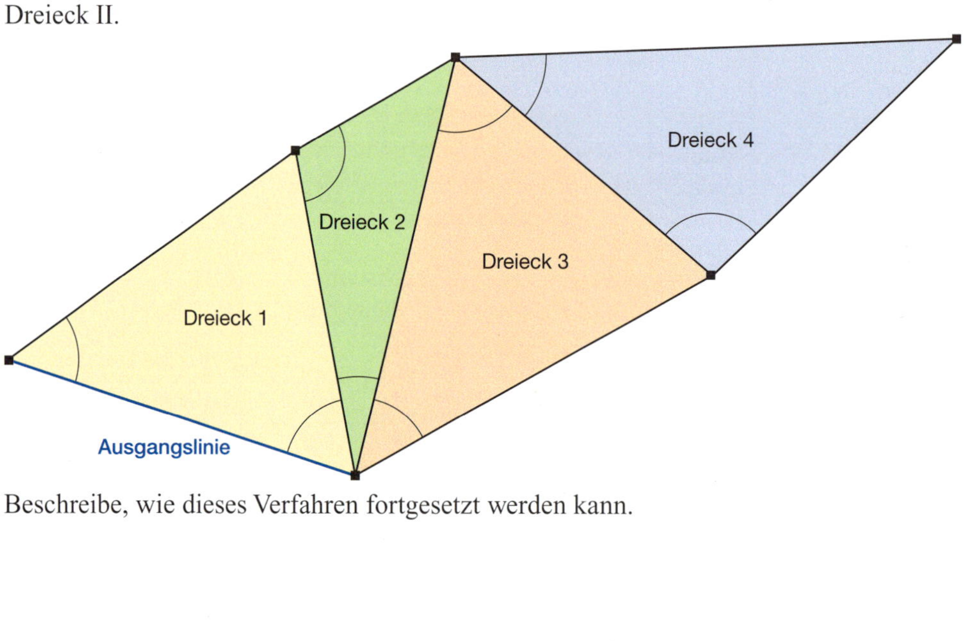

Beschreibe, wie dieses Verfahren fortgesetzt werden kann.

Die Trigonometrie ist ein Teilgebiet der Mathematik. Sie ermöglicht, aus gegebenen Seitenlängen und Winkelgrößen die übrigen Stücke eines Dreiecks zu berechnen.
Erste trigonometrische Beziehungen entdeckten die Griechen. Inder und Araber entwickelten die Trigonometrie weiter.
Der Niederländer Snellius (1580–1626) führte die Trigonometrie in der Landvermessung ein.

trigonon
gr. Dreieck

metrein
gr. messen

gon
gr. Winkel

1 Die Abbildung zeigt einen **Theodoliten.** Mit diesem Gerät werden in der Landvermessung Winkelgrößen bestimmt.
Die Größe eines Winkels wird in der Einheit Grad angegeben. 1 Grad (1°) ist der 90. Teil eines rechten Winkels.
In der Landvermessung ist die **Winkeleinheit Gon** gültig. 1 Gon (1 gon) ist der 100. Teil eines rechten Winkels.

1 Grad
= 60 Minuten
1° = 60′

1 Minute
= 60 Sekunden
1′ = 60″

Umwandlung von Winkelgrößen

90° ⟶ 100 gon	18° ⟶ $\square$ gon	54° ⟶ $\square$ gon
1° ⟶ $\frac{100}{90}$ gon	18° ⟶ $\frac{100 \cdot 18}{90}$ gon	54° ⟶ $\frac{100 \cdot 54}{90}$ gon
	18° ⟶ 20 gon	54° ⟶ 60 gon

Wandle die Winkelgröße 72° (126°; 47,7°; 168,3°) in Gon um. Formuliere einen kurzen Merksatz, der dir sagt, wie du eine Winkelgröße von Grad in Gon umwandeln kannst.

2 Durch den Einsatz von Computern und Satellitennavigation lassen sich heute bei der Erdvermessung sehr genaue Daten erheben.
Die Abbildung zeigt einen **Tachymeter.** Während ein Theodolit nur Winkelgrößen bestimmt, kann ein Tachymeter auch Entfernungen messen.
Informiere dich, wie ein moderner Tachymeter Strecken misst.

1

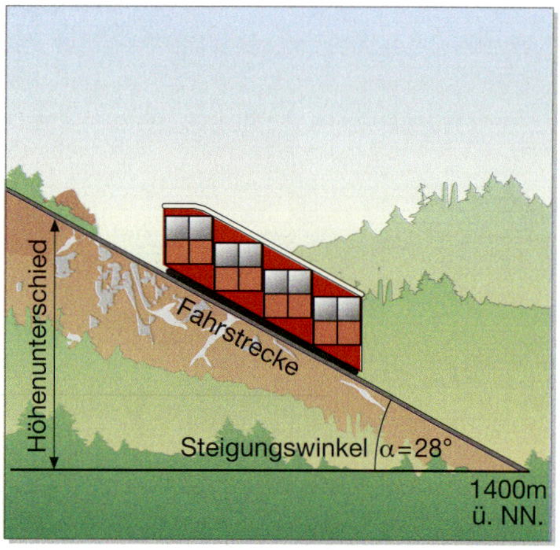

a) Die abgebildete Zahnradbahn startet in 1400 m Höhe. In welcher Höhe befindet sich die Bahn, wenn sie eine Fahrstrecke von 500 m (750 m, 1000 m) zurückgelegt hat? Löse die Aufgabe mithilfe einer Zeichnung im Maßstab 1 : 10000.

b) Eine Standseilbahn überwindet auf einer 1400 m langen Fahrstrecke einen Höhenunterschied von 600 m. Wie groß ist der Steigungswinkel?

2

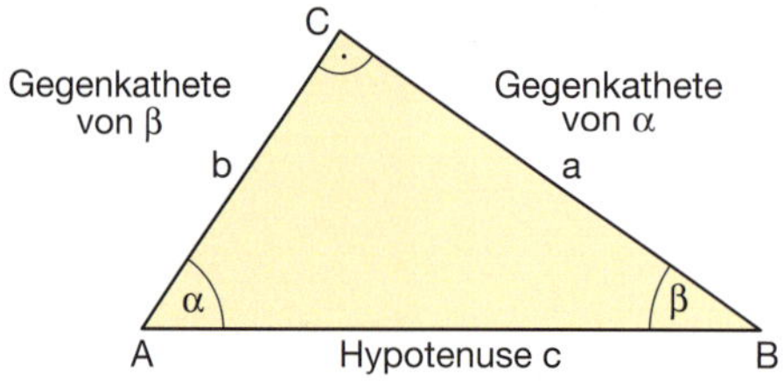

In einem rechtwinkligen Dreieck heißen die Schenkel des rechten Winkels Katheten. Die dem Winkel α gegenüberliegende Kathete wird als **Gegenkathete von α**, die dem Winkel β gegenüberliegende Kathete als **Gegenkathete von β** bezeichnet.

a) Zeichne vier verschiedene, möglichst große, rechtwinklige Dreiecke ABC mit $\gamma = 90°$ und $\alpha = 30°$ sowie vier weitere Dreiecke mit $\gamma = 90°$ und $\alpha = 50°$. Miss in den einzelnen Dreiecken die Länge a der Gegenkathete und die Länge c der Hypotenuse. Berechne jeweils den Quotienten $\frac{a}{c}$. Was stellst du fest?

α	a	b	c	$\frac{a}{c}$
30°				
30°				
30°				
30°				
50°				

b) Zeichne vier verschieden große rechtwinklige Dreiecke mit $\gamma = 90°$ und $\beta = 65°$ ($\gamma = 90°$, $\beta = 80°$). Bestimme jeweils den Quotienten $\frac{b}{c}$.

3 a) Zeige, dass in den rechtwinkligen Dreiecken AB_1C_1, AB_2C_2 und AB_3C_3 gilt:

$$\frac{a_1}{c_1} = \frac{a_2}{c_2} = \frac{a_3}{c_3}$$

b) Begründe, dass in allen rechtwinkligen Dreiecken ABC ($\gamma = 90°$) mit gleich großem Winkel α der Quotient

$$\frac{\text{Gegenkathete a}}{\text{Hypotenuse c}}$$

denselben Wert hat.

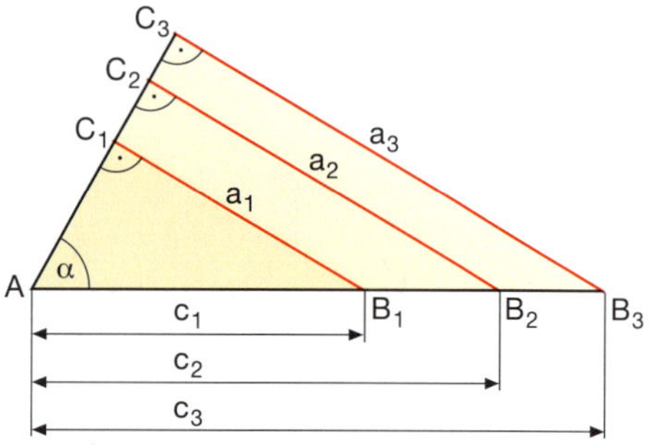

In einem rechtwinkligen Dreieck heißt der Quotient aus der Länge der Gegenkathete eines Winkels und der Länge der Hypotenuse **Sinus (sin) des Winkels**. Sein Wert hängt nur von der Größe des Winkels ab.

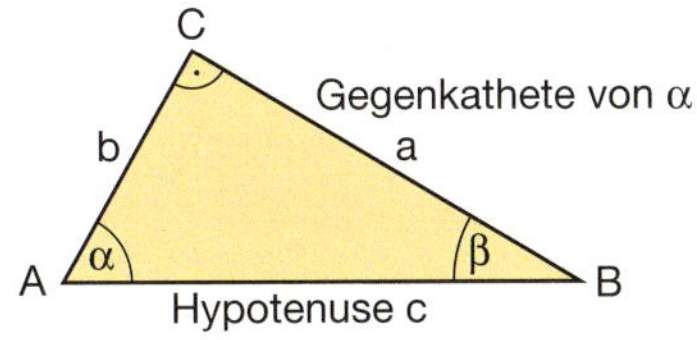

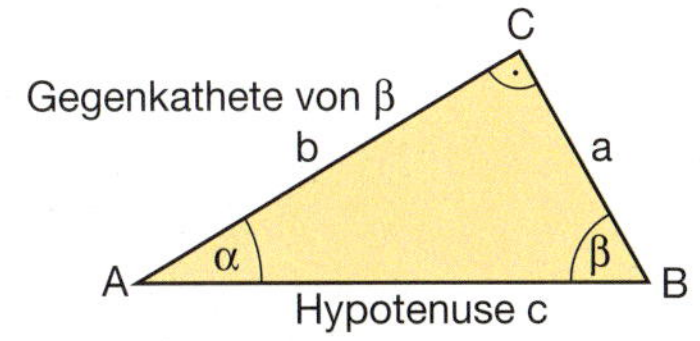

$\sin\alpha = \frac{\text{Gegenkathete von }\alpha}{\text{Hypotenuse}}$ $\sin\alpha = \frac{a}{c}$ $\sin\beta = \frac{\text{Gegenkathete von }\beta}{\text{Hypotenuse}}$ $\sin\beta = \frac{b}{c}$

4 a) Erläutere, warum in der Abbildung die Maßzahl für die Länge der Strecke $\overline{Q_1R_1}$ einem Näherungswert für sin 50° entspricht.

b) Übertrage die Zeichnung auf Millimeterpapier. Ermittle zeichnerisch einen Näherungswert für sin 20° (sin 30°; sin 40°; sin 60°; sin 70°; sin 80°).

c) Welchem Wert nähert sich sin α , wenn α sich immer mehr dem Wert 0° (90°) nähert?

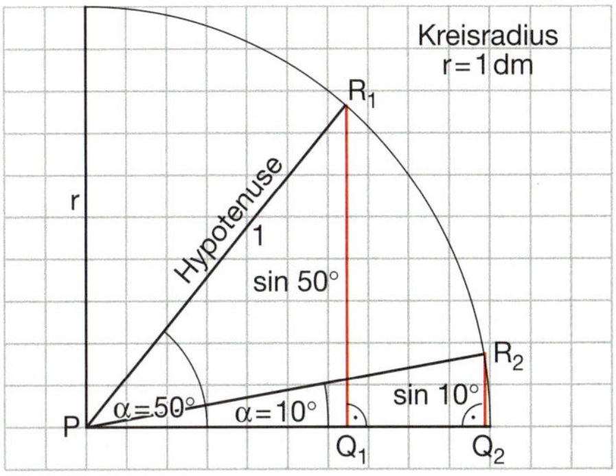

5

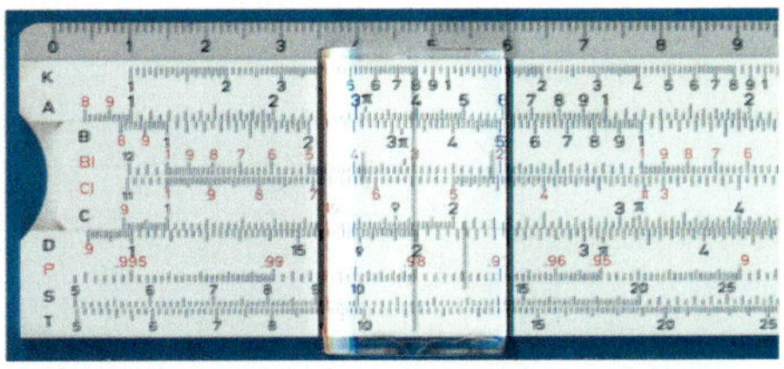

Heute stellt der Taschenrechner für praktische Anwendungen ausreichende Näherungswerte zur Verfügung.

Achte darauf, dass dein Rechner auf das Winkelmaß DEG (degree = Grad) eingestellt ist.

a) Bestimme den Sinuswert für α = 29° (18°; 53°; 89°; 14,5°; 74,8°). Runde auf vier Stellen nach dem Komma.

sin 10° = ▢

Tastenfolge: [sin] 10 [=]

Anzeige: 0.173648177

sin 10° ≈ 0,1736

b) Ermittle zu dem Sinuswert 0,4226 (0,9962; 0,7501; 0,0523) die dazugehörige Winkelgröße. Runde auf eine Stelle nach dem Komma.

sin α = 0,1736
α = ▢

Tastenfolge: [$\sin^{-1}$] 0.1736 [=]

Anzeige: 9.997197052

α ≈ 10,0°

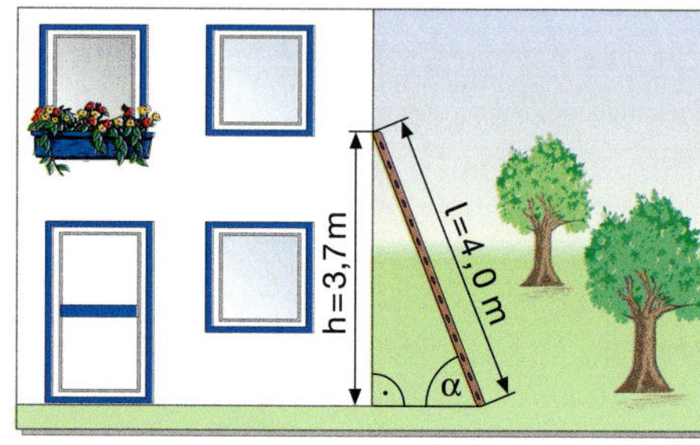

α ist der Neigungswinkel zwischen der Leiter und dem waagerechten Boden.

Sinus eines Winkels = $\frac{\text{Gegenkathete}}{\text{Hypotenuse}}$

1 Um ein 3,7 m hoch gelegenes Fenster zu erreichen, stellt Paul eine 4,0 m lange Leiter an die Hauswand.
Aus Sicherheitsgründen sollte die Größe des Neigungswinkels α zwischen 70° und 80° liegen.

a) In der Beispielrechnung bestimmt Paul mithilfe des Sinus die Winkelgröße α. Erläutere die Rechnung.

b) Wie lang müsste eine Leiter sein, damit die Größe des Neigungswinkels α zwischen 70° und 80° liegt?
Probiere mit dem Taschenrechner und notiere drei Lösungen.

Gegeben: l = 4,0 m (Hypotenuse)
h = 3,7 m
(Gegenkathete von α)
Gesucht: α

$\sin \alpha = \frac{h}{l}$

$\sin \alpha = \frac{3{,}7}{4{,}0}$

Tastenfolge: [sin⁻¹] 3.7 [÷] 4 [=]
Anzeige: 67.66835499

$\alpha \approx 68°$

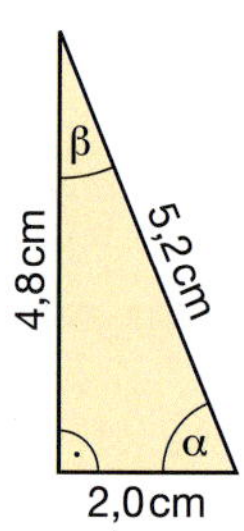

$\alpha =$ ▭ $\qquad \beta =$ ▭

$\sin \alpha = \frac{4{,}8}{5{,}2} \qquad \sin \beta = \frac{2{,}0}{5{,}2}$

$\alpha \approx 67° \qquad \beta \approx 23°$

Probe: $67° + 23° + 90° = 180°$
$180° = 180°$

2 Berechne in dem rechtwinkligen Dreieck mithilfe des Sinus die beiden fehlenden Winkelgrößen.
Überlege zunächst, welche Seite des rechtwinkligen Dreiecks die Hypotenuse ist. Überprüfe anschließend deine Lösungen durch eine Rechnung.

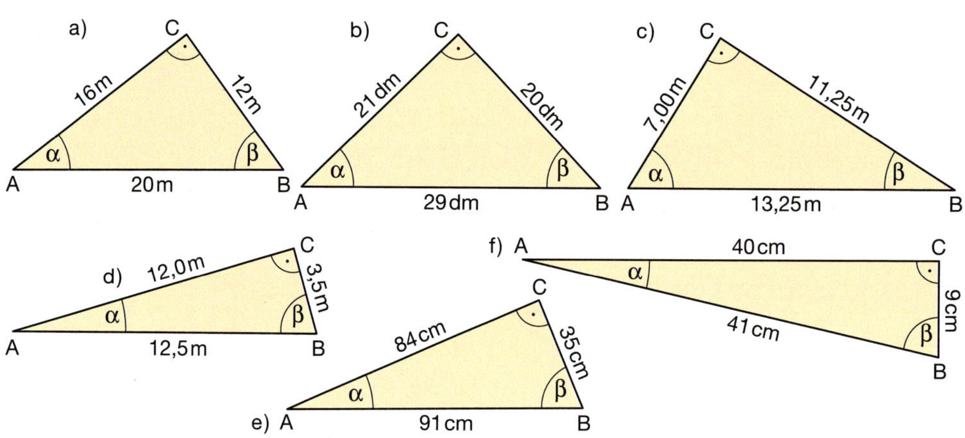

3

Gegeben: $\alpha = 35°$; $\beta = 90°$; $b = 40$ cm
Gesucht: a
Planfigur:

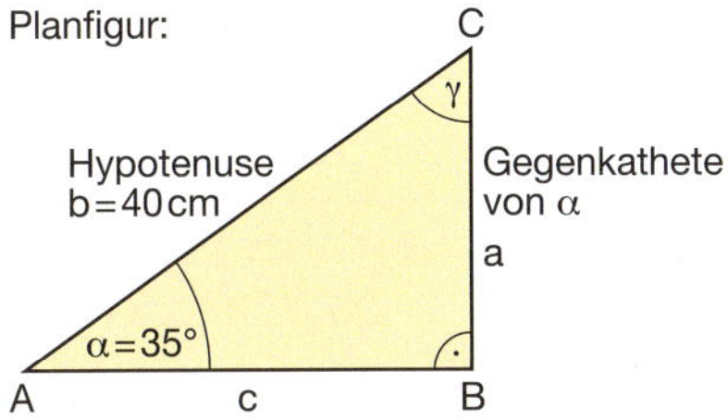

$\sin\alpha = \frac{a}{b}$

$\sin 35° = \frac{a}{40} \quad | \cdot 40$

$a = 40 \cdot \sin 35°$

Tastenfolge: 40 [x] [sin] 35 [=]
Anzeige: 22.94305745

$a \approx 23$ cm

a) Erläutere, wie in dem Beispiel die Gegenkathete von α berechnet wird.
b) Berechne jeweils die Länge der rot markierten Dreiecksseite.

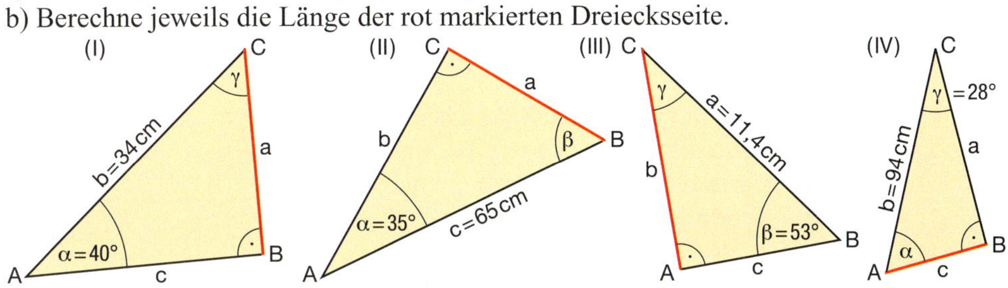

Gegeben: $\beta = 27°$; $\alpha = 90°$
$b = 13$ cm

Gesucht: a

Planfigur:

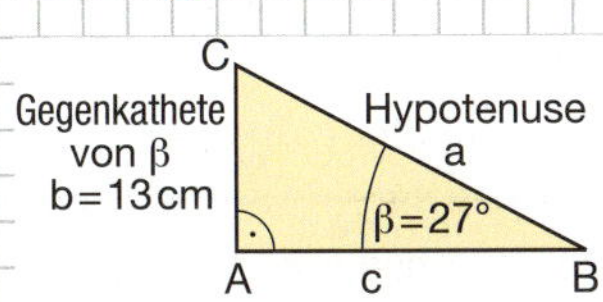

$\sin\beta = \frac{b}{a}$

$\sin 27° = \frac{13}{a} \quad | \cdot a$

$a \cdot \sin 27° = 13 \quad | : \sin 27°$

$a = \frac{13}{\sin 27°}$

$a \approx 29$ cm

4 Berechne in einem rechtwinkligen Dreieck ABC die Länge der Hypotenuse. Fertige eine Planfigur an.

a) $\beta = 42°$; $\alpha = 90°$; $b = 26$ cm
b) $\beta = 45°$; $\alpha = 90°$; $b = 33$ cm
c) $\alpha = 24°$; $\gamma = 90°$; $a = 4{,}8$ cm
d) $\alpha = 72°$; $\gamma = 90°$; $a = 7{,}4$ cm
e) $\gamma = 68°$; $\beta = 90°$; $c = 35$ dm
f) $\gamma = 34°$; $\beta = 90°$; $c = 4{,}5$ m
g) $\gamma = 17°$; $\alpha = 90°$; $c = 2{,}8$ dm
h) $\alpha = 54°$; $\beta = 90°$; $a = 52$ cm

5

Gegeben: $\alpha = 52°$; $\gamma = 90°$;
$a = 8{,}0$ cm
Gesucht: b, c, β
Planfigur:

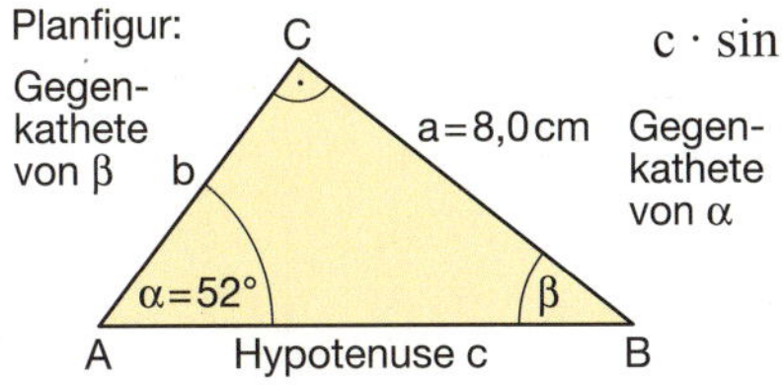

1. $\sin\alpha = \frac{a}{c}$

$\sin 52° = \frac{8}{c} \quad | \cdot c$

$c \cdot \sin 52° = 8 \quad | : \sin 52°$

Gegen-
kathete
von α

$c = \frac{8{,}0}{\sin 52°}$

$c \approx 10{,}2$ cm

2. $\beta = 180° - \alpha - \gamma$
$\beta = 180° - 52° - 90°$
$\beta = 38°$

3. $\sin\beta = \frac{b}{c}$

$\sin 38° = \frac{b}{10{,}2} \quad | \cdot 10{,}2$

$b = 10{,}2 \cdot \sin 38°$

$b \approx 6{,}3$ cm

Berechne im Dreieck ABC die fehlenden Seitenlängen und Winkelgrößen. Beachte die Lage des rechten Winkels.

a) $a = 5{,}8$ cm; $\alpha = 26°$; $\gamma = 90°$
b) $b = 0{,}9$ m; $\beta = 50°$; $\gamma = 90°$
c) $b = 7{,}4$ dm; $\beta = 32°$; $\alpha = 90°$
d) $a = 0{,}35$ m; $\alpha = 20°$; $\beta = 90°$

1 a) Zeichne vier verschiedene, möglichst große, rechtwinklige Dreiecke ABC mit $\gamma = 90°$ und $\alpha = 20°$ sowie vier weitere Dreiecke mit $\gamma = 90°$ und $\alpha = 40°$.

b) Miss die Länge b der **Ankathete von α** und die Länge c der Hypotenuse. Berechne jeweils den Quotienten $\frac{b}{c}$ und vervollständige die Tabelle im Heft.

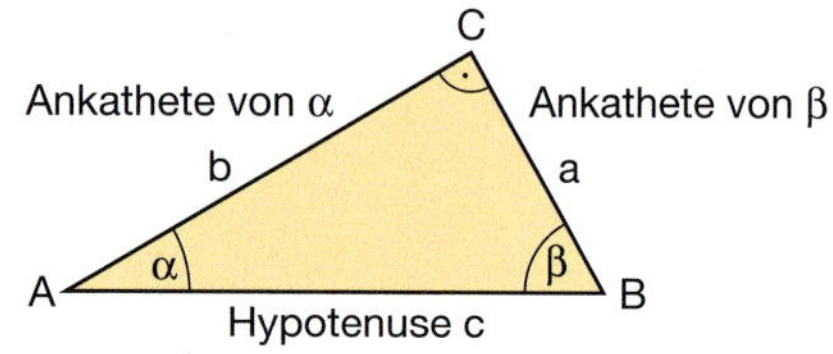

Winkel α	20°	20°	
$\frac{\text{Ankathete}}{\text{Hypotenuse}} = \frac{b}{c}$			

c) Zeichne vier verschieden große rechtwinklige Dreiecke ABC mit $\gamma = 90°$ und $\beta = 30°$ ($\gamma = 90°$; $\beta = 50°$). Bestimme jeweils den Quotienten $\frac{a}{c}$.

2 a) Zeige, dass in den rechtwinkligen Dreiecken AB_1C_1, AB_2C_2 und AB_3C_3 gilt: $\frac{b_1}{c_1} = \frac{b_2}{c_2} = \frac{b_3}{c_3}$

b) Begründe, dass in allen rechtwinkligen Dreiecken ABC ($\gamma = 90°$) mit gleich großem Winkel α der Quotient $\frac{\text{Ankathete b}}{\text{Hypotenuse c}}$ denselben Wert hat.

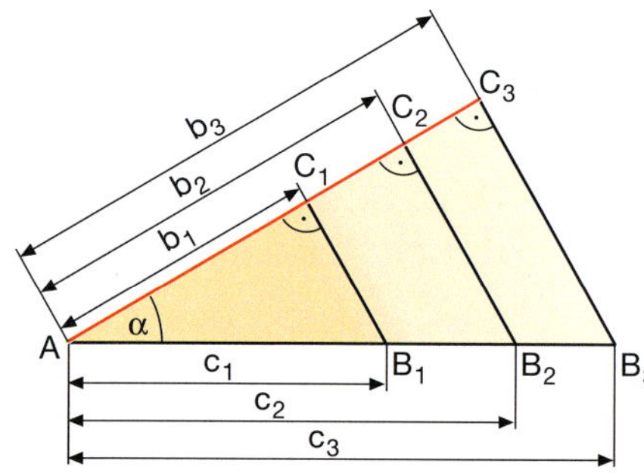

In einem rechtwinkligen Dreieck heißt der Quotient aus der Länge der Ankathete eines Winkels und der Länge der Hypotenuse **Kosinus (cos) des Winkels**. Sein Wert hängt nur von der Größe des Winkels ab.

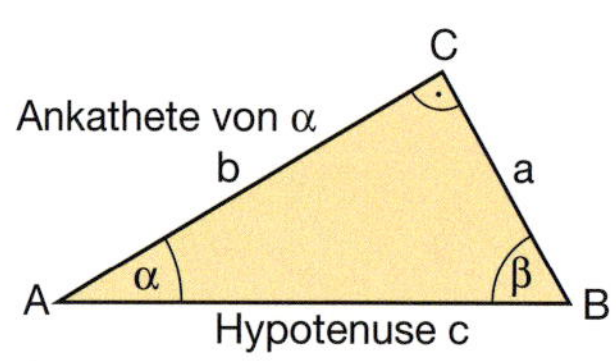

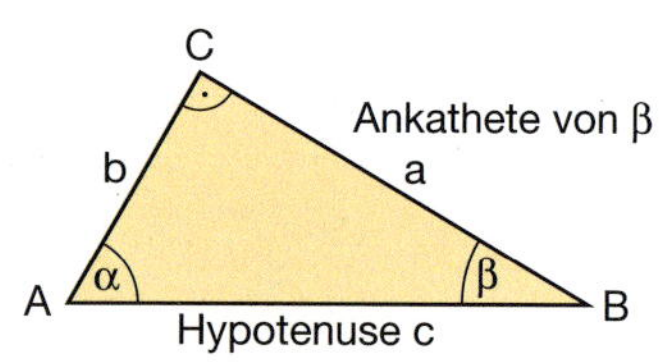

$\cos\alpha = \frac{\text{Ankathete von }\alpha}{\text{Hypotenuse}}$ $\quad \cos\alpha = \frac{b}{c}$ $\qquad \cos\beta = \frac{\text{Ankathete von }\beta}{\text{Hypotenuse}}$ $\quad \cos\beta = \frac{a}{c}$

3 a) Erläutere, warum du im abgebildeten Dreieck PQ_1R_1 aus der Maßzahl für die Länge der Strecke $\overline{PQ_1}$ einen Näherungswert für cos 70° ablesen kannst.

b) Ermittle zeichnerisch einen Näherungswert für cos 10° (cos 30°; cos 40°; cos 50°; cos 60°; cos 80°).

c) Welchem Wert nähert sich cos α, wenn α sich immer mehr dem Wert 0° (90°) nähert?

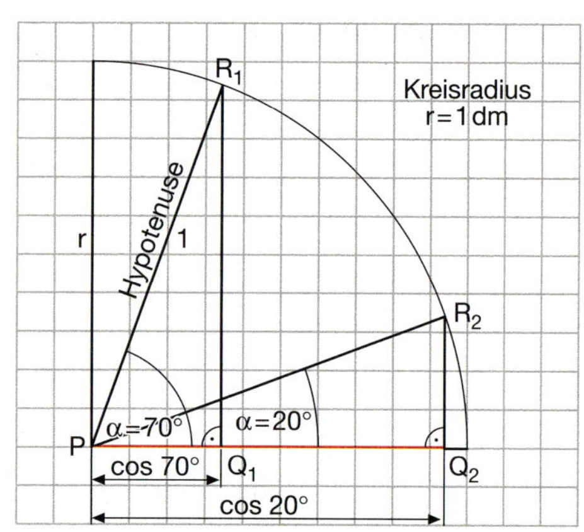

1

Eine 5,50 m lange Leiter wird an einen Baum gelehnt. Der Fuß der Leiter steht dabei 1,80 m vor dem Baum. Bestimme die Größe des Neigungswinkels zwischen der Leiter und dem waagerechten Boden. Es gibt mehrere Lösungswege.

2

Kosinus eines Winkels = $\frac{\text{Ankathete}}{\text{Hypotenuse}}$

Gegeben: a = 17 cm; c = 8,0 cm; $\gamma = 90°$
Gesucht: β

Planfigur:

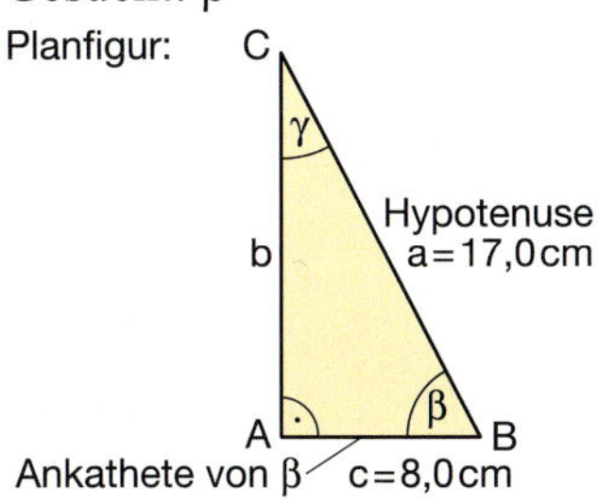

$$\cos\beta = \frac{c}{a}$$

$$\cos\beta = \frac{8}{17}$$

Tastenfolge: [cos⁻¹] 8 [÷] 17 [=]
Anzeige: 61.92751306

$$\beta \approx 62°$$

Berechne in dem rechtwinkligen Dreieck ABC mithilfe des Kosinus die beiden fehlenden Winkelgrößen. Überlege zunächst, welche Seite des Dreiecks die Hypotenuse ist. Überprüfe anschließend deine Lösungen durch eine Rechnung.

Im Dreieck ABC gilt: $\alpha + \beta + \gamma = 180°$

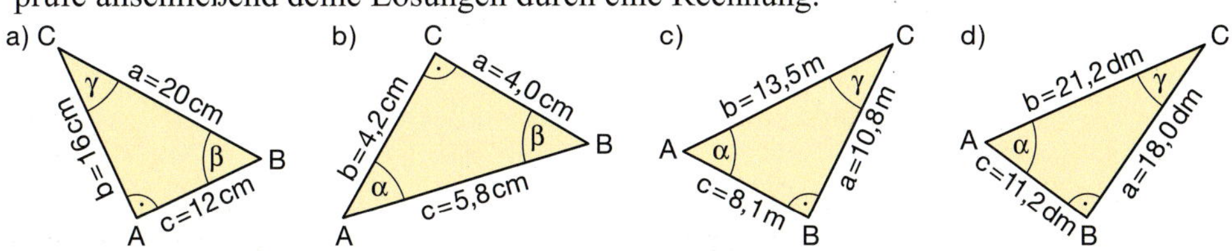

3

Gegeben: c = 9,2 cm; $\alpha = 28°$; $\gamma = 90°$
Gesucht: b

Planfigur:

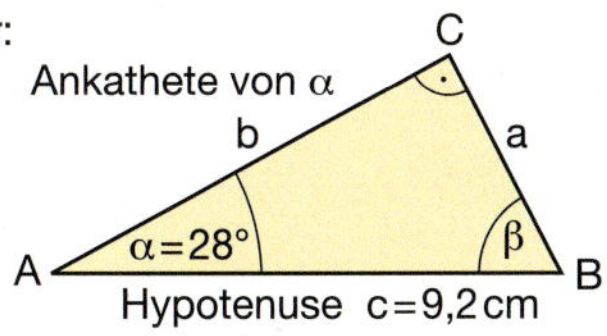

$$\cos\alpha = \frac{b}{c}$$

$$\cos 28° = \frac{b}{9{,}2} \qquad |\cdot 9{,}2$$

$$b = 9{,}2 \cdot \cos 28°$$

Tastenfolge: 9.2 [x] [cos] 28 [=]
Anzeige: 8.123117854

$$b \approx 8{,}1\ \text{cm}$$

Berechne die fehlenden Seitenlängen und Winkelgrößen in einem rechtwinkligen Dreieck ABC. Es gibt verschiedene Lösungswege.

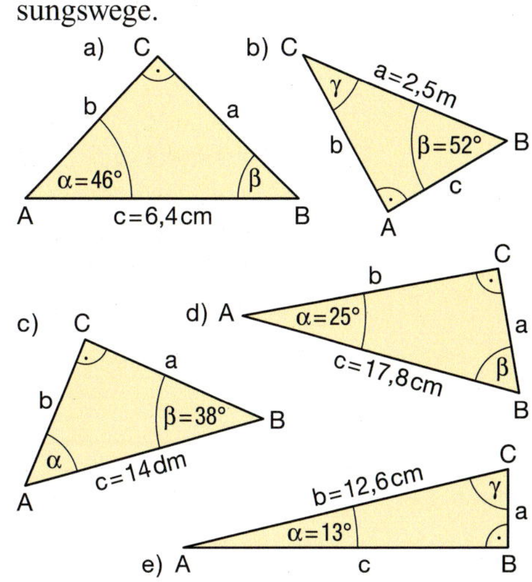

1

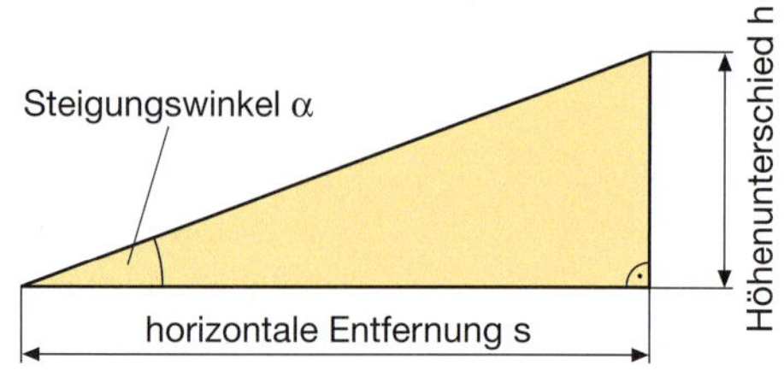

Die Steigung einer Straße wird häufig in Prozent angegeben. Bei einer Steigung von 20% überwindet die Straße auf einer horizontal gemessenen Entfernung s von 100 m einen Höhenunterschied h von 20 m.

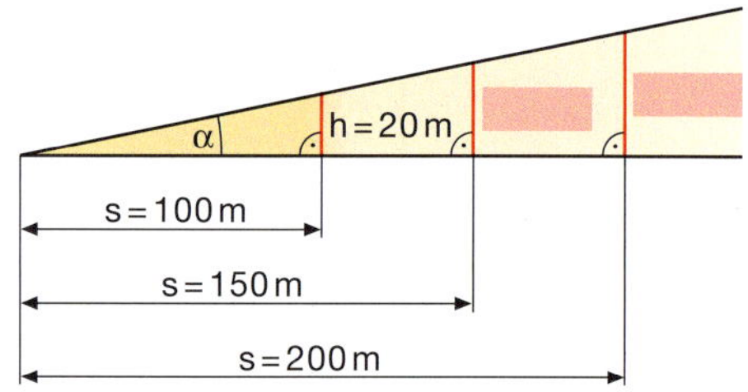

a) Die horizontale Entfernung s beträgt 150 m (200 m). Wie groß ist der Höhenunterschied h?

b) Berechne das Längenverhältnis $\frac{h}{s}$.

c) Bestimme die Größe des Steigungswinkel α. Zeichne dazu ein geeignetes rechtwinkliges Dreieck.

2 a) Zeige, dass in den rechtwinkligen Dreiecken AB_1C_1, AB_2C_2 und AB_3C_3 gilt: $\frac{a_1}{b_1} = \frac{a_2}{b_2} = \frac{a_3}{b_3}$

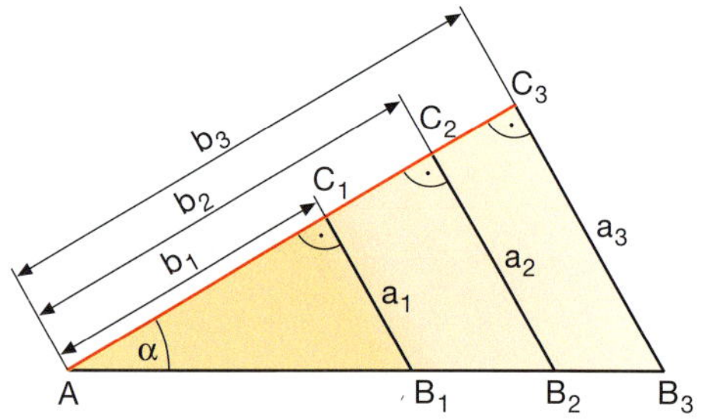

b) Begründe, dass in allen rechtwinkligen Dreiecken ABC (γ = 90°) mit gleich großem Winkel α der Quotient $\frac{\text{Gegenkathete a}}{\text{Ankathete b}}$ denselben Wert hat.

In einem rechtwinkligen Dreieck heißt der Quotient aus der Länge der Gegenkathete eines Winkels und der Länge der Ankathete des Winkels **Tangens (tan) des Winkels**. Sein Wert hängt nur von der Größe des Winkels ab.

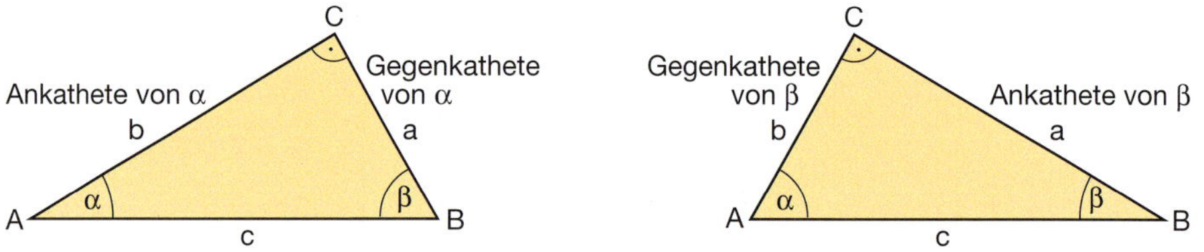

$\tan \alpha = \frac{\text{Gegenkathete von } \alpha}{\text{Ankathete von } \alpha}$ $\quad \tan \alpha = \frac{a}{b}$ $\quad \tan \beta = \frac{\text{Gegenkathete von } \beta}{\text{Ankathete von } \beta}$ $\quad \tan \beta = \frac{b}{a}$

1 a) Erläutere, warum die Maßzahl für die Länge der Strecke $\overline{Q_1R_1}$ einem Näherungswert für tan 40° entspricht.

b) Übertrage die Zeichnung auf Millimeterpapier. Ermittle zeichnerisch einen Näherungswert für tan 10° (tan 30°, tan 50°, tan 60°).

c) Bestimme für $\alpha = 45°$ den Tangenswert. Begründe deine Lösung.

d) Erkläre anhand der Abbildung folgende Festlegung:

$$\tan 0° = 0$$

Warum kann für $\alpha = 90°$ kein Tangenswert festgelegt werden?

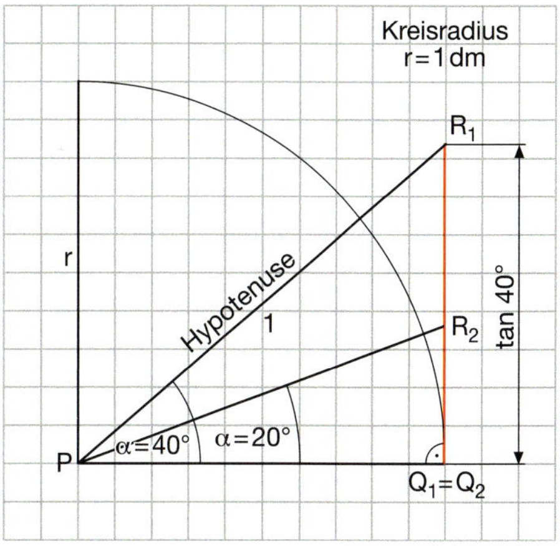

2

Gegeben: b = 3,8 cm; c = 7,5 cm; $\alpha = 90°$

Gesucht: β

Planfigur:

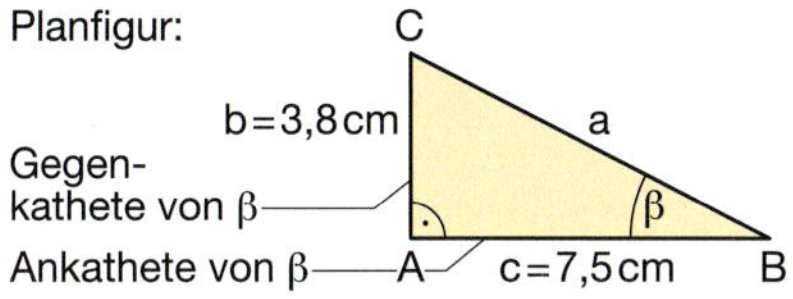

$$\tan \beta = \frac{b}{c}$$

$$\tan \beta = \frac{3,8}{7,5}$$

Tastenfolge: [tan⁻¹] 3.8 [÷] 7.5 [=]

Anzeige: 26.86981309

$$\beta \approx 27°$$

Berechne in dem Dreieck mithilfe des Tangens die beiden fehlenden Winkelgrößen. Überprüfe deine Lösungen durch eine Rechnung.

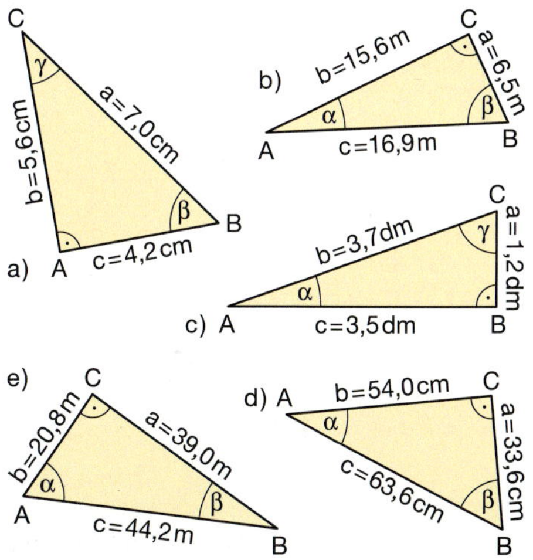

3

Gegeben: a = 16 cm; $\alpha = 65°$; $\gamma = 90°$

Gesucht: b, c, β

Planfigur:

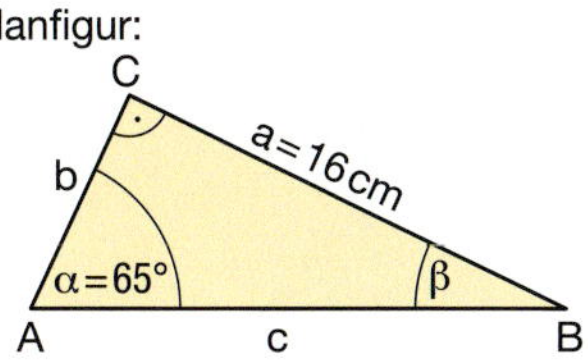

1. $\beta = 180° - \alpha - \gamma$
   $\beta = 180° - 65° - 90°$
   $\beta = 25°$

2. $\tan \beta = \frac{b}{a}$
   $\tan 25° = \frac{b}{16} \quad | \cdot 16$
   $b = 16 \cdot \tan 25°$
   $b \approx 7,5$ cm

3. $\sin \alpha = \frac{a}{c}$
   $\sin 65° = \frac{16}{c} \quad | \cdot c$
   $c \cdot \sin 65° = 16 \quad | : \sin 65°$
   $c = \frac{16}{\sin 65°}$
   $c \approx 18$ cm

Berechne die fehlenden Seitenlängen und Winkelgrößen in einem Dreieck ABC. Es gibt mehrere Lösungswege. Benutze auch den Tangens.

a) a = 27 cm; $\alpha = 32°$; $\gamma = 90°$

b) a = 12,6 cm; $\alpha = 30°$; $\gamma = 90°$

c) b = 16,4 cm; $\beta = 24°$; $\gamma = 90°$

d) b = 5,3 cm; $\alpha = 24°$; $\gamma = 90°$

e) b = 6,4 cm; $\gamma = 26°$; $\alpha = 90°$

f) c = 46 m; $\gamma = 18°$; $\alpha = 90°$

g) c = 6,8 cm; $\gamma = 73°$; $\beta = 90°$

h) a = 1,4 m; $\gamma = 33°$; $\beta = 90°$

Sinus

In einem rechtwinkligen Dreieck heißt der Quotient aus der Länge der Gegenkathete eines Winkels und der Länge der Hypotenuse **Sinus (sin) des Winkels**. Sein Wert hängt nur von der Größe des Winkels ab.

$$\text{Sinus eines Winkels} = \frac{\text{Gegenkathete}}{\text{Hypotenuse}}$$

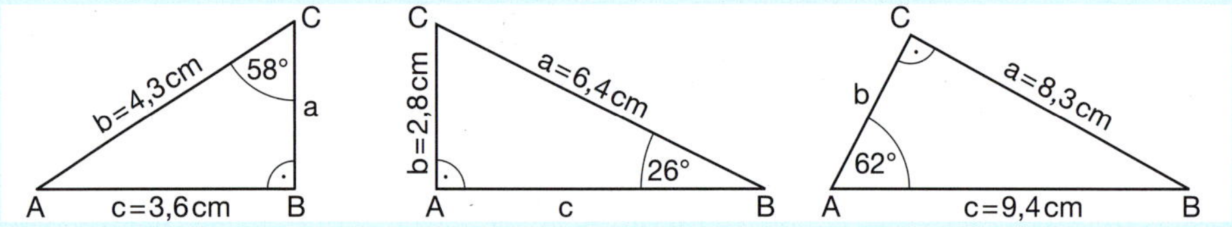

$\sin 58° = \frac{3,6}{4,3}$ $\quad$ $\sin 26° = \frac{2,8}{6,4}$ $\quad$ $\sin 62° = \frac{8,3}{9,4}$

$\sin 58° \approx 0,84$ $\quad$ $\sin 26° \approx 0,44$ $\quad$ $\sin 62° \approx 0,88$

Kosinus

In einem rechtwinkligen Dreieck heißt der Quotient aus der Länge der Ankathete eines Winkels und der Länge der Hypotenuse **Kosinus (cos) des Winkels**. Sein Wert hängt nur von der Größe des Winkels ab.

$$\text{Kosinus eines Winkels} = \frac{\text{Ankathete}}{\text{Hypotenuse}}$$

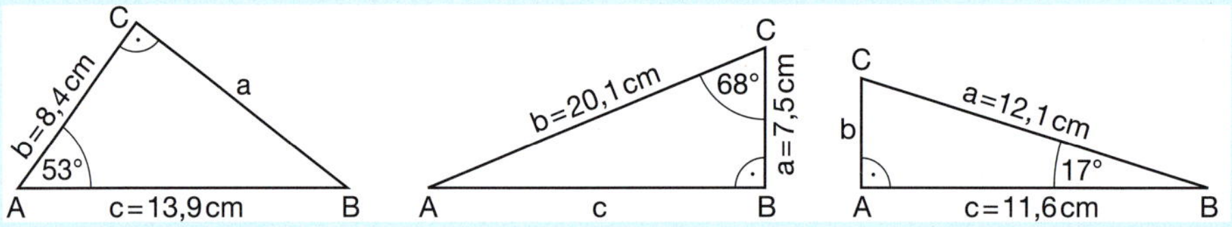

$\cos 53° = \frac{8,4}{13,9}$ $\quad$ $\cos 68° = \frac{7,5}{20,1}$ $\quad$ $\cos 17° = \frac{11,6}{12,1}$

$\cos 53° \approx 0,60$ $\quad$ $\cos 68° \approx 0,37$ $\quad$ $\cos 17° \approx 0,96$

Tangens

In einem rechtwinkligen Dreieck heißt der Quotient aus der Länge der Gegenkathete eines Winkels und der Länge der Ankathete des Winkels **Tangens (tan) des Winkels**. Sein Wert hängt nur von der Größe des Winkels ab.

$$\text{Tangens eines Winkels} = \frac{\text{Gegenkathete}}{\text{Ankathete}}$$

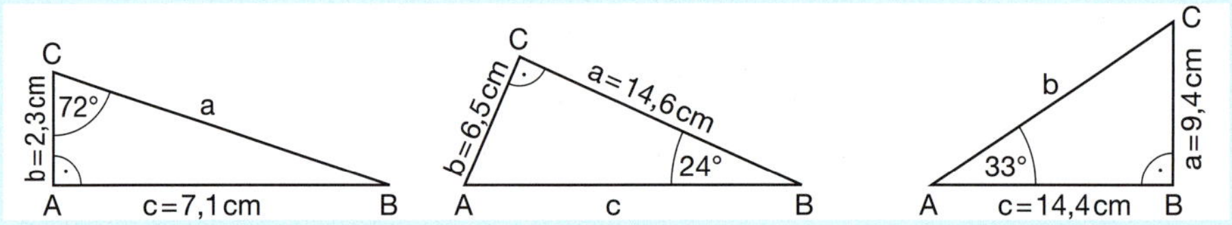

$\tan 72° = \frac{7,1}{2,3}$ $\quad$ $\tan 24° = \frac{6,5}{14,6}$ $\quad$ $\tan 33° = \frac{9,4}{14,4}$

$\tan 72° \approx 3,1$ $\quad$ $\tan 24° \approx 0,45$ $\quad$ $\tan 33° \approx 0,65$

1

$s^2 = r^2 + h^2$

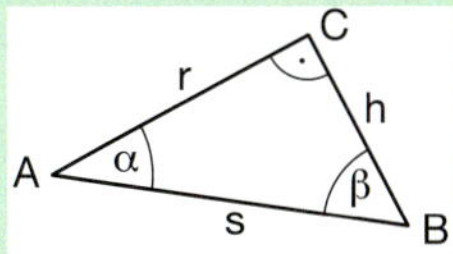

$\sin\alpha = \frac{h}{s}$ $\sin\beta = \frac{r}{s}$

$\cos\alpha = \frac{r}{s}$ $\cos\beta = \frac{h}{s}$

$\tan\alpha = \frac{h}{r}$ $\tan\beta = \frac{r}{h}$

Gib wie im Beispiel an: sin α, cos α, tan α, sin β, cos β und tan β. Formuliere für jedes Dreieck auch den Satz des Pythagoras als Gleichung.

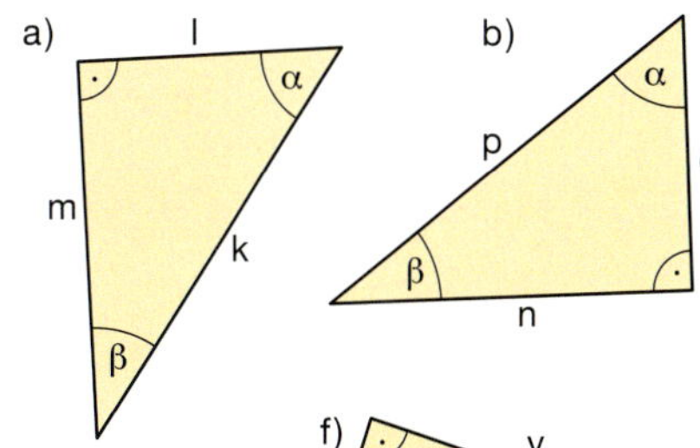

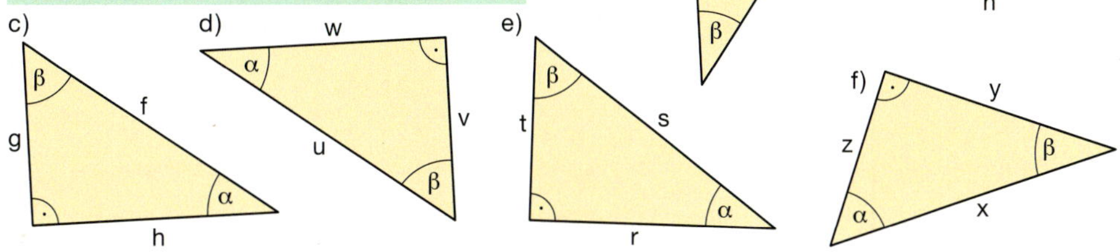

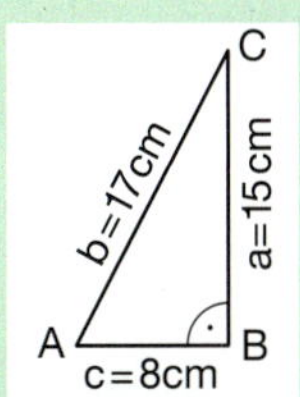

$\sin\alpha = \frac{15}{17}$

$\cos\alpha = \frac{8}{17}$

$\tan\alpha = \frac{15}{8}$

2 Bestimme die Winkelgrößen. Es gibt mehrere Lösungswege.

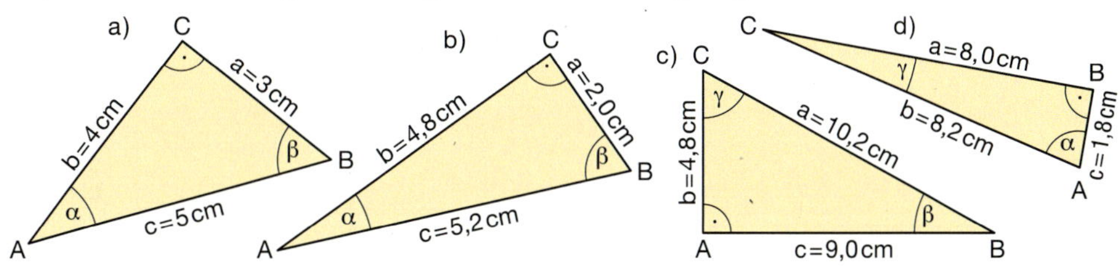

3

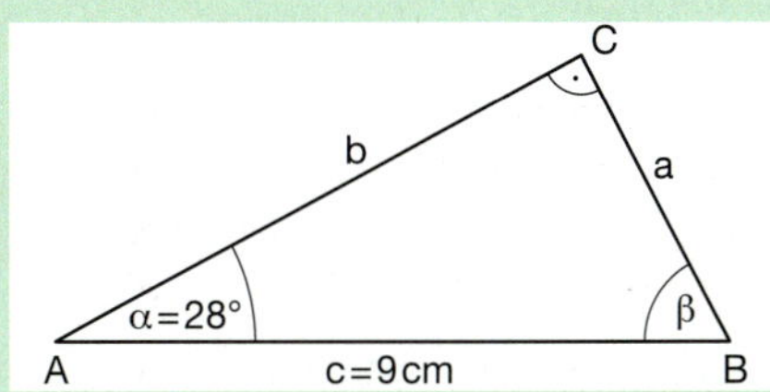

$\sin\alpha = \frac{a}{b}$

$\sin 28° = \frac{a}{9}$ $\quad | \cdot 9$

$a = 9 \cdot \sin 28°$

$a \approx 4\text{ cm}$

Berechne die rot markierte Seite.

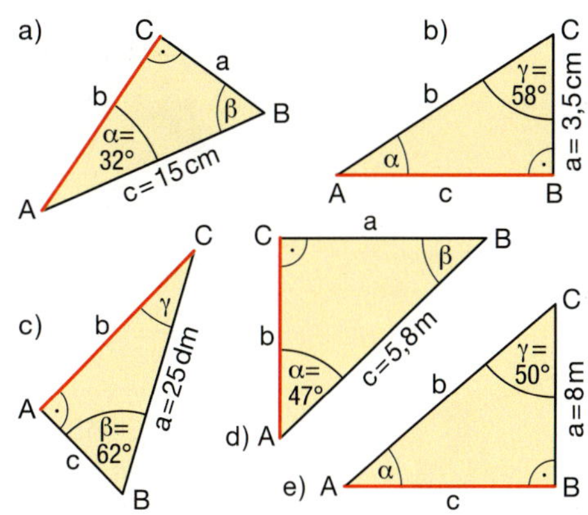

Das Zahnrad B dreht sich links herum. Wie drehen sich die anderen Zahnräder? Das Zahnrad A macht 5 Umdrehungen. Wie viele Umdrehungen machen die anderen Zahnräder?

4 So kannst du in einem rechtwinkligen Dreieck ABC ($\alpha = 90°$) aus $a = 5{,}2$ cm und $c = 4{,}3$ cm die Seitenlänge b sowie die Winkelgrößen β und γ berechnen:

1. Fertige eine Planfigur an und markiere die Hypotenuse.

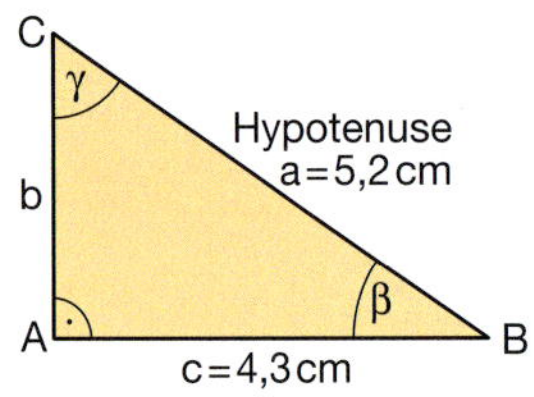

2. Berechne die Länge der Seite b.

$a^2 = b^2 + c^2$

$5{,}2^2 = b^2 + 4{,}3^2 \quad |-4{,}3^2$

$b^2 = 5{,}2^2 - 4{,}3^2$

$b = \sqrt{5{,}2^2 - 4{,}3^2}$

$b \approx 2{,}9$ cm

3. Berechne die Größe des Winkels β.

$\cos\beta = \frac{c}{a}$

$\cos\beta = \frac{4{,}3}{5{,}2}$

$\beta \approx 34°$

4. Berechne die Größe des Winkels γ.

$\gamma = 180° - \alpha - \beta$

$\gamma = 180° - 90° - 34°$

$\gamma = 56°$

Bestimme mithilfe des Sinus, Kosinus, Tangens oder des Satzes von Pythagoras die fehlenden Größen in einem rechtwinkligen Dreieck ABC.

	a)	b)	c)	d)	e)
a	15,5 cm	9,3 dm	■	■	7,8 cm
b	8,5 cm	■	■	0,25m	■
c	■	■	6,2 cm	■	12,4 cm
α	■	90°	54,8°	90°	■
β	■	36°	90°	11,7°	90°
γ	90°	■	■	■	■

5 Berechne den Flächeninhalt eines rechtwinkligen Dreiecks ABC.
Fertige eine Planfigur an.

a)	b)	c)
b = 11,4 cm	a = 7,8 cm	b = 0,48 cm
$\alpha = 90°$	$\alpha = 24°$	$\beta = 17°$
$\gamma = 64°$	$\beta = 90°$	$\gamma = 90°$

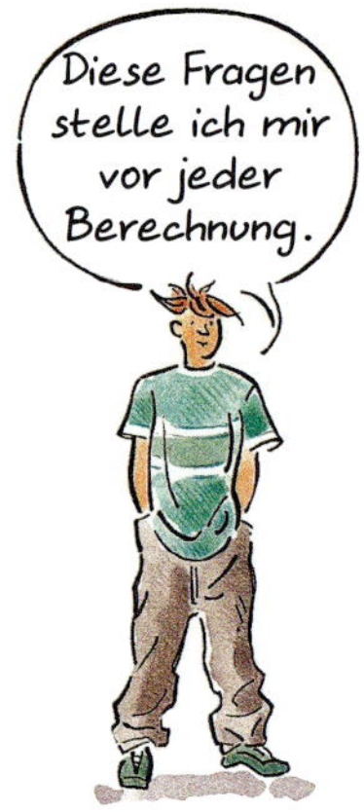

1. Liegt ein rechtwinkliges Dreieck vor oder lässt sich durch eine Hilfslinie ein rechtwinkliges Dreieck erzeugen?
2. Welche Größen sind gegeben, welche Größe ist gesucht?
3. Welche Formel enthält die gegebenen Größen und die gesuchte Größe?

6 Berechne den Flächeninhalt eines gleichschenkligen Dreiecks ABC.

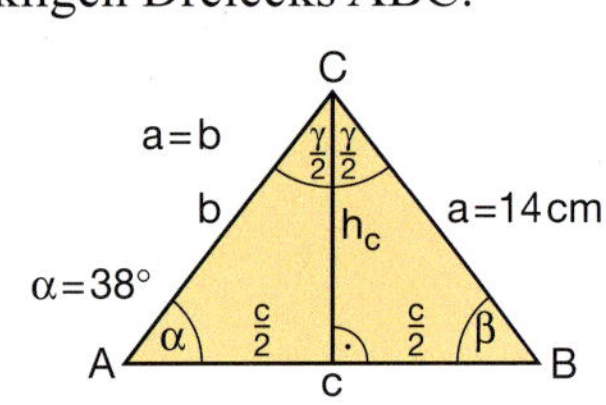

7 In einem gleichschenkligen Dreieck ABC (a = b) sind a = 14,6 cm und α = 76° gegeben. Berechne den Flächeninhalt.

8 Bestimme die Länge der rot gekennzeichneten Strecken.

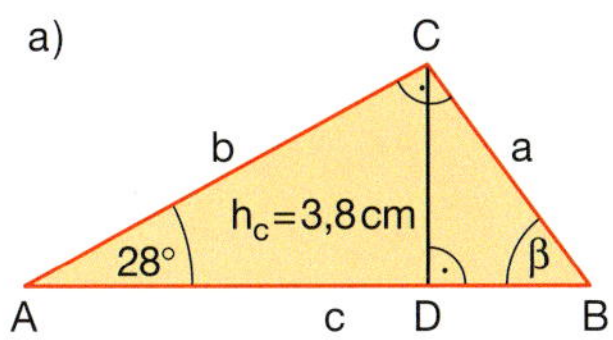

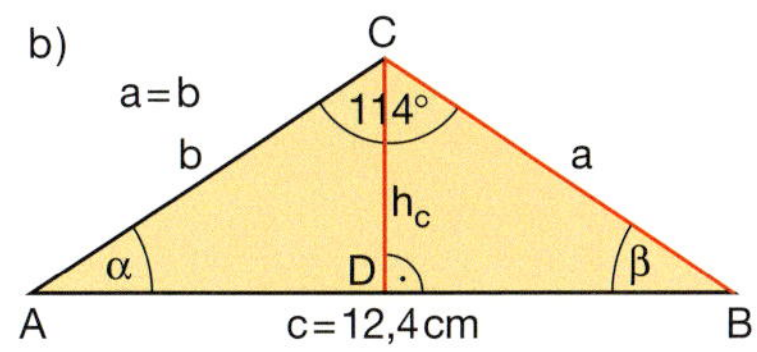

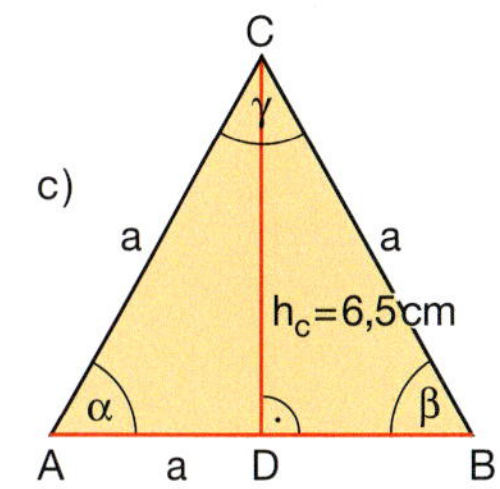

9 a) In einem Kreis sind s = 12,8 cm und α = 106°.
Berechne den Umfang und den Flächeninhalt des Kreises.
b) In einem Kreis mit dem Radius r = 7,2 cm ist eine Sehne 11,6 cm lang. Berechne die Größe des Umfangswinkels α sowie den Umfang und den Flächeninhalt des Kreises.

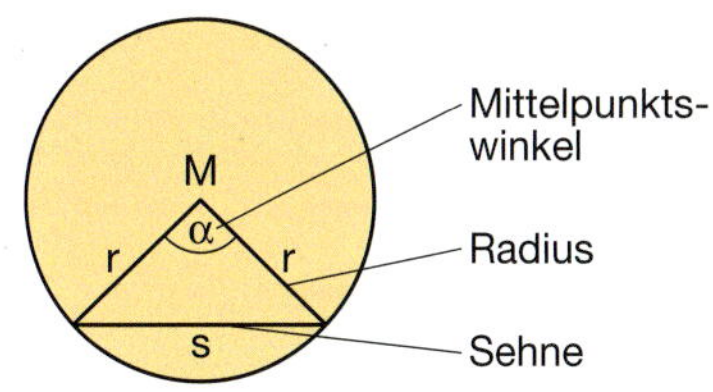

10 Berechne den Umfang und den Flächeninhalt der Figur.

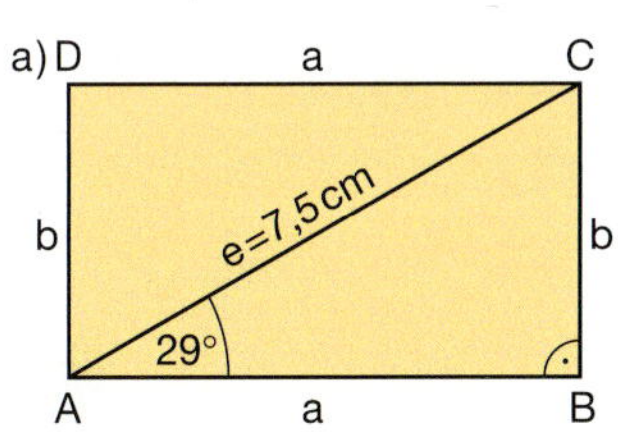

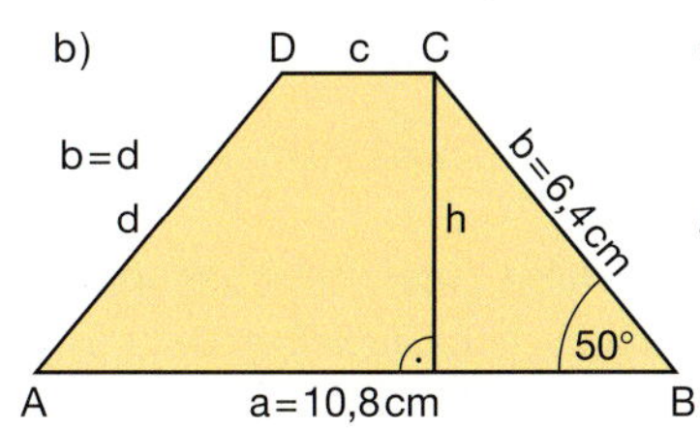

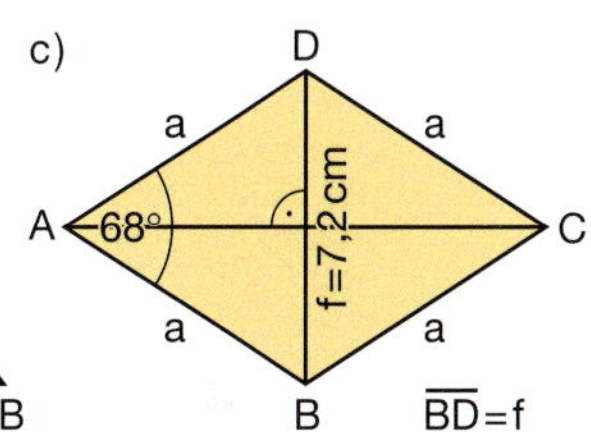

11 Die Länge der Diagonalen in einem Rechteck beträgt 12,6 cm; der Winkel ε zwischen den Diagonalen hat eine Größe von 132°. Berechne den Flächeninhalt A des Rechtecks.

12 Berechne den Flächeninhalt A eines gleichschenkligen Trapezes ABCD (b = d).

a)	b)	c)	d)
c = 5,3 cm	a = 11,6 cm	a = 38,4 m	b = 0,52 dm
h = 2,2 cm	h = 4,8 cm	b = 16,7 cm	c = 0,84 cm
α = 33°	α = 52°	α = 28°	α = 65°

13 a) Einem Kreis (r = 9 cm) ist ein regelmäßiges Fünfeck einbeschrieben.
Berechne den Umfang u und den Flächeninhalt A des Fünfecks.
b) Bestimme den Umfang u und den Flächeninhalt A eines regelmäßigen Achtecks.
Der Radius seines Umkreises beträgt 12,4 cm.

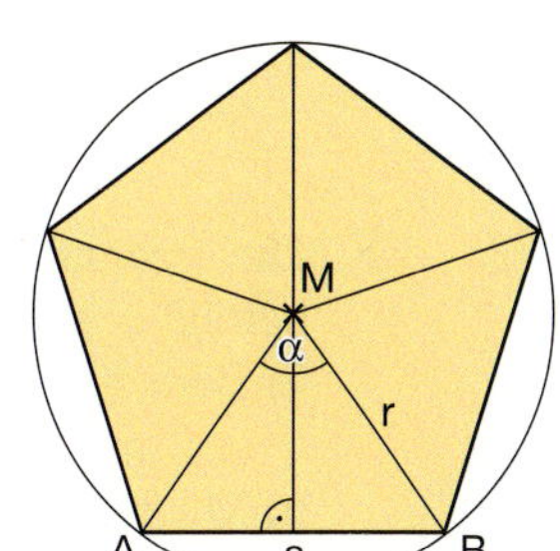

1

a) Eine 6,20 m lange Leiter lehnt an einer Hauswand. Die Leiter bildet mit dem waagerechten Boden einen Neigungswinkel von 74°.
In welcher Höhe liegt die Leiter an der Wand an?

b) Eine Leiter wird in einer Höhe von 8 m an eine Hauswand angelehnt. Der Neigungswinkel beträgt 75°. Berechne die Länge der Leiter und den Abstand des unteren Leiterendes vom Gebäude.

c) Eine 6,50 m lange Leiter wird 1,50 m von der Wand entfernt aufgestellt. Aus Sicherheitsgründen soll der Neigungswinkel zwischen 70° und 80° liegen.

2 Berechne die fehlenden Längen und Winkelgrößen.

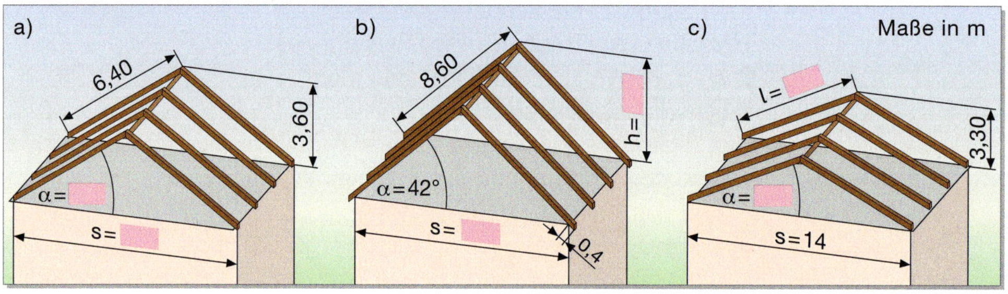

3 Der Querschnitt eines Eisenbahndammes ist ein gleichschenkliges Trapez.
Berechne die Länge l der Böschung und die Dammhöhe h.

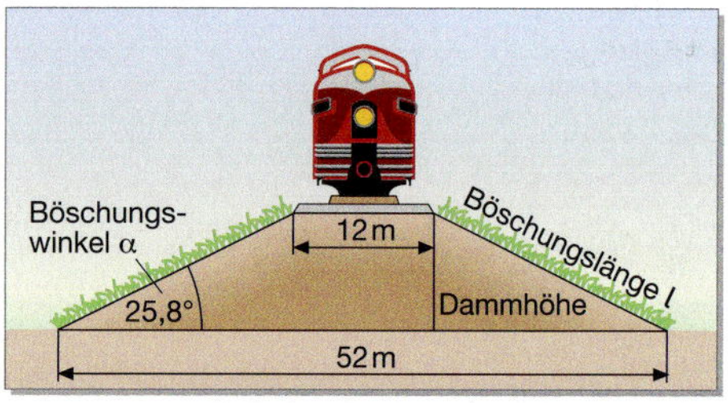

4 Wie viel Kubikmeter Erde mussten beim Bau eines Kanals für ein 1 km langes Teilstück ausgehoben werden?

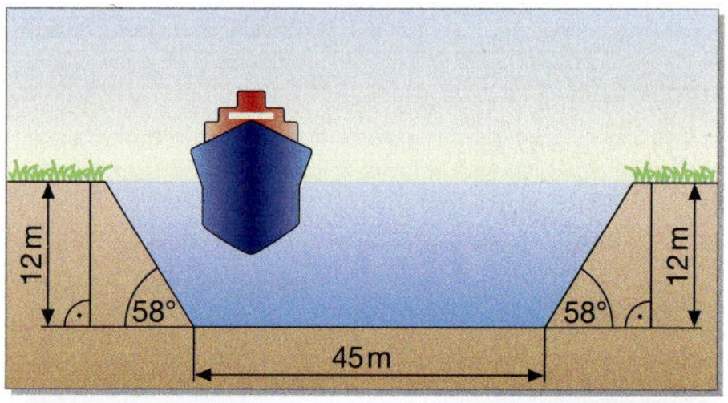

5 Die geografische Breite von Bielefeld beträgt $\varphi = 52°$.

a) Berechne den Umfang des Breitenkreises, auf dem Bielefeld liegt.

b) Mit welcher Geschwindigkeit (in $\frac{km}{h}$) dreht sich Bielefeld um die Erdachse?

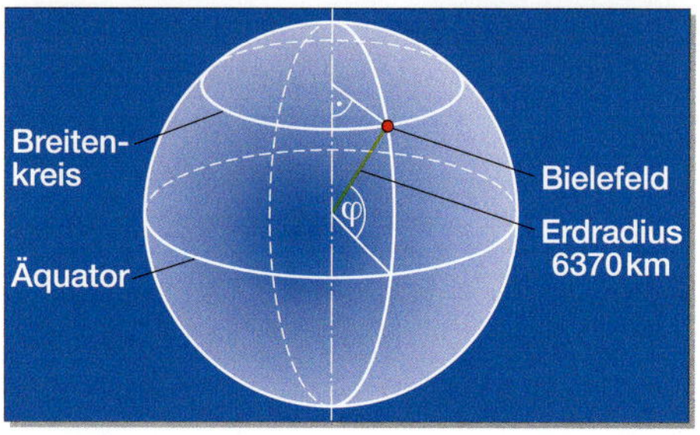

6

max. Steigfähigkeit: 100 %

$18\,\% = \frac{18}{100}$

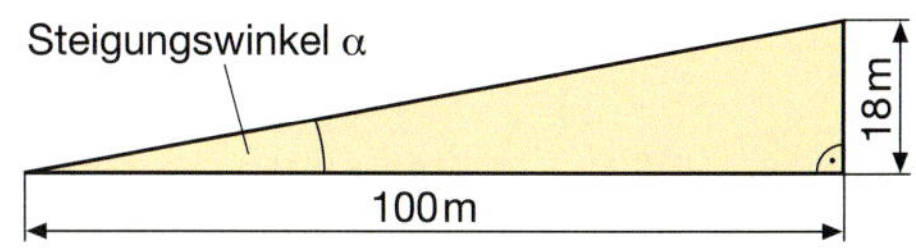

Auf 100 m waagerecht gemessener Strecke steigt die Straße um 18 m.

a) Die Steigung einer Straße wird mit 18 % angegeben. Berechne anhand der Abbildung die Größe des zugehörigen Steigungswinkels α.
b) Welchen Steigungswinkel kann der abgebildete Geländewagen überwinden?
c) Die maximale Steigfähigkeit eines Fahrzeugs beträgt im 1. Gang 44 %, im 2. Gang 28 %, im 3. Gang 15 % und im 4. Gang 10 %. Berechne jeweils die Größe des zugehörigen Steigungswinkels.

7

Gegeben: Steigungswinkel $\alpha = 4°$
Gesucht: Steigung in Prozent

$\tan 4° \approx 0{,}0699$
$p\,\% \approx 0{,}0699 \cdot 100\,\%$
$p\,\% \approx 7\,\%$

Die Steigung beträgt ungefähr 7 %.

a) Berechne für den Steigungswinkel $\alpha = 8°$ (12°; 24°; 31°; 52°) die Steigung in Prozent.
b) Eine geradling verlaufende Straße überwindet auf einer waagerecht gemessenen Entfernung von 640 m einen Höhenunterschied von 128 m. Bestimme die Größe des Steigungswinkels und die Steigung in Prozent.

8 Die Steigung einer Seilbahn beträgt 128 %. Auf einer Karte (Maßstab 1 : 10 000) beträgt die Entfernung zwischen Tal- und Bergstation 35 mm.
a) Berechne den Höhenunterschied zwischen der Talstation und der Bergstation.
b) Wie lang muss das Halteseil zwischen den beiden Stationen mindestens sein?

9 a) Ein Sportflugzeug überfliegt während seiner Landungsphase in 35 m Höhe ein Hindernis. Für das Flugzeug wurde ein Gleitwinkel γ von 4,5° errechnet. Bestimme mithilfe der Abbildung die Länge der Strecke über Grund, die das Flugzeug noch bis zum Aufsetzen überfliegen muss.

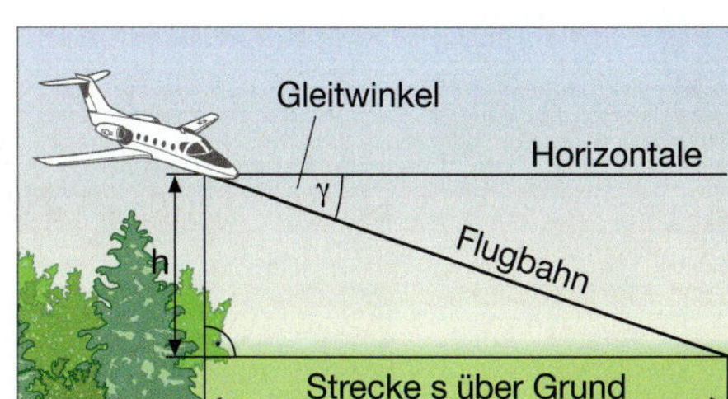

b) Vor dem Start wird für ein Verkehrsflugzeug ein Steigwinkel von 2,8° ermittelt. Berechne die Höhe, die das Flugzeug erreicht, wenn es nach dem Abheben eine 600 m lange Strecke über Grund zurückgelegt hat.

1 Schülerinnen und Schüler einer 10. Klasse wollen einen Teil ihres Schulgebäudes vermessen.
Mit einem Theodoliten können sie im Freien Winkelgrößen bestimmen.
Der abgebildete einfache Theodolit hat einen waagerechten Teilkreis mit einer 360°-Einteilung und einem senkrecht darauf montierten 180°-Teilkreis.

a) Die Schülerinnen und Schüler wollen zunächst die Breite des Gebäudes bestimmen. Dazu haben sie zwei Messverfahren geplant und in einer Skizze festgehalten. Welche Messungen werden sie jeweils ausführen, um die Länge der Strecke $\overline{AB}$ zu ermitteln? Begründe deine Antwort.

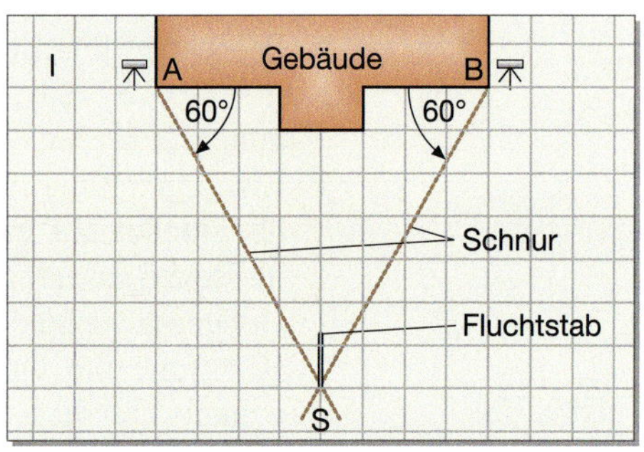

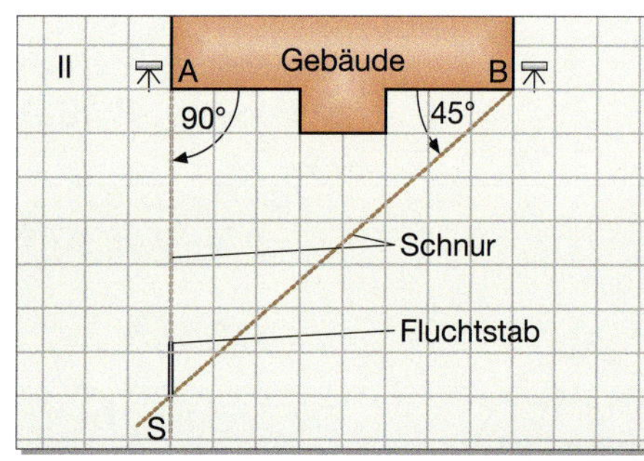

b) Anschließend soll die Höhe des Gebäudes bestimmt werden. Beschreibe anhand der Abbildungen, welche Messungen die Schülerinnen und Schüler ausführen.
Wie können sie anschließend die Höhe des Gebäudes berechnen?

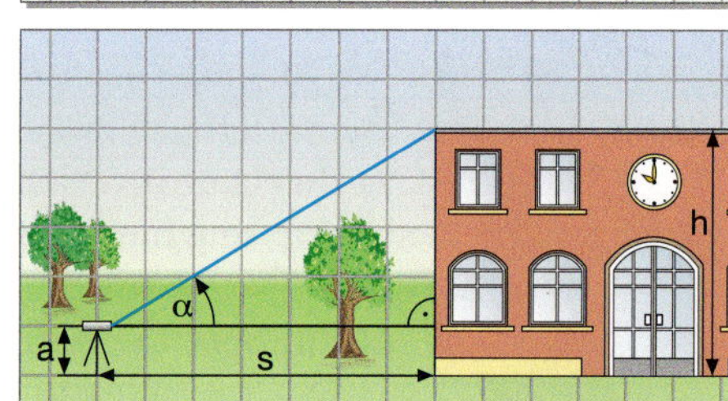

c) Führe entsprechende Messungen in deiner Umgebung aus.

2

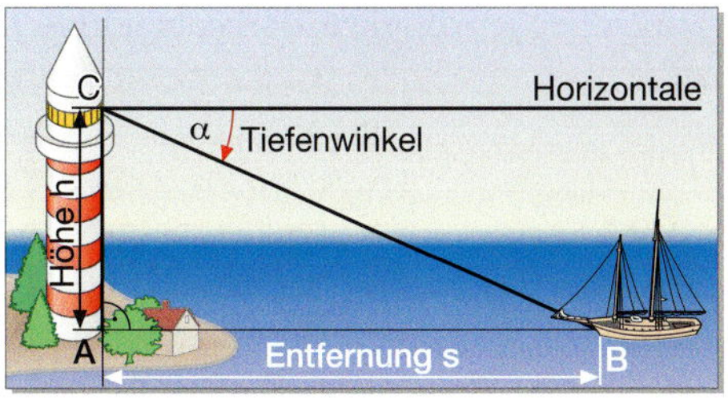

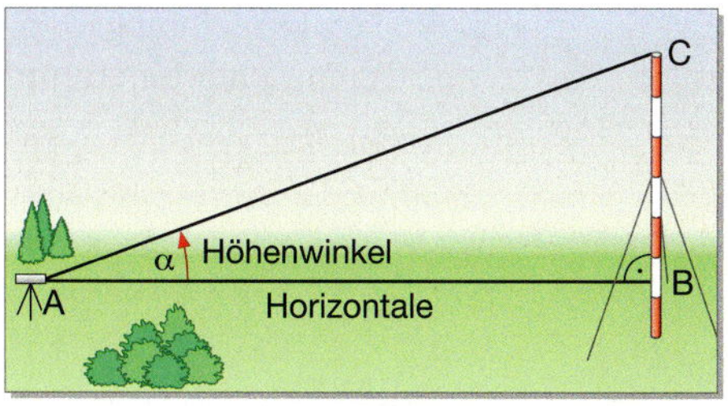

a) Aus 72 m Höhe über dem Meeresspiegel wird mit einem Winkelmessgerät der Bug eines Schiffes unter einem Tiefenwinkel von $\alpha = 3{,}8°$ angepeilt. Wie weit ist das Schiff vom Fußpunkt des Leuchtturms entfernt?

b) Ein Winkelmessgerät steht 100 m vom Fußpunkt eines Sendemastes entfernt 1,60 m hoch über dem Erdboden. Die Spitze des Sendemastes erscheint im Fernrohr des Messgerätes unter einem Höhenwinkel von $\alpha = 19{,}8°$. Berechne die Höhe des Sendemastes.

3 Die Spitze eines 48 m hohen Turmes wird unter dem Höhenwinkel von 18,4° angepeilt. Das Winkelmessgerät steht 1,60 m hoch über dem Erdboden. Wie weit ist das Messgerät vom Turm entfernt?

4 Berechne die Breite des Flusses und die Höhe der senkrecht aufragenden Felswand.

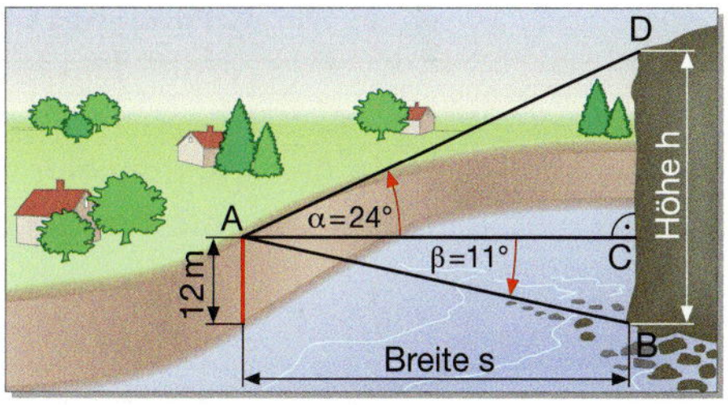

5 Aus 13 m Höhe wird der Fußpunkt eines Mastes unter dem Tiefenwinkel $\alpha = 2{,}5°$ und seine Spitze unter dem Höhenwinkel $\beta = 7{,}8°$ gesehen. Berechne die Höhe des Mastes.

6

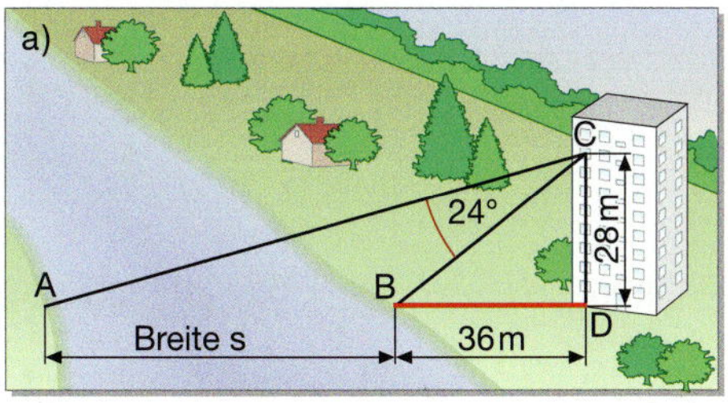

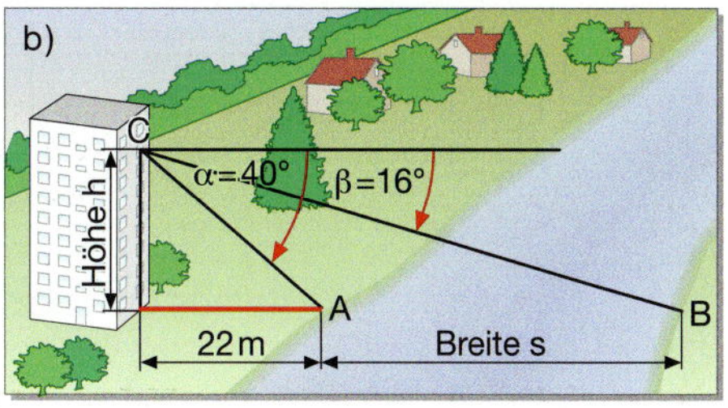

Um die Breite eines Flusses zu bestimmen, werden aus dem Fenster eines Hauses die beiden Uferpunkte A und B angepeilt. Berechne mithilfe der Abbildung die Breite s des Flusses.

7 Aus 450 m Höhe werden von einem Hubschrauber aus die Kirchtürme A und B unter den Tiefenwinkeln $\alpha = 8°$ und $\beta = 56°$ angepeilt.
Wie weit sind die beiden Kirchtürme voneinander entfernt?

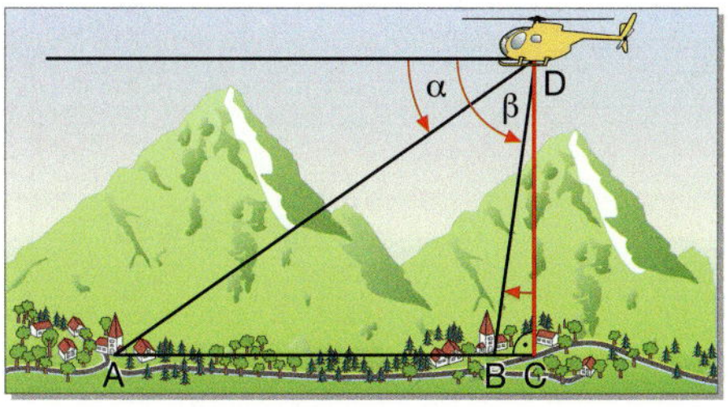

1 Um Berechnungen in beliebigen Dreiecken durchzuführen, benötigst du zum Beispiel den Sinus auch für stumpfe Winkel.

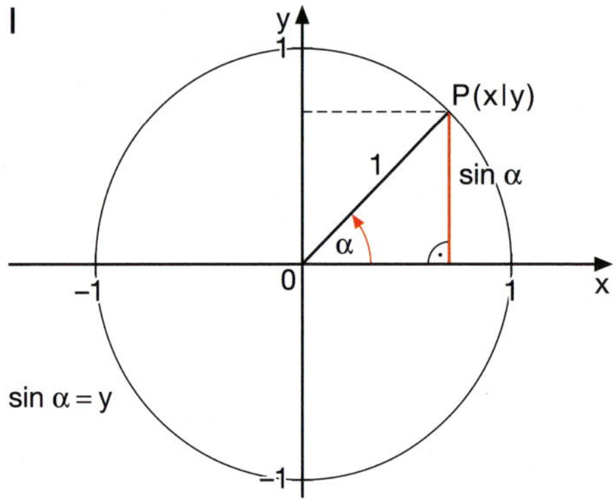

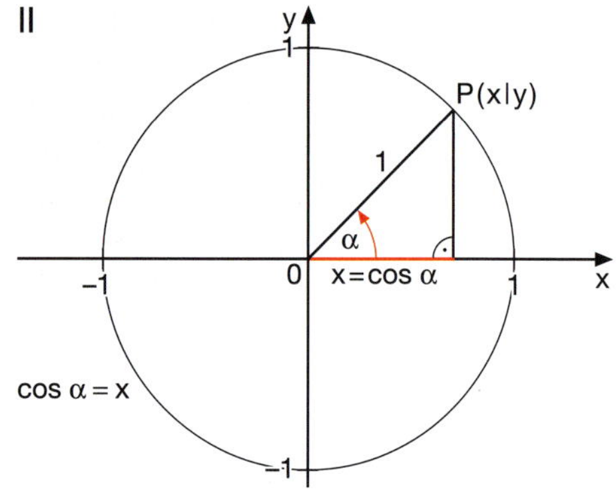

Auf dem abgebildeten Einheitskreis (Radius: 1 Längeneinheit) um den Ursprung O eines Koordinatensystems ist ein Punkt P (x | y) markiert.
Erläutere anhand der Abbildung die folgende Aussage.

a) Der **Sinuswert** von Winkel α ist die **y-Koordinate** des zu α gehörenden Punktes P (x | y) auf dem Einheitskreis.

b) Der **Kosinuswert** von Winkel α ist die **x-Koordinate** des zu α gehörenden Punktes P (x | y) auf dem Einheitspreis.

2 In den Abbildungen wird die Beziehung **sin α = y** und die Beziehung **cos α = x** jeweils auf **stumpfe Winkel** erweitert.

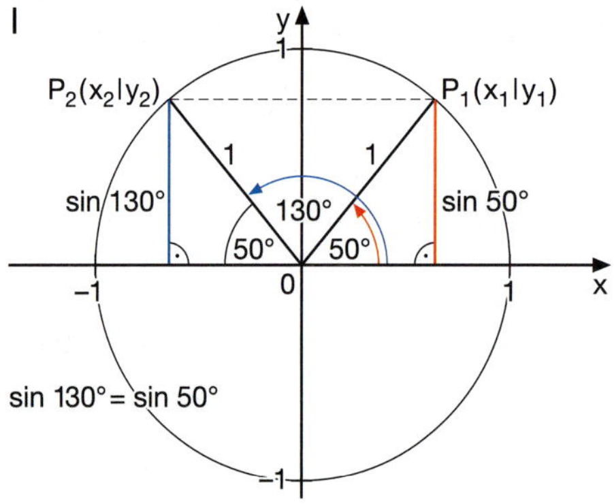

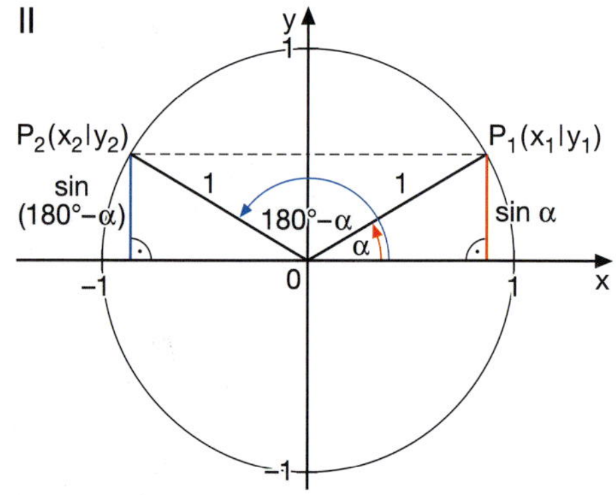

Wird P_1 (x_1 | y_1) an der y-Achse gespiegelt, erhältst du P_2 (x_2 | y_2).

a) Begründe die folgende Beziehung: Für 0° ≤ α ≤ 90° gilt: **sin (180° − α) = sin α**

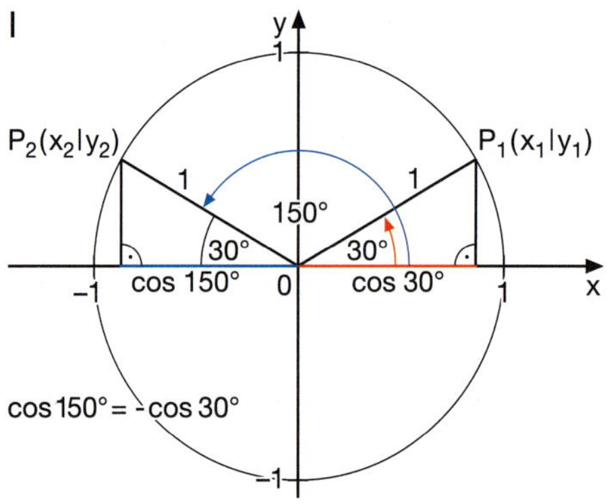

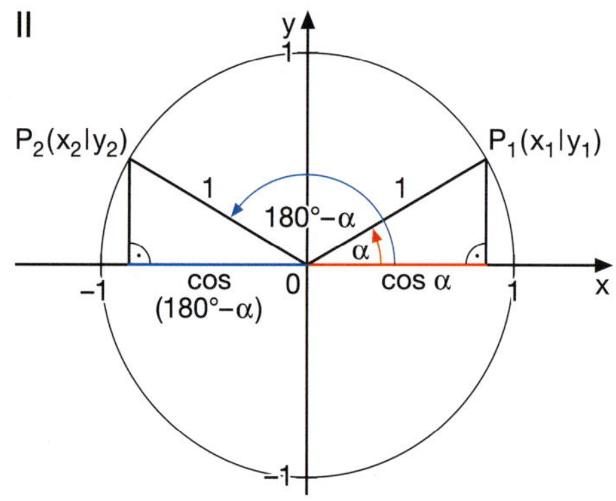

b) Begründe die folgende Beziehung: Für 0° ≤ α ≤ 90° gilt: **cos (180° − α) = −cos α**

1 Im Gelände soll die Entfernung zwischen den Punkten P_1 und P_2 bestimmt werden. Dazu wird der Geländepunkt P_3 festgelegt und die Streckenlänge $\overline{P_1P_3}$ gemessen. Mit dem Theodoliten wird der $\sphericalangle P_1P_3P_2$ und der $\sphericalangle P_2P_1P_3$ bestimmt. Berechne die Streckenlänge $\overline{P_1P_2}$. Zerlege dazu das markierte Geländedreieck in zwei geeignete rechtwinklige Teildreiecke.

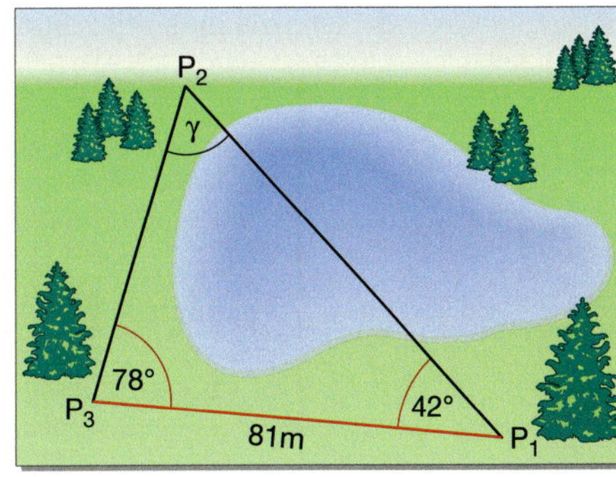

2 a) In dem folgenden Beispiel wird in einem Dreieck ABC mit b = 6,4 cm, α = 47° und γ = 75° die Länge der Seite a berechnet. Beschreibe den dargestellten Lösungsweg.

Gegeben: $b = 6{,}4\,cm$

$\alpha = 47°,\ \gamma = 75°$

Gesucht: a

Planfigur:

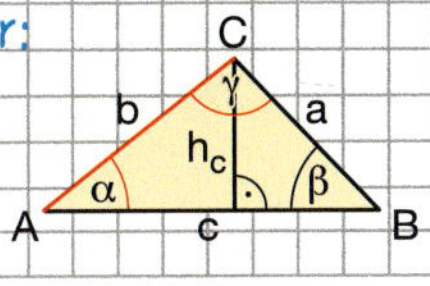

1. $\beta = 180° - \alpha - \gamma$

$\beta = 180° - 47° - 75°$

$\beta = 58°$

2. $\sin\alpha = \frac{h_c}{b}$

$h_c = b \cdot \sin\alpha$

3. $\sin\beta = \frac{h_c}{a}$

$a = \frac{h_c}{\sin\beta}$

$a = \frac{b \cdot \sin\alpha}{\sin\beta}$

$a = \frac{6{,}4 \cdot \sin 47°}{\sin 58°}$

$a \approx 5{,}5\,cm$

b) In einem Dreieck ABC sind c = 8,6 cm, α = 28° und β = 67°. Berechne die Länge der Seite b. Zerlege dazu das Dreieck ABC durch die Höhe h_a in zwei rechtwinklige Teildreiecke.

c) Berechne im Dreieck ABC mit a = 5,7 cm, β = 34° und γ = 81° die Länge der Seite c. Zerlege dazu das Dreieck ABC durch die Höhe h_b in zwei Teildreiecke.

d) Bei der Berechnung der Seitenlängen a, b und c hast du die Gleichungen

$a = \frac{b \cdot \sin\alpha}{\sin\beta}$, $b = \frac{c \cdot \sin\beta}{\sin\gamma}$ und $c = \frac{a \cdot \sin\gamma}{\sin\alpha}$ erhalten.

Jede dieser Gleichungen lässt sich wie abgebildet in eine Verhältnisgleichung umformen.

$a = \frac{b \cdot \sin\alpha}{\sin\beta} \quad | : b$

$\frac{a}{b} = \frac{\sin\alpha}{\sin\beta}$

$b = \frac{c \cdot \sin\beta}{\sin\gamma} \quad | : c$

$\frac{b}{c} = \frac{\sin\beta}{\sin\gamma}$

$c = \frac{a \cdot \sin\gamma}{\sin\alpha} \quad | : a$

$\frac{c}{a} = \frac{\sin\gamma}{\sin\alpha}$

oder:

$a = \frac{b \cdot \sin\alpha}{\sin\beta} \quad | : \sin\alpha$

$\frac{a}{\sin\alpha} = \frac{b}{\sin\beta}$

$b = \frac{c \cdot \sin\beta}{\sin\gamma} \quad | : \sin\beta$

$\frac{b}{\sin\beta} = \frac{c}{\sin\gamma}$

$c = \frac{a \cdot \sin\gamma}{\sin\alpha} \quad | : \sin\gamma$

$\frac{c}{\sin\gamma} = \frac{a}{\sin\alpha}$

Zeichne verschieden große Dreiecke ABC. Miss ihre Seitenlängen und Winkelgrößen. Trage die Werte in eine entsprechende Verhältnisgleichung ein. Beachte, dass du mit Näherungswerten rechnest.

3 a) So kannst du zeigen, dass für ein spitzwinkliges Dreieck ABC gilt: $\frac{a}{b} = \frac{\sin \alpha}{\sin \beta}$

1. Das spitzwinklige Dreieck ABC wird in zwei rechtwinklige Teildreiecke ADC und DBC zerlegt.
2. $\sin \alpha = \frac{h_c}{b}$ $\qquad \sin \beta = \frac{h_c}{a}$

   $b \cdot \sin \alpha = h_c$ $\qquad a \cdot \sin \beta = h_c$
3. $b \cdot \sin \alpha = a \cdot \sin \beta$

   $\frac{a}{b} = \frac{\sin \alpha}{\sin \beta}$

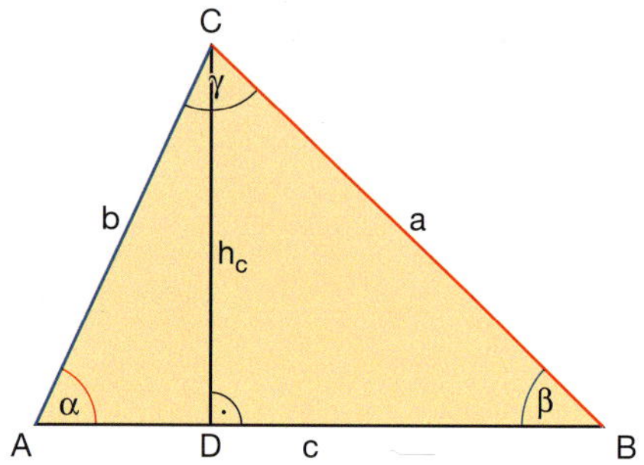

Erläutere die einzelnen Schritte des Beweises.

b) Zeige anhand der abgebildeten spitzwinkligen Dreiecke, dass die folgenden Gleichungen gelten.

$\frac{b}{c} = \frac{\sin \beta}{\sin \gamma}$

$\frac{c}{a} = \frac{\sin \gamma}{\sin \alpha}$

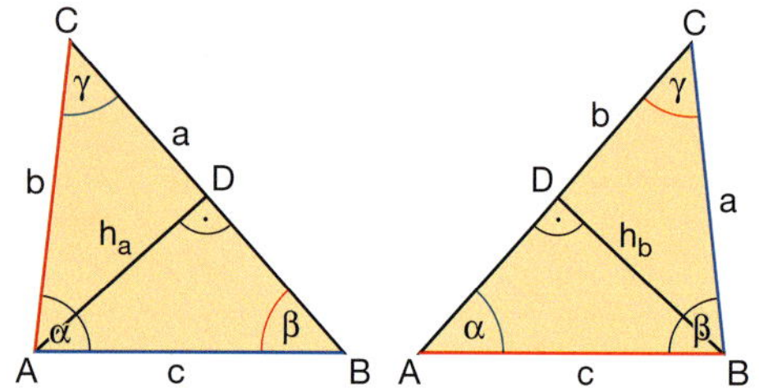

c) Beweise mithilfe der Abbildung, dass die Gleichung

$\frac{a}{b} = \frac{\sin \alpha}{\sin \beta}$

auch für stumpfwinklige Dreiecke gilt. Du benötigst für diesen Beweis die Beziehung $\sin(180° - \alpha) = \sin \alpha$.

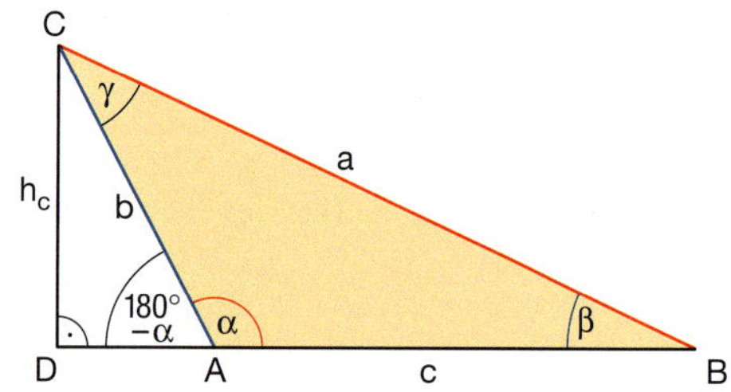

$\sin \beta = \frac{h_c}{a}$ (Dreieck DBC)

$\sin(180° - \alpha) = \frac{h_c}{b}$ (Dreieck DAC)

Sinussatz

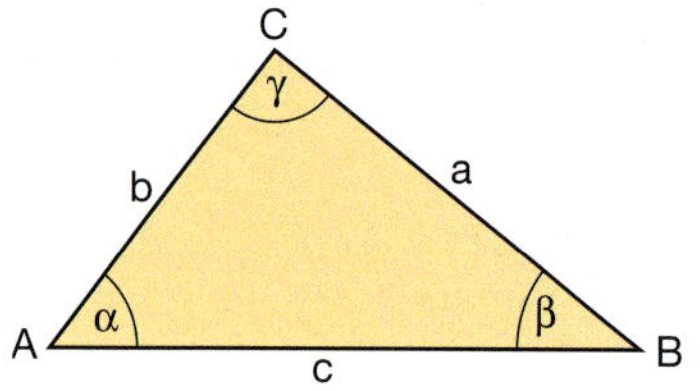

$\frac{a}{b} = \frac{\sin \alpha}{\sin \beta}$ $\qquad \frac{b}{c} = \frac{\sin \beta}{\sin \gamma}$ $\qquad \frac{c}{a} = \frac{\sin \gamma}{\sin \alpha}$

In einem beliebigen Dreieck ist das Längenverhältnis zweier Dreiecksseiten gleich dem Verhältnis der Sinuswerte der diesen Seiten gegenüberliegenden Winkel.

1 a) Dreiecke, die nach den Kongruenzsätzen durch die Größen dreier Stücke (SSS, SWS, WSW, SsW) eindeutig bestimmt sind, können berechnet werden. In welchen Fällen lassen sich mit dem Sinussatz fehlende Seitenlängen und Winkelgrößen unmittelbar berechnen? Begründe deine Antwort.

b) So kannst du in einem Dreieck ABC mithilfe des Sinussatzes aus $c = 6{,}5$ cm, $\alpha = 85°$ und $\beta = 28°$ die fehlenden Seiten berechnen:

WSW

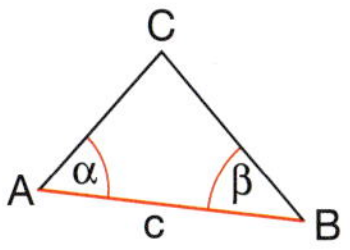

1. Fertige eine Planfigur an.

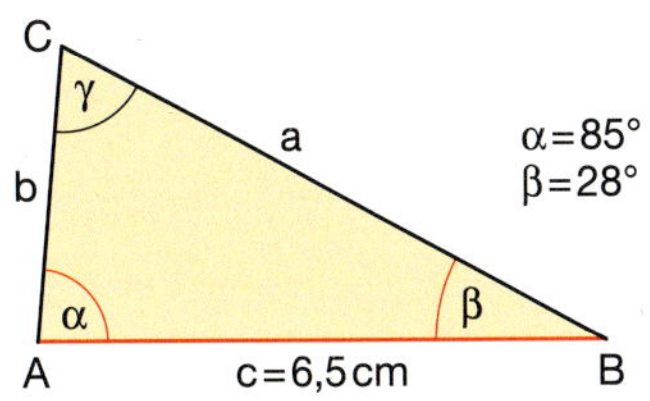

2. Berechne die Größe des Winkels γ.

$\gamma = 180° - \alpha - \beta$
$\gamma = 180° - 85° - 28°$
$\gamma = 67°$

3. Berechne die Länge der Seite a.

$\frac{a}{c} = \frac{\sin\alpha}{\sin\gamma} \quad | \cdot c$

$a = \frac{c \cdot \sin\alpha}{\sin\gamma}$

$a = \frac{6{,}5 \cdot \sin 85°}{\sin 67°}$

$a \approx 7{,}0$ cm

4. Berechne die Länge der Seite b.

$\frac{b}{c} = \frac{\sin\beta}{\sin\gamma} \quad | \cdot c$

$b = \frac{c \cdot \sin\beta}{\sin\gamma}$

$b = \frac{6{,}5 \cdot \sin 28°}{\sin 67°}$

$b \approx 3{,}3$ cm

Berechne im Dreieck ABC mit $c = 5{,}8$ cm, $\alpha = 112°$ und $\beta = 35°$ ($a = 4$ cm, $\alpha = 31°$, $\gamma = 80°$) die fehlenden Seitenlängen und Winkelgrößen.

2 Berechne in dem Dreieck ABC die rot markierten Stücke.

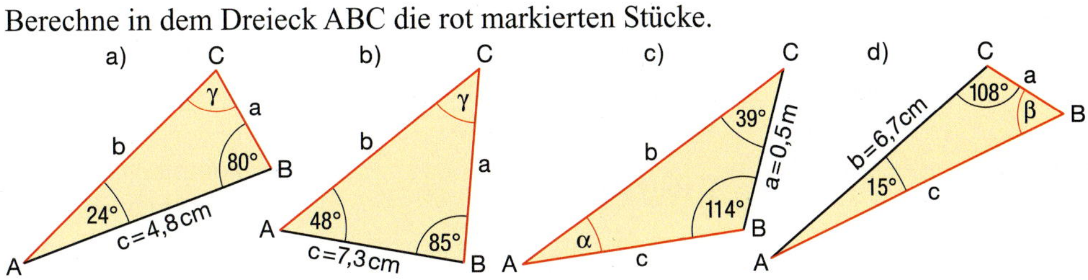

3 Bestimme jeweils die fehlenden Seitenlängen und die fehlende Winkelgröße in einem Dreieck ABC. Fertige gegebenenfalls eine Zeichnung an.

a)	b)	c)	d)	e)	f)	g)
$b = 7{,}3$ cm	$c = 14{,}3$ cm	$a = 8{,}7$ cm	$a = 0{,}54$ dm	$b = 24{,}6$ cm	$c = 113$ mm	$a = 0{,}35$ dm
$\alpha = 76°$	$\alpha = 66°$	$\alpha = 55{,}5°$	$\alpha = 116{,}5°$	$\alpha = 38{,}7°$	$\alpha = 125{,}6°$	$\alpha = 43{,}7°$
$\beta = 48°$	$\beta = 82°$	$\gamma = 71{,}3°$	$\beta = 26{,}7°$	$\gamma = 104{,}8°$	$\gamma = 17{,}5°$	$\beta = 76{,}3°$

L 8,14; 24,65; 53,2; 36,8; 8,95; 26,72; 10,29; 0,27; 36,5; 56; 9,53; 0,36; 32; 39,98; 25,86; 306; 226; 0,44; 0,49; 60; 36,9

4 Bestimme mithilfe des Sinussatzes in einem gleichschenkligen Dreieck ABC ($a = b$) die fehlende Seitenlänge. Berechne dafür zunächst die fehlende Winkelgröße.

a) $a = 12{,}3$ cm; $\alpha = 57{,}8°$ b) $c = 4{,}8$ dm; $\alpha = 33{,}6°$ c) $b = 0{,}45$ dm; $\gamma = 106°$

SsW

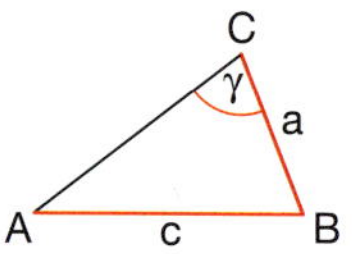

5 a) In dem Beispiel wird aus den Größen a, c und γ eines Dreiecks ABC die Winkelgröße α bestimmt.
Erläutere, warum die Winkelgröße α_2 keine Lösung im Dreieck ABC sein kann.
Berechne die Winkelgröße β und die Länge der Seite b.

b) In einem Dreieck ABC sind a = 5,4 cm, c = 7,2 cm und γ = 65°.
Berechne b, α und β.

Gegeben: a = 15 cm, c = 28 cm, γ = 77°
Gesucht: α

$$\frac{a}{c} = \frac{\sin\alpha}{\sin\gamma} \quad | \cdot \sin\gamma$$

$$\frac{a \cdot \sin\gamma}{c} = \sin\alpha$$

$$\sin\alpha = \frac{15 \cdot \sin 77^\circ}{28}$$

$$\alpha_1 \approx 32^\circ$$

$$\alpha_2 \approx 180^\circ - 32^\circ = 148^\circ$$

$$\alpha \approx 32^\circ$$

6 Bestimme die fehlenden Seitenlängen und Winkelgrößen eines Dreiecks ABC.

a)	b)	c)	d)	e)	f)	g)
a = 11,3 cm	β = 105,3°	b = 0,93 dm	a = 8,5 cm	b = 0,43 m	a = 85,7 cm	α = 68,2°
γ = 80,7°	c = 6,4 cm	c = 0,45 dm	b = 13,3 cm	α = 22,7°	c = 43,5 cm	c = 127 mm
α = 63°	γ = 54°	β = 71,5°	β = 115,6°	γ = 132,8°	α = 126,4°	β = 95,8°

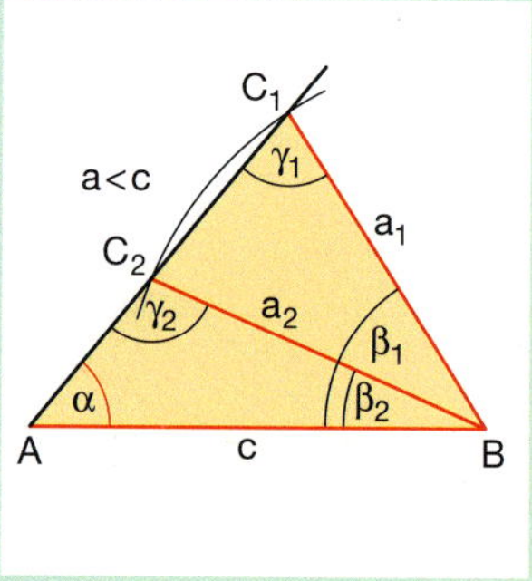

Gegeben: a = 4 cm, c = 5 cm, α = 50°
Gesucht: γ

$$\frac{c}{a} = \frac{\sin\gamma}{\sin\alpha} \quad | \cdot \sin\alpha$$

$$\sin\gamma = \frac{c \cdot \sin\alpha}{a}$$

$$\sin\gamma = \frac{5 \cdot \sin 50^\circ}{4}$$

$$\sin\gamma \approx 0{,}9576$$

$$\gamma_1 = 73^\circ \text{ und } \gamma_2 \approx 107^\circ$$

7 Von einem Dreieck ABC sind die **Längen zweier Seiten** und die **Größe des Winkels** bekannt, der der **kleineren Seite gegenüberliegt.**
Aus den gegebenen Stücken a, c (a < c) und α wird im abgebildeten Beispiel die Größe des Winkels γ bestimmt.

a) Erläutere, warum für die Größe des Winkels γ die beiden Werte $\gamma_1 \approx 73{,}2^\circ$ und $\gamma_2 \approx 106{,}8^\circ$ als Lösung in Frage kommen.

b) Berechne in dem Dreieck ABC_1 die fehlenden Stücke β_1 und b_1 sowie im Dreieck ABC_2 entsprechend β_2 und b_2.

8 Konstruiere ein Dreieck ABC aus b = 6,8 cm, c = 4,3 cm, γ = 30° (a = 3,6 cm, b = 4,8 cm, α = 26,4°). Beachte dabei, dass zwei Lösungsdreiecke möglich sind. Berechne anschließend die fehlenden Stücke (Seiten, Winkel) und überprüfe deine Lösungen an der Zeichnung.

9 a) Konstruiere ein Dreieck ABC aus a = 3,0 cm, c = 6,0 cm und α = 30°. Berechne nach b, β und γ. Begründe anhand einer Rechnung, dass diese Aufgabe nur eine Lösung hat.

b) Versuche aus a = 3,0 cm, c = 4,5 cm und α = 72° ein Dreieck ABC zu konstruieren. Zeige durch eine Rechnung, dass die Aufgabe keine Lösung hat.

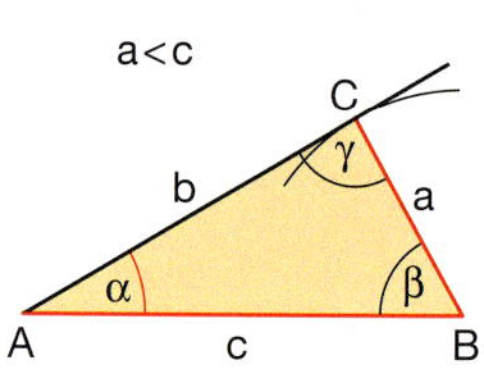

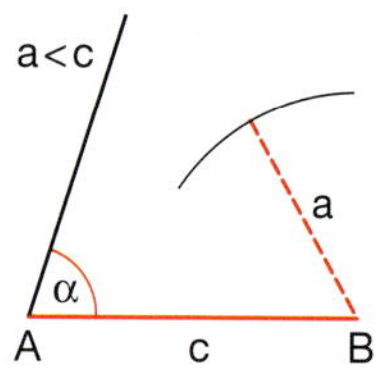

10 Berechne die fehlenden Seitenlängen und Winkelgrößen in einem Dreieck ABC.

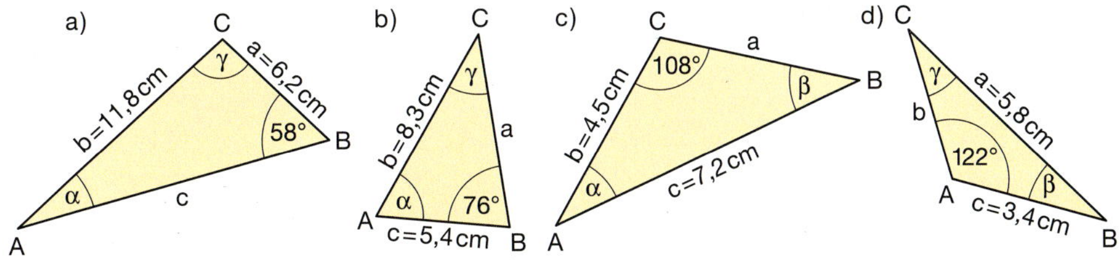

11 Bestimme die fehlenden Seitenlängen und die fehlenden Winkelgrößen in einem Dreieck ABC. Beachte, dass es genau eine, keine Lösung oder zwei Lösungen geben kann.

a)	b)	c)	d)	e)	f)	g)
a = 6 cm	b = 21,5 m	a = 24,6 dm	a = 0,84 m	a = 5,6 cm	b = 24,5 dm	a = 6,1 cm
b = 8 cm	c = 28,4 m	b = 12,3 dm	b = 0,65 m	b = 5,2 cm	c = 47,7 dm	b = 5,3 cm
α = 45°	β = 36,5°	β = 30°	α = 105,8°	β = 78,4°	γ = 123,6°	β = 50,8°

12 Berechne Umfang und Flächeninhalt des Parallelogramms ABCD.

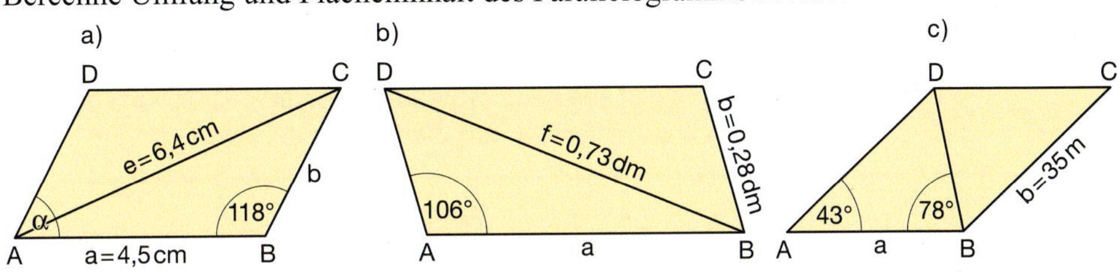

13 Berechne die Höhe des Gebäudes. Das Messgerät steht 1,60 m über dem Erdboden.

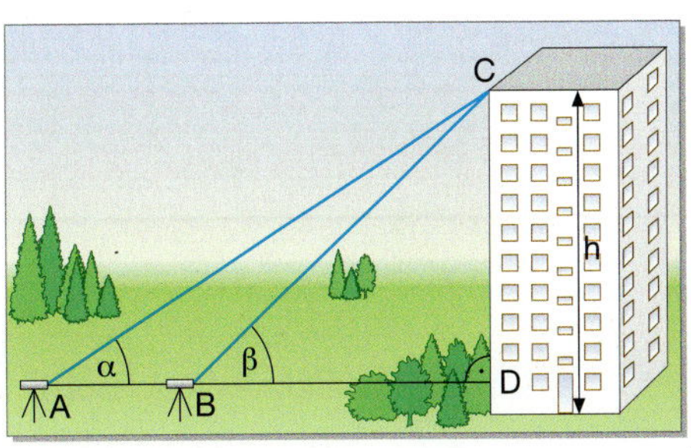

	a)	b)	c)	d)
Strecke $\overline{AB}$	16 m	26 m	34,8 m	28,9 m
Winkel α	42,4°	37,8°	32,5°	23,6°
Winkel β	65,6°	56,3°	42,7°	45,2°

14

1 sm ≙ 1,852 km

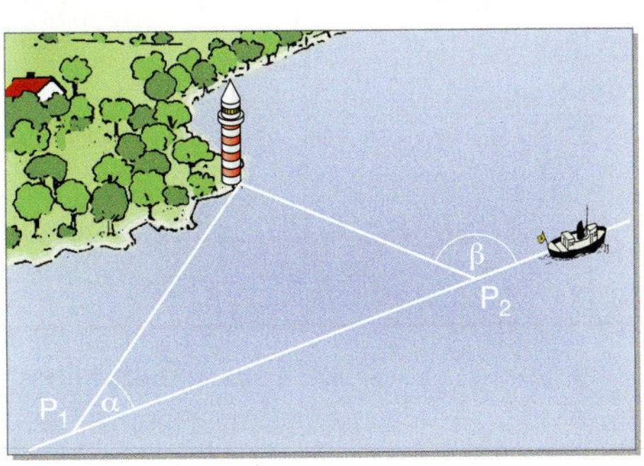

Ein Schiff peilt einen Leuchtturm aus Position P_1 unter α = 42° zur Fahrtrichtung an. Nach einer Fahrtstrecke von 8,2 sm ergibt eine zweite Peilung von P_2 aus den Winkel β = 145°.

a) Wie weit (km) ist das Schiff bei der ersten Peilung (zweiten Peilung) vom Leuchtturm entfernt?

b) In welchem Abstand (km) hat das Schiff den Leuchtturm passiert?

15 Sind in einem Dreieck ABC jeweils zwei Seitenlängen und die Größe des eingeschlossenen Winkels bekannt, so lässt sich aus diesen Stücken der Flächeninhalt des Dreiecks berechnen.

Zeige, dass für den Flächeninhalt A eines Dreiecks ABC gilt:
$A = \frac{1}{2}bc \cdot \sin\alpha$ $(A = \frac{1}{2}ac \cdot \sin\beta;\ A = \frac{1}{2}ab \cdot \sin\gamma)$.

Gegeben: $b = 6{,}5$ cm
$c = 9{,}8$ cm
$\alpha = 58°$
Gesucht: a

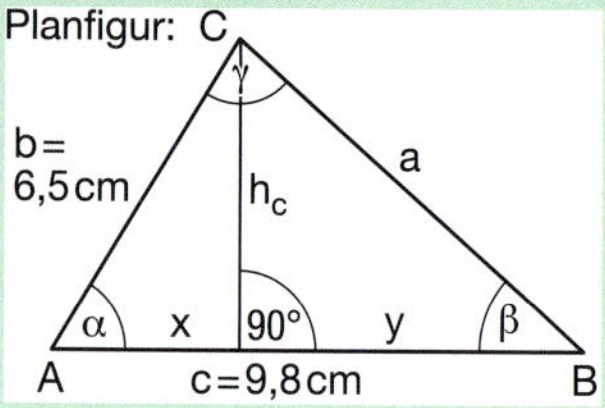

1. $\sin\alpha = \frac{h_c}{b}$
   $h_c = b \cdot \sin\alpha$
2. $\cos\alpha = \frac{x}{b}$
   $x = b \cdot \cos\alpha$
3. $y = c - x$
4.

1

a) Erläutere, warum in dem Beispiel die Länge der Seite a nicht mithilfe des Sinussatzes berechnet werden kann.
b) Beschreibe die bisher notierten Lösungsschritte. Berechne die Länge der Seite a.
c) Berechne in einem Dreieck ABC mit $a = 8{,}6$ cm, $c = 10{,}5$ cm und $\beta = 78°$ die Seitenlänge b. Zerlege dazu das Dreieck in zwei rechtwinklige Teildreiecke.
d) In einem Dreieck ABC sind $a = 11{,}4$ cm, $b = 17{,}8$ cm und $\gamma = 52°$. Berechne c.

2 In dem Beispiel wird aus den Seitenlängen b und c sowie aus der Größe des eingeschlossenen Winkels α eine Formel hergeleitet, mit der du die Länge a berechnen kannst.

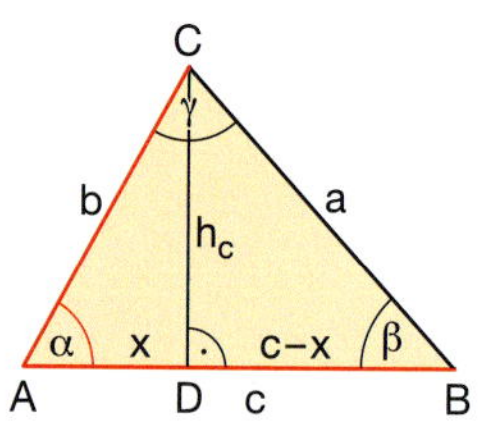

1. $b^2 = h_c^2 + x^2$
   $h_c^2 = b^2 - x^2$

2. $a^2 = h_c^2 + (c-x)^2$
   $a^2 = b^2 - x^2 + (c-x)^2$
   $a^2 = b^2 - x^2 + c^2 - 2cx + x^2$
   $a^2 = b^2 + c^2 - 2cx$

3. $\cos\alpha = \frac{x}{b}$
   $x = b \cdot \cos\alpha$

4. $a^2 = b^2 + c^2 - 2c \cdot b \cdot \cos\alpha$
   $a^2 = b^2 + c^2 - 2bc \cdot \cos\alpha$

Zeige, dass die folgenden Beziehungen in einem Dreieck ABC gelten:
$b^2 = a^2 + c^2 - 2ac \cdot \cos\beta$ beziehungsweise $c^2 = a^2 + b^2 - 2ab \cdot \cos\gamma$.
Zeichne dazu jeweils ein Dreieck ABC und trage h_a bzw. h_b ein.

3 a) Beweise mithilfe der Abbildung, dass die Gleichung $a^2 = b^2 + c^2 - 2bc \cdot \cos\alpha$ auch für stumpfwinklige Dreiecke gilt.
b) Wende die Formel $a^2 = b^2 + c^2 - 2bc \cdot \cos\alpha$ auch auf ein rechtwinkliges Dreieck ABC mit $\alpha = 90°$ an.
Was stellst du fest?

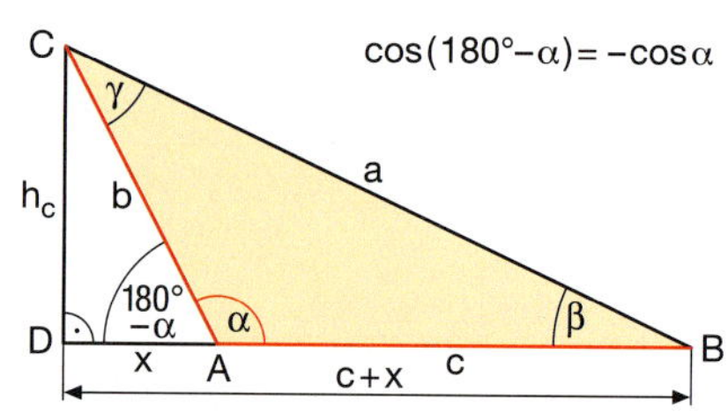

Kosinussatz

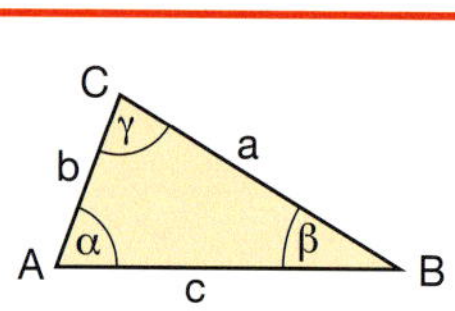

$a^2 = b^2 + c^2 - 2bc \cdot \cos\alpha$
$b^2 = a^2 + c^2 - 2ac \cdot \cos\beta$
$c^2 = a^2 + b^2 - 2ab \cdot \cos\gamma$

In einem beliebigen Dreieck ist das Quadrat einer Seitenlänge gleich der Summe der Quadrate der beiden anderen Seitenlängen vermindert um das doppelte Produkt aus diesen Seitenlängen und dem Kosinus des eingeschlossenen Winkels.

SWS

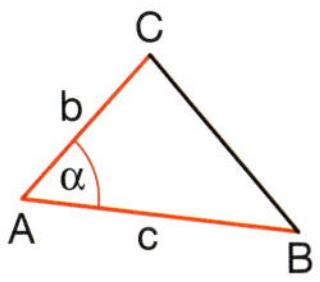

1 So kannst du in einem Dreieck ABC mithilfe des Kosinussatzes aus b = 9,7 cm, c = 6,3 cm und α = 25° die fehlenden Stücke berechnen:

1. Fertige eine Planfigur an und berechne die Länge der Seite a.

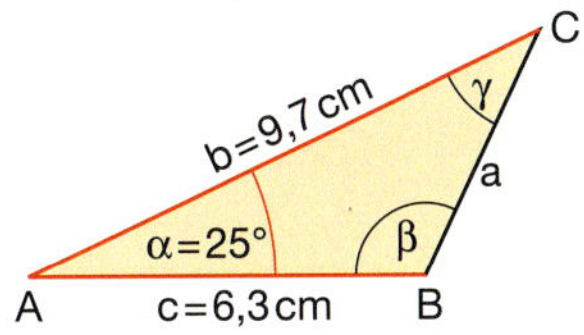

$a^2 = b^2 + c^2 - 2bc \cdot \cos\alpha$

$a = \sqrt{b^2 + c^2 - 2bc \cdot \cos\alpha}$

$a = \sqrt{9{,}7^2 + 6{,}3^2 - 2 \cdot 9{,}7 \cdot 6{,}3 \cdot \cos 25°}$

Tastenfolge: $\boxed{\sqrt{\square}}$ 9.7 $\boxed{x^2}$ $\boxed{+}$ 6.3 $\boxed{x^2}$ $\boxed{-}$ 2 $\boxed{\times}$ 9.7 $\boxed{\times}$ 6.3 $\boxed{\times}$ $\boxed{\cos}$ 25 $\boxed{=}$
Anzeige: 4.796984706

$a \approx 4{,}8$ cm

2. Berechne die Größe des Winkels β.

$b^2 = a^2 + c^2 - 2ac \cdot \cos\beta$

$b^2 + 2ac \cdot \cos\beta = a^2 + c^2$

$2ac \cdot \cos\beta = a^2 + c^2 - b^2$

$\cos\beta = \frac{a^2 + c^2 - b^2}{2ac}$

$\cos\beta \approx \frac{4{,}8^2 + 6{,}3^2 - 9{,}7^2}{2 \cdot 4{,}8 \cdot 6{,}3}$

Tastenf.: $\boxed{\cos^{-1}}$ $\boxed{(}$ 4.8 $\boxed{x^2}$ $\boxed{+}$ 6.3 $\boxed{x^2}$ $\boxed{-}$ 9.7 $\boxed{x^2}$ $\boxed{)}$ $\boxed{\div}$ $\boxed{(}$ 2 $\boxed{\times}$ 4.8 $\boxed{\times}$ 6.3 $\boxed{)}$ $\boxed{)}$ $\boxed{=}$
Anzeige: 121.232929

$\beta \approx 121°$

3. Berechne die Größe des Winkels γ.

$\gamma = 180° - 25° - 121°$

$\gamma = 34°$

a) In dem Beispiel wird die Winkelgröße β mit dem Kosinussatz bestimmt. Kannst du bei einer Dreiecksberechnung den zweiten Winkel mit dem Sinussatz *oder* dem Kosinussatz bestimmen, ist es zweckmäßiger, den Kosinussatz zu benutzen. Berechne β mit dem Sinussatz. Was stellst du fest?

b) In einem Dreieck sind b = 9,2 cm, c = 6,5 cm und α = 117° gegeben. Berechne a, β und γ.

2 Berechne die fehlenden Größen in einem Dreieck ABC.

a)	b)	c)	d)	e)	f)	g)
b = 5,6 cm	a = 6,8 m	a = 5,4 dm	a = 14,4 cm	b = 166 mm	a = 331 m	b = 58,5 cm
c = 9,4 cm	c = 8,2 m	b = 4,1 dm	c = 17,3 cm	c = 310 mm	b = 194 m	c = 35,4 cm
α = 81,5°	β = 45,8°	γ = 77,6°	β = 114,2°	α = 116,3°	γ = 15,2°	α = 68,6°

SSS

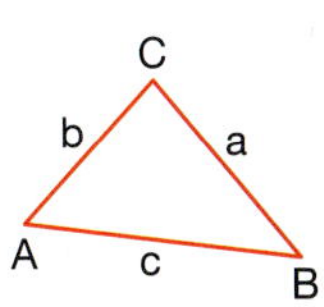

3 a) Im abgebildeten Beispiel wird mithilfe des Konsinussatzes zunächst der Winkel (α) berechnet, der der größeren Seite gegenüberliegt.
Erläutere, warum anschließend der zweite Winkel (β oder γ) mithilfe des Sinussatzes eindeutig bestimmt werden kann.

b) Berechne die Winkelgrößen β und γ.

Gegeben: a = 8,3 cm, b = 3,2 cm, c = 6,5 cm
Gesucht: α

$a^2 = b^2 + c^2 - 2bc \cdot \cos\alpha$

$\cos\alpha = \frac{b^2 + c^2 - a^2}{2bc}$

$\cos\alpha = \frac{3{,}2^2 + 6{,}5^2 - 8{,}3^2}{2 \cdot 3{,}2 \cdot 6{,}5}$

$\alpha \approx 113°$

4 Berechne die fehlenden Winkelgrößen in einem Dreieck ABC. Bestimme zunächst die Größe des Winkels, der der größeren Seite gegenüberliegt.

a) a = 4,5 cm; b = 3,9 cm; c = 4,2 cm
b) a = 4 m; b = 3 m; c = 5 m
c) a = 22,5 cm; b = 27,5 cm; c = 18,4 cm
d) a = 9,2 m; b = 10,3 m; c = 14,8 m

1 Um die Entfernung der beiden Punkte B und C voneinander zu ermitteln, wird jeweils die Länge der Strecke $\overline{AB}$ und $\overline{AC}$ und die Größe des Winkels α gemessen. Berechne die Länge der Strecke $\overline{BC}$.

a) $\overline{AB} = 535$ m; $\overline{AC} = 487$ m; $\alpha = 46°$

b) $\overline{AB} = 1{,}2$ km; $\overline{AC} = 0{,}8$ km; $\alpha = 112°$

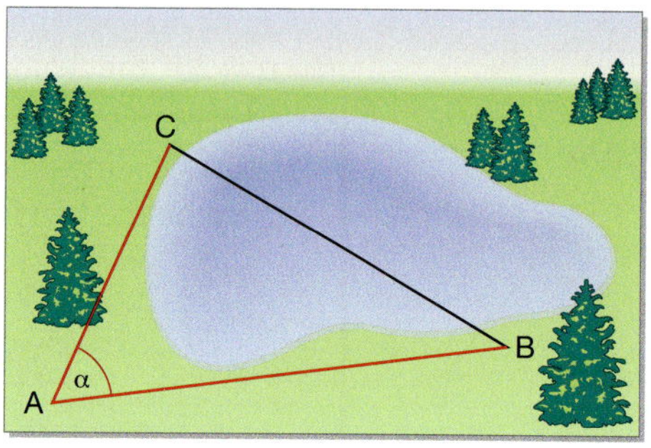

2

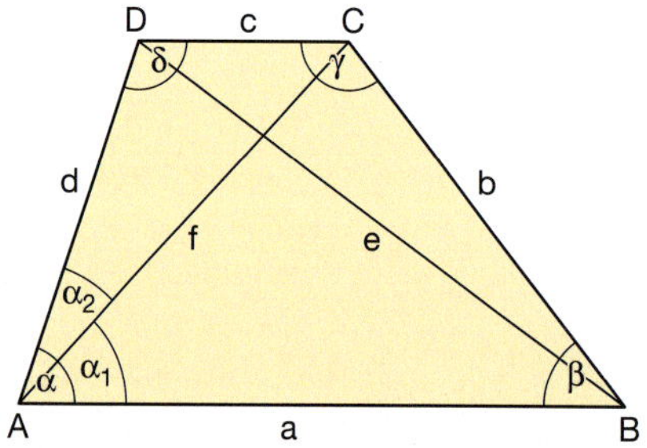

Berechne die Länge der Diagonalen e und f im Trapez ABCD mit den Maßen $a = 6{,}8$ cm; $b = 5$ cm; $\alpha = 71°$; $\beta = 52°$.

3

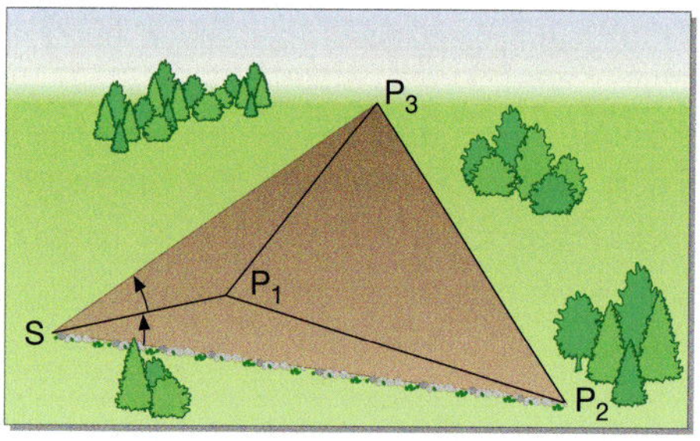

Das dreieckige Geländestück $P_1P_2P_3$ wird vom Punkt S aus vermessen.

$\overline{SP_1} = 36{,}8$ m	$\sphericalangle P_2SP_1 = 19{,}5°$
$\overline{SP_2} = 115{,}4$ m	
$\overline{SP_3} = 75{,}9$ m	$\sphericalangle P_1SP_3 = 26{,}8°$

Berechne die Seitenlängen und den Flächeninhalt des Geländestücks.

4 a) In einem Parallelogramm ABCD sind $a = 14{,}4$ cm, $b = 15{,}6$ cm und $\beta = 63{,}4°$ gegeben. Berechne jeweils die Länge der Diagonalen e und f.

b) Die Diagonalen $e = 9{,}2$ cm und $f = 6{,}6$ cm schneiden sich unter einem Winkel von 118°. Bestimme den Umfang des Parallelogramms.

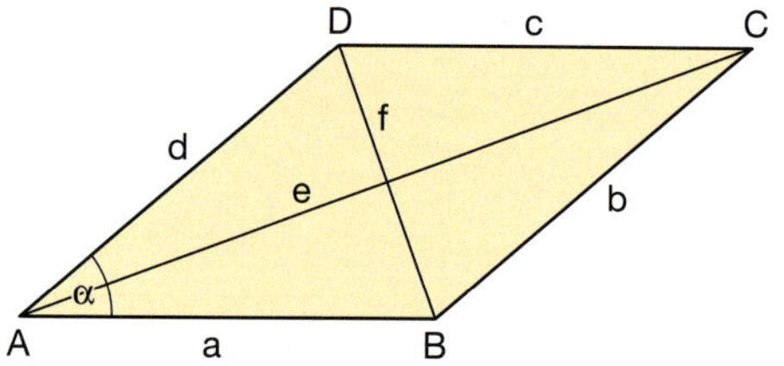

5 Die Ecke eines Quaders mit den Seitenlängen $a = 12$ cm, $b = 9$ cm und $c = 5$ cm wird entlang den Flächendiagonalen seiner Seitenflächen abgeschnitten, sodass die Schnittfläche ein Dreieck bildet. Berechne die Seitenlängen und Winkel des Dreiecks.

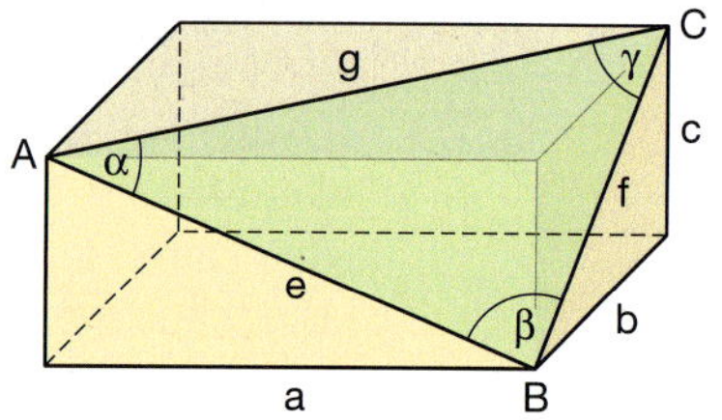

Wellenmaschine

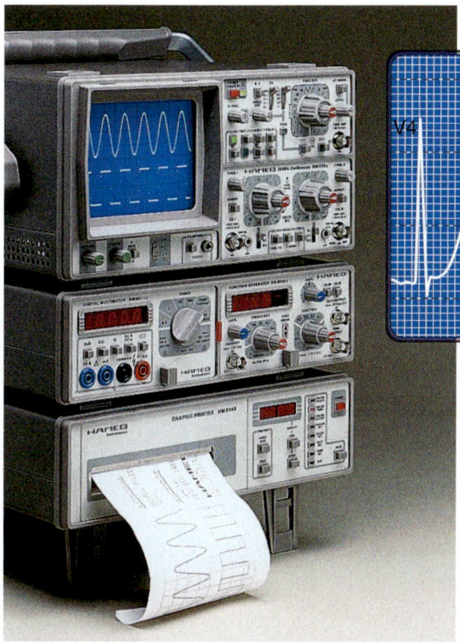

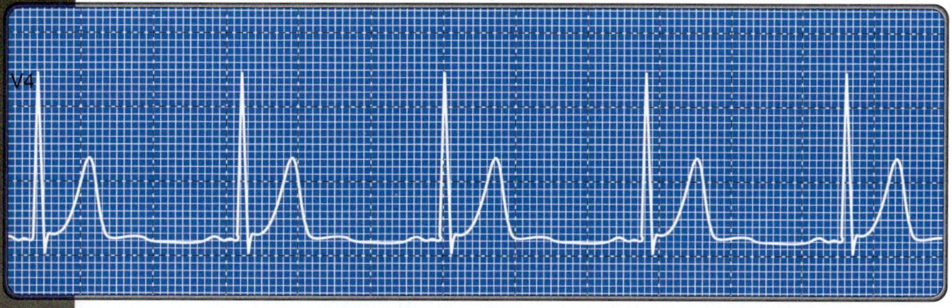

Elektrokardiogramm (EKG)

Oszilloskop

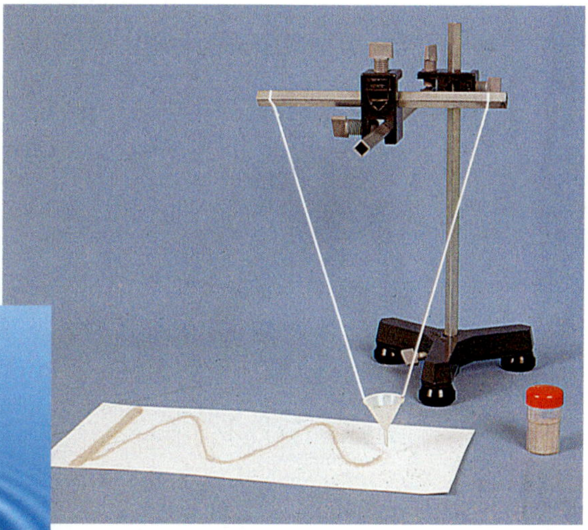

Schwingungen eines Fadenpendels

Wasserwellen

1 Im Viertelkreis (r = 1 dm) gilt für den Sinus des Winkels α:

$$\sin\alpha = \frac{y}{r} = \frac{y}{1} = y.$$

Der Sinus von α ist die y-Koordinate des zugehörigen Punktes P_1 auf dem Viertelkreis.
Dreht man den Punkt $P_0\,(1\,|\,0)$ auf dem abgebildeten Einheitskreis, kann man die Definition des Sinus auf beliebig große Winkel α erweitern.

Der Sinus des Winkels α (sin α) ist die y-Koordinate des zugehörigen Bildpunktes P auf dem Einheitskreis.

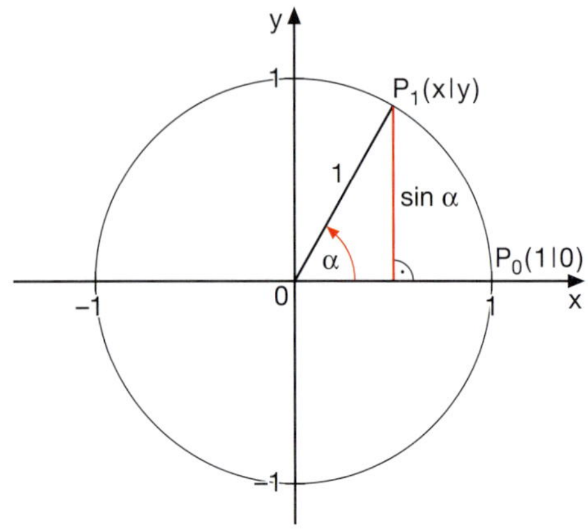

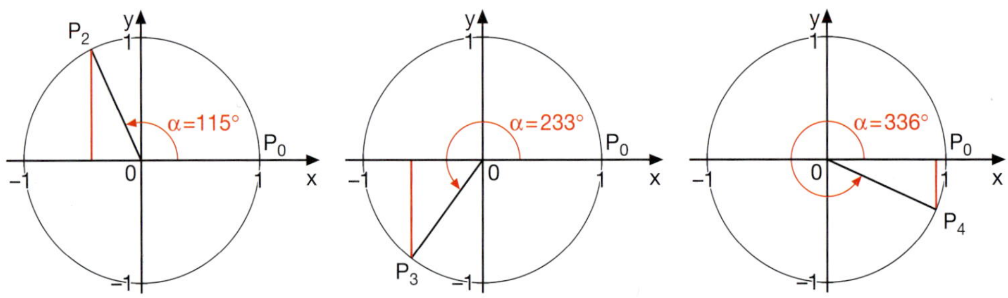

a) Zeichne auf Millimeterpapier einen Einheitskreis (r = 1 dm). Ermittle jeweils anhand der Zeichnung den Sinus des Winkels α = 115° (233°, 336°). Bestimme dazu die y-Koordinate des zugehörigen Bildpunktes. Achte auf das Vorzeichen.
b) Bestimme mithilfe des Einheitskreises sin 90° (180°, 270°, 360°).

2 Zeichne auf Millimeterpapier einen Einheitskreis (r = 1 dm). Drehe den Punkt $P_0\,(1\,|\,0)$ auf dem Einheitskreis gegen den Uhrzeigersinn um den in der Tabelle angegebenen Winkel α. Bestimme als sin α die y-Koordinate des zugehörigen Bildpunktes P. Fasse die Ergebnisse in einer Zuordnungstabelle (α ⟶ sin α) zusammen.

α	0°	20°	40°	60°	80°	90°	100°	120°	160°	180°

α	200°	220°	240°	260°	270°	280°	300°	320°	340°	360°

3 Begründe mithilfe des abgebildeten Einheitskreises die in der Tabelle angegebene Vorzeichenregel.

Für das Vorzeichen der Sinuswerte gilt:

Quadrant	I	II	III	IV
Vorzeichen	+	+	–	–

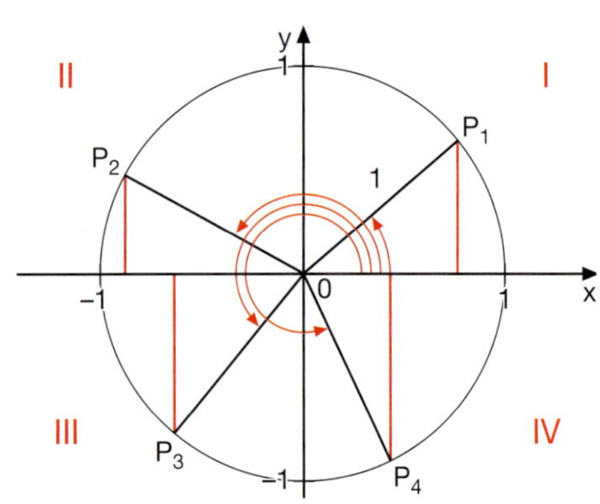

4 Für einen Winkel α, der größer ist als 360°, hat der Bildpunkt P von P_0 aus mehr als eine ganze Umdrehung gemacht.
Der Sinus des Winkels α entspricht dann dem Sinus eines Winkels zwischen 0° und 360°.
Forme um wie im Beispiel.

a)	b)
sin 420°	sin 780°
sin 480°	sin 820°
sin 389°	sin 986°
sin 472°	sin 1145°

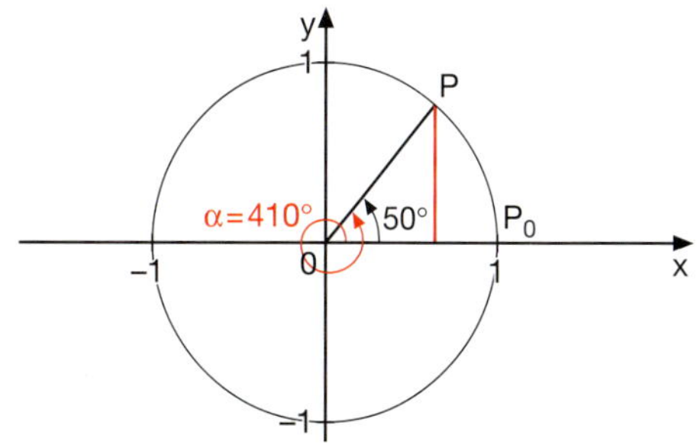

sin 410° = sin (50° + 360°) = sin 50°
sin 770° = sin (50° + 2 · 360°) = sin 50°

5 Drehst du den Punkt P_0 auf dem Einheitskreis **mit dem Uhrzeigersinn,** so erhält der Winkel ein **negatives Vorzeichen.**
Den gleichen Bildpunkt P erhältst du auch durch eine Drehung von P_0 um einen positiven Winkel.
Der Sinus des negativen Winkels α entspricht dann dem Sinus eines Winkels zwischen 0° und 360°.
Forme um wie im Beispiel.

a)	b)
sin (−50°)	sin (−380°)
sin (−115°)	sin (−450°)
sin (−230°)	sin (−845°)
sin (−315°)	sin (−1230°)

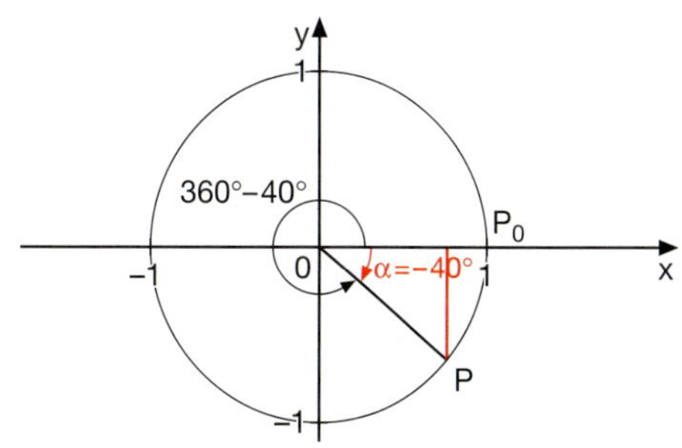

sin (−40°) = sin (360° − 40°) = sin 320°
sin (−400°) = sin (−40° − 360°) = sin(−40°)
= sin (360° − 40°) = sin 320°

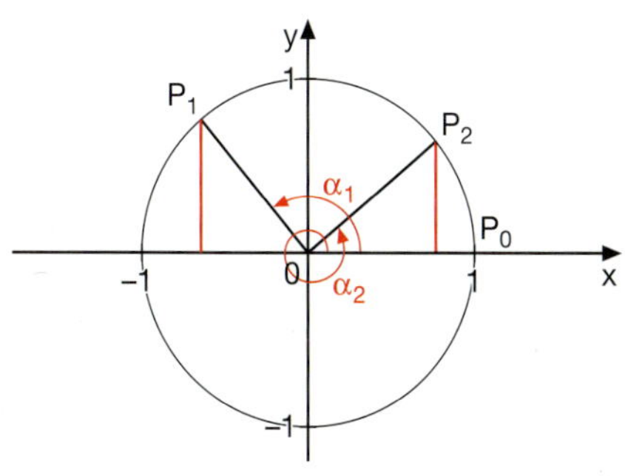

Die eindeutige Zuordnung, die jedem Winkel α die y-Koordinate des zugehörigen Bildpunktes auf dem Einheitskreis zuordnet, heißt **Sinusfunktion.**

$$\sin\colon \alpha \longrightarrow \sin \alpha$$

Der Definitionsbereich D ist die Menge aller Winkel.
Der Wertebereich W ist das Intervall [−1; 1].

6 In der Abbildung ist mithilfe des Einheitskreises der Graph der Sinusfunktion gezeichnet worden.

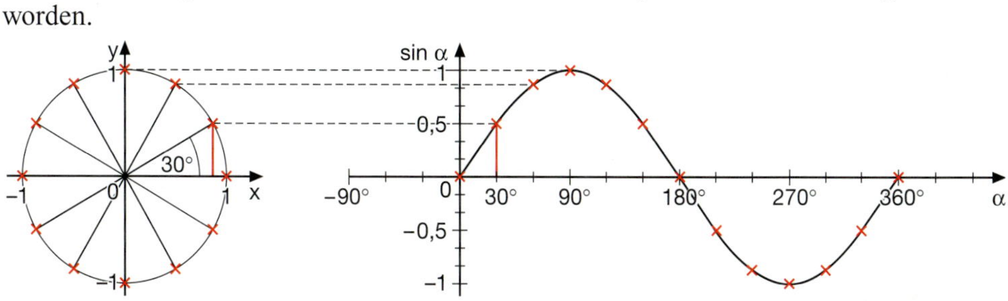

Zeichne mithilfe des Einheitskreises den Graphen der Sinusfunktion für Winkel zwischen – 180° und 540° (x-Achse: 30° ≙ 0,5 cm; y-Achse: Einheit 2 cm).

1 Der auf dem Einheitskreis eingezeichnete Punkt P gehört zu dem Winkel $\alpha = 50°$, die y-Koordinate von P ist gleich sin 50°. Durch Spiegelung von P an der y-Achse erhältst du den Punkt P_1, durch Spiegelung von P am Ursprung den Punkt P_2 und durch Spiegelung von P an der x-Achse den Punkt P_3.

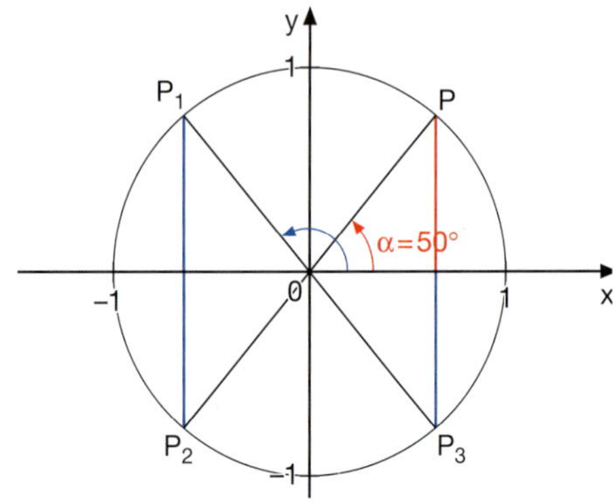

a) Bestimme jeweils den zu P_2, P_3 und P_4 gehörigen Winkel und vergleiche den Sinus dieses Winkels mit sin 50°. Was stellst du fest?

b) Zeichne auf Millimeterpapier einen Einheitskreis (Einheit 5 cm), dessen Mittelpunkt im Ursprung eines Koordinatensystems liegt. Zeichne den zu $\alpha = 20°$ (30°, 45°, 70°, 80°) gehörigen Punkt P ein und konstruiere wie im Beispiel die Punkte P_1, P_2 und P_3. Bestimme jeweils den zu P_1, P_2 und P_3 gehörigen Winkel und vergleiche den Sinus dieses Winkels mit sin α. Welchen Zusammenhang erkennst du?

2 In der Abbildung siehst du den Graphen der Sinusfunktion für Winkel α zwischen −360° und 540° ($-360° \leq \alpha \leq 540°$).

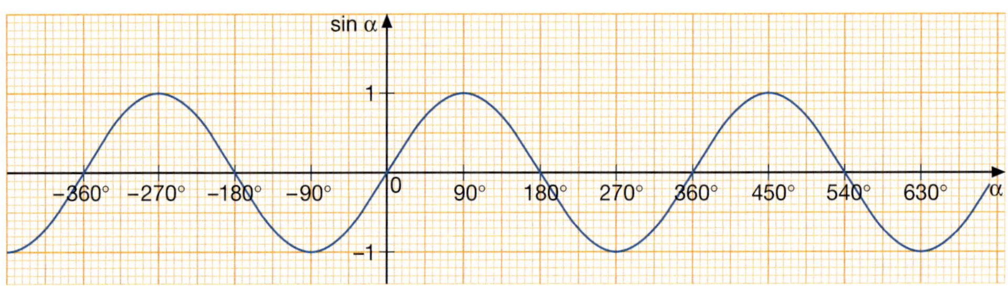

a) Vergleiche anhand des Graphen sin 90° mit sin (−90°) (sin 135° mit sin (−135), sin 180° mit sin (−180°), sin 315° mit sin (−315°)). Was fällt dir auf?

b) Bestimme anhand des Graphen die Nullstellen der Sinusfunktion. Was stellst du fest?

c) Die Sinusfunktion ist eine periodische Funktion, denn die Sinuswerte treten regelmäßig auf, sie wiederholen sich nach einem bestimmten Winkel. Zwei Winkel α und β, die sich um diesen Winkel unterscheiden, haben die gleichen Sinuswerte.

Periode

Bestimme den kleinsten Winkel, für den dieses gilt. Er wird die **Periode** der Funktion genannt.

Für $0° \leq \alpha \leq 90°$ gilt:	$\sin(180° - \alpha) = \sin\alpha$ $\sin(180° + \alpha) = -\sin\alpha$ $\sin(360° - \alpha) = -\sin\alpha$
Die Sinusfunktion ist punktsymmetrisch zum Ursprung.	Für beliebige Winkel α gilt: $\sin(-\alpha) = -\sin\alpha$
Die Nullstellen der Sinusfunktion sind ganzzahlige Vielfache von 180°.	Für $z \in \mathbb{Z}$ gilt: $\sin(z \cdot 180°) = 0$
Die Sinusfunktion ist eine periodische Funktion mit der Periode 360°.	Für beliebige Winkel α und $z \in \mathbb{Z}$ gilt: $\sin(\alpha + z \cdot 360°) = \sin\alpha$

1

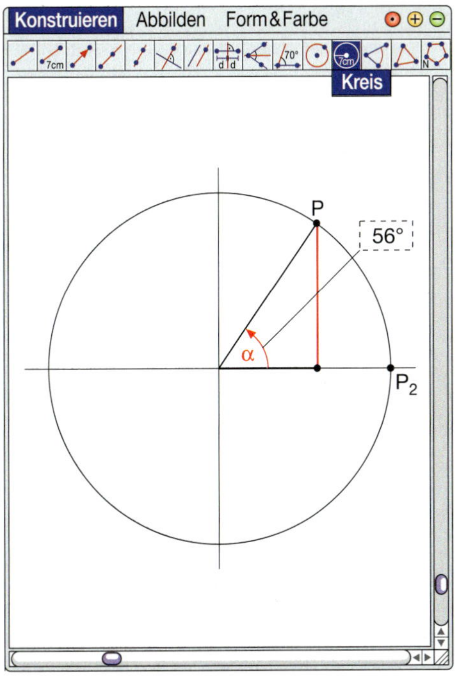

Melanie möchte die Sinusfunktion mithilfe ihres Geometrieprogamms untersuchen. Sie hat dazu zunächst die folgenden Schritte ausgeführt:

- das Koordinatensystem sichtbar gemacht und im Menü „Konstruieren“ einen Kreis mit dem Radius r = 5 cm um den Ursprung gezeichnet,
- einen Basispunkt an die Kreislinie gebunden und mit „P“ benannt,
- zu P den Punkt mit den Koordinaten (x (P) | 0) eingezeichnet und dann das Dreieck, das die beiden Punkte mit dem Ursprung bilden, eingezeichnet,
- den Punkt mit den Koordinaten (5 | 0) eingezeichnet und „P_2“ genannt,
- die Winkelweite des Winkels, den P_2, der Ursprung und P bilden, gemessen und den Winkel „a“ genannt (dazu hat sie erst auf „Objekt benennen“ und dann auf den Winkelbogen geklickt).

Dann hat sie im Menü „Messen“ den Menüpunkt „Termobjekt erstellen“ gewählt und den ersten Term w (α) eingegeben.
Durch einen Rechte-Maus-Klick auf das Termfenster lässt sich der Term dann editieren und mit einem Kommentar versehen. Melanie gibt auch den zweiten Term ein und editiert ihn.
Verfahre wie Melanie. Bewege dann im Zugmodus den Punkt P auf dem Kreis und beobachte die zugehörigen Winkelgrößen und Sinuswerte. Was stellst du fest?

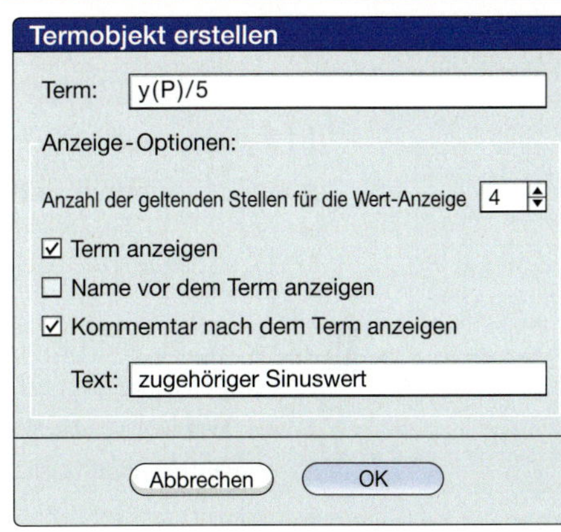

2

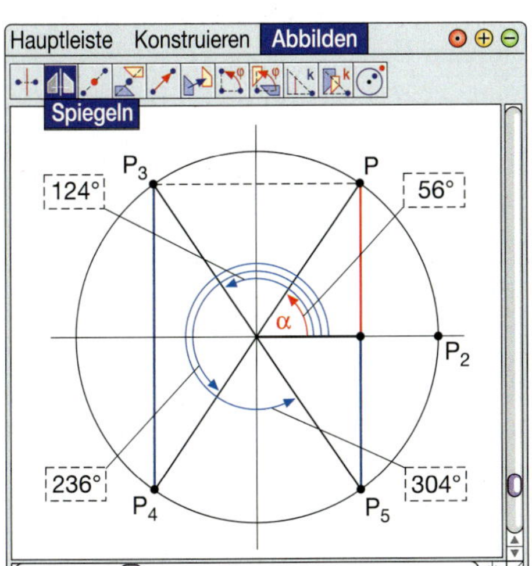

Arnd möchte die Eigenschaften der Sinusfunktion mithilfe des Geometrieprogramms überprüfen. Er hat dazu zusätzlich im Menü „Abbilden“ den Punkt P noch an der y-Achse, dem Ursprung und der x-Achse gespiegelt und die Bildpunkte benannt. Ausgehend von P_2 hat er dann die zugehörigen Winkelweiten gemessen.

a) Verfahre wie Arnd. Bewege dann im Zugmodus den Punkt P im 1. Quadranten.

b) Versuche, die Eigenschaften der Sinusfunktion mithilfe deines Geometrieprogramms noch deutlicher zu zeigen.

1 Im Viertelkreis (r = 1 dm) gilt für den Kosinus des Winkels α:

$$\cos\alpha = \frac{x}{r} = \frac{x}{1} = x.$$

Der Kosinus von α ist die x-Koordinate des zugehörigen Punktes P_1 auf dem Viertelkreis.

Dreht man den Punkt $P_0\,(1|0)$ auf dem abgebildeten Einheitskreis, kann man die Definition des Kosinus auf beliebig große Winkel α erweitern.

Der Kosinus des Winkels α (cos α) ist die x-Koordinate des zugehörigen Bildpunktes P auf dem Einheitskreis.

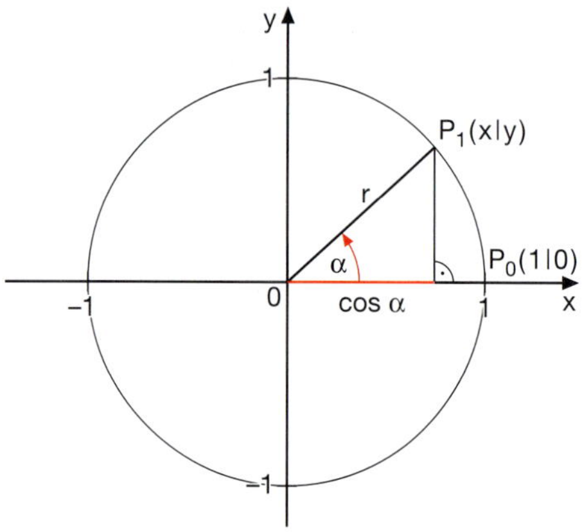

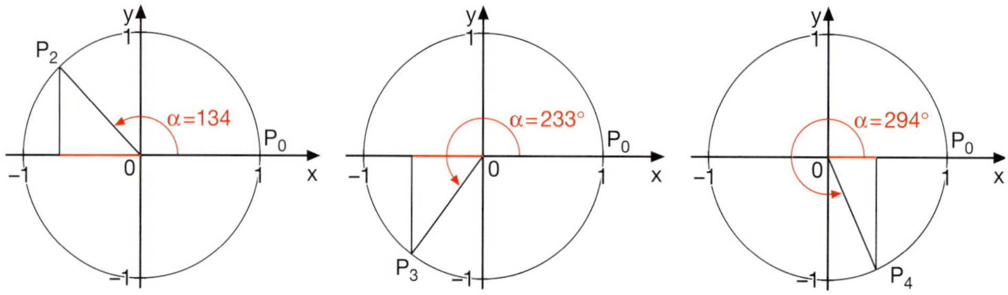

a) Zeichne auf Millimeterpapier einen Einheitskreis (r = 1 dm). Ermittle jeweils anhand der Zeichnung den Kosinus des Winkels α = 134° (233°, 294°). Bestimme dazu die x-Koordinate des zugehörigen Bildpunktes. Achte auf das Vorzeichen.

b) Bestimme mithilfe des Einheitskreises cos 90° (180°, 270°, 360°).

2 Zeichne auf Millimeterpapier einen Einheitskreis (r = 1 dm). Drehe den Punkt $P_0\,(1|0)$ auf dem Einheitskreis gegen den Uhrzeigersinn um den in der Tabelle angegebenen positiven Winkel α. Bestimme als cos α die x-Koordinate des zugehörigen Bildpunktes P. Fasse die Ergebnisse in einer Zuordnungstabelle (α ⟶ cos α) zusammen.

α	40°	70°	110°	140°	160°	190°	230°	250°	280°	310°	345°

3 Begründe mithilfe des abgebildeten Einheitskreises die in der Tabelle angegebene Vorzeichenregel.

Für das Vorzeichen der Kosinuswerte gilt:

Quadrant	I	II	III	IV
Vorzeichen	+	–	–	+

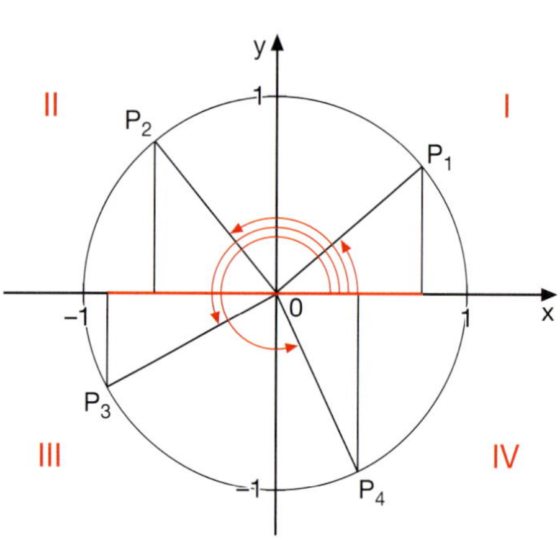

4 Für einen Winkel α, der größer ist als 360°, hat der Bildpunkt P von P_0 aus mehr als eine ganze Umdrehung gemacht. Der Kosinus des Winkels α entspricht dann dem Kosinus eines Winkels zwischen 0° und 360°. Forme um.

a) cos 520°
cos 413°
cos 770°

b) cos 820°
cos 935°
cos 1777°

$\cos 615° = \cos(255° + 360°) = \cos 255°$

$\cos 827° = \cos(107° + 2 \cdot 360°) = \cos 107°$

5 Drehst du den Punkt P_0 auf dem Einheitskreis mit dem Uhrzeigersinn, so erhält der Winkel ein negatives Vorzeichen. Den gleichen Bildpunkt P erhältst du auch durch eine Drehung von P_0 um einen positiven Winkel.
Der Kosinus des negativen Winkels α entspricht dann dem Kosinus eines Winkels zwischen 0° und 360°.
Forme um.

a) cos (−117°)
cos (−98°)
cos (−215°)
cos (−325°)

b) cos (−393°)
cos (−762°)
cos (−811°)
cos (−1326°)

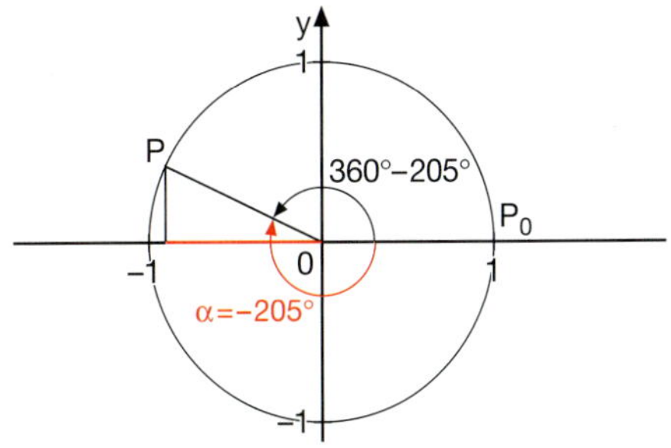

$\cos(-205°) = \cos(360° - 205°) = \cos 155°$
$\cos(-565°) = \cos(-205° - 360°) = \cos(-205°)$
$= \cos(360° - 205°) = \cos 155°$

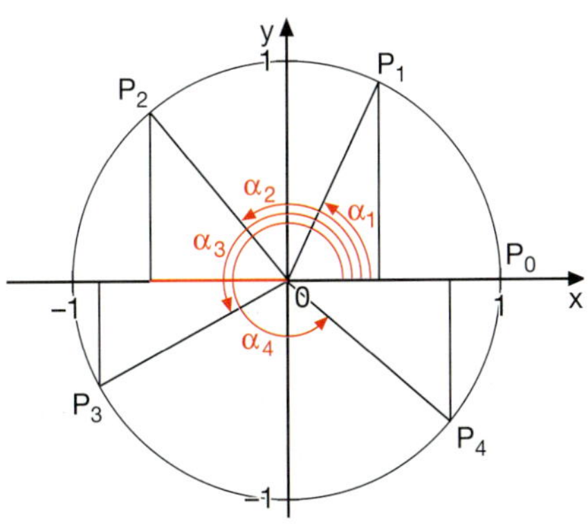

Die eindeutige Zuordnung, die jedem Winkel α die x-Koordinate des zugehörigen Bildpunktes auf dem Einheitskreis zuordnet, heißt **Kosinusfunktion.**

$$\cos: \alpha \rightarrow \cos\alpha$$

Der Definitionsbereich D ist die Menge aller Winkel.
Der Wertebereich W ist das Intervall [− 1; 1].

6 In der Abbildung ist mithilfe des Einheitskreises der Graph der Kosinusfunktion gezeichnet worden.

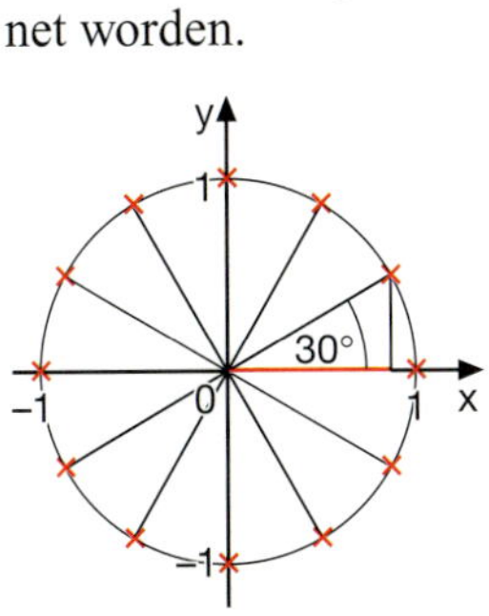

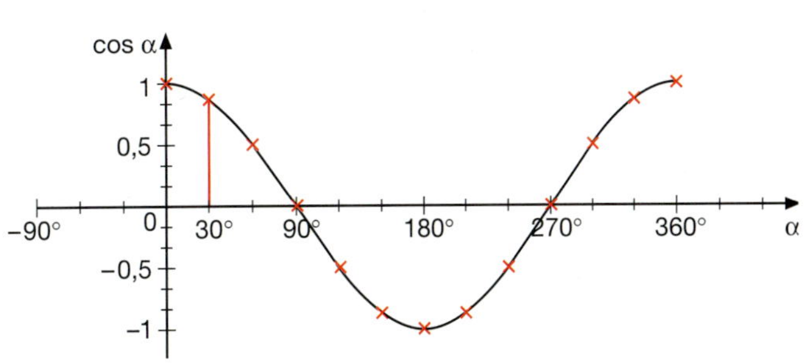

Zeichne mithilfe des Einheitskreises den Graphen der Kosinusfunktion für Winkel zwischen −180° und 540° (x-Achse: 30° ≙ 0,5 cm; y-Achse: Einheit 2 cm).

1

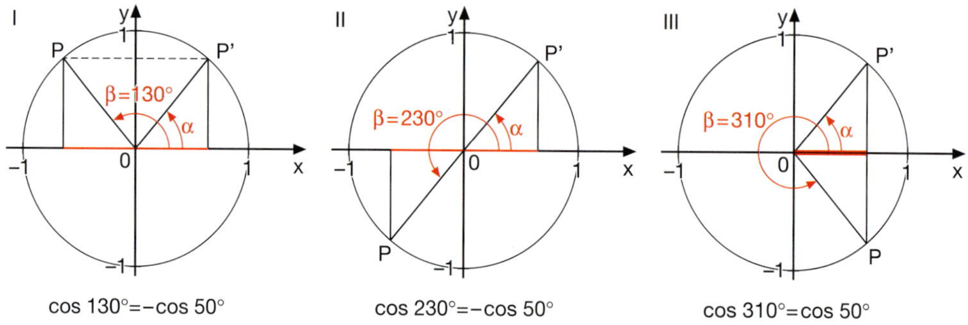

a) In den Abbildungen I, II und III wird jeweils anhand eines Beispiels gezeigt, dass für die Kosinusfunktion die hier formulierten Beziehungen gelten. Ordne die Beziehungen den Abbildungen zu.

> Für $0° \leq \alpha \leq 90°$ gilt:
> $\cos(180° - \alpha) = -\cos\alpha$
> $\cos(180° + \alpha) = -\cos\alpha$
> $\cos(360° - \alpha) = \cos\alpha$

b) Bestimme zu $\beta = 150°$ (170°, 115°, 98°, 200°, 220°, 252°, 263°) den Winkel α zwischen 0° und 90°, für den gilt: $\cos\beta = -\cos\alpha$.

c) Bestimme zu $\beta = 290°$ (317°, 343°, 275°) den Winkel α zwischen 0° und 90°, für den gilt: $\cos\beta = \cos\alpha$.

2 In der Abbildung siehst du den Graphen der Kosinusfunktion für Winkel α zwischen −360° und 540° ($-360° \leq \alpha \leq 540°$).

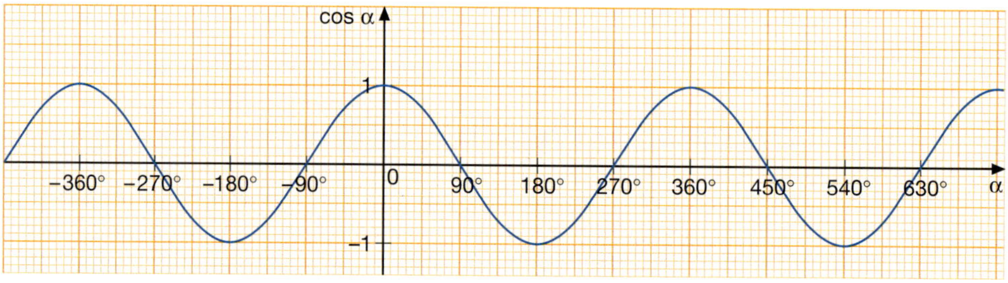

a) Vergleiche die Werte der Kosinusfunktion für betragsgleiche Winkel. Was fällt dir auf?

b) Bestimme anhand des Graphen die Nullstellen der Kosinusfunktion.

c) Die Kosinusfunktion ist eine periodische Funktion. Bestimme ihre Periode.

Die Kosinusfunktion ist eine periodische Funktion mit der Periode 360°.	Für beliebige Winkel α und $z \in \mathbb{Z}$ gilt: $\cos(\alpha + z \cdot 360°) = \cos\alpha$
Der Graph der Kosinusfunktion ist symmetrisch zur y-Achse.	Für beliebige Winkel α gilt: $\cos(-\alpha) = \cos(\alpha)$
Man erhält die Nullstellen der Kosinusfunktion, indem man zu 90° ganzzahlige Vielfache von 180° addiert.	Für $z \in \mathbb{Z}$ gilt: $\cos(90° + z \cdot 180°) = 0$

y = sin α

Die eindeutige Zuordnung, die jedem Winkel α die y-Koordinate des zugehörigen Bildpunktes auf dem Einheitskreis zuordnet, heißt Sinusfunktion. Der Definitionsbereich D ist die Menge aller Winkel. Der Wertebereich W ist das Intervall [− 1; 1].

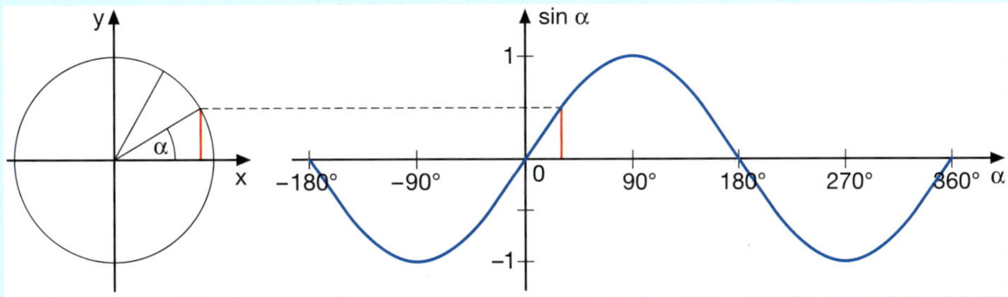

Der Graph der Sinusfunktion ist punktsymmetrisch zum Ursprung: sin (− α) = −sin α.
Die Nullstellen der Sinusfunktion sind ganzzahlige Vielfache von 180°.
Die Sinusfunktion ist eine periodische Funktion mit der Periode 360°.

Für 0° ≤ α° ≤ 90° gilt:
sin (180° − α) = sin α **sin (180° + α) = −sin α** **sin (360° − α) = −sin α**

y = cos α

Die eindeutige Zuordnung, die jedem Winkel α die x-Koordinate des zugehörigen Bildpunktes auf dem Einheitskreis zuordnet, heißt Kosinusfunktion. Der Definitionsbereich D ist die Menge aller Winkel. Der Wertebereich W ist das Intervall [− ; 1].

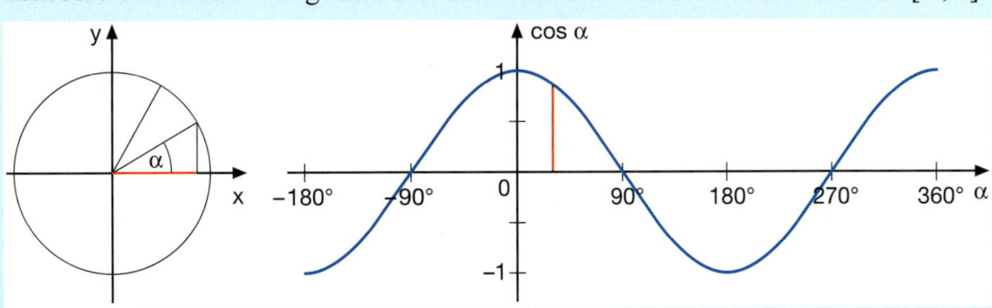

Der Graph der Kosinusfunktion ist achsensymmetrisch zum Ursprung:
cos (−α) = cos α.
Man erhält die Nullstellen der Kosinusfunktion, indem man zu 90° ganzzahlige Vielfache von 180° addiert.
Die Kosinusfunktion ist eine periodische Funktion mit der Periode 360°.

Für 0° ≤ α ≤ 90° gilt:
cos (180° − α) = −cos α **cos (180° + α) = −cos α** **cos (360° − α) = cos α**

Sinus

Deg Rad Gra

1 Bestimme den Winkel β zwischen 90° und 180°, bei dem die Sinusfunktion den gleichen Wert annimmt wie bei dem in der Tabelle angegebenen Winkel α.
Überprüfe dein Ergebnis mit dem Taschenrechner (Einstellung „D“).

	a)	b)	c)	d)	e)	f)
α	63°	29°	37°	48°	1°	85°

$\alpha = 57° \quad \beta = \square$

$\sin(180° - \alpha) = \sin\alpha$
$\sin(180° - 57°) = \sin 57°$
$\sin 123° = \sin 57°$

$\beta = 123°$

2 Welche Winkelgrößen zwischen 0° und 180° gehören zu dem folgenden Sinuswert? Benutze die [sin⁻¹]-Taste deines Taschenrechners. Runde die Winkelgrößen auf eine Nachkommastelle.

	a)	b)	c)	d)
sin α	0,7880	0,9135	0,1771	0,3469

	e)	f)	g)	h)
sin α	0,9994	0,0872	0,7009	0,3206

$\sin\alpha = 0{,}5576$
$\alpha = \square$

Tastenfolge: [$\sin^{-1}$] 0.5576 [=]
Anzeige: 33.88998371

$\alpha \approx 33{,}9°$
$\beta = 180° - \alpha \approx 146{,}1°$

3 Bestimme den Winkel β zwischen 180° und 270°, bei dem der Wert der Sinusfunktion den gleichen Betrag, aber das entgegengesetzte Vorzeichen hat wie bei dem angegebenen Winkel α.
Überprüfe dein Ergebnis mit dem Taschenrechner.

	a)	b)	c)	d)	e)	f)
α	31°	49°	25°	33°	78°	6°

$\alpha = 72° \quad \beta = \square$

$\sin(180° + \alpha) = -\sin\alpha$
$\sin(180° + 72°) = -\sin 72°$
$\sin 252° = -\sin 72°$

$\beta = 252°$

4 Gib den Winkel α zwischen 0° und 90° an, bei dem der Wert der Sinusfunktion den gleichen Betrag, aber das entgegengesetzte Vorzeichen hat wie bei dem angegebenen Winkel.
a) 210° b) 218° c) 237° d) 251° e) 259° f) 211° g) 270° h) 180°

5 Bestimme den Winkel β zwischen 270° und 360°, bei dem der Wert der Sinusfunktion den gleichen Betrag, aber das entgegengesetzte Vorzeichen hat wie bei dem angegebenen Winkel α.

	a)	b)	c)	d)	e)	f)
α	85°	76°	11°	19°	74°	90°

$\alpha = 34° \quad \beta = \square$

$\sin(360° - \alpha) = -\sin\alpha$
$\sin(360° - 34°) = -\sin 34°$
$\sin 326° = -\sin 34°$

$\beta = 326°$

6 Bestimme die Winkelgrößen zwischen 180° und 360°, bei denen die Sinusfunktion den gleichen Betrag, aber das entgegengesetzte Vorzeichen hat wie bei dem angegebenen Winkel. Überprüfe dein Ergebnis mit dem Taschenrechner.
a) 56° b) 24° c) 13° d) 79° e) 97° f) 122° g) 143° h) 179°

7 Bestimme einen Winkel zwischen 0° und 360°, der den gleichen Sinuswert wie der angegebene Winkel β hat.

	a)	b)	c)	d)	e)	f)
β	429°	618°	812°	−46°	−200°	−546°

$\beta = 383° \quad \alpha = $ ■

$\sin(\alpha + 360°) = \sin\alpha$

$\sin 383° = \sin(360° + 23°) = \sin 23°$

$\alpha = 23°$

8 Bestimme den Winkel zwischen 0° und 90°, bei dem der Wert der Sinusfunktion den gleichen Betrag hat wie bei dem angegebenen Winkel.

a) 387° b) 456° c) 598° d) 684° e) −542° f) −569° g) −344° h) −1237°

9 Ermittle zu dem angegebenen Sinuswert sechs zugehörige Winkelgrößen. Benutze dazu die $\boxed{\sin^{-1}}$-Taste deines Taschenrechners. Runde auf eine Nachkommastelle.

a)	b)	c)	d)	e)	f)	g)	h)	i)	k)
−0,4462	0,0641	−0,4321	0,8823	−0,9803	0,2247	−0,5000	0,4321	−1,000	−0,1111

10 Zu jedem Sinuswert gibt es beliebig viele Winkelgrößen, bei denen die Sinusfunktion diesen Wert annimmt. Der Taschenrechner zeigt aber nur eine Winkelgröße zwischen −90° und 90° an. Die anderen Winkel musst du mithilfe der Eigenschaften der Sinusfunktion bestimmen.

$\sin\alpha = 0{,}7547$
$\alpha = 49°$

$\sin(180° - 49°) = \sin 49°$
$\sin 131° = \sin 49°$
$\beta = 131°$

$\gamma = 49° + 360° = 409°$
$\delta = 131° + 360° = 491°$
$\varepsilon = 49° + 720° = 769° \ldots$

$\sin\alpha = -0{,}7547$
$\alpha = -49°$

$\sin(180° + 49°) = \sin(-49°) = -\sin 49°$
$\sin 229° = \sin(-49°) = -\sin 49°$
$\beta_1 = 229°$

$\sin(360° - 49°) = \sin(-49°) = -\sin 49°$
$\sin 311° = \sin(-49°) = -\sin 49°$
$\beta_2 = 311°$

$\gamma = 229° + 360° = 589°$
$\delta = 311° + 360° = 671°$
$\varepsilon = 229° + 720° = 949° \ldots$

Ermittle zu dem angegebenen Sinuswert sechs zugehörige Winkelgrößen. Runde auf eine Nachkommastelle.

a) 0,6157 b) 0,3987 c) 0,3730 d) 0,7071 e) 0,8329 f) 0,9957
−0,4732 −0,4222 −0,0106 −0,9991 −0,7877 −0,0070

11 a) Die Winkelgrößen, bei denen die Sinusfunktion den Wert 0 annimmt, sind die Nullstellen der Sinusfunktion. Bestimme acht Nullstellen.

b) Der größte Funktionswert **(das Maximum)**, den die Sinusfunktion annimmt, beträgt 1, der kleinste Funktionswert **(das Minimum)** beträgt – 1. Bestimme jeweils acht Winkelgrößen, bei denen die Sinusfunktion ihr Maximum bzw. Minimum annimmt.

c) Gib zwei Intervalle an, in denen die Sinusfunktion positive (negative) Werte annimmt.

d) Gib zwei Intervalle an, in denen der Graph der Sinusfunktion steigt (fällt).

Kosinus

1 Bestimme die Winkel β und γ zwischen 90° und 270°, bei denen der Wert der Kosinusfunktion den gleichen Betrag, aber das entgegengesetzte Vorzeichen wie bei dem angegebenen Winkel α hat.

	a)	b)	c)	d)	e)	f)
α	23°	37°	67°	42°	11°	89°

	g)	h)	i)	k)	l)	m)
α	13,5°	23,8°	65,1°	39,4°	7,8°	0,7°

$\alpha = 76° \quad \beta = \square \quad \gamma = \square$

$$\cos(180° - \alpha) = -\cos\alpha$$
$$\cos(180° - 76°) = -\cos 76°$$
$$\cos 104° = -\cos 76°$$
$$\beta = 104°$$

$$\cos(180° + \alpha) = -\cos\alpha$$
$$\cos(180° + 76°) = -\cos 76°$$
$$\cos 256° = -\cos 76°$$
$$\gamma = 256°$$

2 Gib den Winkel α zwischen 0° und 90° an, bei dem der Wert der Kosinusfunktion den gleichen Betrag, aber das entgegengesetzte Vorzeichen wie bei dem angegebenen Winkel hat.

a) 112° b) 136° c) 176° d) 179° e) 198° f) 233° g) 246° h) 263°

3 Bestimme den Winkel β zwischen 270° und 360°, bei dem die Kosinusfunktion den gleichen Wert annimmt wie bei dem angegebenen Winkel.

a) 33° b) 6° c) 56° d) 67° e) 44° f) 88° g) 90° h) 0°

4 Bestimme einen Winkel α zwischen 0° und 360°, der den gleichen Kosinuswert wie der angegebene Winkel β hat.

	a)	b)	c)	d)	e)	f)
β	523°	763°	989°	−67°	−252°	−874°

$\beta = 397° \quad \alpha = \square$

$$\cos(\alpha + 360°) = \cos\alpha$$
$$\cos 397° = \cos(37° + 360°) = \cos 37°$$
$$\alpha = 37°$$

5 Bestimme einen Winkel zwischen 0° und 90°, bei dem der Wert der Kosinusfunktion den gleichen Betrag hat wie bei dem angegebenen Winkel.

a) 159° b) 251° c) 438° d) 686° e) 1522° f) −246° g) −532° h) −705°

6 Zu jedem Kosinuswert gibt es beliebig viele Winkelgrößen, bei denen die Kosinusfunktion diesen Wert annimmt. Der Taschenrechner zeigt aber nur eine Winkelgröße zwischen 0° und 180° an.
Weitere Winkel erhältst du mithilfe der Eigenschaften der Kosinusfunktion. Ermittle zu dem angegebenen Kosinuswert sechs zugehörige Winkelgrößen. Runde auf eine Nachkommastelle.

$$\cos\alpha = 0{,}3223$$
$$\alpha \approx 71{,}2°$$
$$\cos(360° - 71{,}2°) \approx 0{,}3223$$
$$\beta \approx 288{,}8°$$

$$\cos\alpha = -0{,}5505$$
$$\alpha \approx 123{,}4°$$
$$\cos 123{,}4° = \cos(180° - 56{,}6°)$$
$$\cos(180° - 56{,}6°) = \cos(180° + 56{,}6°)$$
$$\beta \approx 236{,}6°$$

a) 0,9776 b) 0,5563 c) 0,1994 d) −0,5299 e) −0,9157 f) −0,9991 g) −0,1925

7 a) Bestimme acht Nullstellen der Kosinusfunktion.
b) Bestimme jeweils acht Winkelgrößen, bei denen die Kosinusfunktion ihr Maximum (größter Funktionswert) bzw. ihr Minimum (kleinster Funktionswert) annimmt.

1 In der Abbildung siehst du, wie im Einheitskreis zu einem Winkel α die Bogenlänge b des zugehörigen Kreisausschnitts berechnet wird.
Berechne zu dem angegebenen Winkel die Bogenlänge des zugehörigen Kreisausschnitts im Einheitskreis. Runde auf zwei Nachkommastellen.

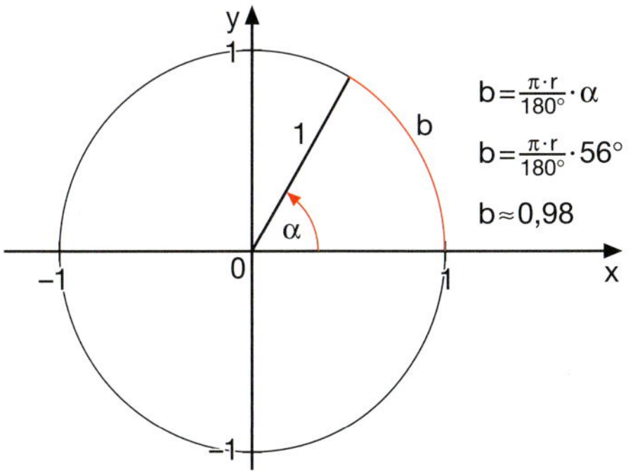

	a)	b)	c)	d)	e)	f)
α	72°	125°	180°	226°	289°	400°

Gradmaß	Bogenlänge im Einheitskreis	Bogenmaß
α	$\mathbf{b = \frac{\pi \cdot 1}{180^\circ} \cdot \alpha}$	$\mathbf{x = \frac{\pi \cdot \alpha}{180^\circ}}$
82°	$\frac{\pi \cdot 1}{180^\circ} \cdot 82^\circ \approx 1{,}43$	$x \approx 1{,}43$
90°	$\frac{\pi \cdot 1}{180^\circ} \cdot 90^\circ = \frac{\pi}{2}$	$x = \frac{\pi}{2}$
540°	$\frac{\pi \cdot 1}{180^\circ} \cdot 540^\circ = 3\pi$	$x = 3\pi$

Im Einheitskreis lässt sich jeder Winkel α auch eindeutig durch die Bogenlänge b des zugehörigen Kreisausschnitts beschreiben.
Die Maßzahl der Bogenlänge b im Einheitskreis wird das **Bogenmaß x** des Winkels α genannt.
Das Bogenmaß wird häufig als Vielfaches bzw. Bruchteil von π angegeben.

Für die Bezeichnung von Winkeln wird die folgende Vereinbarung getroffen:
Winkel im Gradmaß werden mit kleinen griechischen Buchstaben, Winkel im Bogenmaß mit kleinen lateinischen Buchstaben bezeichnet.

2 Berechne zu dem im Gradmaß angegebenen Winkel α das zugehörige Bogenmaß. Runde auf zwei Nachkommastellen.

	a)	b)	c)	d)	e)	f)	g)	h)	i)	k)	l)
α	27°	98°	133°	200°	261°	590°	1243°	−52°	−168°	−180°	−227°

3 Gib das Bogenmaß der angegebenen Winkelgröße als Vielfaches bzw. Bruchteil von π an.
a) 45° b) 30° c) 60° d) 180° e) 360° f) 720° g) 270° h) 450° i) −90°

4 Bestimme mithilfe des Taschenrechners den Sinus des im Bogenmaß angegebenen Winkels. Stelle zunächst den Taschenrechner auf das Winkelmaß „Rad".*
Runde auf zwei Nachkommastellen.

Wenn du bei deinem TR das Winkelmaß ändern willst, musst du das SETUP-Menü aufrufen und die gewünschte Einstellung wählen.

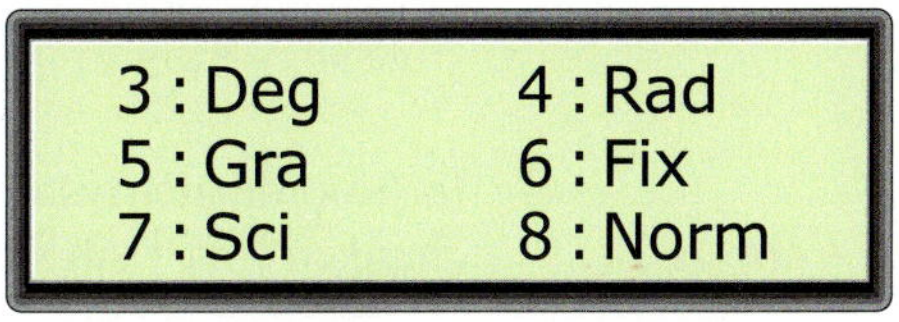

	a)	b)	c)	d)	e)	f)	g)
x	0	0,5	1	1,5	3	−0,5	−0,8

	h)	i)	k)	l)	m)	n)	o)
x	$\frac{1}{6}\pi$	$\frac{5}{6}\pi$	$\frac{2}{9}\pi$	$\frac{3}{4}\pi$	$\frac{7}{6}\pi$	$\frac{7}{4}\pi$	$\frac{11}{6}\pi$

$\sin \frac{4}{9}\pi =$ ▢

Tastenfolge: [sin] [(] 4 [÷] 9 [×] [π] [)] [=]
Anzeige: 0.984807753

$\sin \frac{4}{9}\pi \approx 0{,}98$

* Rad: Abk. von Radiant, der Einheit des Bogenmaßes.

5 In der Abbildung siehst du den Graphen der Sinusfunktion. Da der Winkel im Bogenmaß angegeben ist, wird x als Variable benutzt: $y = \sin x$.

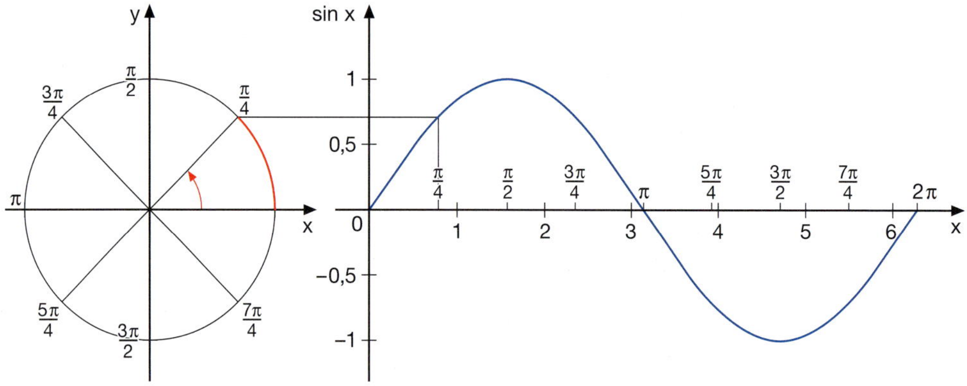

Zeichne den Graphen von sin x für x-Werte zwischen −2 und 7 (Einheit 2 cm). Lege zunächst eine Wertetabelle mit der Schrittweite 0,5 an. Runde die Sinuswerte auf zwei Nachkommastellen.

y = a · sin x

6 In der Abbildung siehst du die Graphen der Funktionen f und g mit den Funktionsgleichungen $f(x) = 2 \cdot \sin x$ und $g(x) = -1{,}5 \cdot \sin x$. Der Winkel wird dabei im Bogenmaß angegeben.

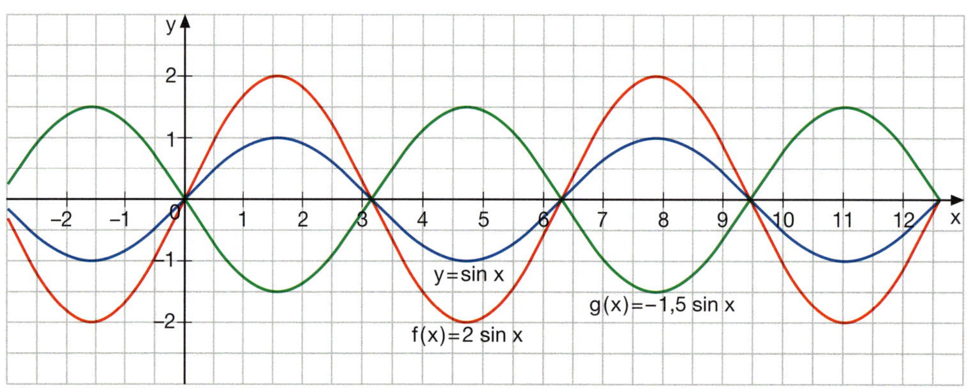

a) Vergleiche die Graphen von f und g mit dem Graphen der Sinusfunktion.
b) Gib für beide Funktionen jeweils Wertebereich und Periode an.
c) Zeichne den Graphen der Funktion h mit der Funktionsgleichung $y = 3 \sin x$ ($y = -2{,}5 \sin x$). Lege zunächst eine Wertetabelle an.

y = sin bx

7 Im Koordinatensystem sind die Graphen der Funktionen f und g mit den Funktionsgleichungen $f(x) = \sin x$ und $g(x) = \sin 2x$ dargestellt.

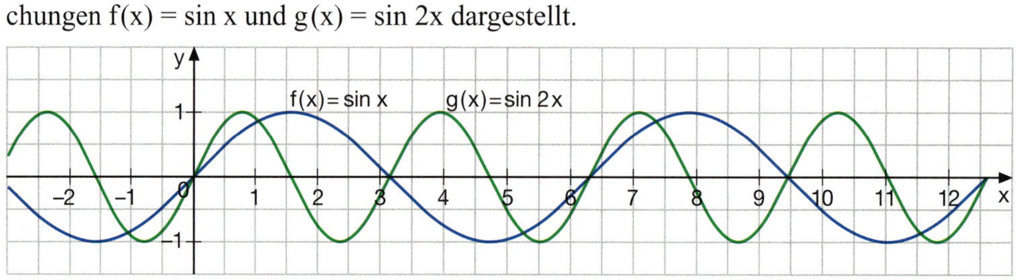

a) Vergleiche die Periode von g mit der Periode der Sinusfunktion. Was fällt dir auf?
b) Zeichne den Graphen der Funktion h mit der Funktionsgleichung $y = \sin 3x$ ($y = \sin 0{,}5x$). Lege zunächst eine Wertetabelle an.

1 In der Abbildung siehst du einen mit Sand gefüllten Trichter, der an zwei Fäden aufgehängt ist.
Wird der Trichter angestoßen, schwingt er wie ein Pendel hin und her.
Wird während des Schwingungsvorgangs ein Papierstreifen mit konstanter Geschwindigkeit unter dem Trichter hergezogen, so zeichnet der auslaufende Sand auf das Papier eine Sinuskurve.
Gehe davon aus, dass die Sinuskurve so aussieht, wie sie auf dem Millimeterpapier dargestellt wird.

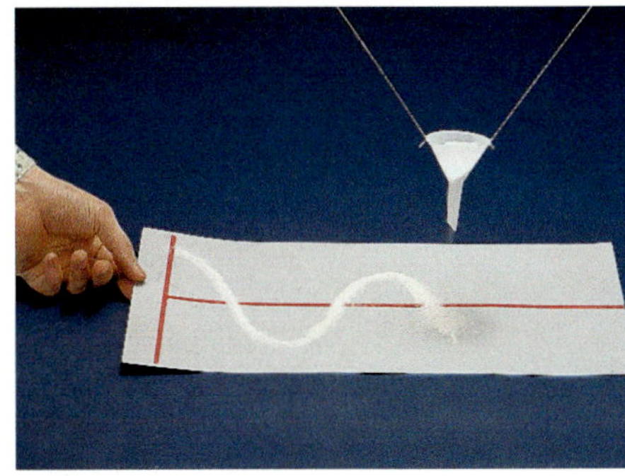

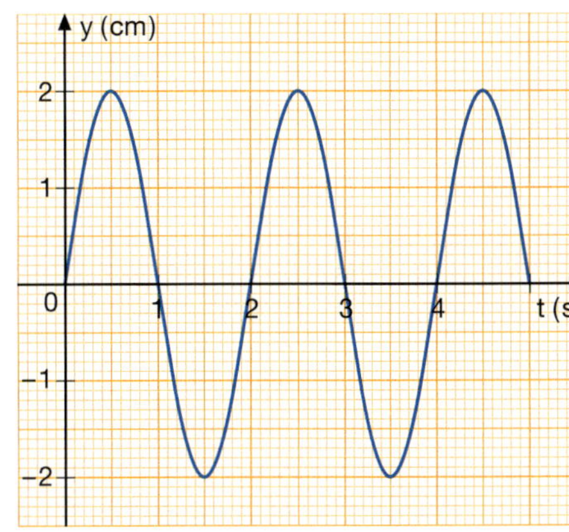

a) Bestimme anhand des Graphen den Pendelausschlag y nach 0,5 (1; 1,5; 2) Sekunden bzw. nach 2,5 (3; 3,5; 4) Sekunden. Wodurch unterscheiden sich positive und negative Pendelausschläge?
b) Der maximale Pendelausschlag wird die Amplitude der Schwingung genannt. Bestimme anhand des Graphen die Amplitude.
c) Die Schwingungsdauer T ist die Zeit für eine Schwingung. Bestimme die Schwingungsdauer anhand der Graphen.

Eine Schwingung ist eine regelmäßig wiederkehrende Bewegung um einen Ruhepunkt.
Viele Schwingungen können mithilfe von Sinusfunktionen beschrieben werden. Die maximale Auslenkung aus der Ruhelage wird die **Amplitude A** der Schwingung genannt.
Die Zeitdauer für eine Schwingung wird **Schwingungsdauer** oder **Periodendauer Z** genannt.

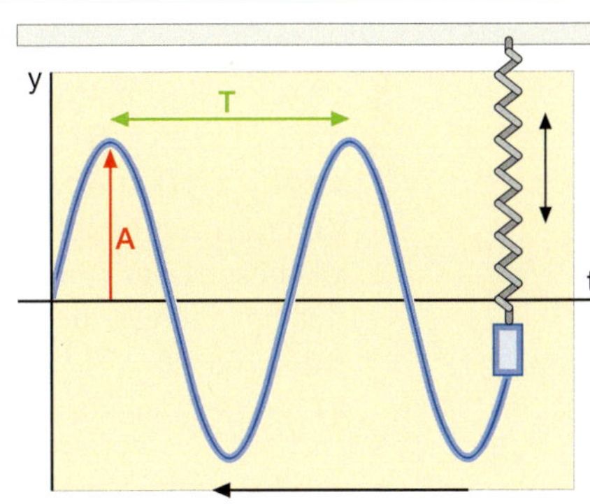

2 Die trigonometrische Funktion f beschreibt die Schwingungen eines Pendels. Die Funktionsgleichung $f(t) = 3 \cdot \sin \pi \cdot t$ gibt dabei den Pendelausschlag in Abhängigkeit von der Zeit t an.
a) Zeichne den Graphen von f für Zeiten zwischen 0 und 3 Sekunden (x-Achse: 1 s ≙ 5 cm; y-Achse: 1 cm ≙ 1 cm). Lege zunächst eine Wertetabelle mit der Schrittweite 0,2 an („Rad"). Runde auf eine Nachkommastelle.
b) Bestimme anhand des Graphen Amplitude und Schwingungsdauer T.

$f(t) = 3 \cdot \sin \pi \cdot t$
$f(0{,}2) = 3 \cdot \sin \pi \cdot 0{,}2$

Tastenfolge: 3 [×] [sin] [(] [π] [×] 0.2 [)] [=]
Anzeige: 1.763355757

$f(0{,}2) \approx 1{,}8$

3 Wird bei einem Oszilloskop eine Spannungsquelle an die Vertikalablenkung (y-Richtung) der Braunschen Röhre angeschlossen, ist die Ablenkung des Elektronenstrahls auf dem Leuchtschirm proportional zur angelegten Spannung. Durch eine interne Schaltung wird der Elektronenstrahl horizontal (in x-Richtung) abgelenkt, und zwar von links nach rechts proportional zur Zeit.
So entsteht das Oszilloskopbild, das den zeitlichen Verlauf der Wechselspannung wiedergibt.
Bestimme anhand des Oszilloskopbildes die Schwingungsdauer der Wechselspannungsquelle.

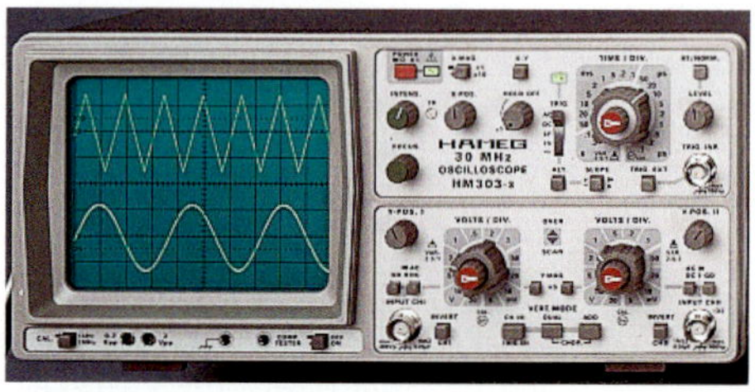

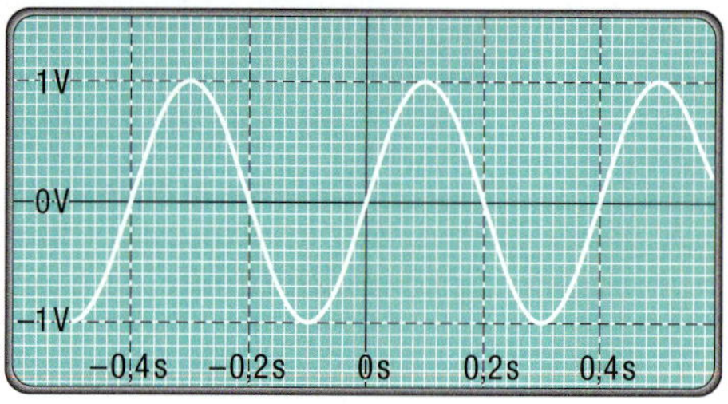

4 Das Oszilloskopbild gibt den zeitlichen Verlauf der Wechselspannung, die an einer normalen Steckdose im Haushalt anliegt, wieder.
a) Bestimme anhand des Oszilloskopbildes die Schwingungsdauer. Wie viele Schwingungen finden pro Sekunde statt?
b) Bestimme die Amplitude. Was fällt dir auf?

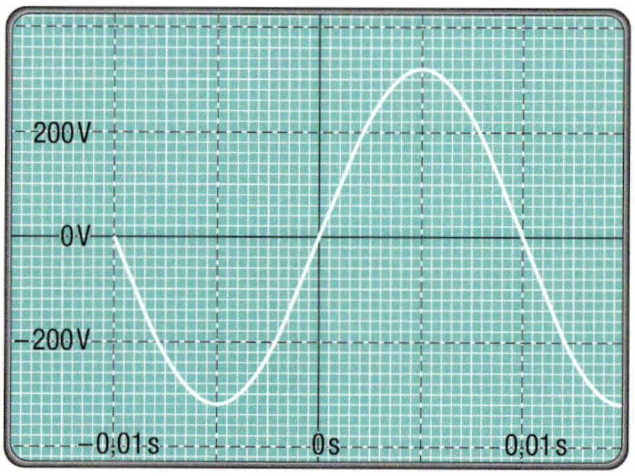

5 Durch elektronische Schaltungen kann man unterschiedliche sinusförmige Wechselspannungen erzeugen. Die unten angegebene Funktionsgleichung beschreibt den Spannungsverlauf U (t) in Abhängigkeit von der Zeit.
Zeichne den Graphen für Zeiten zwischen 0 und 2 Sekunden (x-Achse: 1 cm ≙ 0,1 s, y-Achse: 1 cm ≙ 1 V). Bestimme anhand des Graphen die Amplitude (den Scheitelwert der Spannung), die Schwingungsdauer und die Anzahl der Schwingungen pro Sekunde (die Frequenz).
a) $U(t) = 5 \sin 2t$ b) $U(t) = 4 \sin 4t$ c) $U(t) = 3 \sin t$

6 Mit einem Oszilloskop lässt sich auch die Herzspannungskurve darstellen. Das Oszilloskopbild wird Elektrokardiogramm genannt. Der Spannungsverlauf ist nicht sinusförmig, aber periodisch. Bestimme anhand des abgebildeten Papierausdrucks die Herzfrequenz (25mm in x-Richtung entsprechen 1s).

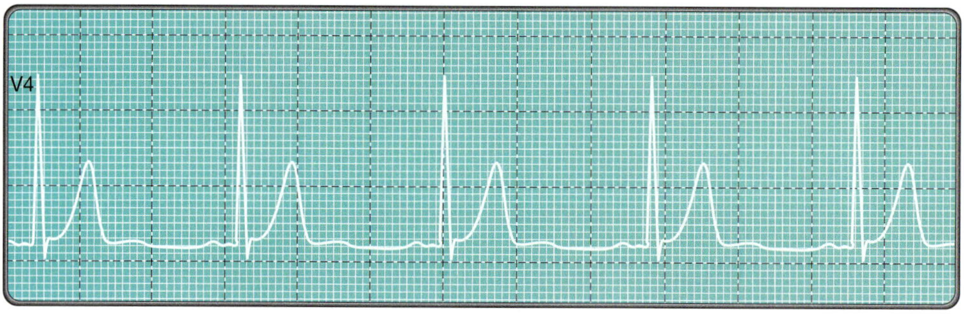

1

Timo und Nele arbeiten während eines Praktikums in einem metallverarbeitenden Betrieb. Die Fotos zeigen einige Werkstücke, die sie bearbeitet haben.
Welche geometrischen Körper erkennst du in diesen Abbildungen? Beschreibe die einzelnen Körper.

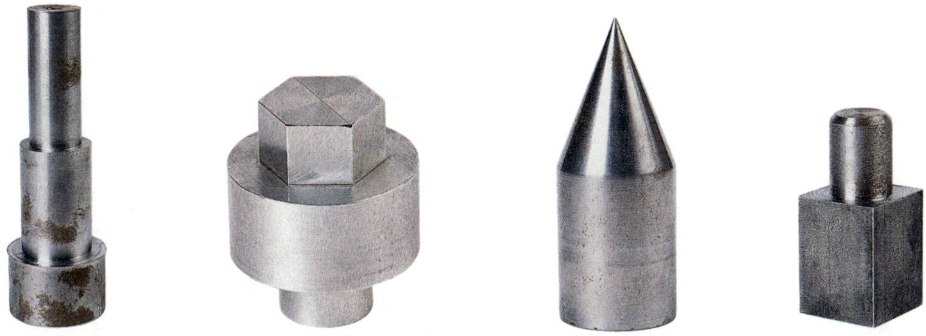

2 Nele will sich um einen Ausbildungsplatz als Industriemechanikerin bewerben.

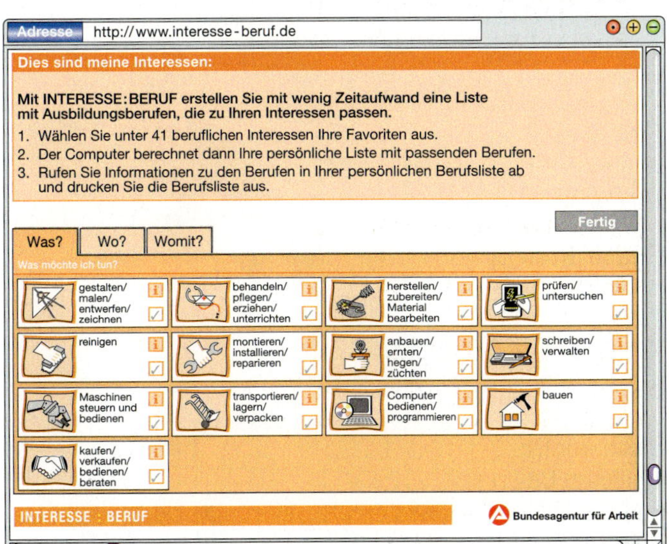

Auf den Internetseiten der *Bundesagentur für Arbeit* informiert sie sich über die Ausbildungsinhalte dieses Berufes.
Sie erfährt auch, dass für diesen Beruf ein gutes räumliches Vorstellungsvermögen und eine gute Fingergeschicklichkeit wichtig sind.

Am Ende des Kapitels findet Ihr Aufgaben aus einem Einstellungstest, die das räumliche Vorstellungsvermögen der Testpersonen überprüfen sollen. Bearbeitet diese Aufgaben.

Prisma
Zylinder

1 a) In der Abbildung siehst du ein Werkstück aus Stahl. Beschreibe die einzelnen Körper, aus denen sich das Werkstück zusammensetzt.

b) Erläutere, wie im Beispiel die Masse dieses **zusammengesetzten Körpers** berechnet wird.

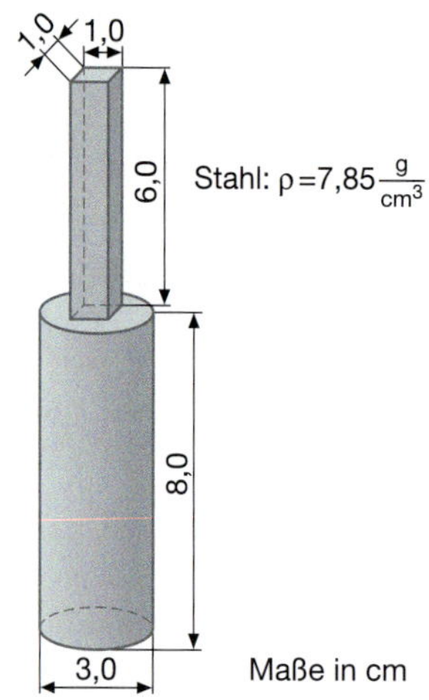

1. Volumen des Zylinders
$V_1 = \pi \cdot r^2 \cdot h_k$
$V_1 = \pi \cdot (1{,}5\ cm)^2 \cdot 8{,}0\ cm$
$V_1 = 56{,}54\ldots\ cm^3$
$V_1 \approx 56{,}5\ cm^3$

2. Volumen des Quaders
$V_2 = a \cdot b \cdot c$
$V_2 = 1{,}0\ cm \cdot 1{,}0\ cm \cdot 6{,}0\ cm$
$V_2 = 6{,}0\ cm^3$

3. Volumen des Werkstückes
$V = V_1 + V_2$
$V = 56{,}5\ cm^3 + 6{,}0\ cm^3$
$V = 62{,}5\ cm^3$

4. Masse des Werkstückes
$m = \varrho \cdot V$
$m = 7{,}85 \frac{g}{cm^3} \cdot 62{,}5\ cm^3$
$m \approx 490{,}625\ g$
$m \approx 491\ g$

c) Berechne jeweils die Masse der einzelnen Körper in Gramm.

(I) Aluminium: $\rho = 2{,}7 \frac{g}{cm^3}$

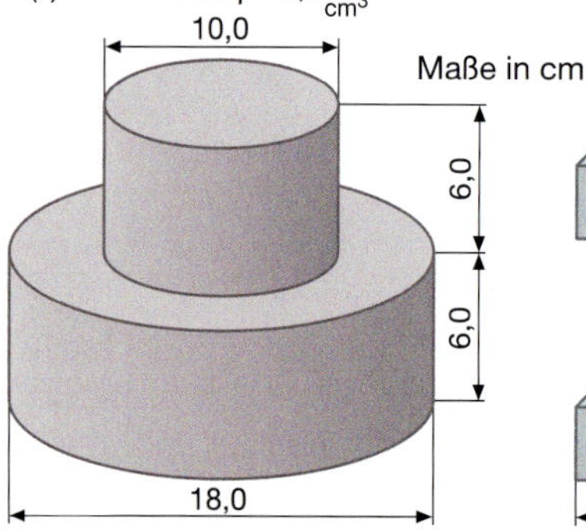

(II) Stahl: $\rho = 7{,}85 \frac{g}{cm^3}$

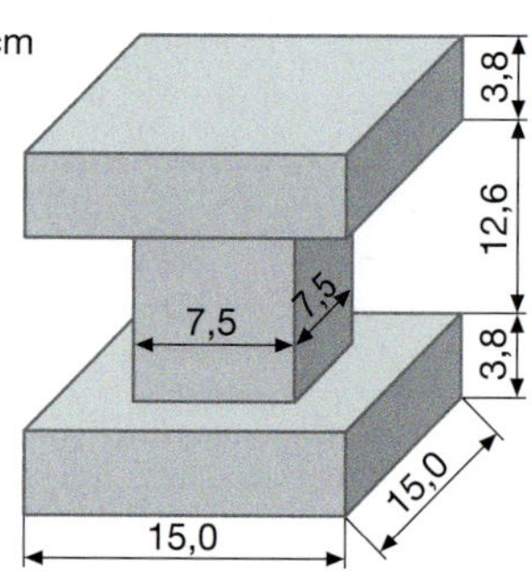

(III) Zink: $\rho = 7{,}1 \frac{g}{cm^3}$

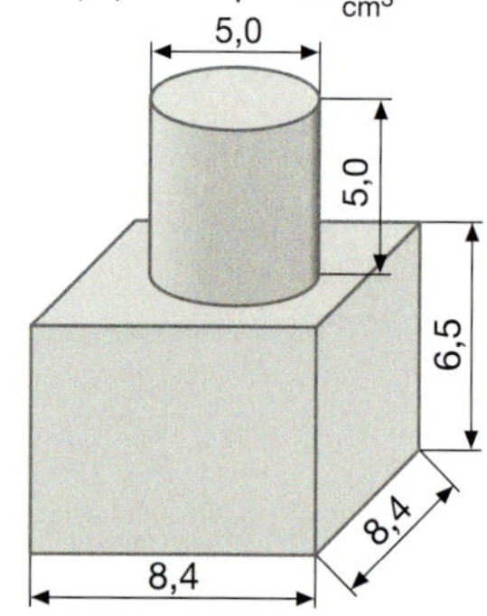

2 Ein eiserner T-Träger mit den angegebenen Maßen soll vollständig mit Rostschutzfarbe gestrichen werden. Auf einen Quadratmeter Fläche werden 140 g Farbe aufgetragen. Wie viel Kilogramm Rostschutzfarbe werden für die Oberfläche des Trägers benötigt?

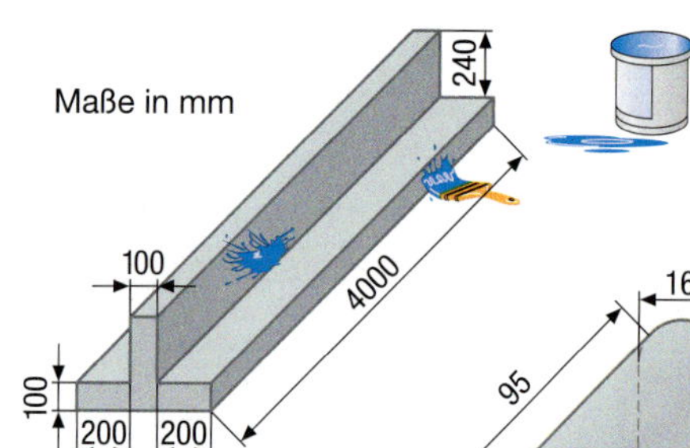

3 Wie viel Quadratzentimeter Blech werden für die Herstellung des abgebildeten Behälters benötigt? Für Falze und Überlappungen werden 6 % hinzugerechnet.

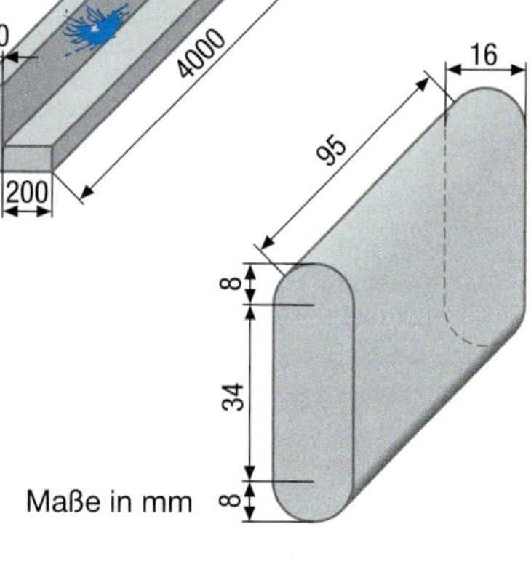

4 Bestimme das Volumen des Körpers in Kubikzentimeter.

a) Maße in mm

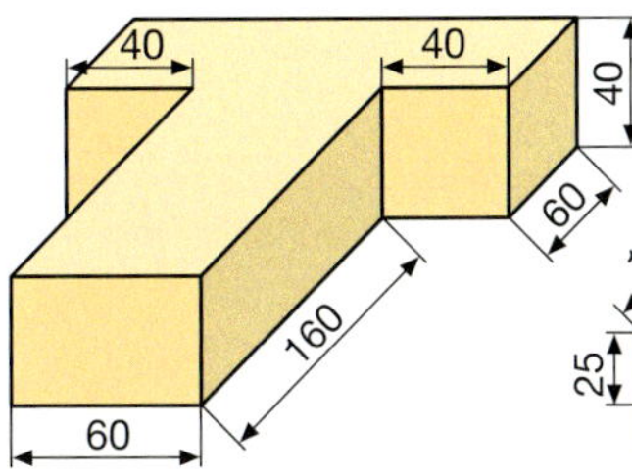

b)

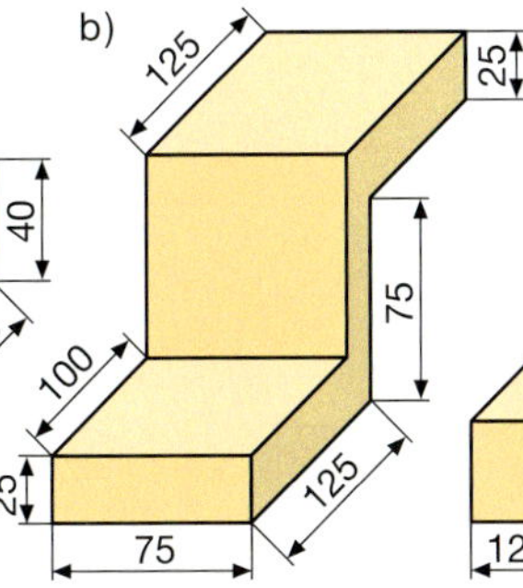

c)

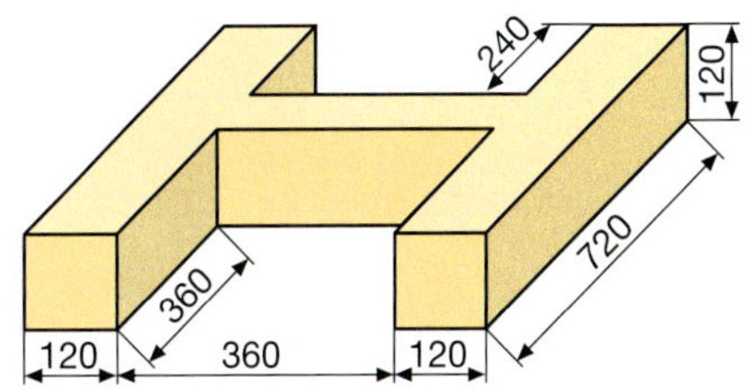

5 Ein zylindrischer Turm mit einem kegelförmigen Dach ist insgesamt 37 m hoch. Der Turm hat einen Umfang von 44 m, die Höhe seines Daches beträgt 14 m.

a) Berechne das Volumen des umbauten Raumes in Kubikmeter.

b) Das Dach soll einen Belag aus Zinkblech erhalten. Der Dachdecker verlangt für das Eindecken 90 € pro Quadratmeter. Für Verschnitt und Falze müssen 10 % hinzugerechnet werden. Wie viel Euro kostet das Eindecken der Dachfläche?

6 a) Aus einem quaderförmigen Metallblock wurde ein dreiseitiges Prisma ausgeschnitten. Beschreibe, wie in dem Beispiel das Volumen des **Restkörpers** berechnet wird.

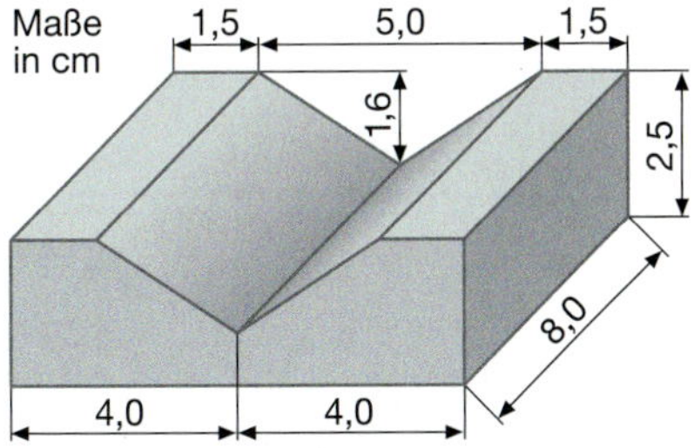

1. Volumen des Quaders
$V_1 = a \cdot b \cdot c$
$V_1 = 8{,}0\ \text{cm} \cdot 8{,}0\ \text{cm} \cdot 2{,}5\ \text{cm}$
$V_1 = 160\ \text{cm}^3$

2. Volumen des Prismas
$V_2 = A_G \cdot h_k$
$V_2 = \frac{5{,}0\ \text{cm} \cdot 1{,}6\ \text{cm}}{2} \cdot 8{,}0\ \text{cm}$
$V_2 = 32\ \text{cm}^3$

3. Volumen des Restkörpers
$V = V_1 - V_2$
$V = 160\ \text{cm}^3 - 32\ \text{cm}^3$
$V = 128\ \text{cm}^3$

b) Berechne jeweils das Volumen und die Masse der einzelnen Werkstücke (in Gramm).

(I) Stahl: $\varrho = 7{,}85\ \frac{\text{g}}{\text{cm}^3}$ (II) Messing: $\varrho = 8{,}3\ \frac{\text{g}}{\text{cm}^3}$ (III) Kupfer: $\varrho = 8{,}9\ \frac{\text{g}}{\text{cm}^3}$

Maße in cm

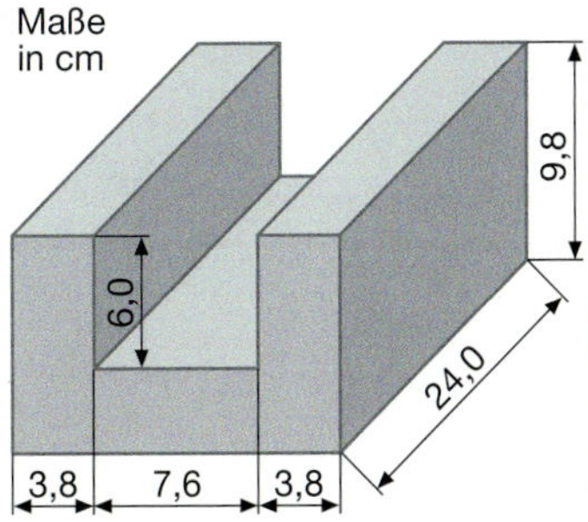

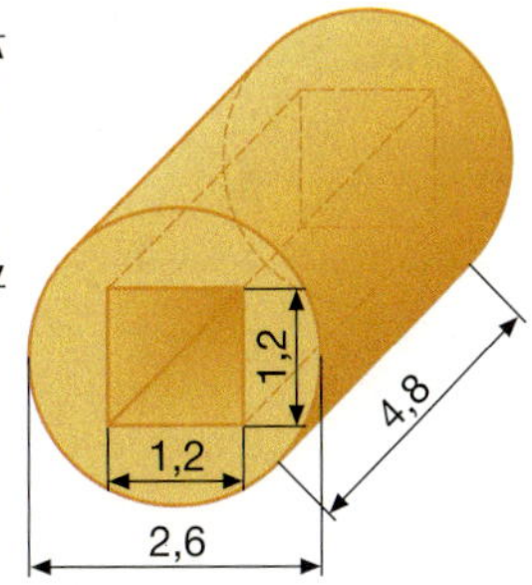

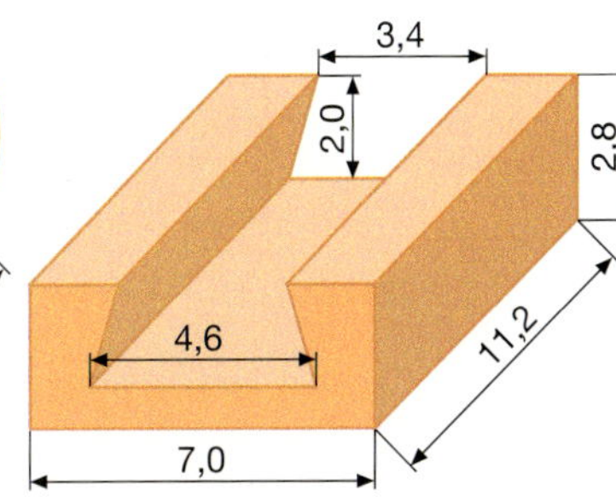

1

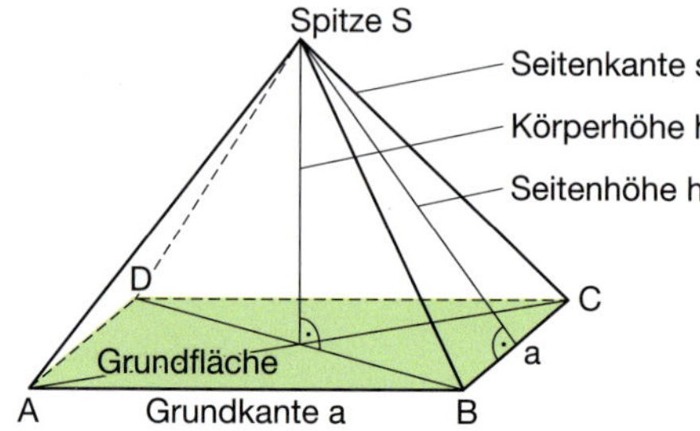

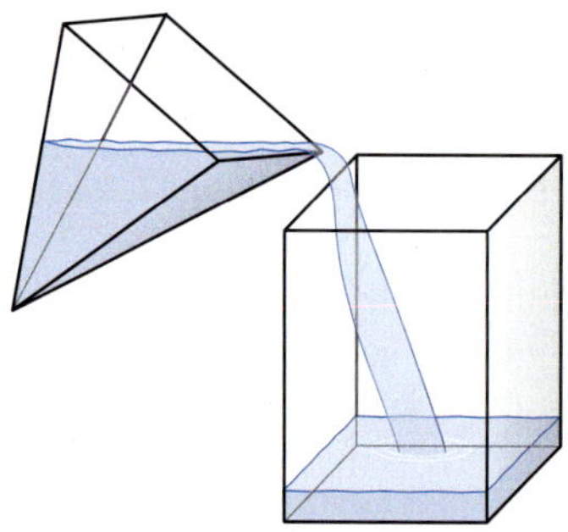

Die Grundfläche und die Höhe des Prismas und der Pyramide sind jeweils gleich groß. Um das Volumen der Pyramide zu bestimmen, wird sie mit Wasser gefüllt. Anschließend wird der Inhalt in das Prisma geschüttet.
Dieser Vorgang kann genau dreimal wiederholt werden, bis das Prisma vollständig gefüllt ist.

Notiere eine Formel für das Volumen einer Pyramide mit einem Quadrat (Rechteck, Trapez, Dreieck) als Grundfläche.

2 a) Beschreibe die Pyramide, die sich aus dem abgebildeten Netz falten lässt (Form der Grundfläche, Anzahl und Form der Seitenflächen).
b) Stelle eine Formel für den Oberflächeninhalt der Pyramide auf.

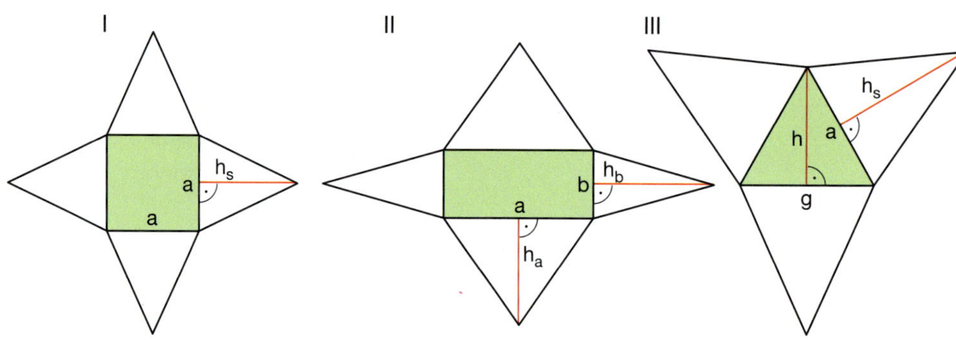

Volumen einer Pyramide	**Oberflächeninhalt einer Pyramide**
$V = \frac{1}{3} \cdot A_G \cdot h_k$	$A_O = A_G + A_M$

1 In dem Beispiel werden das Volumen und der Oberflächeninhalt einer Pyramide mit quadratischer Grundfläche berechnet.

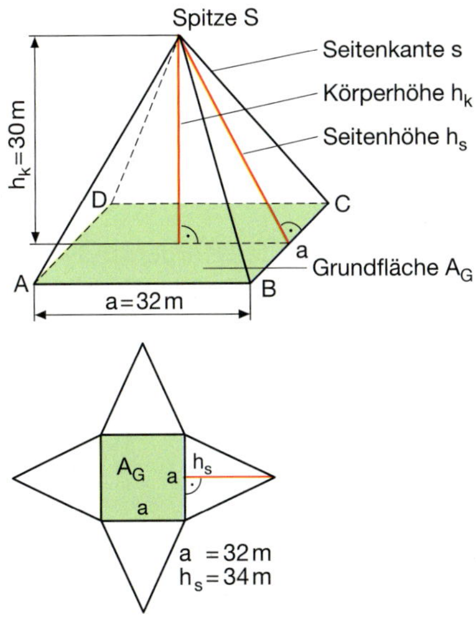

Volumen

$V = \frac{1}{3} \cdot A_G \cdot h_k$

$V = \frac{1}{3} \cdot a^2 \cdot h_k$

$V = \frac{1}{3} \cdot (32\text{ m})^2 \cdot 30\text{ m}$

$V = 10\,240\text{ m}^3$

Oberflächeninhalt

$A_O = A_G + A_M$

$A_O = a^2 + 4 \cdot \frac{a \cdot h_s}{2}$

$A_O = (32\text{ m})^2 + 4 \cdot \frac{32\text{ m} \cdot 34\text{ m}}{2}$

$A_O = 3200\text{ m}^2$

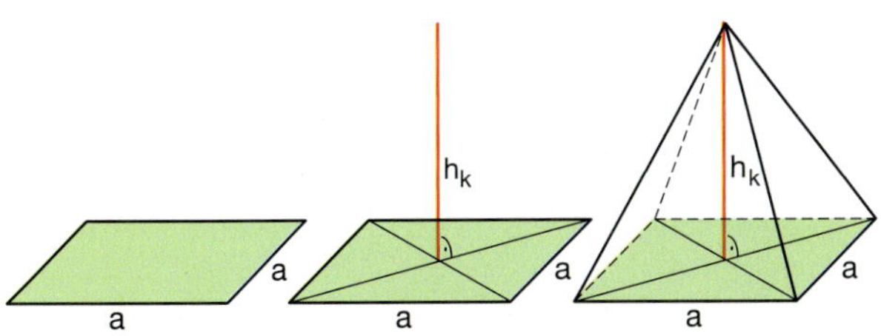

Zeichne zunächst das Schrägbild einer quadratischen Pyramide. Berechne anschließend ihr Volumen.

	a)	b)	c)	d)
a	8 cm	5,7 cm	7 cm	7,2 cm
h_k	6 cm	6,9 cm	7 cm	2,5 cm

2 Bestimme das Volumen und den Oberflächeninhalt einer quadratischen Pyramide.

a) $a = 20$ cm; $h_k = 24$ cm; $h_s = 26$ cm
b) $a = 32$ m; $h_k = 30$ m; $h_s = 34$ m
c) $a = 9{,}6$ dm; $h_k = 1{,}4$ dm; $h_s = 5{,}0$ dm
d) $a = 11{,}2$ m; $h_k = 9{,}0$ m; $h_s = 10{,}6$ m

3 Rechteckige Pyramide

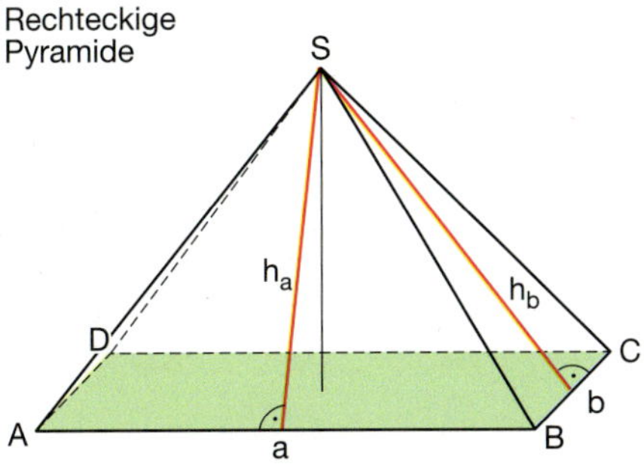

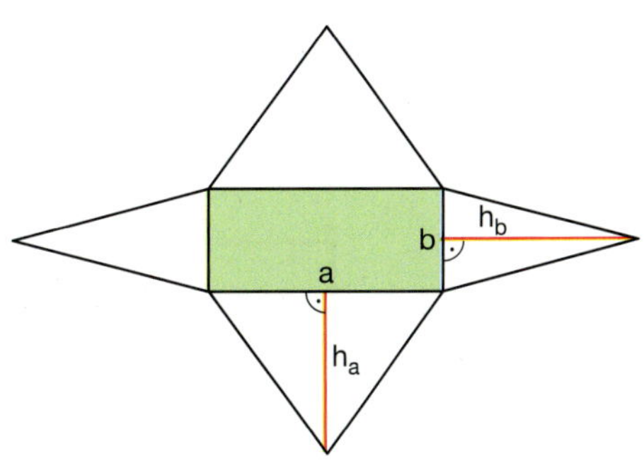

a) Bestimme das Volumen der rechteckigen Pyramide mit $a = 21{,}6$ cm; $b = 14{,}4$ cm und $h_k = 19{,}2$ cm ($a = 2{,}8$ m; $b = 3{,}5$ m; $h_k = 4{,}2$ m).

b) Bestimme den Oberflächeninhalt der rechteckigen Pyramide mit $a = 5$ cm; $b = 3$ cm; $h_a = 4{,}3$ cm und $h_b = 4{,}7$ cm ($a = 8{,}7$ m; $b = 5{,}3$ m; $h_a = 4{,}6$ m; $h_b = 5{,}8$ m und $a = 24{,}5$ m; $b = 16{,}8$ m; $h_a = 15{,}5$ m; $h_b = 17{,}9$ m).

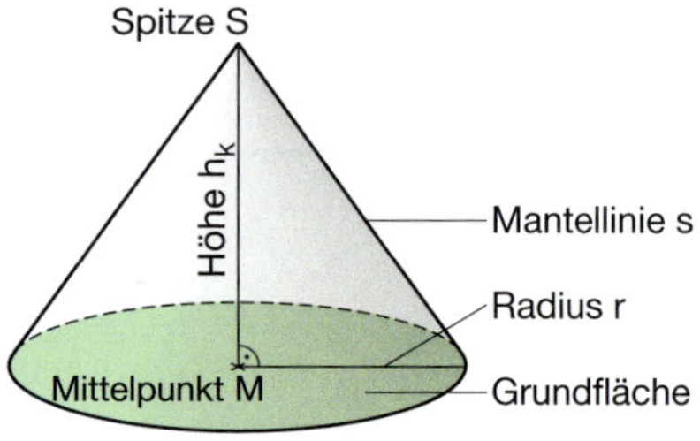

1 Die Grundfläche und die Höhe der abgebildeten Körper sind jeweils gleich groß. Erläutere, dass die Formel $V = \frac{1}{3} \cdot A_G \cdot h_k$ auch für das Volumen eines Kegels gilt.

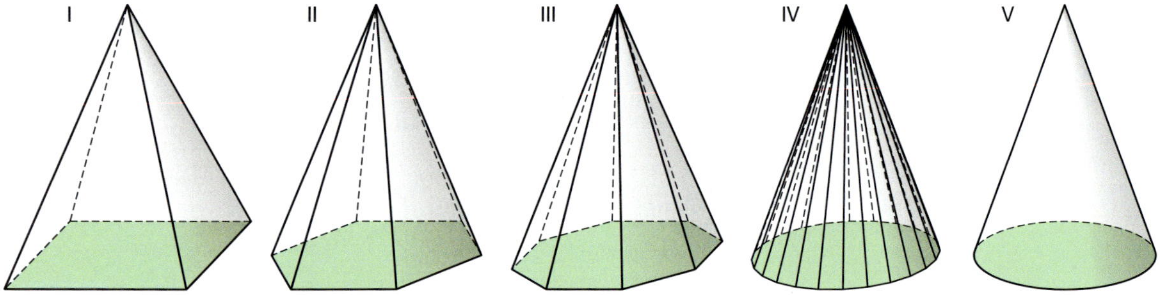

2 a) Beschreibe, wie in den Abbildungen der Mantel eines Kegels zerlegt und anschließend wieder zusammengesetzt wird.

b) Wenn du diese Zerlegung des Mantels in immer mehr Teile vornimmst, so nähert sich die zusammengesetzte Figur einem Rechteck. Leite eine Formel für den Flächeninhalt des Mantels her.

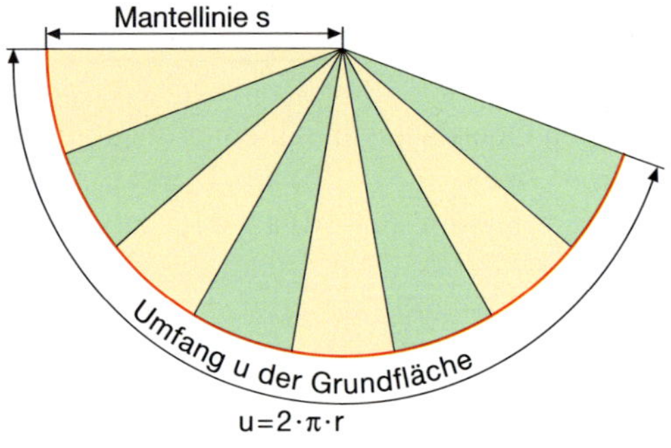

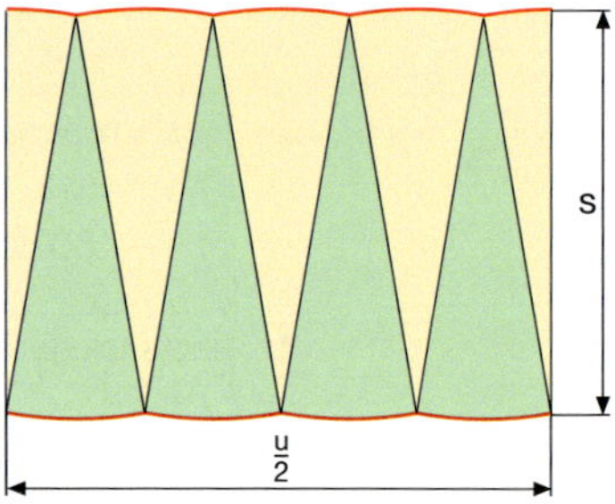

Volumen eines Kegels

$$V = \frac{1}{3} \cdot A_G \cdot h_k$$

$$V = \frac{1}{3} \cdot \pi \cdot r^2 \cdot h_k$$

Flächeninhalt eines Kegelmantels

$$A_M = \pi \cdot r \cdot s$$

Oberflächeninhalt eines Kegels

$$A_O = A_G + A_M$$
$$A_O = \pi \cdot r^2 + \pi \cdot r \cdot s$$

1 In dem Beispiel werden das Volumen und der Oberflächeninhalt eines Kegels berechnet.

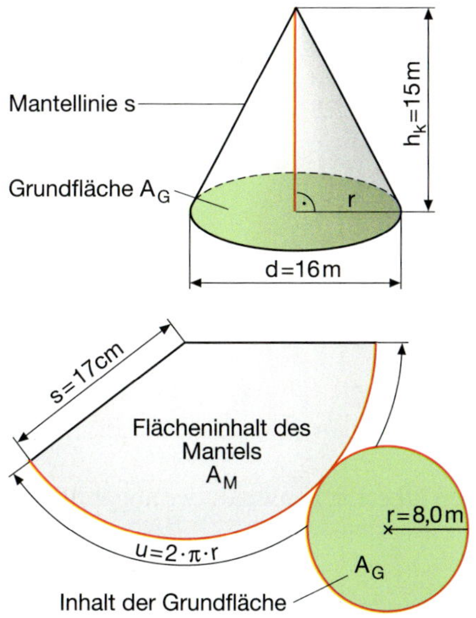

Volumen

$V = \frac{1}{3} \cdot A_G \cdot h_k$

$V = \frac{1}{3} \cdot \pi \cdot r^2 \cdot h_k$

$V = \frac{1}{3} \cdot \pi \cdot (8{,}0\ m)^2 \cdot 15\ m$

$V = 1005{,}3096\ldots\ m^3$

$V \approx 1000\ m^3$

Oberflächeninhalt

$A_O = A_G + A_M$

$A_O = \pi \cdot r^2 + \pi \cdot r \cdot s$

$A_O = \pi \cdot (8{,}0\ m)^2 + \pi \cdot 8{,}0\ m \cdot 17\ m$

$A_O = 628{,}3185\ldots\ m^2$

$A_O \approx 630\ m^2$

Berechne das Volumen und den Oberflächeninhalt des Kegels.

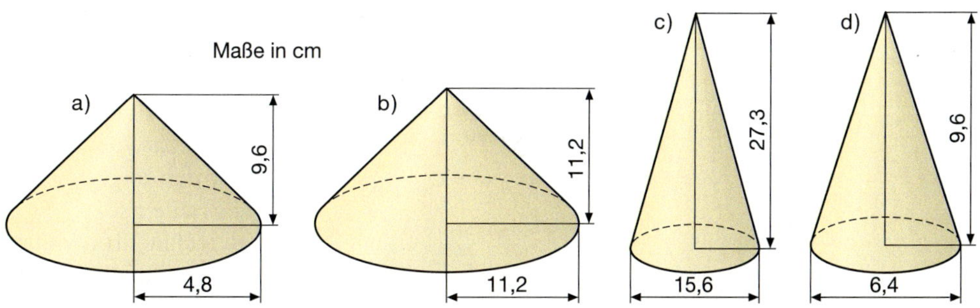

2 Berechne zunächst mithilfe des Satzes von Pythagoras die fehlenden Größen r, h_k oder s eines Kegels.
Bestimme anschließend das Volumen und den Oberflächeninhalt des Kegels.

a) r = 57,6 dm; h_k = 108,0 dm
b) h_k = 51,2 m; s = 108,8 m
c) h_k = 4,5 cm; s = 5,1 cm
d) r = 61,5 m; h_k = 82,0 m

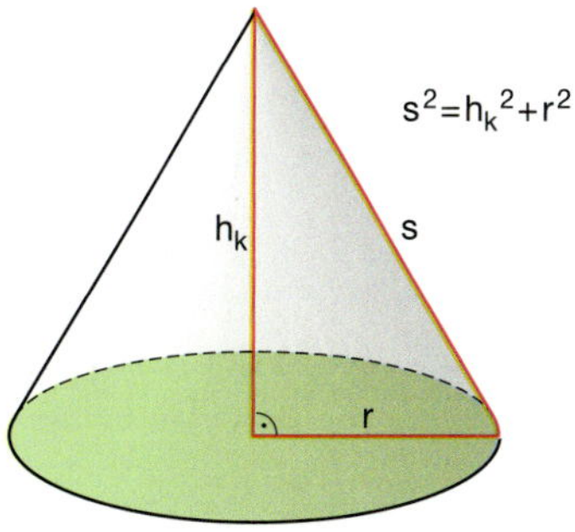

3 a) Ein Sandkegel ist 6,50 m hoch. Sein Durchmesser beträgt 27,80 m. Berechne die Masse des Kegels (Sand: $\varrho = 1{,}6\ \frac{g}{cm^3}$).

b) Der Durchmesser eines Salzkegels beträgt 4,80 m, seine Höhe 1,70 m. Bestimme die Masse des Kegels (Salz: $\varrho = 2{,}16\ \frac{g}{cm^3}$).

1

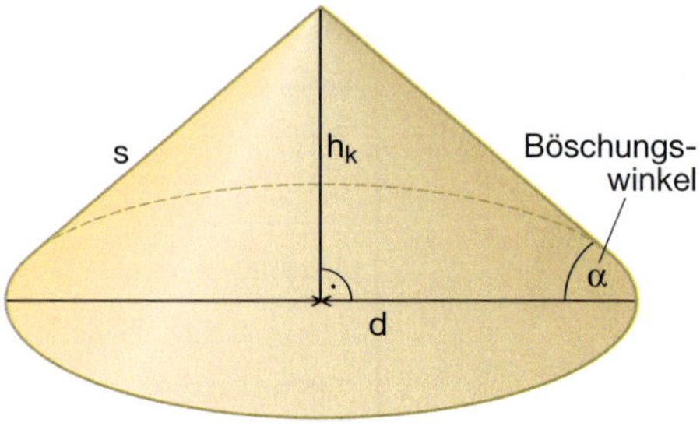

Körniges Material lässt sich zu einem Kegel aufschütten. Die Größe des dabei entstehenden Böschungswinkels α ist vom angeschütteten Material abhängig.
Berechne das Volumen des Schüttkegels.

	a)	b)	c)
Material	Kohle	Sand	Erde
Böschungswinkel α	45°	25°	37°
Kegeldurchmesser d	18 m	16 m	10 m

2 Berechne das Volumen und den Oberflächeninhalt der abgebildeten Pyramide.

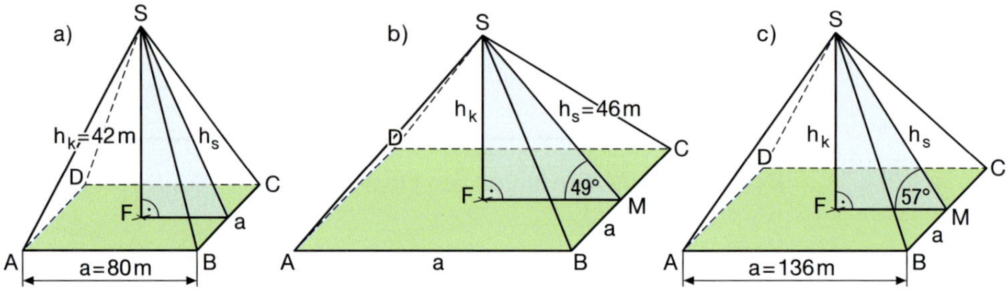

3

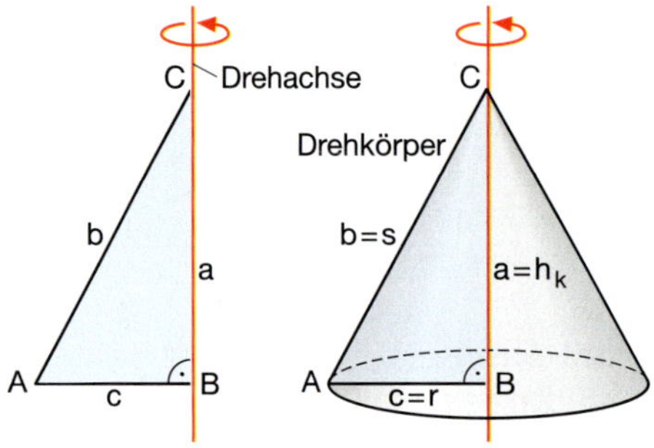

Das rechtwinklige Dreieck ABC (β = 90°) mit den angegebenen Maßen rotiert um die Seite a.
Berechne das Volumen und den Oberflächeninhalt des Drehkörpers.

a) b = 22,1 cm; c = 10,4 cm
b) a = 9,1 m; c = 31,2 m
c) a = 54,6 cm; c = 52,0 cm
d) a = 333 mm; b = 1517 mm
e) a = 3,5 cm; b = 3,7 cm
f) b = 152,5 cm; c = 150,0 cm

4 In der Abbildung siehst du die Draufsicht und Vorderansicht einer quadratischen Pyramide. Berechne das Volumen und den Oberflächeninhalt der Pyramide.

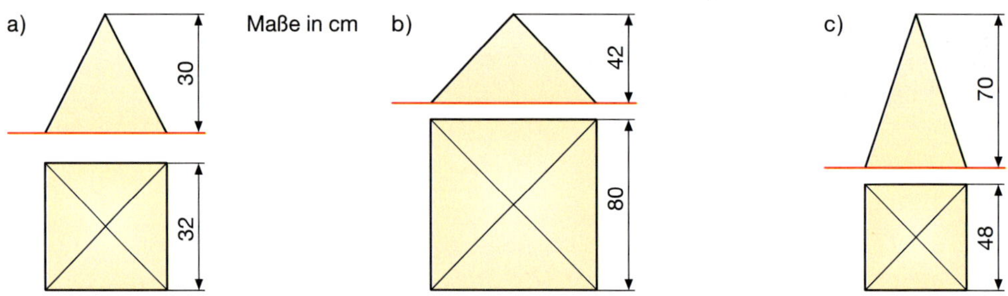

1 Das abgebildete Prisma ist in Scheiben zerlegt. Werden die einzelnen Scheiben parallel zur Grundfläche verschoben, so entsteht ein **Stufenkörper.**
Vergleiche das Volumen des Stufenkörpers mit dem des Prismas.

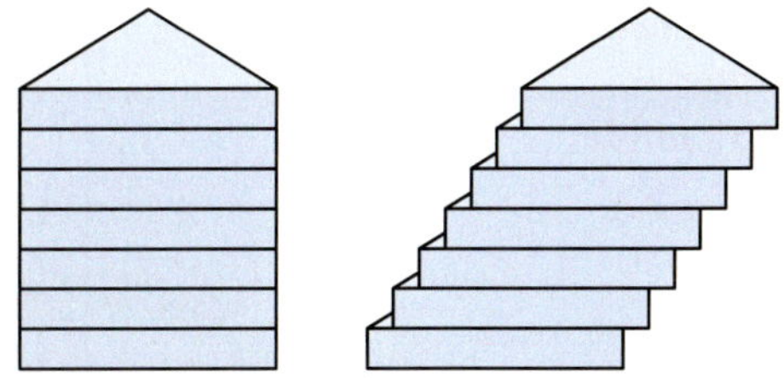

2 Vergleiche die abgebildeten Stufenkörper miteinander. Was kannst du über ihr Volumen aussagen?

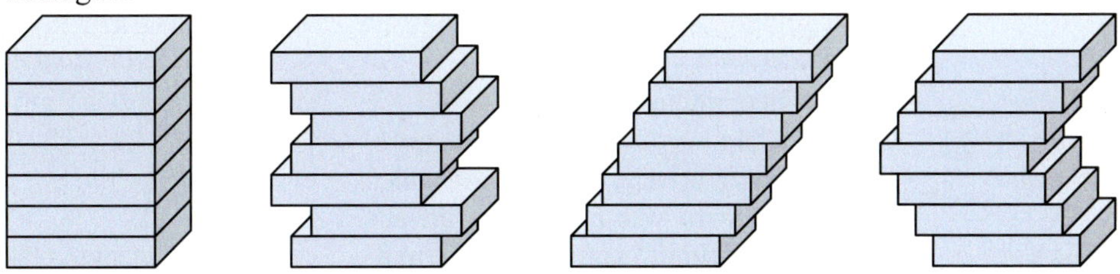

3 Vergleiche die Volumina der abgebildeten Körper miteinander.

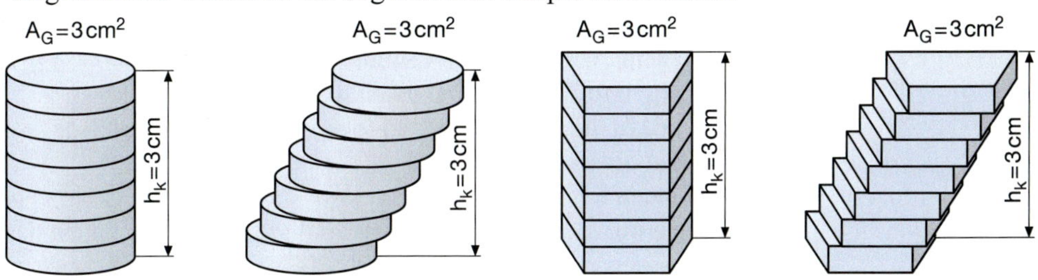

Wie verändert sich das Volumen, wenn die Körper in dünnere Scheiben zerlegt werden?

4 Die abgebildeten Körper haben gleich große Grundflächen und stimmen in den Höhen überein. Für jeden Schnitt parallel zur Grundfläche entstehen in gleicher Höhe gleich große Schnittflächen.
Welche Vermutung kannst du über das Volumen der beiden Körper formulieren?

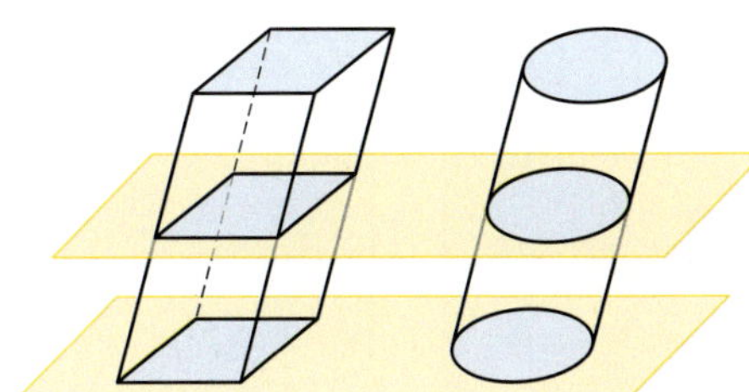

Satz des Cavalieri*
(Cavalierisches Prinzip)

Haben zwei Körper gleiche Höhe und gleich große Grundflächen und sind alle zur Grundfläche parallelen Schnittflächen in gleicher Höhe inhaltsgleich, so haben die beiden Körper das gleiche Volumen.

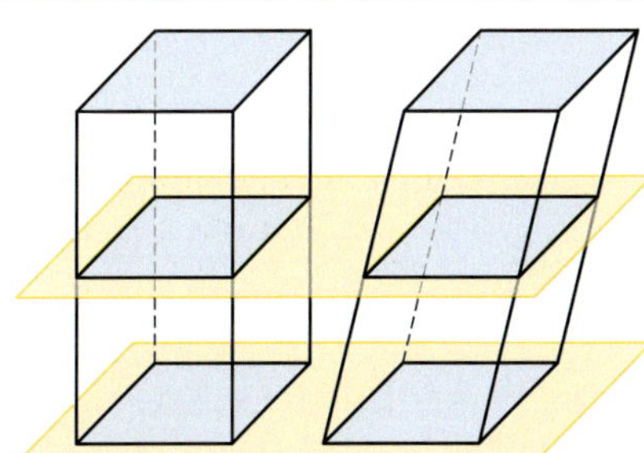

* Bonaventura Cavalieri (1598–1647), italienischer Mathematiker
Der von ihm gefundene Satz ist nicht mit einfachen Mitteln zu beweisen.

Volumen einer Pyramide

5

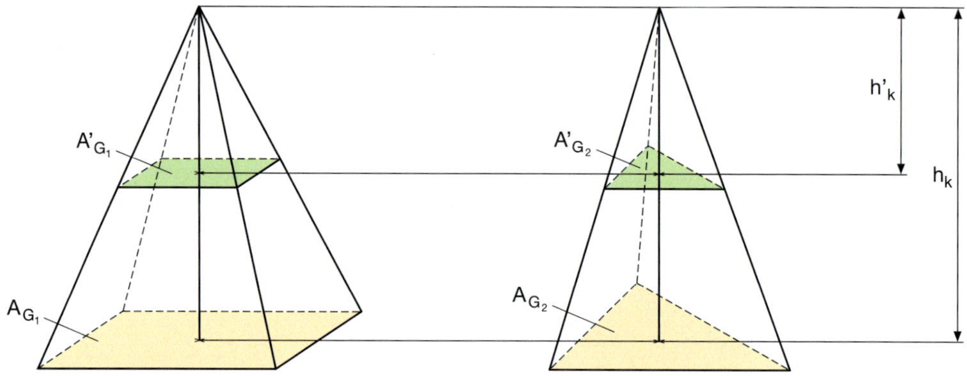

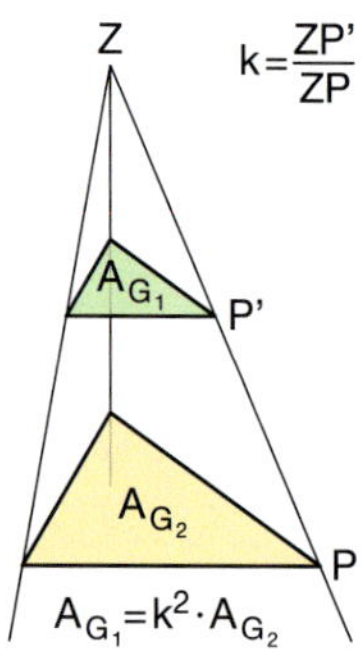

In den abgebildeten Pyramiden sind die Grundflächen A_{G_1} und A_{G_2} gleich groß. Um das Cavalierische Prinzip anwenden zu können, wird wie abgebildet jeweils ein ebener Schnitt parallel zur Grundfläche in gleicher Höhe durch die Pyramiden gelegt.

a) Erläutere die einzelnen Schritte, in denen gezeigt wird, dass die Schnittflächen A'_{G_1} und A'_{G_2} gleich groß sind. Benutze dazu die Eigenschaften der zentrischen Streckung.

b) Begründe den Satz:
Pyramiden mit gleicher Grundfläche und gleicher Höhe haben das gleiche Volumen.

1. $k = \frac{h'_k}{h_k}$
2. $A'_{G_1} = k^2 \cdot A_{G_1}$
3. $A'_{G_2} = k^2 \cdot A_{G_2}$
4. $\frac{A'_{G_1}}{A'_{G_2}} = \frac{k^2 \cdot A_{G_1}}{k^2 \cdot A_{G_2}} = 1$
5. $A'_{G_1} = A'_{G_2}$

6 Ein dreiseitiges Prisma lässt sich wie abgebildet durch zwei ebene Schnitte in drei Pyramiden zerlegen. So kannst du zeigen, dass diese drei Pyramiden volumengleich sind:

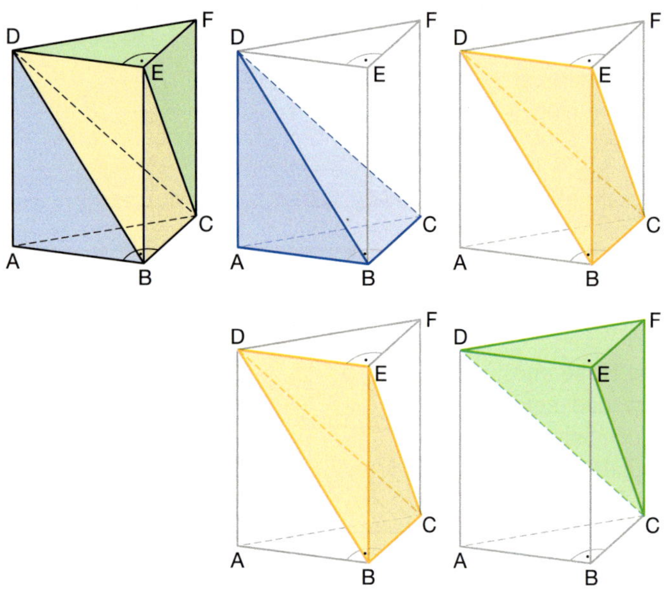

1. **Pyramide ABDC** und **Pyramide BEDC**
   Gleiche Grundflächen: △ ABD = △ BED
   Gleiche Höhen: $\overline{BC} = \overline{BC}$

   Nach dem Cavalierischen Prinzip gilt:
   Die Pyramiden ABDC und BEDC haben das gleiche Volumen.

2. **Pyramide BCED** und **Pyramide CFED**
   Gleiche Grundflächen: △ BCE = △ CFE
   Gleiche Höhen: $\overline{ED} = \overline{ED}$

   Nach dem Cavalierischen Prinzip gilt:
   Die Pyramiden BCED und CFED haben das gleiche Volumen.

Begründe, dass für das Volumen einer Pyramide folgt: $V_{Pyramide} = \frac{1}{3} V_{Prisma} = \frac{1}{3} A_G \cdot h_k$

1 

Ein kugelförmiger Gasbehälter hat einen Innendurchmesser von 18 m. Er fasst ungefähr 3000 m³ Gas.
Nenne weitere Beispiele, in denen das Volumen einer Kugel berechnet werden muss.

2 Bei einer Kugel ist der Abstand vom Mittelpunkt M zu einem beliebigen Punkt P der Oberfläche der **Kugelradius r.**
Die Kreise auf der Kugeloberfläche, deren Mittelpunkte jeweils mit dem Kugelmittelpunkt zusammenfallen, heißen **Großkreise.**
Als **Umfang** einer Kugel bezeichnet man den Umfang eines Großkreises.

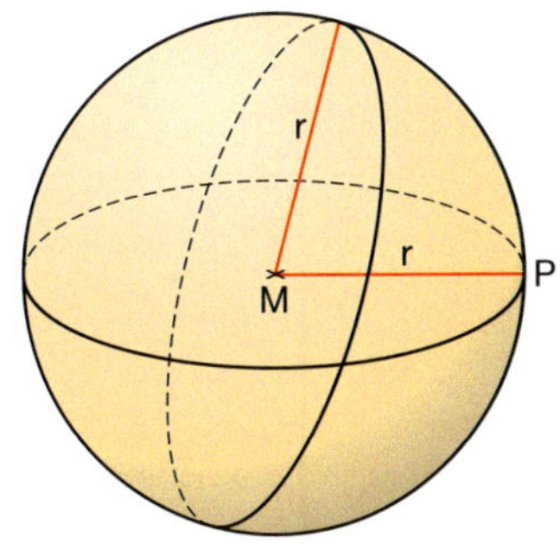

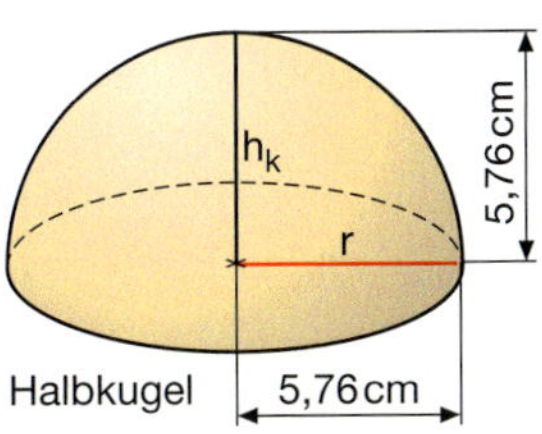

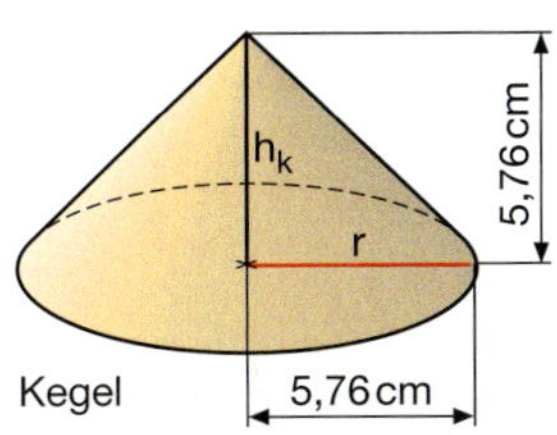

$$V_{\text{Halbkugel}} = 2 \cdot \underbrace{\tfrac{1}{3} \cdot \pi \cdot r^2 \cdot h_k}_{\text{Kegelvolumen}}$$

$$V_{\text{Halbkugel}} = \tfrac{2}{3} \cdot \pi \cdot r^2 \cdot r$$

$$V_{\text{Halbkugel}} = \tfrac{2}{3} \cdot \pi \cdot r^3$$

Der Radius des abgebildeten Kegels, seine Höhe und der Radius der abgebildeten Halbkugel sind gleich groß. Der Kegel wird mit Wasser gefüllt. Durch Umgießen kannst du zeigen, dass der Inhalt des Kegels zweimal in die Halbkugel passt.

a) Erläutere die Schritte, die zu der Formel für das Volumen einer Halbkugel führen.
b) Gib eine Formel für das Volumen der Kugel an.
c) Berechne das Volumen der Kugel mit dem angegebenen Radius.

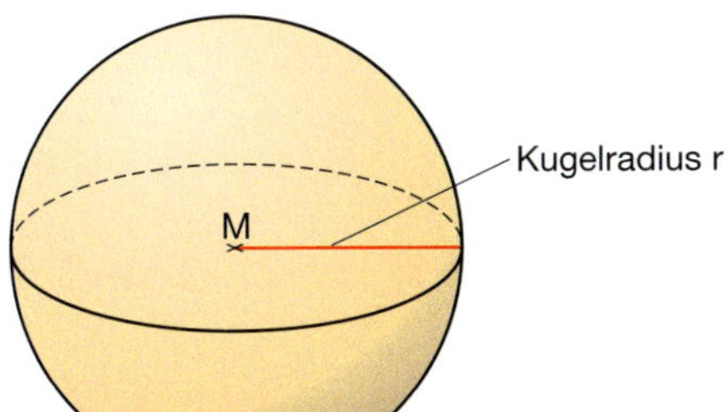

Volumen einer Kugel

$$\mathbf{V = \tfrac{4}{3} \cdot \pi \cdot r^3}$$

1 Eine Kugel lässt sich in Körper zerlegen, die wie Pyramiden mit gekrümmter Grundfläche aussehen. Die Grundflächen aller Zerlegungskörper bilden die Kugeloberfläche.
Stellst du dir vor, dass die Grundfläche eines Zerlegungskörpers sehr klein ist, dann sieht dieser Körper fast wie eine Pyramide mit ebener Grundfläche aus.
Dabei entspricht die Höhe h_k der Pyramide fast dem Radius r der Kugel.

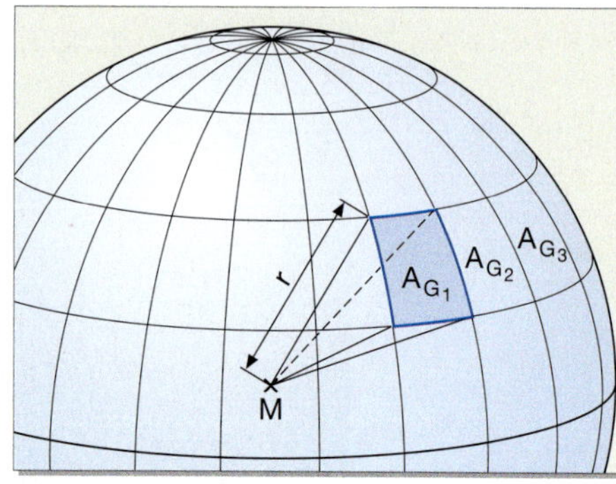

So kannst du zeigen, dass für die Kugeloberfläche $A_O = 4\pi r^2$ gilt:

1. Bestimme das Volumen eines Zerlegungskörpers mithilfe der Formel für die Pyramide.

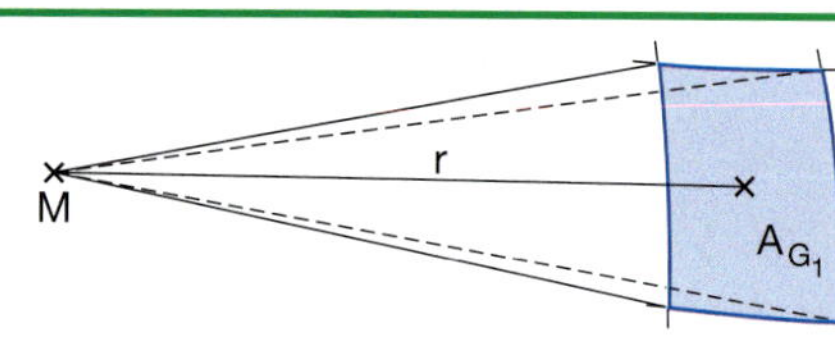

$$V_{Pyr} = \frac{1}{3} A_{G_1} r$$

2. Bestimme das Volumen der Kugel, indem du die Inhalte aller Zerlegungskörper addierst.
Forme um.

$$V = \frac{1}{3} A_{G_1} r + \frac{1}{3} A_{G_2} r + \ldots + \frac{1}{3} A_{G_n} r$$

$$V = \frac{1}{3} r \, (A_{G_1} + A_{G_2} + \ldots + A_{G_n})$$

3. Die Grundflächen aller Zerlegungskörper bilden zusammen die Oberfläche der Kugel. Ersetze die Variable V durch den Term $\frac{4}{3}\pi r^3$ und löse die Gleichung nach A_O auf.

$$V = \frac{1}{3} r \cdot A_O$$

$$\frac{4}{3}\pi r^3 = \frac{1}{3} r \cdot A_O \qquad | \cdot \frac{3}{r}$$

$$\frac{4\pi \overset{r^2}{\cancel{r^3}} \cdot \overset{1}{\cancel{3}}}{\underset{1}{\cancel{3}}\,\underset{1}{\cancel{r}}} = A_O$$

$$4\pi r^2 = A_O$$

Berechne den Oberflächeninhalt einer Kugel mit r = 3,40 m (d = 18,60 m).

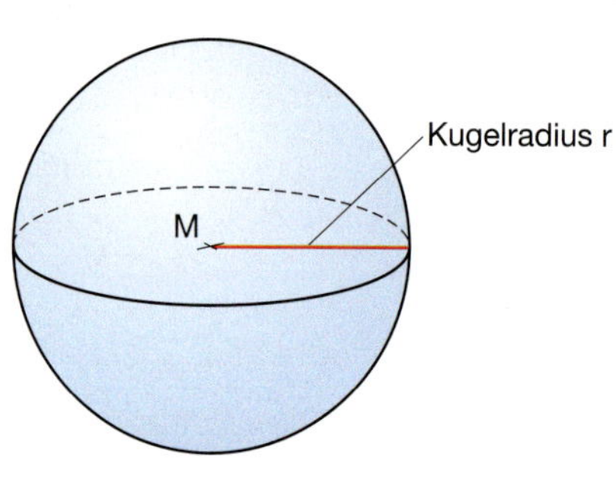

Oberflächeninhalt einer Kugel

$$\mathbf{A_O = 4 \cdot \pi \cdot r^2}$$

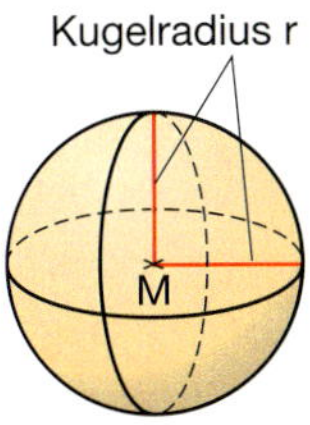

1

Gegeben: $r = 6{,}0$ cm Gesucht: V
$V = \frac{4}{3} \cdot \pi \cdot r^3$
$V = \frac{4}{3} \cdot \pi \cdot 6{,}0^3$
Tastenfolge 4 [÷] 3 [x] π [x] 6 [x³] [=]
Anzeige 904.7786842
$V \approx 900\ cm^3$ Das Volumen beträgt ungefähr $900\ cm^3$.

Gegeben: $r = 6{,}0$ cm Gesucht: A_O
$A_O = 4 \cdot \pi \cdot r^2$
$A_O = 4 \cdot \pi \cdot 6{,}0^2$
Tastenfolge 4 [x] π [x] 6 [x²] [=]
Anzeige 452.3893421
$A_O \approx 450\ cm^2$ Der Oberflächeninhalt beträgt ungefähr $450\ cm^2$.

Berechne das Volumen und den Oberflächeninhalt einer Kugel mit r = 5 cm (12 cm; 25 dm; 1 m).

2

Das Atomium in Brüssel wurde anlässlich der Weltausstellung 1958 gebaut.
Jede Kugel hat einen Durchmesser von 18 m.

a) Bestimme das Volumen einer Kugel.
b) Berechne den Oberflächeninhalt einer Kugel.

3 Berechne das Volumen und den Oberflächeninhalt der Kugel.

a) r = 5,4 cm b) r = 3,8 dm c) r = 76 mm d) d = 9,8 cm e) d = 1,2 m

4 Wie viel Quadratzentimeter Material sind für die Herstellung der einzelnen Ballhüllen mindestens erforderlich?

	Volleyball	Fußball	Basketball
Durchmesser	21,0 cm	22,2 cm	24,6 cm

5 Die Kuppel einer Sternwarte hat die Form einer Halbkugel. Wie viel Euro kostet der Außenanstrich der Kuppel, wenn der Preis für einen Quadratmeter 80 € beträgt?

6 Berechne die Masse der einzelnen Metallkugeln. Entnimm die Maße der Tabelle.

	Aluminium	Kupfer	Gold	Platin
d	20 cm	100 cm	4,8 cm	0,1 m
ϱ	$2{,}7\ \frac{g}{cm^3}$	$8{,}9\ \frac{g}{cm^3}$	$19{,}3\ \frac{g}{cm^3}$	$21{,}4\ \frac{g}{cm^3}$

7 Eine Bleikugel mit d = 18 cm wird eingeschmolzen. Wie viele Kugeln mit d = 1,8 cm lassen sich aus der Bleikugel herstellen?

8

a) Der Durchmesser eines kugelförmigen Freiballons beträgt 36 m. Er wird mit Helium gefüllt. Wie viel Kubikmeter Helium werden benötigt?
b) Ein Liter Helium wiegt 0,1785 g. Berechne die Masse des Gases.
c) Ein Quadratmeter Stoff der Hülle wiegt 45 g. Wie schwer ist die Ballonhülle?

9 Aus einem Holzwürfel (a = 22 cm) soll eine möglichst große Kugel gedrechselt werden. Wie groß ist das Volumen der Kugel? Wie viel Kubikzentimeter Holzabfall entstehen dabei? Gib diese Abfallmenge auch in Prozent an.

10

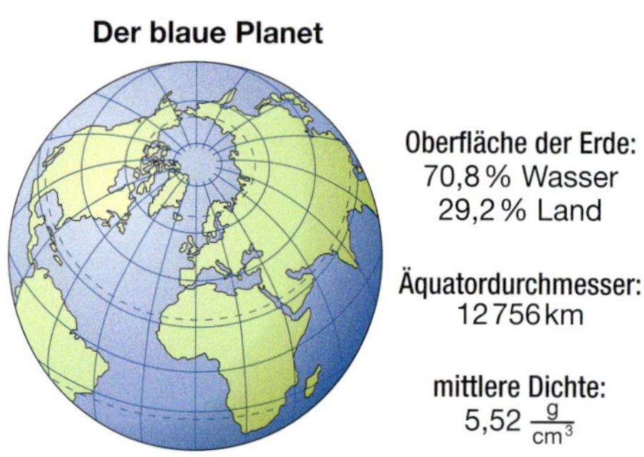

a) Wie viel Quadratmeter der Erde werden von Wasserflächen bedeckt, wie viel Quadratmeter sind Festland? Obwohl die Planeten keine vollkommen kugelförmigen Körper sind, kannst du zum Lösen der Aufgabe die Kugelformeln benutzen.
b) Der Mars ist der erdnächste Planet. 1976 landeten zwei Vikingsonden auf dem Mars. Sie funkten Bilder von seiner Oberfläche auf die Erde. Die Oberfläche dieses Planeten ist von Kratern, Vulkanen und tiefen Schluchten bedeckt.
Berechne mithilfe der angegebenen Größen den Inhalt seiner Oberfläche.
c) Bestimme die Masse von Erde und Mars in Tonnen.

11 Berechne jeweils das Volumen und den Oberflächeninhalt der abgebildeten Körper. Begründe anhand deiner Ergebnisse, warum viele Behälter kugelförmig gebaut werden.

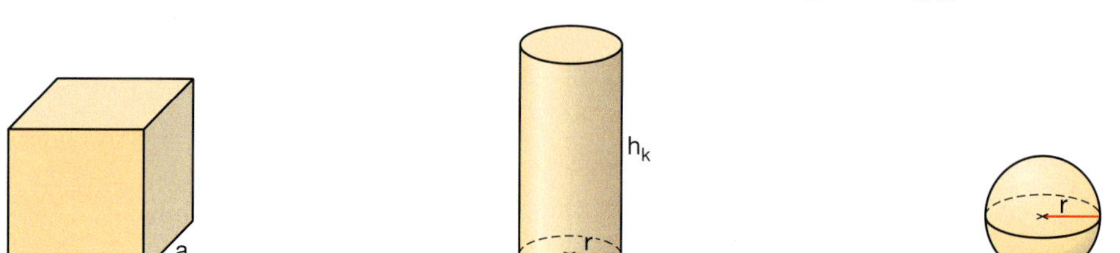

Würfel: a = 21,544 m **Zylinder:** r = 11,675 m; h_k = 23,365 m **Kugel:** r = 13,365 m

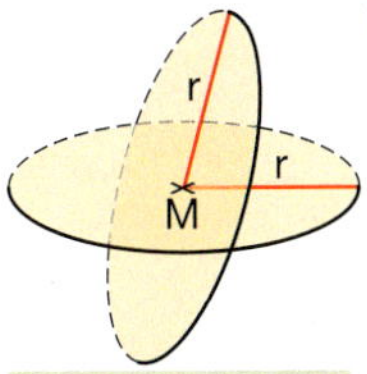

Die Kreise auf der Kugeloberfläche, deren Mittelpunkte jeweils mit dem Kugelmittelpunkt zusammenfallen, heißen **Großkreise**.
Als Umfang einer Kugel bezeichnet man den Umfang eines Großkreises.

12

Gegeben: $A_O = 310\,m^2$
Gesucht: r

$A_O = 4 \cdot \pi \cdot r^2$

$310\,m^2 = 4 \cdot \pi \cdot r^2 \quad |:(4 \cdot \pi)$

$r^2 = \frac{310\,m^2}{4 \cdot \pi}$

$r = \sqrt{\frac{310}{4 \cdot \pi}}\,m$

$r \approx 5{,}0\,m$

Der Radius ist ungefähr 5,0 m lang.

Gegeben: $V = 2000\,cm^3$
Gesucht: r

$V = \frac{4}{3} \cdot \pi \cdot r^3$

$2000\,cm^3 = \frac{4}{3} \cdot \pi \cdot r^3 \quad |:(\frac{4}{3}\pi)$

$r^3 = \frac{2000\,cm^3 \cdot 3}{4 \cdot \pi}$

$r = \sqrt[3]{\frac{2000 \cdot 3}{4 \cdot \pi}}\,cm$

$r \approx 7{,}8\,cm$

Der Radius ist ungefähr 7,8 cm lang.

Berechne die fehlenden Größen (r, d, u, V, A_O) einer Kugel.

a) r = 7,2 cm b) $A_O = 950\,cm^2$ c) d = 18,6 cm d) $V = 1350\,dm^3$
e) u = 75,4 m f) $A_O = 707\,m^2$ g) $V = 11\,494\,cm^3$ h) u = 37,7 cm

13 Der Inhalt der inneren Oberfläche eines kugelförmigen Gasbehälters beträgt $3217\,m^2$. Wie viel Kubikmeter Gas fasst der Behälter?

14

In der Leichtathletik müssen Frauen das Kugelstoßen mit einer 4 kg schweren Stahlkugel, Männer mit einer 7,256 kg schweren Stahlkugel durchführen (Stahl: $\varrho = 7{,}9\,\frac{g}{cm^3}$). Verena misst bei einer Wettkampfkugel für Frauen einen Umfang von 31,4 cm, bei einer Kugel für die Männer 37,7 cm. Rechne.

15 a) 1000 kugelförmige Bleikörner mit einem Durchmesser von 2 mm sollen zu einer Kugel verschmolzen werden. Berechne den Durchmesser dieser neuen Kugel.

b) Aus fünf Messingwürfeln von 10 cm, 15 cm, 20 cm, 25 cm, 30 cm Kantenlänge soll eine einzige Kugel gegossen werden. Berechne ihren Durchmesser.

16 Wenn wir einatmen, strömt Luft durch die Luftröhre bis in die kugelförmigen Lungenbläschen. Insgesamt besitzen beide Lungen ungefähr 300 bis 400 Millionen Lungenbläschen. Der Durchmesser eines Bläschens misst 0,06 bis 0,2 mm oder mehr.

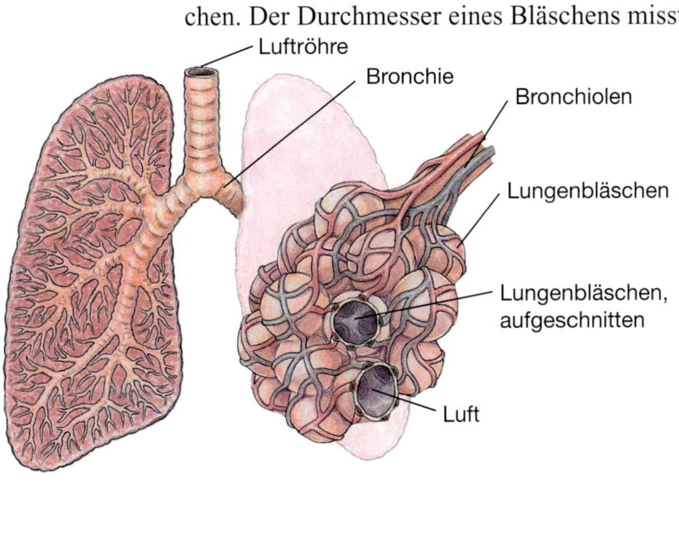

a) Berechne den Inhalt der Gesamtoberfläche von 300 Millionen Lungenbläschen (in m^2). Rechne mit d = 0,2 mm.

b) Welchen Radius hätte eine einzige Kugel, deren Oberfläche so groß ist wie die Gesamtoberfläche aller Lungenbläschen?

Prisma

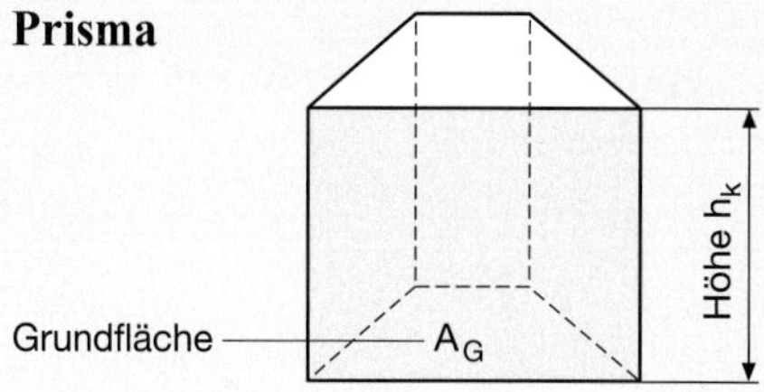

Volumen:
$V = A_G \cdot h_k$

Flächeninhalt des Mantels:
$A_M = u \cdot h_k$

Oberflächeninhalt:
$A_O = 2 \cdot A_G + A_M$

Zylinder

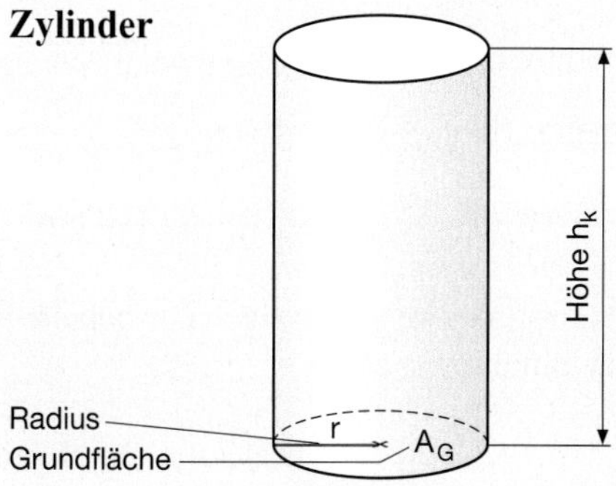

Volumen:
$V = A_G \cdot h_k$
$V = \pi \cdot r^2 \cdot h_k$

Flächeninhalt des Mantels:
$A_M = u \cdot h_k$
$A_M = 2 \cdot \pi \cdot r \cdot h_k$

Oberflächeninhalt:
$A_O = 2 \cdot A_G + A_M$
$A_O = 2 \cdot \pi \cdot r^2 + 2 \cdot \pi \cdot r \cdot h_k$

Pyramide

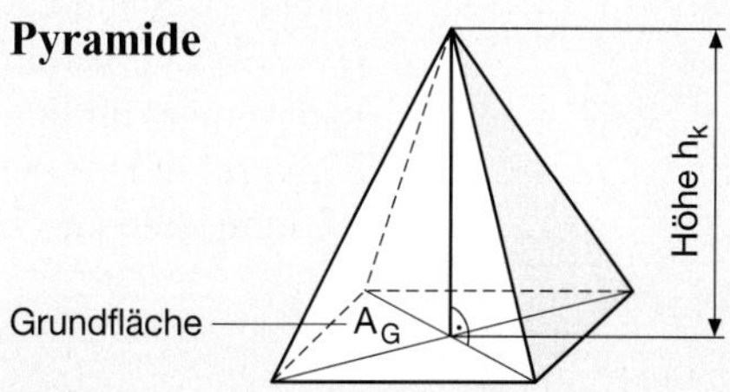

Volumen:
$V = \frac{1}{3} \cdot A_G \cdot h_k$

Oberflächeninhalt:
$A_O = A_G + A_M$

Kegel

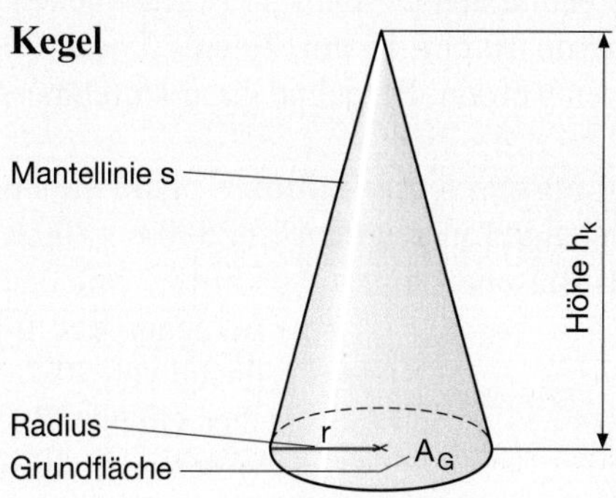

Volumen:
$V = \frac{1}{3} \cdot A_G \cdot h_k$
$V = \frac{1}{3} \cdot \pi \cdot r^2 \cdot h_k$

Flächeninhalt des Mantels:
$A_M = \pi \cdot r \cdot s$

Oberflächeninhalt:
$A_O = A_G + A_M$
$A_O = \pi \cdot r^2 + \pi \cdot r \cdot s$

Kugel

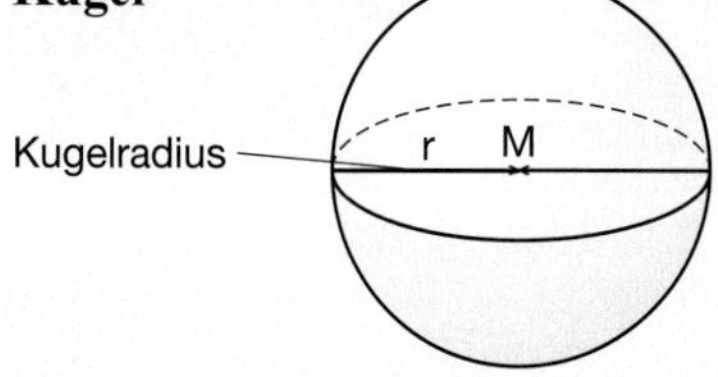

Volumen:
$V = \frac{4}{3} \cdot \pi \cdot r^3$

Oberflächeninhalt:
$A_O = 4 \cdot \pi \cdot r^2$

1

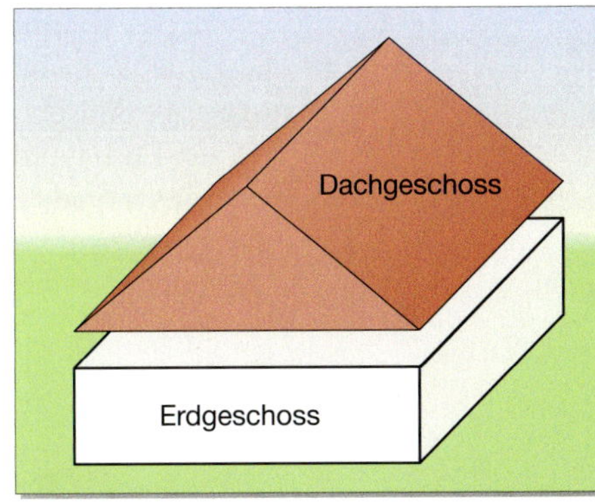

Das Architekturbüro Wirth entwirft das abgebildete Einfamilienhaus.
Berechne die voraussichtlichen Baukosten für das Erd- und das Dachgeschoss. Für einen Kubikmeter des umbauten Raumes werden 220 € veranschlagt.
Entnimm die für deine Berechnung notwendigen Größen der abgebildeten Draufsicht und Vorderansicht des Hauses.

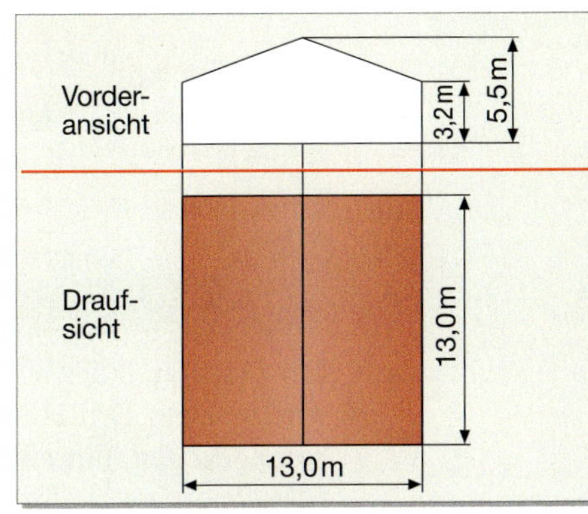

2 Die Zeichnung zeigt das Schrägbild eines Pultdachhauses. Berechne die voraussichtlichen Baukosten. Für einen Kubikmeter des umbauten Raumes müssen 210 € bezahlt werden.

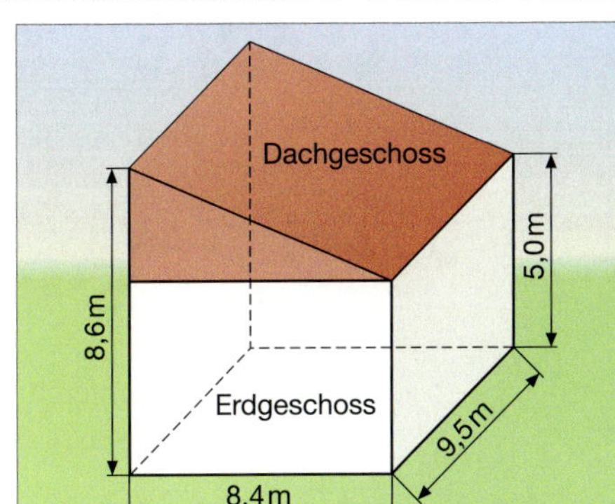

3 Wie viel Euro mussten für einen Kubikmeter des umbauten Raumes bezahlt werden?

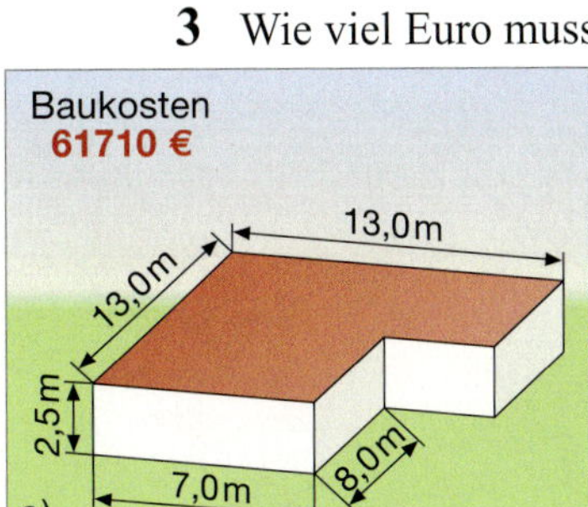

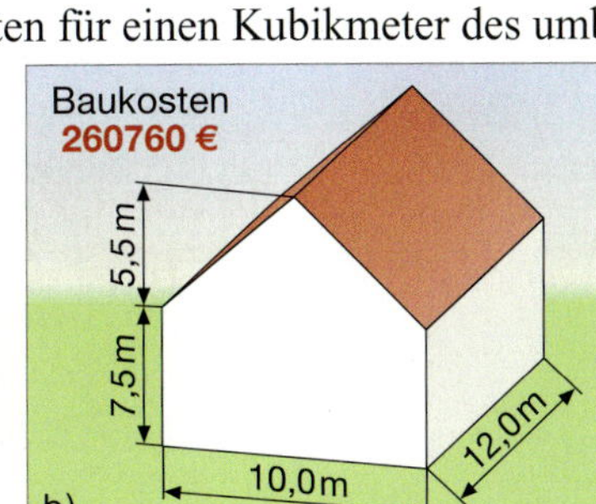

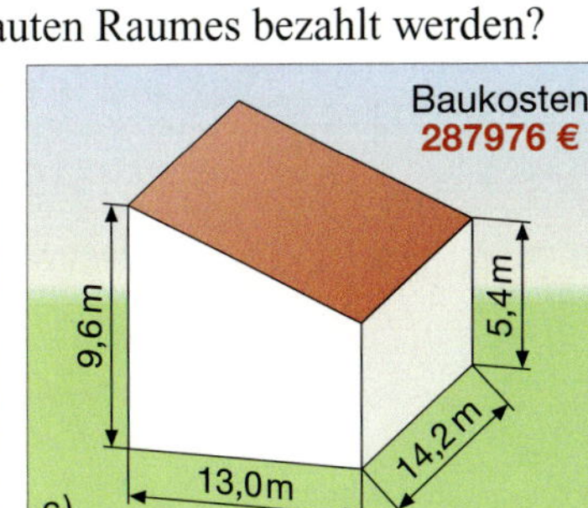

4 a) Berechne das Volumen des Wohnhauses und das Volumen der Garage.
b) Die Baukosten für das Wohnhaus betragen 308 880 €.
Wie viel Euro wurden für einen Kubikmeter des umbauten Raumes bezahlt?

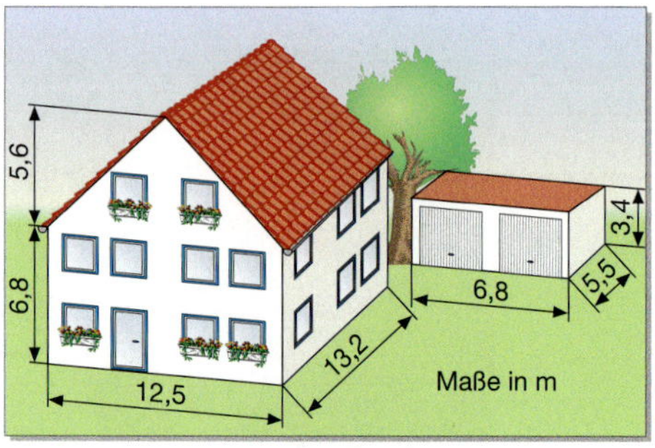

5

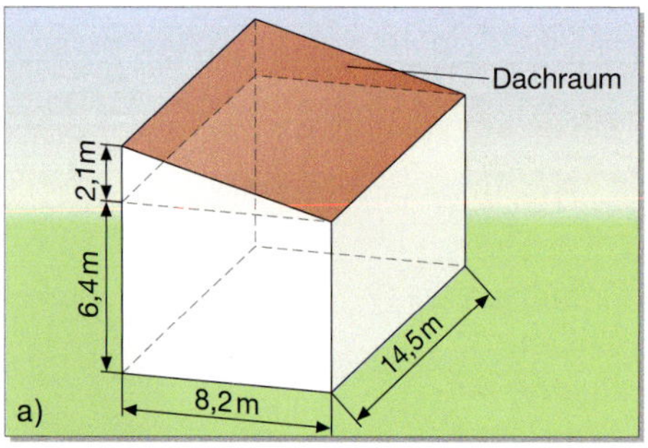

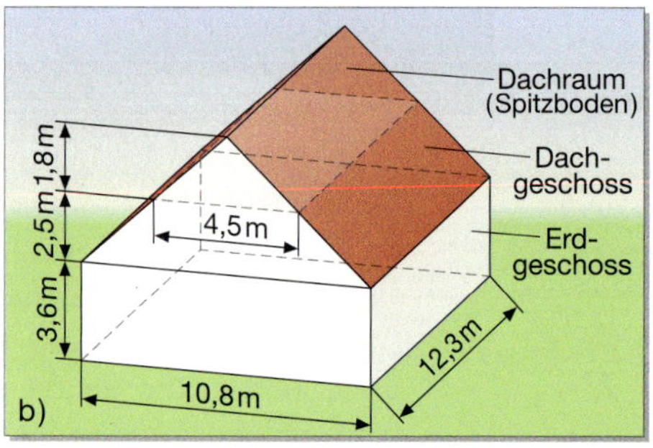

Der Dachraum des abgebildeten Hauses soll nicht ausgebaut werden. Aus diesem Grund wird nur ein Drittel seines Volumens zur Berechnung der voraussichtlichen Baukosten herangezogen. Für einen Kubikmeter des umbauten Raumes werden 210 € veranschlagt. Berechne die voraussichtlichen Baukosten.

6 Der Anhänger wird 40 cm hoch mit Bauschutt gefüllt.
Die Entsorgungsfirma berechnet 4 € bis zu einer Abfallmenge von 0,5 m^3. Wird diese Menge überschritten, müssen je angefangenen Kubikmeter 11 € bezahlt werden.

7 Ein 1,80 m langer und 1,20 m breiter Anhänger wird 30 cm hoch mit Sand beladen. Berechne die Masse des Sandes in Kilogramm (Dichte von Sand: $\varrho = 1{,}6\ \frac{\text{g}}{\text{cm}^3}$).

8 Für einen Lärmschutzwall werden 6336 m^3 Erde angefahren.
Wie lang ist der Wall?

9 

Die Abbildung zeigt den Querschnitt eines 2 m langen Eisenträgers.

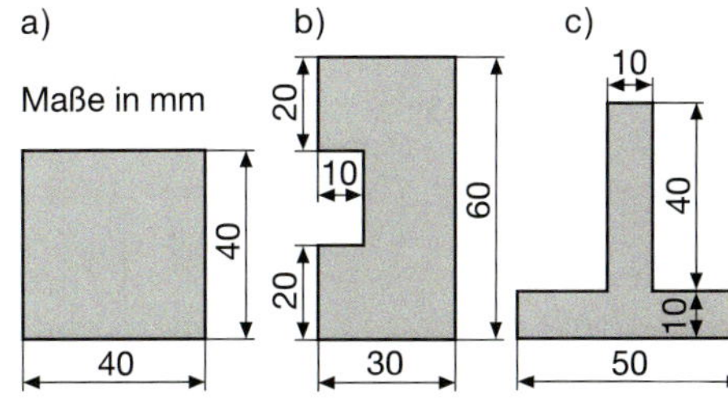

Die Oberfläche des Trägers soll mit einer Schutzfarbe gestrichen werden. Für einen Quadratmeter Fläche werden 0,2 kg Farbe verbraucht. Wie viel Kilogramm Farbe wird insgesamt für den Träger benötigt?

10 a) Das Dach des abgebildeten Gebäudes erhält einen Belag aus Dachpappe. Wie viel Quadratmeter Dachpappe werden benötigt? Rechne für Überlappung 13 % des Flächeninhalts hinzu.

b) Die Seitenwände erhalten einen Farbanstrich. Berechne den Farbbedarf in Kilogramm. 1 kg Farbe reicht für 5 m^2.

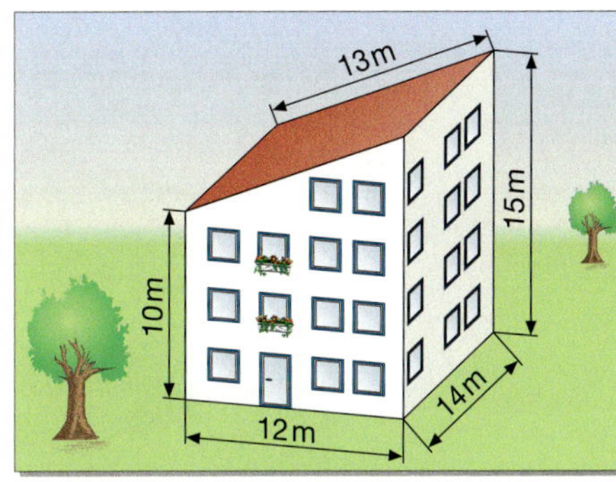

11 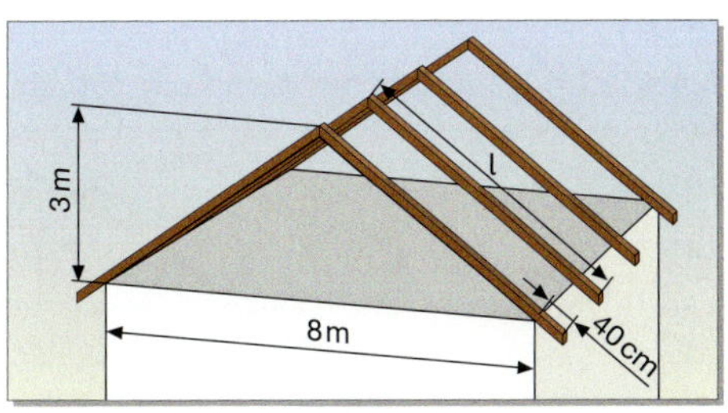

a) Die einzelnen Dachsparren des abgebildeten Gebäudes ragen 40 cm über die Traufe hinaus. Bestimme die Länge l eines Dachsparrens.

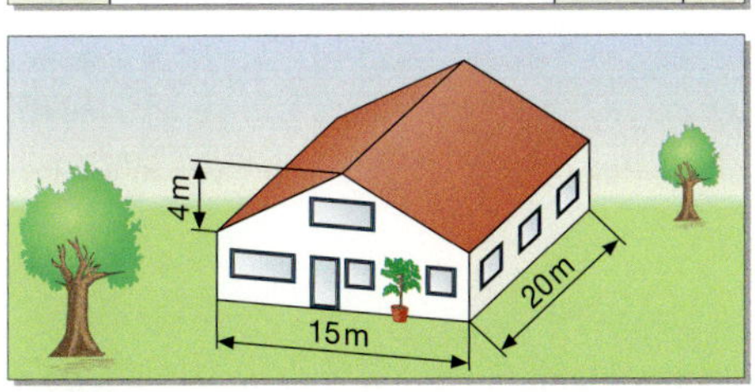

b) Die Fläche des abgebildeten Satteldaches soll mit Dachziegeln eingedeckt werden. Für 1 m^2 der Dachfläche werden 14 Ziegel benötigt. Wie viele Ziegel müssen für die gesamte Dachfläche mindestens eingekauft werden?

12 Das abgebildete Pultdach soll einen Belag aus Zinkblech erhalten. Der Dachdecker verlangt für das Eindecken 80 € pro Quadratmeter. Für Verschnitt müssen 10 % der Fläche hinzugerechnet werden. Wie viel Euro kostet das Eindecken der Dachfläche?

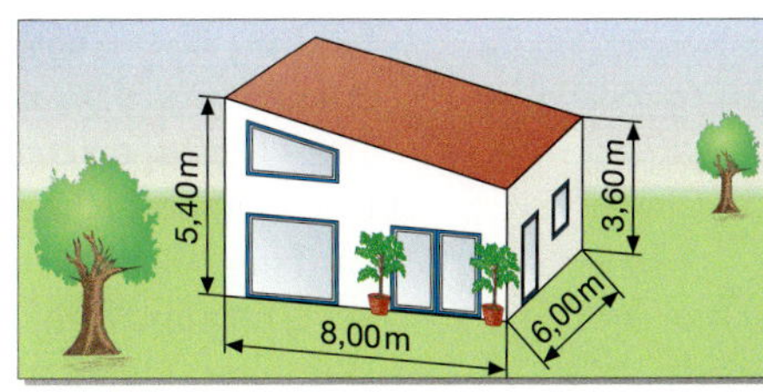

13

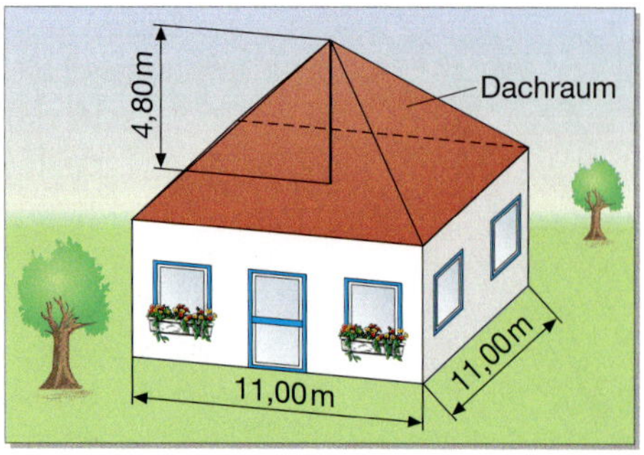

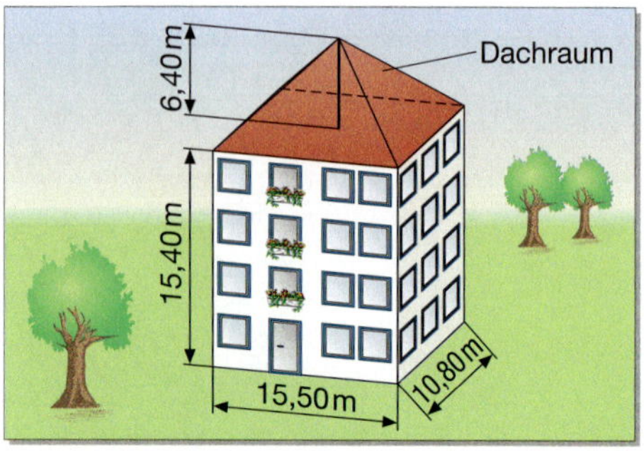

Die Baukosten für den abgebildeten Dachraum betragen 21 296 €, für das Gebäude 434 581 €. Bestimme jeweils die Baukosten für einen Kubikmeter des umbauten Raumes.

14 Ein pyramidenförmiges Dach hat als Grundfläche ein Quadrat. Der Umfang der Grundfläche beträgt 36 m. Die Seitenhöhe einer dreieckigen Dachfläche ist 5,3 m lang. Das Dach soll eingedeckt werden. Für einen Quadratmeter werden 16 Ziegel benötigt. Wie viele Ziegel müssen für die gesamte Dachfläche eingekauft werden?

15

Die Grundfläche des abgebildeten Gebäudes ist ein regelmäßiges Sechseck. Das Dach soll einen Belag aus Zinkblech erhalten. Der Dachdecker verlangt für das Eindecken 110 € pro Quadratmeter. Für Verschnitt müssen 8 % hinzugerechnet werden. Wie viel Euro kostet das Eindecken der gesamten Dachfläche?

16 Frau Becker lässt ihr Haus mit Dachpfannen neu eindecken.
Für einen Quadratmeter der Dachfläche werden 15 Dachpfannen benötigt.
Wie viele Pfannen müssen mindestens angeliefert werden?

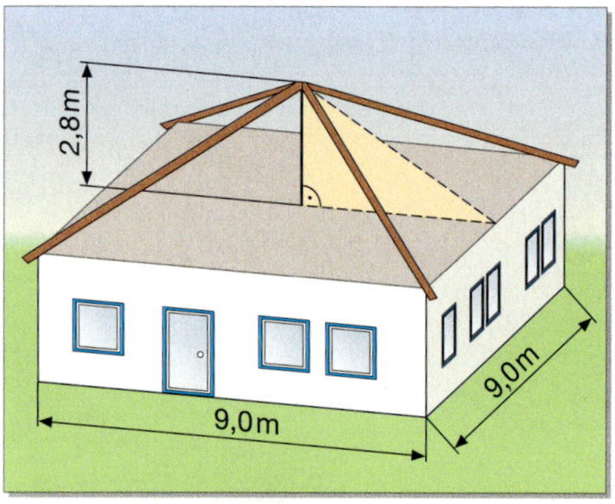

17 a) Ein Turm hat ein kegelförmiges Dach. Der Radius der Grundfläche beträgt 5,60 m. Das 10,50 m hohe Dach soll erneuert werden. Berechne die Länge eines Dachsparrens.

b) Ein zylinderförmiger Turm hat einen Umfang von 31 m. Das 12 m hohe kegelförmige Dach wird erneuert. Wie viel Quadratmeter Kupferblech werden für das Dach benötigt?

18

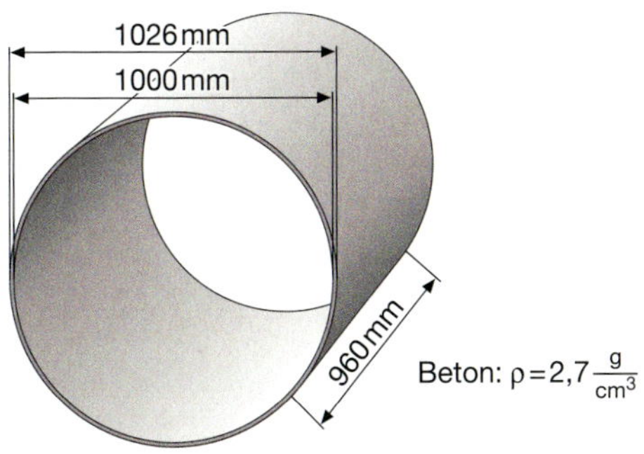

In einem Neubaugebiet werden für die Abwasserleitungen Betonrohre benötigt.

a) Berechne die Masse des abgebildeten Betonrohres (Hohlzylinder) in Kilogramm.

b) Ein 2,50 m langes Betonrohr hat außen einen Umfang von 6,41 m. Der Innendurchmesser beträgt 1700 mm.
Berechne die Masse des Rohres in Tonnen.

19 Ein zylindrischer Turm mit einem kegelförmigen Dach ist insgesamt 37 m hoch. Der Turm hat einen Umfang von 44 m. Die Höhe des Daches beträgt 14 m.

a) Berechne das Volumen des umbauten Raumes.

b) Das Dach soll einen Belag aus Zinkblech erhalten. Der Dachdecker verlangt für das Eindecken 90 € pro Quadratmeter. Für Verschnitt müssen 10 % hinzugerechnet werden. Wie viel Euro kostet das Eindecken der Dachfläche?

20 Auf die Eingangspfeiler eines Gartentores soll jeweils eine Sandsteinkugel von 45 cm Durchmesser gesetzt werden.

a) Jede Kugel wird aus einem Würfel gearbeitet, dessen Kantenlänge gleich dem Kugeldurchmesser ist. Wie viel Kubikmeter Sandstein bleiben bei der Herstellung der beiden Kugeln übrig?

b) Ein Kubikmeter Sandstein kostet 165 €. Wie teuer sind die beiden Kugeln?

c) Die Bearbeitung der Oberflächen wird extra berechnet. Die Kosten für einen Quadratmeter betragen 60 €. Wie viel Euro kostet die Oberflächenbearbeitung beider Kugeln?

21 In der Zeichnung siehst du die Draufsicht und Vorderansicht eines Gebäudes.

a) Berechne den umbauten Raum des Gebäudes.

b) Zum Eindecken des Daches werden für einen Quadratmeter Fläche 14 Ziegel benötigt.
Wie viele Ziegel müssen für die gesamte Dachfläche mindestens bestellt werden?

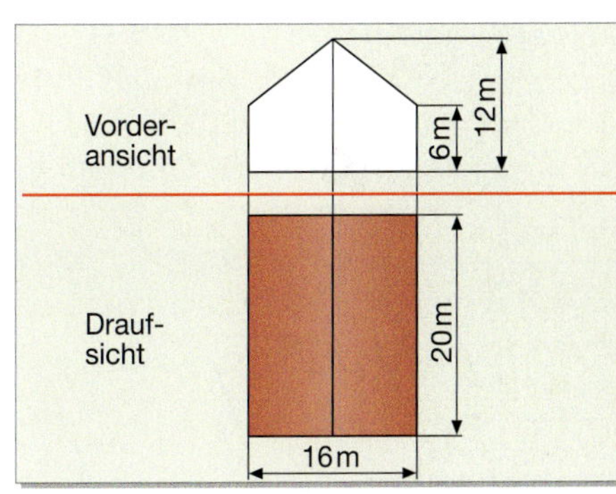

(I)

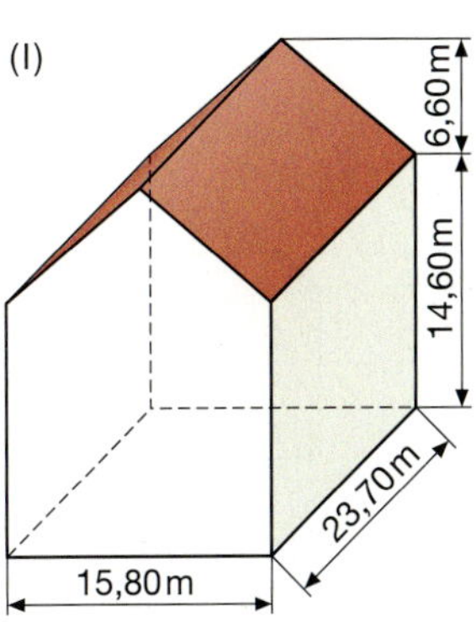

(II)

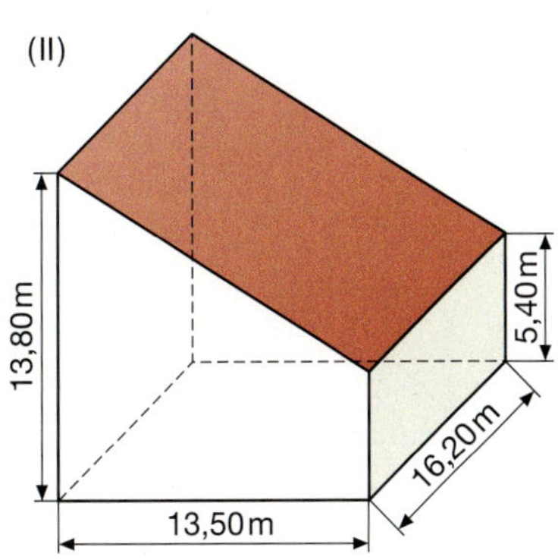

22 a) Zeichne von dem abgebildeten Gebäude die Draufsicht und die Vorderansicht. Wähle dafür einen geeigneten Maßstab.

b) Bestimme die voraussichtlichen Baukosten, wenn für einen Kubikmeter des umbauten Raumes 230 € veranschlagt werden.

c) Für einen Quadratmeter Dachfläche werden 12 Ziegel benötigt. Wie viele Ziegel müssen für das gesamte Dach eingekauft werden?

Aufgabe:
Wie viele Flächen hat der Körper?

Hinweis:
Eine neue Fläche beginnt an einer Kante.

Bearbeitungszeit:
2 Minuten

Beispiel:

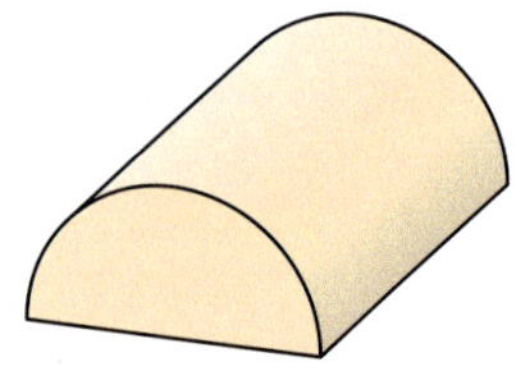

Lösung:
4 Flächen

A

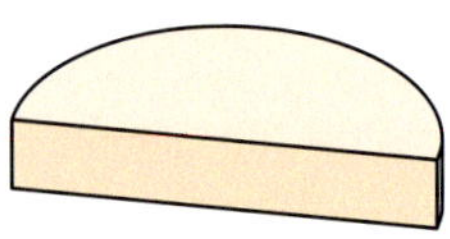

B

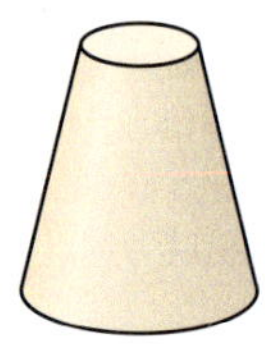

C

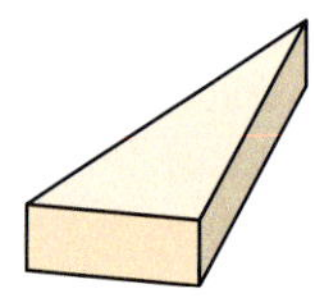

D

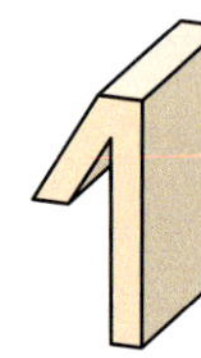

E

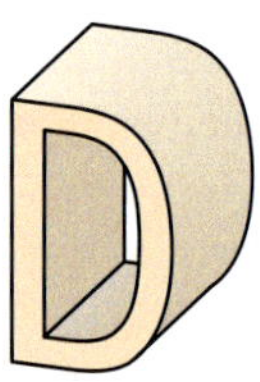

F

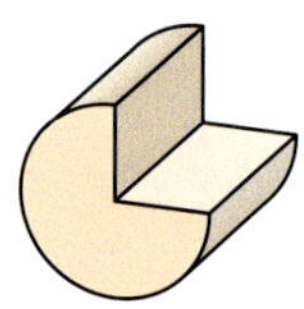

G

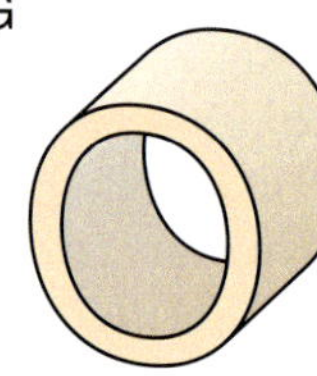

H

I

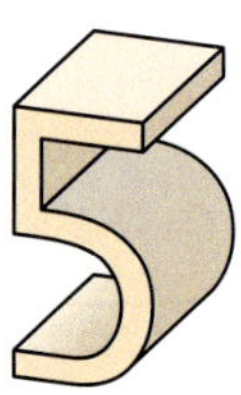

J

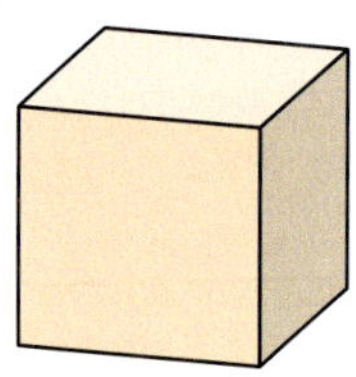

K

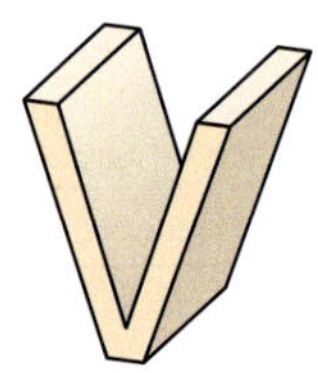

L

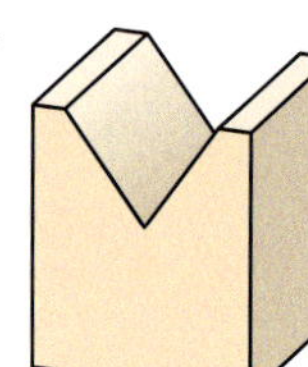

M

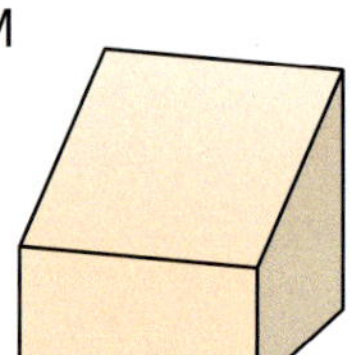

N

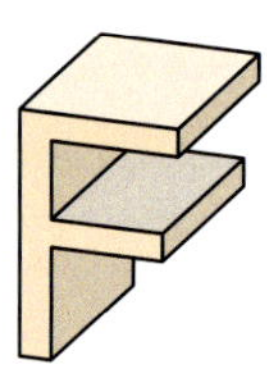

O

P

Q

R

S

T

Lösungen: A 4, B 3, C 5, D 9, E 6, F 5, G 4, H 5, I 10, J 6, K 8, L 9, M 6, N 12, O 5, P 16, Q 1, R 10, S 8, T 10

Aufgabe:
Kann einer der Körper a, b oder c aus dem abgebildeten Stück Karton gefaltet werden?

Hinweis:
Wenn keiner der dargestellten Körper aus der Vorlage gebildet werden kann, notiere „0".
Die gestrichelten Linien zeigen an, wo du den Karton knicken kannst.

Bearbeitungszeit:
2 Minuten

Beispiel:

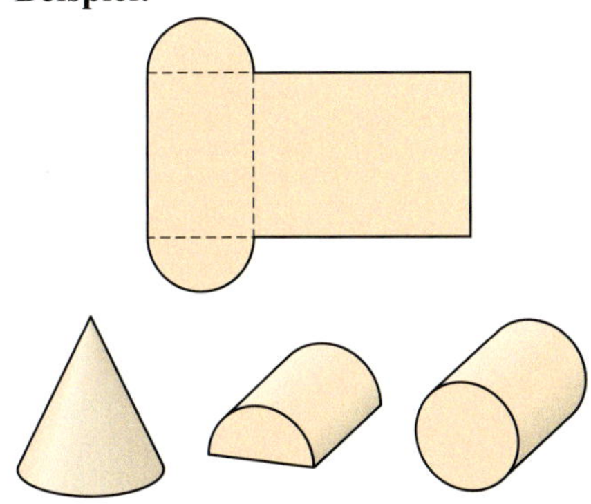

1 2 3

Lösung: Körper 2

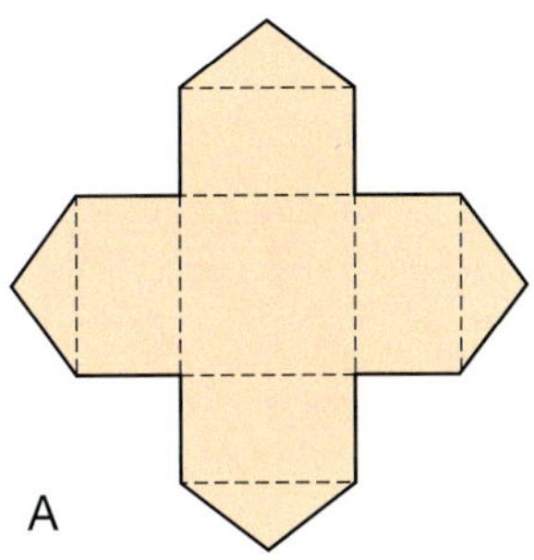

A

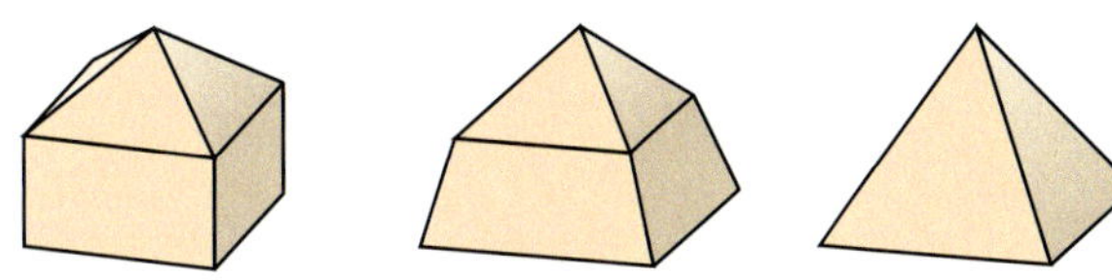

1 2 3

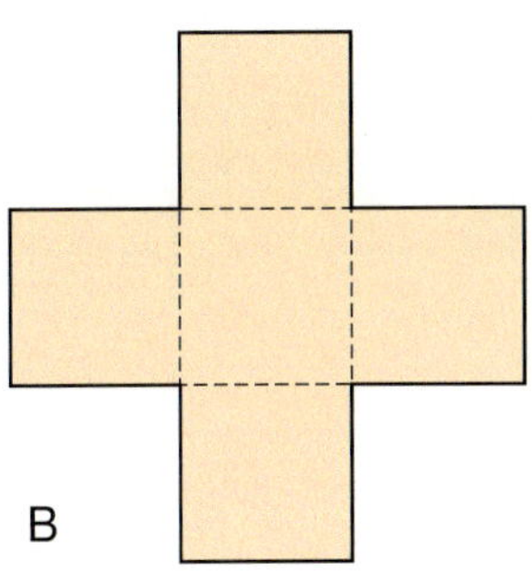

B

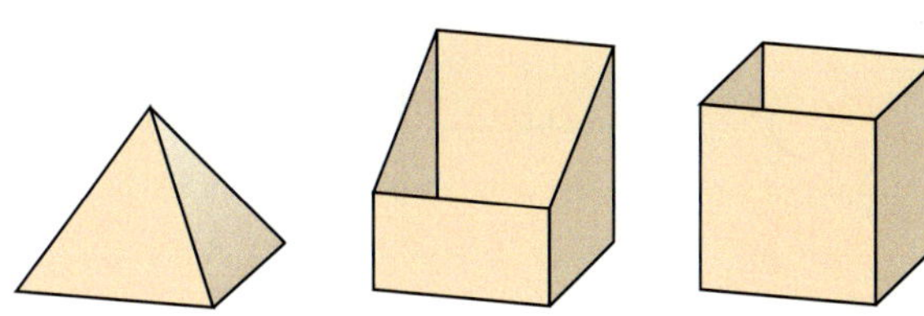

1 2 3

C

1 2 3

Lösungen: A 1, B 3, C 3

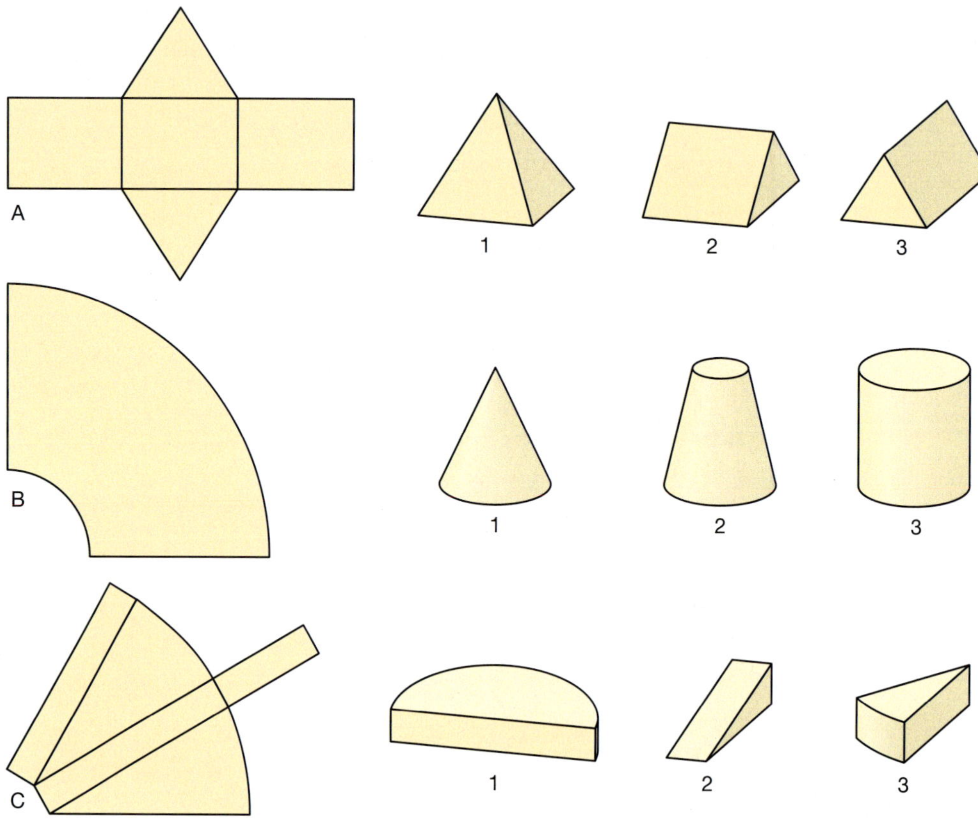

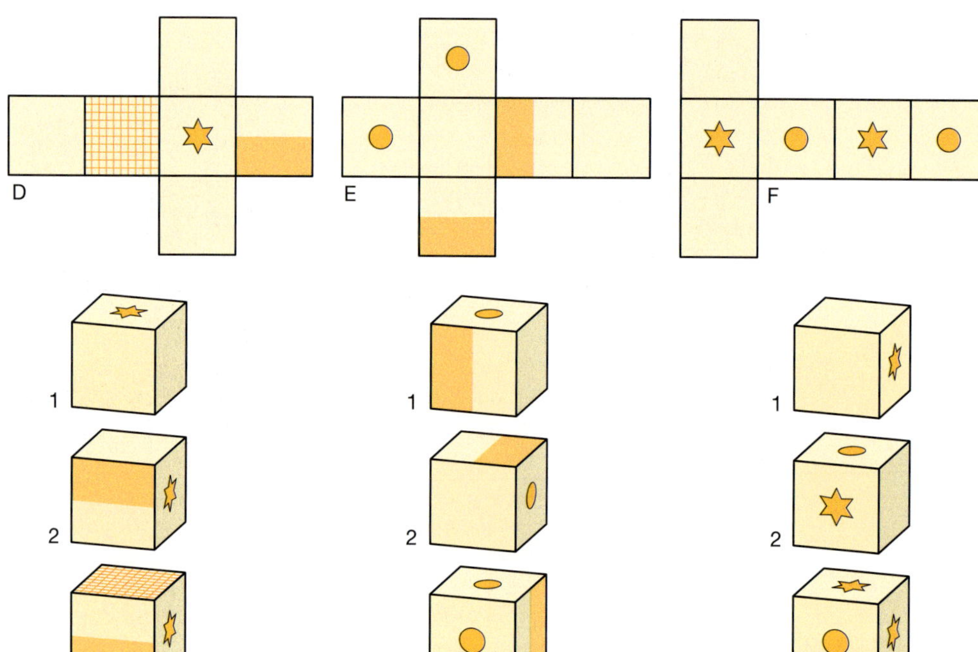

Lösungen: A 2, B 2, C 3, D 2, E 1, F 2

1 Einige Schülerinnen und Schüler der Klasse 10b beschäftigen sich während einer Projektphase mit dem Thema „Spielautomaten“. Sie haben dazu Beschreibungen unterschiedlicher Modelle gesammelt und im Internet nachgeforscht. Dabei fanden sie auch Hinweise auf die Gefahren, die von den Geldspielautomaten ausgehen.

Spielen an Geldspielautomaten kann süchtig machen.

180000 von insgesamt 400000 Spielautomaten in Deutschland sind Unterhaltungsautomaten mit Spielgewinnen, an denen rund 4,7 Mio. Spieler im Jahr einen Betrag von etwa 1 Mrd. Euro ausgeben. Darunter sind 160000 Spieler beratungs- und behandlungsbedürftig, von denen wiederum ungefähr 19000 als spielsüchtig gelten.

Geldspielautomaten in Spielhallen, Gaststätten oder Imbissbuden werden vom Gesetzgeber als **Unterhaltungsautomaten mit Gewinnmöglichkeit** bezeichnet. Für diese Automaten sind in der Spielverordnung (§33 Gewerbeordnung, Stand: Oktober 2002) Beschränkungen bezüglich Einsatz- und Gewinnhöhe, Auszahlungsquote und Spieldauer festgelegt:

- **Der Höchsteinsatz ist auf 20 ct und der Höchstgewinn auf 2 € pro Spiel beschränkt.**
- **Ein Spiel muss mindestens 15 Sekunden dauern.**
- **Die Mindestauszahlungsquote beträgt 60 % der um den jeweils gültigen Mehrwertsteuersatz reduzierten Einsätze.**

Im Internet kann in Online-Casinos mit virtuellen Geldspielautomaten gespielt werden. Diese Geldspielautomaten fallen nicht unter die Spieleverordnung, auch der Zugang zu den Online-Casinos wird nicht kontrolliert.

a) Wie viel Euro kann ein Spieler, der an einem Abend vier Stunden an einem Geldspielautomaten spielt, in dieser Zeit höchstens verlieren?

b) Wie viel Euro kann ein Spielhallenbesitzer, der in seinem Betrieb acht Geldspielautomaten aufgestellt hat, pro Monat einnehmen, wenn an jedem Gerät durchschnittlich täglich vier Stunden gespielt wird?

c) Kann die in dem Zeitungsartikel behauptete Jahreseinnahme von 1 Mrd. Euro zutreffen?

2 Suche selbst aktuelle Informationen zum Thema „Geldspielautomaten“.

1 Svenja und Sebastian überlegen, wie sie bei Geldspielautomaten die Wahrscheinlichkeiten für die einzelnen Gewinne berechnen können.

Sie haben dazu ein Modell eines Spielautomaten konstruiert. Das Modell besteht aus drei Glücksrädern, die alle gleich eingeteilt sind. Sie werden unabhängig voneinander gedreht.

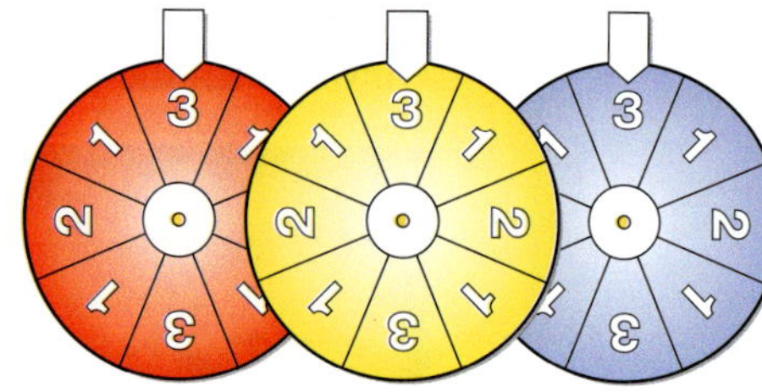

Da es für die Berechnung der Wahrscheinlichkeiten keine Rolle spielt, ob ein Glücksrad dreimal hintereinander oder drei Glücksräder gleichzeitig gedreht werden, konzentrieren sie sich zunächst einmal auf ein Glücksrad.

a) Das abgebildete Glücksrad soll einmal gedreht werden. Welche Ergebnisse sind dabei möglich?

b) Das Glücksrad soll 1000-mal gedreht werden. Welche relativen Häufigkeiten erwartest du für die einzelnen Ergebnisse? Begründe.

Ergebnis: 3
erwartete relative Häufigkeit: $\frac{2}{8} = 0{,}250$

> Die erwartete relative Häufigkeit eines Ergebnisses wird Wahrscheinlichkeit P genannt. P kommt von probability (englisch: Wahrscheinlichkeit).

Zufallsexperiment: Drehen eines Glücksrades

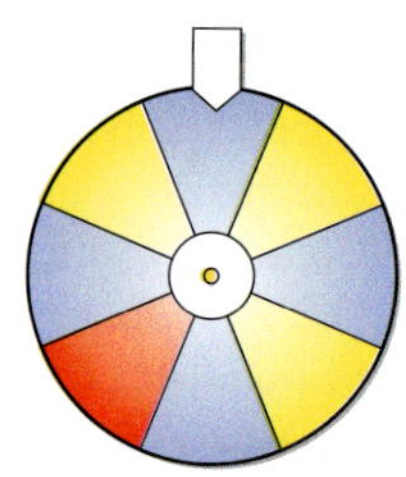

Mögliche Ergebnisse: gelb, blau, rot

Wahrscheinlichkeiten:

Anteil der gelben Kreisausschnitte: $\frac{3}{8}$	$P(\text{gelb}) = \frac{3}{8}$	*Lies:* P von gelb gleich …
Anteil der blauen Kreisausschnitte: $\frac{4}{8}$	$P(\text{blau}) = \frac{4}{8}$	*Lies:* P von blau gleich …
Anteil der roten Kreisausschnitte: $\frac{1}{8}$	$P(\text{rot}) = \frac{1}{8}$	*Lies:* P von rot gleich …

2 Das abgebildete Glücksrad soll einmal gedreht werden. Gib alle möglichen Ergebnisse an und berechne zu jedem Ergebnis die zugehörige Wahrscheinlichkeit P wie im Beispiel.

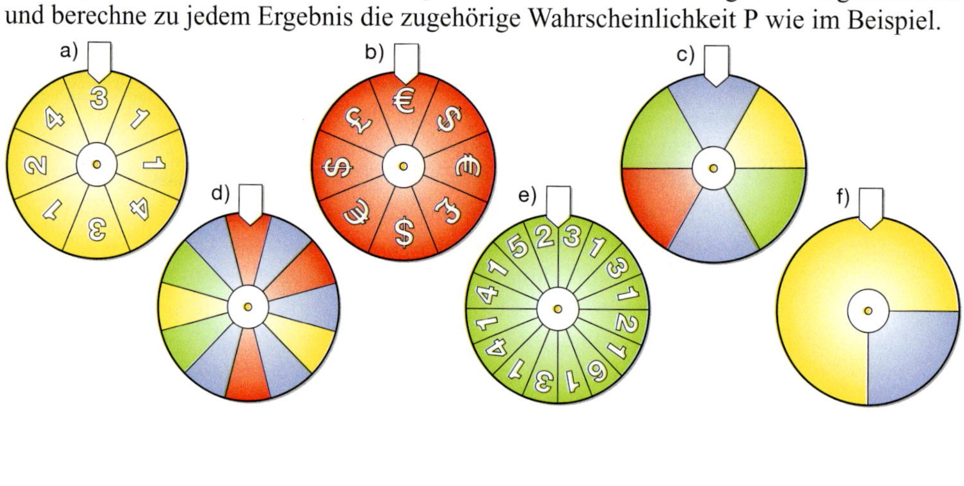

3 Das abgebildete Glücksrad soll einmal gedreht werden.

a) Gib die Menge S aller möglichen Ergebnisse an.

b) Das Ereignis E „Die Gewinnzahl ist kleiner als 4.“ tritt ein, wenn die Gewinnzahl 1, 2 oder 3 ist.
Das Ereignis E lässt sich auch als Menge von Ergebnissen schreiben:
E = {1, 2, 3}. Gib die folgenden Ereignisse jeweils als Menge an:

E_1: Die Gewinnzahl ist größer als 3.
E_2: Die Gewinnzahl ist ungerade.
E_3: Die Gewinnzahl ist kleiner als 7.
E_4: Die Gewinnzahl ist eine Primzahl.

Die **Ergebnismenge** S ist die Menge aller möglichen Ergebnisse.

4

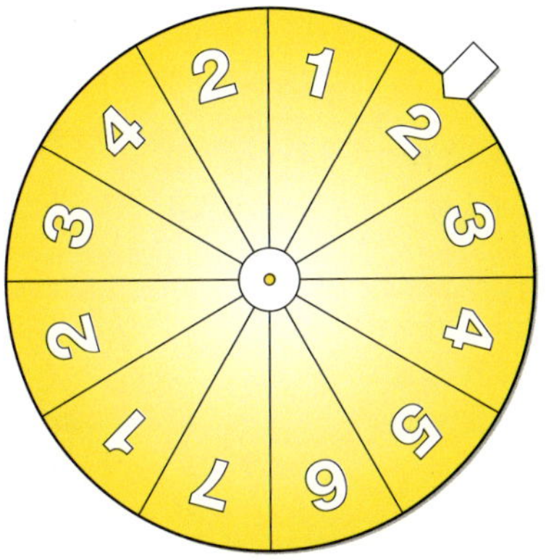

Das abgebildete Glücksrad soll einmal gedreht werden. Dabei sind sieben unterschiedliche Ergebnisse möglich:
S = {1, 2, 3, 4, 5, 6, 7}.
Im Beispiel wird die Wahrscheinlichkeit des Ereignisses E berechnet.

E: Die Gewinnzahl ist gerade.
E = {2, 4, 6}

$P(E) = P(2) + P(4) + P(6) = \frac{3}{12} + \frac{2}{12} + \frac{1}{12}$

$P(E) = \frac{6}{12} = \frac{1}{2}$

Ist das Ereignis gleich der Ergebnismenge S, so tritt es immer ein. Es wird daher **sicheres Ereignis** genannt.

Berechne wie im Beispiel die Wahrscheinlichkeiten der folgenden Ereignisse. Gib zunächst das Ereignis als Menge von Ergebnissen an.

E_1: Die Gewinnzahl ist kleiner als 5.
E_2: Die Gewinnzahl ist größer als 4.
E_3: Die Gewinnzahl ist höchstens 6.
E_4: Die Gewinnzahl ist mindestens 5.
E_5: Die Gewinnzahl ist ungerade.
E_6: Die Gewinnzahl ist kleiner als 8.
E_7: Die Gewinnzahl ist keine Primzahl.
E_8: Die Gewinnzahl ist größer als 9.

Ist das Ereignis gleich der leeren Menge, so kann es nie eintreten. Es wird daher **unmögliches Ereignis** genannt.

5 Ein Glücksrad ist in 24 gleich große Sektoren mit den Zahlen 1 bis 24 eingeteilt. Es soll einmal gedreht werden.
Da alle Ergebnisse gleich wahrscheinlich sind, kannst du wie im Beispiel die Wahrscheinlichkeit eines Ereignisses berechnen, indem du die Anzahl der zugehörigen Ergebnisse bestimmst.

E_1: Die Gewinnzahl ist kleiner als 16.
E_2: Die Gewinnzahl ist mindestens 20.
E_3: Die Gewinnzahl ist durch 5 teilbar.
E_4: Die Gewinnzahl ist höchstens 8.
E_5: Die Gewinnzahl ist mindestens 25.
E_6: Die Gewinnzahl ist kleiner als 30.

E: Die Gewinnzahl ist durch 3 teilbar.
E = {3, 6, 9, 12, 15, 18, 21, 24}

Anzahl der günstigen Ergebnisse: 8
Anzahl aller Ergebnisse: 24

$P(E) = \frac{8}{24} = \frac{1}{3}$

Sind bei einem Zufallsexperiment alle Ergebnisse gleich wahrscheinlich, so beträgt die Wahrscheinlichkeit für jedes Ergebnis E:

$$P(E) = \frac{\text{Anzahl der günstigen Ergebnisse}}{\text{Anzahl aller Ergebnisse}}$$

1 Ein Glücksrad ist in drei gleich große Sektoren mit den Zahlen 1, 2 und 3 eingeteilt. Es soll zweimal hintereinander gedreht werden. Das Zufallsexperiment wird in zwei Stufen durchgeführt, es wird ein **zweistufiges Zufallsexperiment** genannt.
Übertrage das zugehörige Baumdiagramm in dein Heft und vervollständige es. Gib die Ergebnismenge S an.

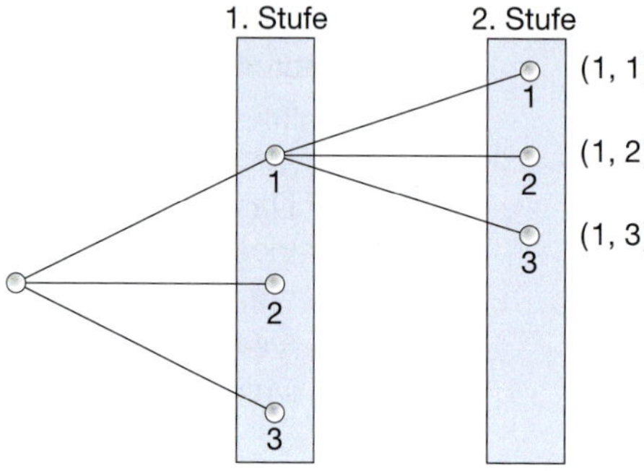

2 So kannst du bei mehrstufigen Zufallsexperimenten mithilfe eines Baumdiagramms die Ergebnismenge S ermitteln:

Zufallsexperiment: Aus der Urne werden nacheinander zwei Kugeln gezogen. Jede gezogene Kugel wird sofort wieder zurückgelegt.

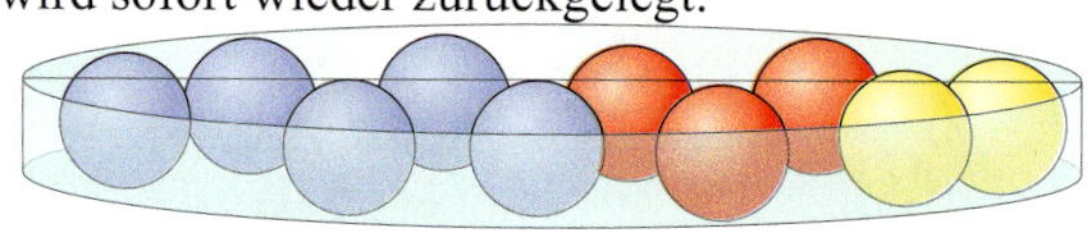

1. Ermittle die Anzahl der Ergebnisse auf der 1. Stufe. Zeichne vom Anfangspunkt aus für jedes Ereignis einen Teilpfad und markiere jeweils einen Endpunkt.
2. Ermittle die Anzahl der Ergebnisse auf der 2. Stufe. Nimm jeden Endpunkt auf der 1. Stufe als Ausgangspunkt für neue Teilpfade. Zeichne für jedes Ergebnis einen Teilpfad mit Endpunkt.
3. Jeder Pfad vom Anfangspunkt bis zu einem Endpunkt der letzten Stufe entspricht einem Ergebnis. Gib die Ergebnismenge S an.

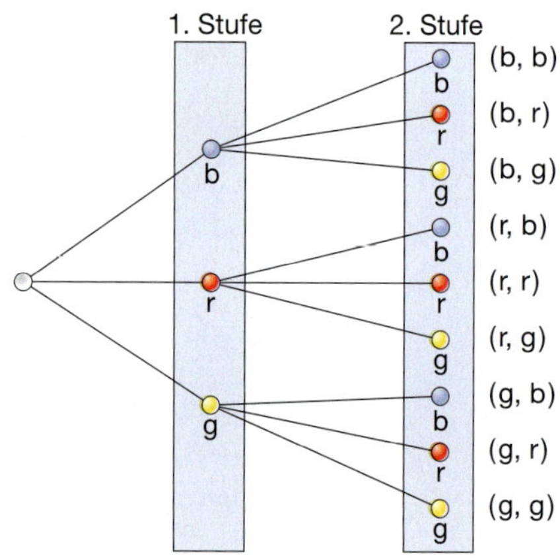

S = {(b; b), (b; r), (b; g), (r; b), (r; r), (r; g), (g; b), (g; r) (g; g)}

Zeichne das Baumdiagramm zu dem Zufallsexperiment. Gib die Ergebnismenge S an.
a) Ein Glücksrad mit den Zahlen 1, 2, 3 und 4 wird zweimal gedreht.
b) Eine Münze wird dreimal nacheinander geworfen.

3 Zeichne das Baumdiagramm und gib die Ergebnismenge S an. Beachte, dass die Anzahl der Teilpfade, die von einem Punkt ausgehen, auf jeder Stufe unterschiedlich ist.
In einer Urne befinden sich vier gleichartige Kugeln, die die Zahlen von 1 bis 4 tragen. Es werden nacheinander zwei Kugeln ohne Zurücklegen gezogen.

Zufallsexperiment: Ziehen zweier Kugeln **ohne Zurücklegen**

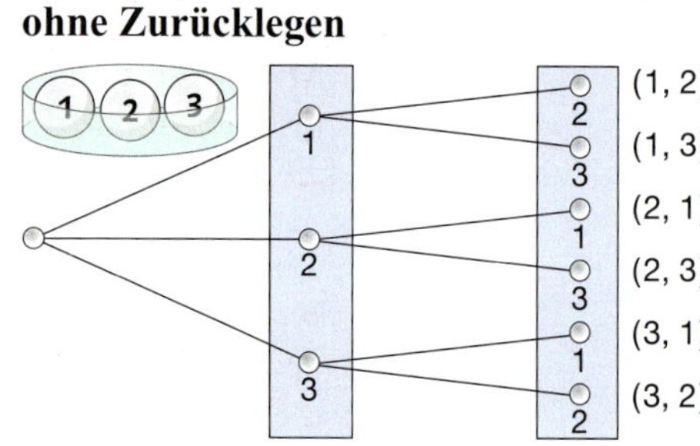

S = {(1; 2), (1; 3), (2; 1), (2; 3), (3, 1), (3; 2)}

4 In einer Urne befinden sich eine rote und vier weiße gleichartige Kugeln. Es werden nacheinander zwei Kugeln gezogen. Jede Kugel wird sofort wieder zurückgelegt. In der Abbildung siehst du, dass in dem zugehörigen Baumdiagramm an jedem Teilpfad die entsprechende Wahrscheinlichkeit eingetragen ist. So kannst du mithilfe des Baumdiagramms die Wahrscheinlichkeit von Ergebnissen bestimmen:

Zufallsexperiment: Ziehen zweier Kugeln mit Zurücklegen

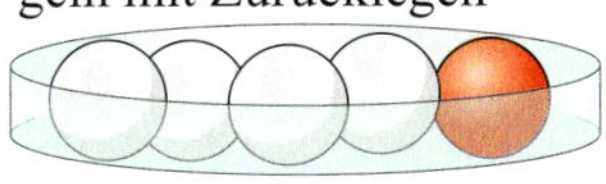

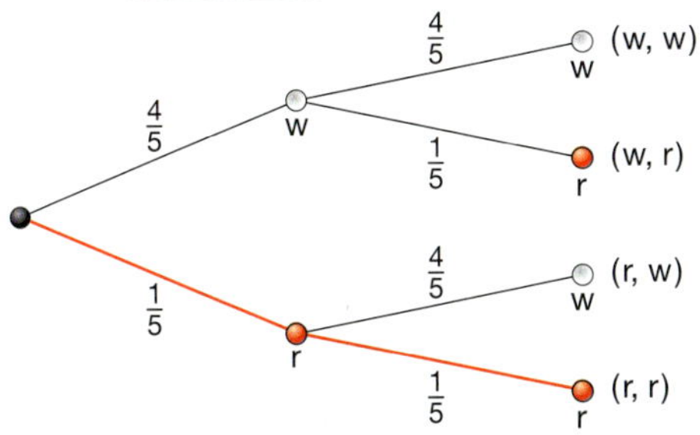

P (r; r) = ▬

Bei einer großen Anzahl von Versuchen erwartest du:

1. Der Anteil der Versuche, bei denen die erste Kugel rot ist, beträgt $\frac{1}{5}$.
2. Bei $\frac{1}{5}$ von diesem Anteil ist auch die zweite Kugel rot.

$\frac{1}{5}$ von $\frac{1}{5}$: $\frac{1}{5} \cdot \frac{1}{5} = \frac{1}{25}$

$P(r; r) = \frac{1}{5} \cdot \frac{1}{5} = \frac{1}{25}$

Berechne die Wahrscheinlichkeiten für die übrigen Ergebnisse.

5 Das abgebildete Glücksrad wird zweimal nacheinander gedreht.

a) Zeichne das zugehörige Baumdiagramm und trage die zu den Teilpfaden gehörigen Wahrscheinlichkeiten ein.

b) Berechne die Wahrscheinlichkeit für jedes Ergebnis.

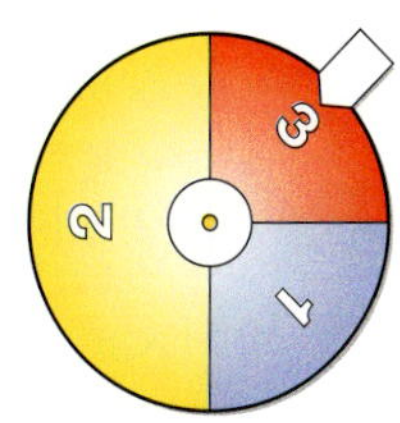

Zufallsexperiment: Ziehen zweier Kugeln mit Zurücklegen.

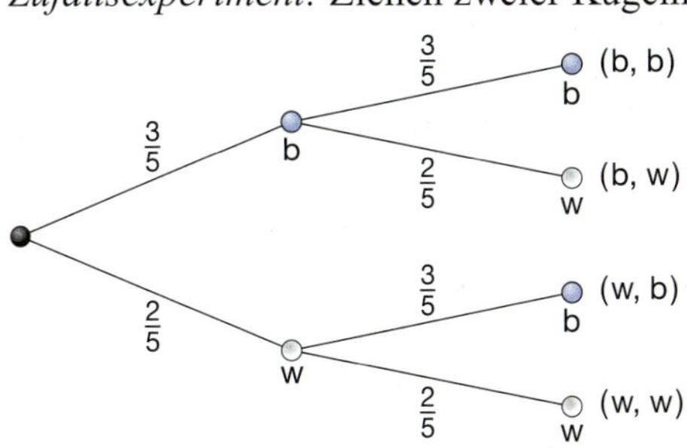

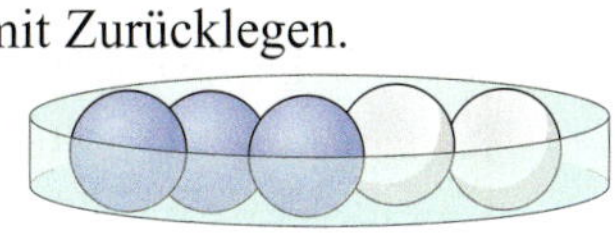

$P(b; b) = \frac{3}{5} \cdot \frac{3}{5} = \frac{9}{25}$

$P(b; w) = \frac{3}{5} \cdot \frac{2}{5} = \frac{6}{25}$

$P(w; b) = \frac{2}{5} \cdot \frac{3}{5} = \frac{6}{25}$

$P(w; w) = \frac{2}{5} \cdot \frac{2}{5} = \frac{4}{25}$

Multiplikationsregel: Die Wahrscheinlichkeit für ein **Ergebnis** (einen Pfad) ist gleich dem Produkt der Wahrscheinlichkeiten längs des Pfades.

6 In einer Urne tragen vier Kugeln die Zahl 1, zwei die Zahl 2 und eine Kugel die Zahl 3. Es werden nacheinander zwei Kugeln mit Zurücklegen gezogen. Zeichne das zugehörige Baumdiagramm, und trage die zu den Teilpfaden gehörigen Wahrscheinlichkeiten ein. Berechne die Wahrscheinlichkeiten für jedes Ergebnis.

7 In einer Urne befinden sich zwei rote und sieben schwarze gleichartige Kugeln. Es werden nacheinander zwei Kugeln mit Zurücklegen gezogen. So kannst du mithilfe des zugehörigen Baumdiagramms die Wahrscheinlichkeit von Ereignissen bestimmen:

Zufallsexperiment: Ziehen zweier Kugeln mit Zurücklegen

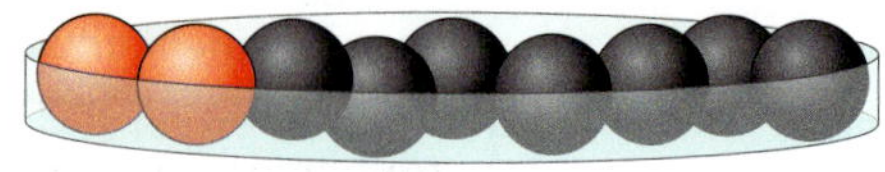

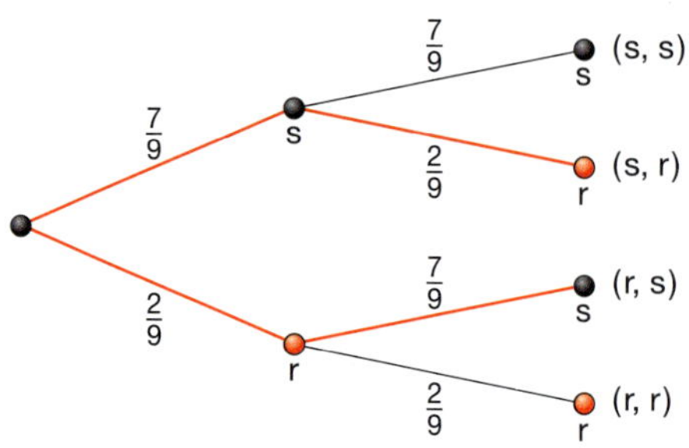

Ereignis E_1: Genau eine der gezogenen Kugeln ist schwarz

$E_1 = \{(s; r), (r; s)\}$

$P(s; r) = \frac{7}{9} \cdot \frac{2}{9} = \frac{14}{81}$

$P(r; s) = \frac{2}{9} \cdot \frac{7}{9} = \frac{14}{81}$

$P(E_1) = \frac{14}{81} + \frac{14}{81} = \frac{28}{81}$

Berechne die Wahrscheinlichkeit der folgenden Ereignisse:
E_2: Genau eine der gezogenen Kugeln ist rot. E_3: Die zweite gezogene Kugel ist rot.
E_4: Mindestens eine der gezogenen Kugeln ist schwarz.

8 In einer Urne befinden sich drei weiße, zwei rote und fünf schwarze gleichartige Kugeln. Es werden nacheinander zwei Kugeln mit Zurücklegen gezogen.
a) Zeichne das zugehörige Baumdiagramm und schreibe an die Teilpfade die entsprechenden Wahrscheinlichkeiten.
b) Gib die Ergebnismenge S an und berechne die Wahrscheinlichkeiten aller Ergebnisse.
c) Berechne die Wahrscheinlichkeit des folgenden Ereignisses: Genau eine gezogene Kugel ist schwarz. (Es werden zwei Kugeln unterschiedlicher Farbe gezogen.)

Zufallsexperiment: Ziehen zweier Kugeln mit Zurücklegen.

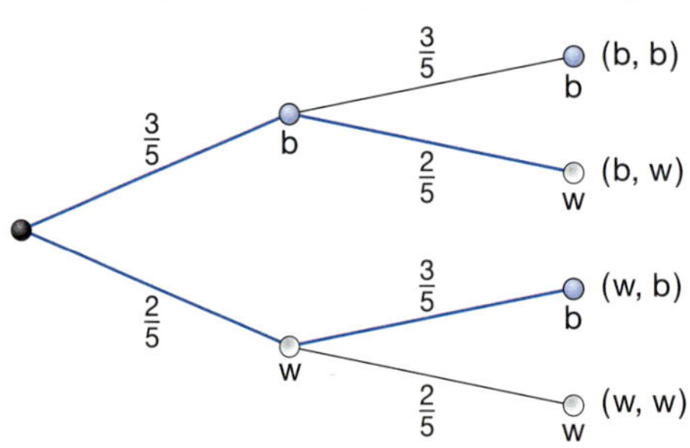

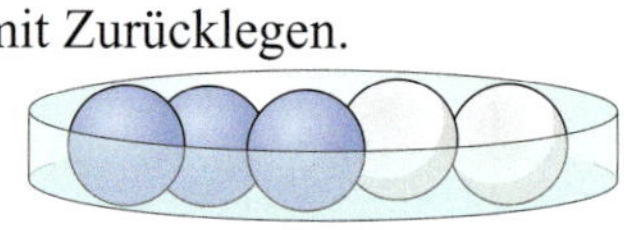

Ereignis E: Genau eine der gezogenen Kugeln ist blau.

$E = \{(b; w), (w; b)\}$

$P(b; w) = \frac{3}{5} \cdot \frac{2}{5} = \frac{6}{25}$

$P(w; b) = \frac{2}{5} \cdot \frac{3}{5} = \frac{6}{25}$

$P(E) = \frac{6}{25} + \frac{6}{25} = \frac{12}{25}$

Additionsregel: Die Wahrscheinlichkeit für ein **Ereignis** ist gleich der Summe der Wahrscheinlichkeiten der zugehörigen Ergebnisse (Pfade).

9 In einer Urne befinden sich vier weiße und sechs rote gleichartige Kugeln. Es werden nacheinander drei Kugeln mit Zurücklegen gezogen.
a) Zeichne das zugehörige Baumdiagramm mit den entsprechenden Wahrscheinlichkeiten.
b) Wie groß ist die Wahrscheinlichkeit dafür, dass genau eine gezogene Kugel rot ist?

Zufallsexperiment:
Das abgebildete Glücksrad wird zweimal gedreht.

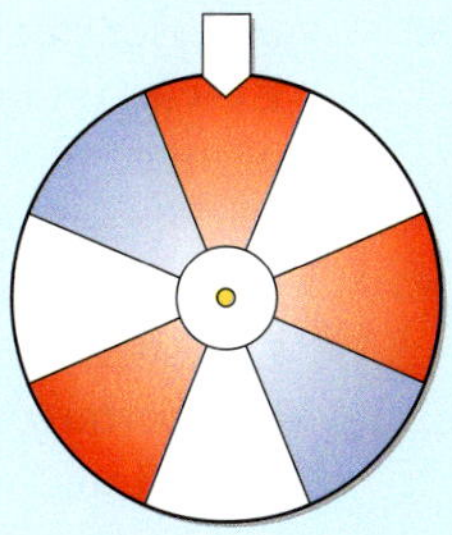

Die **Menge aller möglichen Ergebnisse** wird **Ergebnismenge S** genannt.

S = {(w; w), (w; b), (w; r), (b; w), (b; b), (b; r), (r; w), (r; b), (r; r)}

Bei **mehrstufigen Zufallsexperimenten** kann die Ergebnismenge S mithilfe eines **Baumdiagramms** ermittelt werden.

Jedes Ergebnis entspricht **einem** Pfad im Baumdiagramm.

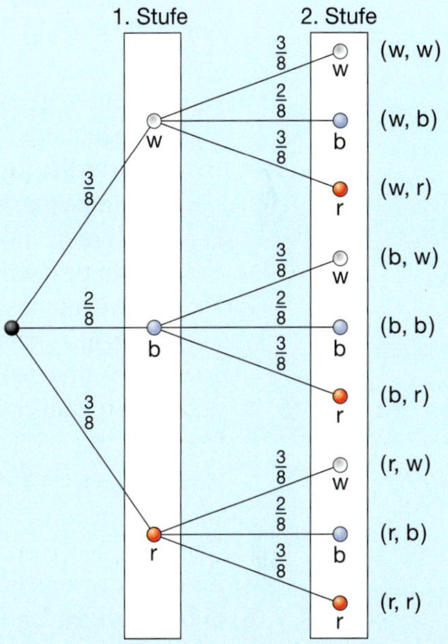

Multiplikationsregel:
Die Wahrscheinlichkeit für ein Ergebnis (einen Pfad) ist gleich dem Produkt der Wahrscheinlichkeiten längs des Pfades.

Ergebnis: (w; b)

$P(w; b) = \frac{3}{8} \cdot \frac{2}{8} = \frac{6}{64}$

Ein **Ereignis** ist eine Teilmenge der Ergebnismenge S.

Ereignis E: Das zweite Feld ist blau.

E = {(w; b), (b; b), (r; b)}

Additionsregel:
Die Wahrscheinlichkeit für ein Ereignis ist gleich der Summe der Wahrscheinlichkeiten der zugehörigen Ergebnisse (Pfade).

$P(E) = P(w; b) + P(b; b) + P(r; b)$

$= \frac{6}{64} + \frac{4}{64} + \frac{6}{64}$

$= \frac{16}{64}$

Ziehen mit Zurücklegen

1 In einer Urne befinden sich sechs weiße und vier rote gleichartige Kugeln.
Es wird dreimal nacheinander eine Kugel gezogen, die Farbe der Kugel notiert und die Kugel wieder zurückgelegt. Nach jeder Ziehung werden die Kugeln in der Urne neu durchmischt.

a) Übertrage das Baumdiagramm in dein Heft und vervollständige es.

b) Gib die Ergebnismenge S an und berechne die Wahrscheinlichkeiten aller Ergebnisse.

c) Gib die folgenden Ereignisse jeweils als Teilmenge von S an und berechne ihre Wahrscheinlichkeiten wie im Beispiel:

E_1: Es werden genau zwei rote Kugeln gezogen.

E_2: Es werden genau drei weiße Kugeln gezogen.

E_3: Es werden höchstens zwei rote Kugeln gezogen.

E_4: Es wird mindestens eine rote Kugel gezogen.

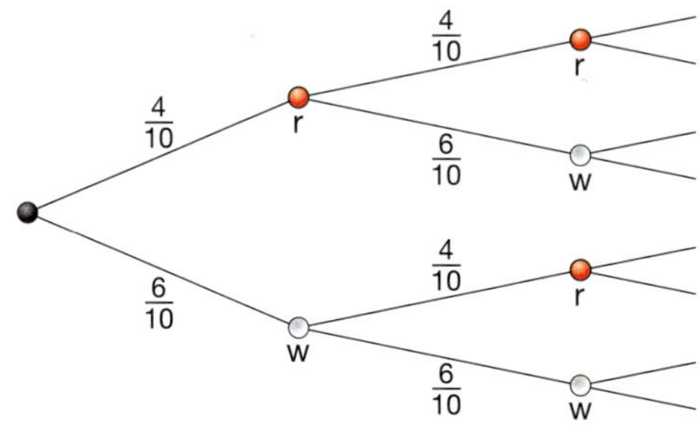

E: Es wird genau eine rote Kugel gezogen.

$E = \{(r, w, w);\ (w, r, w);\ (w, w, r)\}$

$P(E) = \frac{4}{10} \cdot \frac{6}{10} \cdot \frac{6}{10} + \frac{6}{10} \cdot \frac{4}{10} \cdot \frac{6}{10} + \frac{6}{10} \cdot \frac{6}{10} \cdot \frac{4}{10}$

$P(E) = \frac{432}{1000} = 0{,}432$

2

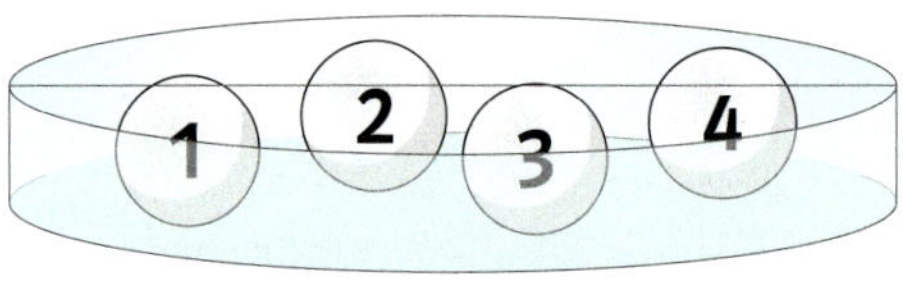

Aus der abgebildeten Urne wird zweimal mit Zurücklegen gezogen. Die erste gezogene Kugel legt die Zehnerziffer, die zweite gezogene Kugel die Einerziffer einer zweistelligen Zahl fest.

a) Zeichne das zugehörige Baumdiagramm und gib die Ergebnismenge S an.

b) Gib die folgenden Ereignisse jeweils als Teilmenge von S an und berechne ihre Wahrscheinlichkeiten.

E_1: Die gezogene Zahl ist kleiner als 30.

E_2: Die gezogene Zahl ist größer als 20.

E_3: Die gezogene Zahl hat zwei gleiche Ziffern.

E_4: Die gezogene Zahl enthält genau einmal die Ziffer 4.

E_5: Die gezogene Zahl ist durch 4 teilbar.

E_6: Die gezogene Zahl ist eine Primzahl.

E_7: Die gezogene Zahl ist kleiner als 11.

E_8: Die gezogene Zahl ist größer als 10.

3 Es gibt Personen, die behaupten, sie könnten Gedanken lesen. Bei einem Test konzentriert sich eine Versuchsperson dreimal nacheinander auf eines der abgebildeten Symbole. Der „Gedankenleser“ schreibt ohne Sichtkontakt mit der Versuchsperson die Symbole der Reihe nach auf.

a) Zeichne das zugehörige Baumdiagramm und gib die Ergebnismenge S an.

b) Berechne die Wahrscheinlichkeit dafür, dass die drei Symbole „↑ ✖ ◆“ zufällig richtig geraten werden.

c) Spiele das Zufallsexperiment in Partnerarbeit nach. Lasse dazu deinen Partner zunächst eine Auswahl der drei Symbole der Reihe nach aufschreiben, versuche du dann die Symbole zu erraten und schreibe sie ebenfalls auf.
Mit wie viel Übereinstimmungen kannst du bei 50 Durchführungen des Zufallsexperimentes rechnen? Kannst du auch Gedanken lesen?

4 Ein Würfel wird zweimal nacheinander geworfen. Zeichne das zugehörige Baumdiagramm und berechne die Wahrscheinlichkeiten folgender Ereignisse:

E_1: Die Summe der Augenzahlen ist sechs.
E_2: Die Summe der Augenzahlen ist acht.
E_3: Die Differenz der Augenzahlen ist zwei.
E_4: Die Augenzahlen unterscheiden sich um mindestens zwei.
E_5: Das Produkt der Augenzahlen ist zwölf.
E_6: Es wird Pasch gewürfelt.

5 Auf der Entbindungsstation eines Krankenhauses werden an einem Tag vier Kinder geboren.

a) Zeichne das zugehörige Baumdiagramm.

b) Wie groß ist die Wahrscheinlichkeit dafür, dass unter den vier Kindern genau zwei (drei, vier) Mädchen sind? Die Wahrscheinlichkeit für die Geburt eines Mädchens ist etwa so groß wie für einen Jungen.

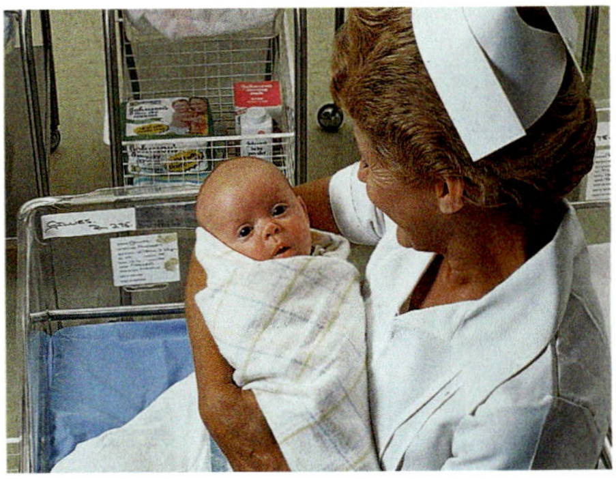

6 Bei der Produktion von Siliciumscheiben für die Herstellung elektronischer Schaltungen ist die Siliciumscheibe nur in 60 % aller Fälle zu gebrauchen. Es werden vier Scheiben überprüft. Wie groß ist die Wahrscheinlichkeit dafür, dass zwei (drei, vier) Scheiben gebrauchsfähig sind?

7 In einer Fabrik für Damenoberbekleidung werden Blusen genäht. Von den hergestellten Blusen sind 80 % ohne Mängel, 18 % haben leichte Mängel und 2 % sind Ausschuss. Der Produktion werden nacheinander drei Blusen entnommen. Bestimme mithilfe des zugehörigen Baumdiagramms die Wahrscheinlichkeit dafür, dass zwei Blusen ohne Mängel sind und die andere Bluse nur leichte Mängel aufweist.

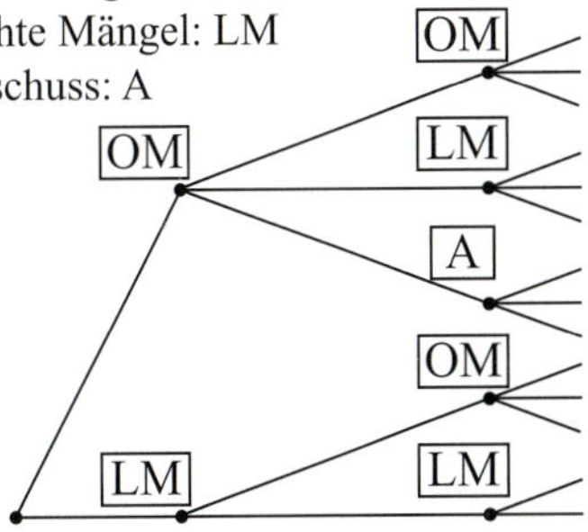

8 Zwei zufällig ausgewählte Europäer werden auf ihre Blutgruppe untersucht. Berechne die Wahrscheinlichkeiten folgender Ereignisse:

$44\,\% = \frac{44}{100} = 0{,}44$

E_1: Beide haben Blutgruppe A (AB, B, 0).

E_2: Eine Person hat Blutgruppe A, die andere Blutgruppe AB (B und 0).

E_3: Beide Personen haben unterschiedliche Blutgruppen.

Verteilung der Blutgruppen in Europa

Blutgruppe A	44 %
Blutgruppe AB	6 %
Blutgruppe B	14 %
Blutgruppe 0	36 %

9 Ein neu entwickeltes Medikament wird bei vier zufällig ausgewählten Patienten mit deren Einwilligung angewendet. Das Medikament soll zu 95 % positiv wirken.

a) Berechne die Wahrscheinlichkeit dafür, dass das Medikament bei vier (drei) Patienten positiv wirkt. Gehe dabei davon aus, dass der angegebene Prozentsatz richtig ist.

b) Das Medikament zeigt nur bei zwei Patienten eine positive Wirkung. Wie sollen die Ärzte dieses Ergebnis bewerten?

Ziehen ohne Zurücklegen

1 In einer Urne befinden sich sechs weiße und vier rote gleichartige Kugeln. Es werden nacheinander drei Kugeln gezogen. Die Farbe jeder Kugel wird notiert, die Kugeln werden nicht in die Urne zurückgelegt.

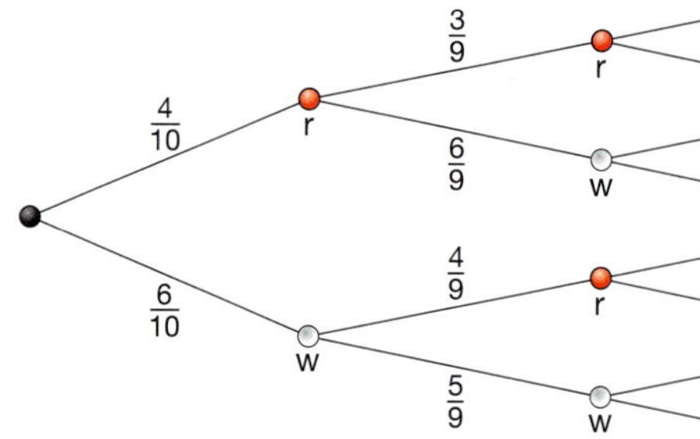

a) Übertrage das Baumdiagramm in dein Heft und vervollständige es. Beachte, dass nach der ersten Ziehung nur noch neun Kugeln in der Urne sind.

b) Gib die Ergebnismenge S an und berechne die Wahrscheinlichkeiten aller Ergebnisse.

c) Gib die folgenden Ereignisse jeweils als Teilmenge von S an und berechne ihre Wahrscheinlichkeiten wie im Beispiel:

E_1: Es werden genau zwei rote Kugeln gezogen.

E_2: Es werden genau drei weiße Kugeln gezogen.

E_3: Es werden höchstens zwei rote Kugeln gezogen.

E_4: Es wird mindestens eine rote Kugel gezogen.

> E: Es wird genau eine rote Kugel gezogen.
>
> E = {(r, w, w); (w, r, w); (w, w, r)}
>
> $P(E) = \frac{4}{10} \cdot \frac{6}{9} \cdot \frac{5}{8} + \frac{6}{10} \cdot \frac{4}{9} \cdot \frac{5}{8} + \frac{6}{10} \cdot \frac{5}{9} \cdot \frac{4}{8}$
>
> $P(E) = \frac{120}{720} = \frac{1}{6}$

2 Arne, Mirko, Thilo und Serkan machen eine Fahrradtour. Am ersten Tag losen sie aus, welche beiden Jungen die Zelte transportieren müssen.

a) Zeichne das zugehörige Baumdiagramm mit den entsprechenden Wahrscheinlichkeiten.

b) Wie groß ist die Wahrscheinlichkeit dafür, dass Mirko und Arne jeweils ein Zelt transportieren müssen?

3 Unter acht Reisenden befinden sich drei Schmuggler. Drei der Reisenden werden vom Zoll kontrolliert. Bestimme mithilfe des zugehörigen Baumdiagramms die Wahrscheinlichkeit dafür, dass unter den kontrollierten Personen kein (ein) Schmuggler ist.

4 Von acht Glühlampen in einem Karton sind vier defekt. Eine funktionsfähige Glühlampe soll herausgefunden werden.

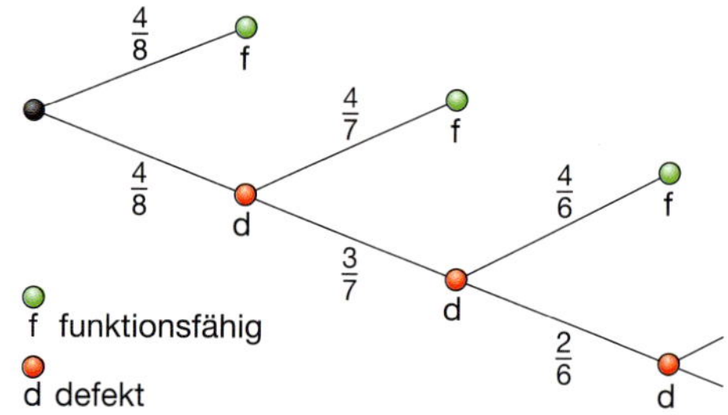

a) Übertrage das Baumdiagramm in dein Heft und vervollständige es.

b) Berechne die Wahrscheinlichkeit dafür, dass höchstens zwei Glühlampen getestet werden müssen, um eine funktionsfähige zu erhalten.

c) Wie groß ist die Wahrscheinlichkeit dafür, dass höchstens zwei Glühlampen getestet werden müssen, wenn vier von zehn Glühlampen defekt sind?

1 Sebastian und Svenja betrachten nun wieder das vollständige Modell des Geldspielautomaten.
Sebastian hat einen Teil des zugehörigen Baumdiagramms gezeichnet, Svenja die Wahrscheinlichkeiten zweier Ergebnisse berechnet.

$P(1;\,1;\,1) = \frac{4}{8} \cdot \frac{4}{8} \cdot \frac{4}{8} = \frac{64}{512}$

$P(1;\,1;\,1) = 0{,}125$

$P(1;\,2;\,3) = \frac{4}{8} \cdot \frac{2}{8} \cdot \frac{2}{8} = \frac{16}{512}$

$P(1;\,2;\,3) = 0{,}03125$

a) Gib die Ergebnismenge S an.
b) Berechne die Wahrscheinlichkeit für die folgenden Ergebnisse:
(1; 2; 1), (2; 2; 3), (3; 2; 1)
c) Der Automat wirft einen Gewinn aus, wenn genau zwei Zeiger auf die Zahl 3 zeigen.
Berechne die Wahrscheinlichkeit für das Ereignis E: Genau zwei Zeiger zeigen auf die Zahl 3.
Addiere dazu die Wahrscheinlichkeiten der zu E gehörigen Ergebnisse.

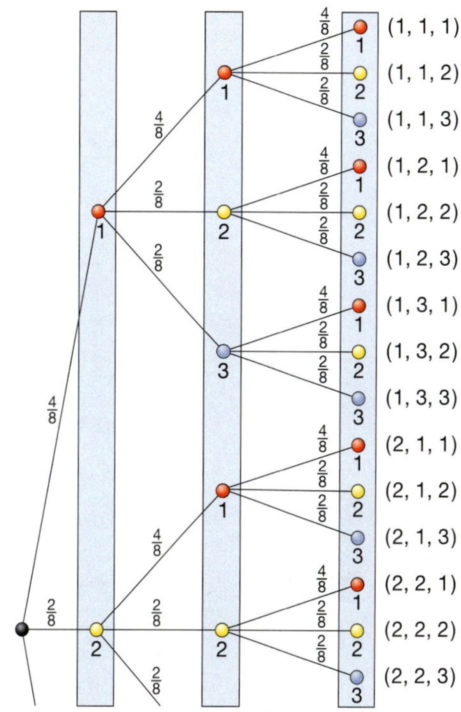

Du kannst die Pfadregeln auch anwenden, ohne ein Baumdiagramm zu zeichnen.

2 Die drei Glücksräder stellen ein anderes Modell eines Spielautomaten dar. Sie sind alle gleich eingeteilt und werden unabhängig voneinander jeweils einmal gedreht.

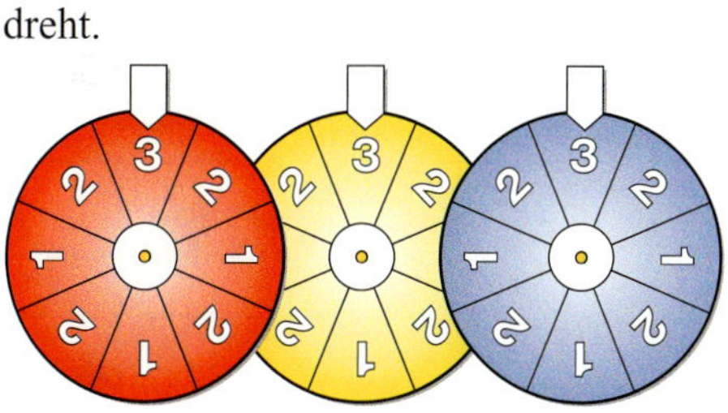

a) Gib die Ergebnismenge S an.
b) Berechne die Wahrscheinlichkeiten der folgenden Ereignisse:
E_1: Genau zwei Zeiger zeigen auf die Zahl 1.
E_2: Genau ein Zeiger zeigt auf die Zahl 2.
E_3: Kein Zeiger zeigt auf die Zahl 3.
E_4: Mindestens ein Zeiger zeigt auf die Zahl 3.
E_5: Höchstens ein Zeiger zeigt auf die Zahl 1.

3 Die Räder dieses Spielautomatenmodells sind ebenfalls gleich eingeteilt und werden unabhängig voneinander gedreht. Zeigt mindestens ein Zeiger auf „Herz“, wird ein Gewinn erzielt.
Berechne die Wahrscheinlichkeit für einen Gewinn.

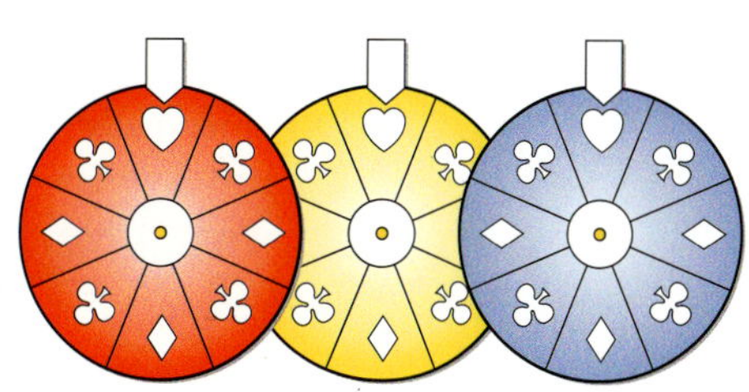

4 Maik hat festgestellt, dass man bei vielen Spielautomaten nur die Felder sehen kann, auf die die Zeiger zeigen.
Er hat bei seinem Spielautomatenmodell die mittlere Scheibe so eingeteilt, dass nur auf einem Feld das Zeichen „€“ steht. Ein Gewinn soll erzielt werden, wenn mindestens zwei Zeiger auf „€“ zeigen.

a) Berechne die Wahrscheinlichkeit für einen Gewinn.
b) Wird der Spieler hier getäuscht? Begründe deine Antwort.

5

Die goldene Sieben

Einsatz pro Spiel: 20 Cent

Gewinnkombinationen:
3 x 7 : 2,00 €
2 x 7 : 0,50 €

Anna und Nicole überlegen, wie sie den zu erwartenden Gewinn berechnen können:
„Die Wahrscheinlichkeit für das Ereignis **„3 x 7“** beträgt $\frac{1}{64}$, die Wahrscheinlichkeit für **„2 x 7“** beträgt $\frac{9}{64}$.
Das bedeutet, dass wir bei 640 Spielen ungefähr 10-mal einen Gewinn von 2,00 € und 90-mal einen Gewinn von 0,50 € machen könnten,“ rechnet Anna.
„Du musst auch noch den Einsatz von 0,20 € pro Spiel berücksichtigen,“ wirft Nicole ein.

a) Überprüfe die Berechnungen von Anna. Treffen ihre Überlegungen für 640 Spiele immer zu? Begründe deine Antwort.
b) Was ergibt sich, wenn auch noch der Einsatz von 0,20 € pro Spiel berücksichtigt wird?
c) Würde ein solcher Automat nach der Spieleverordnung zugelassen werden?

6 Der abgebildete „virtuelle“ Geldspielautomat besteht aus drei Walzen, die unabhängig voneinander gedreht werden. Jede Walze ist in zehn gleich große Felder eingeteilt, ein Feld auf jeder Walze trägt das Symbol „Kirsche“.

a) Berechne die Wahrscheinlichkeiten für die drei Gewinnkombinationen.
b) Berechne den zu erwartenden Gewinn. Gehe dabei von 1000 durchgeführten Spielen aus.
c) Was ergibt sich, wenn du den Einsatz pro Spiel mitberücksichtigst?
d) Ein Spiel dauert an diesem Automaten nur 10 Sekunden. In welcher Zeit kann ein Spieler 500 € verlieren?

Cherry-Slot

Einsatz pro Spiel: 50 Cent

Gewinnkombinationen:
3 x Cherry : 40,00 €
2 x Cherry : 4,00 €
1 x Cherry : 0,40 €

1 Julia hat fünf T-Shirts, vier Hosen und drei Paar Schuhe, die sie alle miteinander kombinieren kann.
Julia lässt bei ihrer Auswahl den Zufall entscheiden.

a) Beschreibe das zugehörige Baumdiagramm. Wie viele Teilpfade gehören zu jedem Pfad? Wie viele Ausgänge gibt es auf den einzelnen Stufen?

b) Begründe, warum Julia 60 unterschiedliche Kombinationsmöglichkeiten hat. Wie groß ist die Wahrscheinlichkeit, dass ihre Freundin Marie die richtige Kombination errät?

2 Neles Mutter möchte sich ein neues Auto kaufen. Der von ihr ausgewählte Fahrzeugtyp wird in den Ausstattungsvarianten Elegant, Modern und Komfort angeboten. Jede Ausstattungsvariante ist in 12 Farben und mit sechs unterschiedlichen Motoren lieferbar.

a) Wie viele unterschiedliche Möglichkeiten hat Neles Mutter? Gehe von dem zugehörigen Baumdiagramm aus, bestimme die Anzahl der Stufen und die Anzahl der Ausgänge auf den einzelnen Stufen.

b) Jans Vater hat sich für den gleichen Typ entschieden. Wie groß ist die Wahrscheinlichkeit dafür, dass er genau das gleiche Auto wählt?

3 Aus sechs Urnen soll jeweils eine Kugel in festgelegter Reihenfolge gezogen werden. Urne 1 und Urne 2 enthalten jeweils 26 gleichartige Kugeln mit den Großbuchstaben des Alphabets, Urne 3, 4, 5 und 6 enthalten jeweils zehn Kugeln mit den Ziffern von 0 bis 9. Die gezogene Kombination soll als Autokennzeichen einer bestimmten Stadt dienen.

a) Wie viele unterschiedliche Autokennzeichen können auf diese Weise vergeben werden?

b) Die Buchstabenkombinationen HJ, KZ, NS, SA und SS werden nicht vergeben. Wie viele Kombinationen müssen subtrahiert werden?

Allgemeines Zählprinzip: Wir können die Anzahl der möglichen Ergebnisse bei mehrstufigen Zufallsexperimenten bestimmen, indem wir uns die zugehörigen Baumdiagramme vorstellen. Wenn wir die möglichen Ausgänge auf den einzelnen Stufen miteinander multiplizieren, erhalten wir die Anzahl der möglichen Ergebnisse.

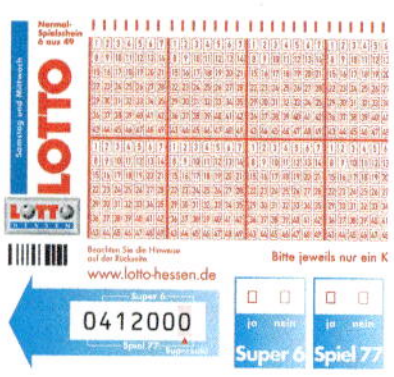

1 Auf einem Lottoschein kann zusätzlich in einem Kästchen das „Spiel 77“ angekreuzt werden. Gewinnzahl ist dann eine siebenstellige Zahl, die auf dem Tippschein steht.
Milkia und Kevin möchten die Wahrscheinlichkeit dafür berechnen, dass sie bei „Spiel 77“ die richtige Zahl tippen. Sie überlegen zunächst, wie sie das Zufallsexperiment mithilfe von Urnen nachspielen können.

Kevin schlägt vor, in sieben Urnen jeweils zehn gleichartige Kugeln mit den Ziffern von 0 bis 9 zu legen und dann aus jeder Urne einmal eine Kugel zu ziehen.
Milkia empfiehlt, in nur eine Urne zehn gleichartige Kugeln mit den Ziffern 0 bis 9 zu legen. Dann soll siebenmal hintereinander gemischt, eine Kugel aus der Urne gezogen, die zugehörige Ziffer notiert und die Kugel wieder zurückgelegt werden.

a) Eignen sich beide Vorschläge dazu, das Zufallsexperiment nachzuspielen? Welcher Vorschlag ist deiner Meinung nach besser? Begründe.

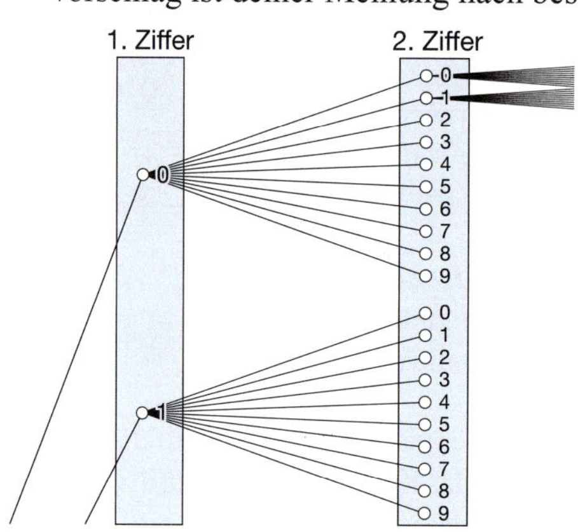

b) Wie sieht das vollständige Baumdiagramm aus, das zu diesem Zufallsexperiment gehört?
Wie viele Teilpfade gehören zu jedem Pfad? Wie viele Pfade hat das Baumdiagramm insgesamt?
Wie viele unterschiedliche Ergebnisse gehören zu dem Zufallsexperiment?

c) Wie groß ist die Wahrscheinlichkeit für jedes Ergebnis (jeden Pfad)?

d) Wie groß ist die Wahrscheinlichkeit, bei „Spiel 77“ die richtige Zahl zu tippen?

2 In einer Urne befinden sich fünf gleichartige Kugeln, die die Ziffern von 1 bis 5 tragen. Aus der Urne wird viermal mit Zurücklegen unter Beachtung der Reihenfolge eine Kugel gezogen.

a) Wie viele unterschiedliche Ergebnisse (Pfade) gehören zu dem Zufallsexperiment?

b) Wie groß ist die Wahrscheinlichkeit für jedes Ergebnis (jeden Pfad)?

3 Beim Fußballtoto müssen Ergebnisse von 11 Fußballspielen vorher getippt werden. Dabei bedeutet die Ziffer 1 „die Heimmannschaft gewinnt“, die Ziffer 2 „die Auswärtsmannschaft gewinnt“ und die Ziffer 0 „das Spiel endet unentschieden“. Arne kennt sich im Fußball nicht aus, er lässt den Zufall entscheiden.

a) Beschreibe ein Zufallsexperiment, bei dem du mithilfe einer Urne den Tippschein ausfüllen kannst. Wie viele Kugeln befinden sich in der Urne? Wie sind sie gekennzeichnet? Wie oft wird mit Zurücklegen unter Beachtung der Reihenfolge aus der Urne gezogen?
b) Wie viele Ergebnisse (Pfade) gehören zu dem Zufallsexperiment? Wie groß ist die Wahrscheinlichkeit für jedes Ergebnis (jeden Pfad)?
c) Wie groß ist die Wahrscheinlichkeit, beim Fußballtoto zufällig alle Ergebnisse richtig zu tippen?

ABC
BAC
AAC
CAA
ACA
XYZ
ZAY
...
...

4 Mit den 26 Großbuchstaben des Alphabets soll eine Buchstabenkombination aus drei Buchstaben gebildet werden. Jeder Buchstabe darf mehrmals vorkommen.

a) Beschreibe ein Zufallsexperiment, bei dem du mithilfe einer Urne die Buchstabenkombination zufällig bestimmst. Wie viele Kugeln befinden sich in der Urne? Wie sind sie gekennzeichnet? Wie oft wird mit Zurücklegen unter Beachtung der Reihenfolge aus der Urne gezogen?
b) Wie viele Ergebnisse (Pfade) gehören zu dem Zufallsexperiment? Wie viele unterschiedliche Buchstabenkombinationen gibt es?
c) Wie groß ist die Wahrscheinlichkeit, eine Buchstabenkombination zufällig zu erraten?

5 Am Zahlenkombinationsschloss des Safes müssen vier Zahlen von 01 bis 99 richtig eingestellt werden, damit sich der Safe öffnen lässt.

a) Wie viele Möglichkeiten gibt es?
b) Wie groß ist die Wahrscheinlichkeit, die richtige Kombination zu erraten?

6 In einer Urne befinden sich n gleichartige Kugeln, die die Zahlen von 1 bis n tragen. Es wird k-mal eine Kugel mit Zurücklegen unter Beachtung der Reihenfolge gezogen.

a) Wie viele Ergebnisse (Pfade) gehören zu dem Zufallsexperiment?
b) Wie groß ist die Wahrscheinlichkeit für jedes Ergebnis (jeden Pfad)?

Anzahl der Kugeln **n**	8	6	10	12	3	2	7
Anzahl der Ziehungen **k**	5	3	4	7	8	10	8

Anzahl der Kugeln: 11
Anzahl der Ziehungen: 4

Anzahl der Ergebnisse: $11^4 = 14641$
Wahrscheinlichkeit für jedes Ergebnis:
$\frac{1}{14641}$

1 

Bei Pferderennen wird häufig gewettet. Bei der Dreierwette müssen die ersten drei Pferde in der richtigen Reihenfolge getippt werden.
Es sind acht Pferde am Start, die Startnummern von 1 bis 8 tragen.
Da Fidan sich im Pferderennsport nicht auskennt, lässt sie den Zufall entscheiden.

a) Beschreibe ein Zufallsexperiment, bei dem du mithilfe einer Urne eine Dreierwette abgeben kannst.
b) Wie sieht das zugehörige Baumdiagramm aus? Wie viele Teilpfade gehören zu jedem Pfad? Wie viele Pfade hat das Baumdiagramm insgesamt? Wie viele Ergebnisse gehören zu dem Zufallsexperiment?
c) Wie groß ist die Wahrscheinlichkeit für jedes Ergebnis (jeden Pfad)?

2 Niels soll aus den abgebildeten Buchstabenkärtchen eine Kombination aus vier Buchstaben legen. Julia soll diese Kombination dann erraten.

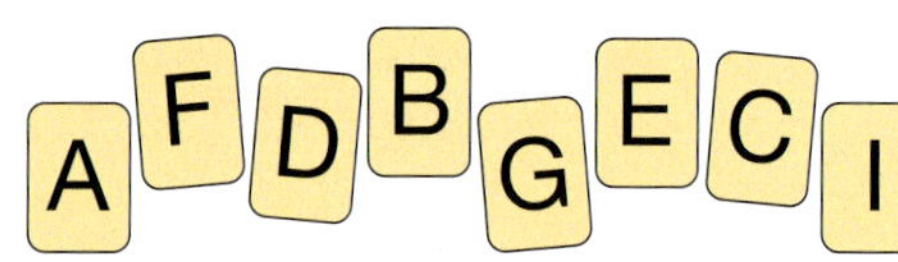

a) Beschreibe ein Zufallsexperiment, bei dem du mithilfe einer Urne die Buchstabenkombination zufällig bestimmst.
b) Wie viele Ergebnisse (Pfade) gehören zu dem Zufallsexperiment?
c) Wie groß ist die Wahrscheinlichkeit, eine Buchstabenkombination zufällig zu erraten?

3 

Aus zehn Kandidaten für eine Quizshow werden drei ausgelost. Einer kommt in die erste, einer in die zweite und einer in die dritte Fragerunde.
Wie groß ist die Wahrscheinlichkeit dafür, dass Kandidat A in die erste, Kandidat C in die zweite und Kandidat H in die dritte Fragerunde kommt?

4 In einer Urne befinden sich n gleichartige Kugeln, die die Zahlen von 1 bis n tragen. Es wird mehrmals (k-mal) eine Kugel ohne Zurücklegen unter Beachtung der Reihenfolge gezogen.
a) Wie viele Ergebnisse (Pfade) gehören zu dem Zufallsexperiment?
b) Wie groß ist die Wahrscheinlichkeit für jedes Ergebnis (jeden Pfad)?

Anzahl der Kugeln **n**	9	12	6	15	7
Anzahl der Ziehungen **k**	3	6	5	3	5

Anzahl der Kugeln: 11
Anzahl der Ziehungen: 4

Anzahl der Ergebnisse:
$$11 \cdot 10 \cdot 9 \cdot 8 = 7920$$
Wahrscheinlichkeit für jedes Ergebnis:
$$\frac{1}{7920}$$

5

Johanna soll aus den abgebildeten Kärtchen eine Zahl legen. Ercan soll die Zahl dann erraten.

a) Beschreibe ein Zufallsexperiment, bei dem du mithilfe einer Urne die Zahl zufällig bestimmst.

b) Wie viele Ergebnisse (Pfade) gehören zu dem Zufallsexperiment? Wie groß ist die Wahrscheinlichkeit für jedes Ergebnis (jeden Pfad)?

c) Wie groß ist die Anzahl der Ergebnisse und die Wahrscheinlichkeit für jedes Ergebnis, wenn als fünfte Ziffer die 9 hinzukommt?

6 Annika, Boris, Christian, Daria, Erik und Fatima haben für eine Theateraufführung sechs Karten in einer Sitzreihe gekauft.

a) Beschreibe ein Zufallsexperiment, bei dem du mithilfe einer Urne die Karten zufällig verteilen kannst.

b) Wie viele Ergebnisse (Pfade) gehören zu dem Zufallsexperiment?

c) Wie groß ist die Wahrscheinlichkeit für jedes Ergebnis (jeden Pfad)?

7

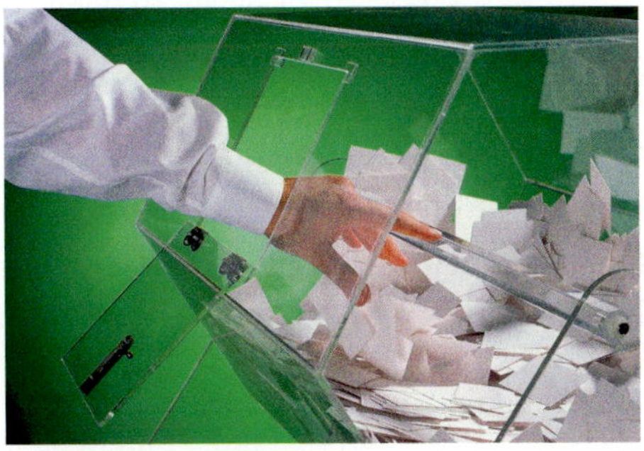

Unter den fünf Hauptgewinnern eines Preisausschreibens werden fünf Reisen in fünf Länder verlost.

Wie viele unterschiedliche Ergebnisse gibt es?

Wie groß ist die Wahrscheinlichkeit dafür, dass Gewinner 1 nach Italien, Gewinner 2 nach Spanien, Gewinner 3 nach Irland, Gewinner 4 in die USA und Gewinner 5 nach Australien reisen kann?

8 In einer Urne befinden sich n gleichartige Kugeln, die die Zahlen von 1 bis n tragen. Es soll nun n-mal ohne Zurücklegen unter Beachtung der Reihenfolge eine Kugel aus der Urne gezogen werden. Du erhältst eine zufällige Anordnung der Zahlen von 1 bis n.

a) Berechne die Anzahl der Ergebnisse (Pfade) für n = 7 (3; 8; 9; 2; 1) Kugeln.

Benutze die x!-Taste des Taschenrechners.

b) Wie groß ist die Wahrscheinlichkeit für jedes Ergebnis (jeden Pfad)?

c) Bestimme die größte Zahl n, deren Fakultät du noch mit dem Taschenrechner bestimmen kannst.

Zur Abkürzung für das Produkt $n \cdot (n-1) \cdot (n-2) \cdot \ldots \cdot 3 \cdot 2 \cdot 1$ führen wir die Schreibweise n! (*lies:* n Fakultät) ein:

$$\mathbf{n \cdot (n-1) \cdot (n-2) \cdot \ldots \cdot 3 \cdot 2 \cdot 1 = n!}$$

$$\mathbf{1! = 1 \qquad 0! = 1}$$

Eine Anordnung von untereinander verschiedenen Elementen (Ziffern, Buchstaben, Personen, ...) heißt **Permutation** der gegebenen Elemente.
Für **n** untereinander verschiedene Elemente gibt es **n! Permutationen.**

Preiskalkulation für Holzspielzeug

1 Im Technikunterricht sollen für den Weihnachtsbasar 100 Spielzeuglokomotiven in Serienfertigung hergestellt werden. Julia und Kevin haben technische Zeichnungen der Lok angefertigt.

a) Wie nennt man jeweils die Darstellungsart?

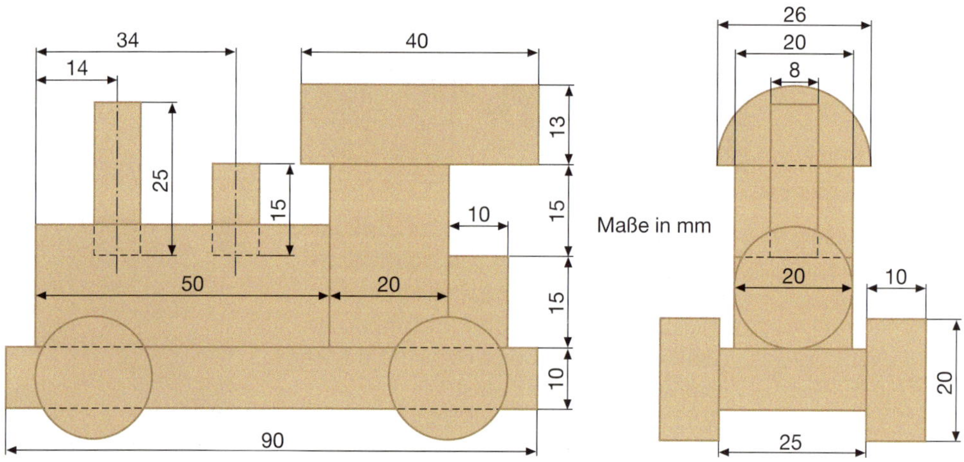

Anzahl	Bezeichnung	Material	Maße (mm)	Volumen (cm^3)
1	Grundplatte	Leiste	90 x 25 x 10	22,5
4	Rad			

b) Um den Materialbedarf zu berechnen, fertigt Julia eine Materialliste für eine Lok an. Benenne die Teile sinnvoll und vervollständige die Liste in deinem Heft.

c) Kevin möchte einige Loks mit der Post verschicken. Zur Bestimmung des Portos muss er die Masse einer Lok berechnen. In seinem Physikbuch findet er die Dichte von Kiefernholz: $\varrho = 0{,}52\ \frac{g}{cm^3}$
Kann er eine Lok als „Warensendung" mit einem Höchstgewicht von 50 g verschicken? Berücksichtige bei der Berechnung nur die Einzelteile und nicht die Bohrungen.

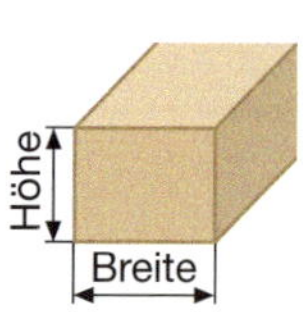

d) Bestimme den Materialpreis für 100 Loks. Lege dazu eine Bestellliste an. Addiere zum berechneten Materialpreis 12 % für Verschnitt.

e) Für welchen Preis müssen Julia und Kevin eine Lok anbieten, wenn sie pro Lok einen Euro Gewinn für ihre Klassenkasse machen möchten? Wie hoch ist der Gewinn in Prozent?

Preisliste: TEC-Versand

Kiefernholzleisten		
Höhe x Breite (mm)	Länge (m)	Preis
10 x 25	1	0,80 €
15 x 20	1	0,64 €
20 x 20	1	0,84 €
Rundholz Kiefer		
Durchmesser (mm)	Länge (mm)	Preis
8	1	0,30 €
20	1	1,40 €
26	1	1,50 €

1 Frau Jürgens ist Kauffrau und braucht ein neues Auto. Der Händler macht ihr ein Finanzierungs- und ein Leasingangebot:

Leasing
Das Auto wird für eine vereinbarte Zeit „gemietet“. Nach Ablauf der Zeit kann man das Auto zurückgeben oder zum Restwert kaufen.

Kaufpreis	24250 €		
Leasingangebot		**Finanzierungsangebot**	
Laufzeit	36 Monate	Laufzeit	36 Monate
jährliche Fahrleistung	15000 km	jährliche Fahrleistung	15000 km
Sonderzahlung	5000 €	Anzahlung	5000 €
36 monatliche Raten à	276 €	36 monatliche Raten je	293 €
Restwert	12100 €	Schlussrate	11350€

Frau Jürgens kann bei beiden Angeboten das Auto nach Ablauf der Laufzeit zurückgeben oder den Restwert beziehungsweise die Schlussrate bezahlen, damit ihr das Auto gehört. Wenn sie das Auto zurückgibt, entstehen ihr keine weiteren Kosten.
Welches Angebot ist günstiger, wenn Frau Jürgens das Auto nach drei Jahren zurückgeben will (weiterfahren will)?

2 Frau Jürgens und Frau Janssen fahren von Berlin nach München. Für die 599 gefahrenen Kilometer ermitteln sie einen Benzinverbrauch von 49,8 Liter.
a) Berechne den durchschnittlichen Benzinverbrauch für 100 Kilometer.
b) Wie viel Euro muss sie an Frau Jürgens zahlen, wenn sie vereinbart haben, die Benzinkosten zu teilen? Gehe dabei von einem Benzinpreis von 1,39 € pro Liter aus.

3 Frau Janssen überlegt, ob sie ihr neues Auto mit Benzin- oder Dieselmotor kaufen soll. Der Dieselmotor ist bei gleicher Leistung 1850 € teurer als der Benzinmotor. Für welchen Motortyp soll sie sich entscheiden, wenn sie von einer jährlichen Fahrleistung von 20000 km ausgeht und das Fahrzeug drei Jahre fahren will?

Verbrauch pro 100 km:
Dieselmotor 6 Liter
Benzinmotor 8,5 Liter

4 Anke und Gunnar wollen während einer Autobahnfahrt die Genauigkeit des Tachos mithilfe einer Stoppuhr überprüfen. Sie bitten ihren Vater, die Geschwindigkeit von 110 $\frac{\text{km}}{\text{h}}$ genau einzuhalten. Mithilfe der Begrenzungspfähle legt Anke eine Strecke von 300 Metern fest und misst eine Fahrzeit von 10,1 Sekunden für diese Strecke. Welche prozentuale Abweichung hat der Tacho, wenn man davon ausgeht, dass Ankes Messung genau ist?

5 Gunnar hat in der Fahrschule eine Faustregel gelernt, nach der man den Bremsweg eines Autos auf trockener Straße berechnen kann: Wenn man die Geschwindigkeit (in $\frac{\text{km}}{\text{h}}$) durch zehn dividiert und das Ergebnis quadriert, so erhält man den Bremsweg (in m).
a) Berechne den Bremsweg für folgende Geschwindigkeiten: 40 $\frac{\text{km}}{\text{h}}$; 80 $\frac{\text{km}}{\text{h}}$; 160 $\frac{\text{km}}{\text{h}}$.
b) Wie schnell ist man gefahren, wenn nach einer Vollbremsung ein Bremsweg von 210,25 Metern gemessen wurde?

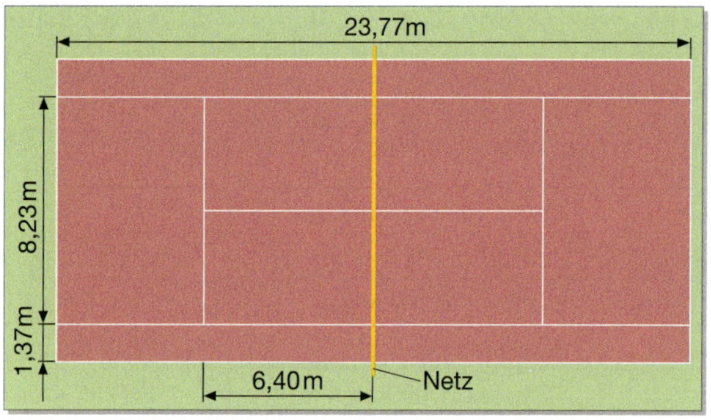

1 Das Einzelspielfeld hat eine Länge von 23,77 Meter und eine Breite von 8,23 Meter und wird in der Mitte durch das Netz getrennt.
Das Doppelspielfeld ist an jeder Seite 1,37 Meter breiter als das Einzelspielfeld. Alle Außenlinien und die Aufschlagfelder werden durch weiße Linien markiert.

Herr Gray betreibt eine Tennisanlage. In seiner neu gebauten Halle wird ein Platz angelegt.

a) Wie viele Meter weiße Markierungslinie müssen verlegt werden?

b) Das Spielfeld soll mit blauem Teppichboden und der Platz außerhalb des Feldes mit grauem Teppichboden beklebt werden. Die Regeln schreiben seitlich der Außenlinien jeweils 3,05 m und hinter den Grundlinien jeweils 5,50 m „Auslaufbereich" vor.
Wie viele Quadratmeter Teppichboden von jeder Farbe muss Herr Gray bestellen?

2 Das Netz wird durch ein Stahlseil gehalten, das straff zwischen den beiden Netzpfosten gespannt wird. In der Mitte wird die Netzhöhe durch einen Gurt auf 91 cm reduziert.

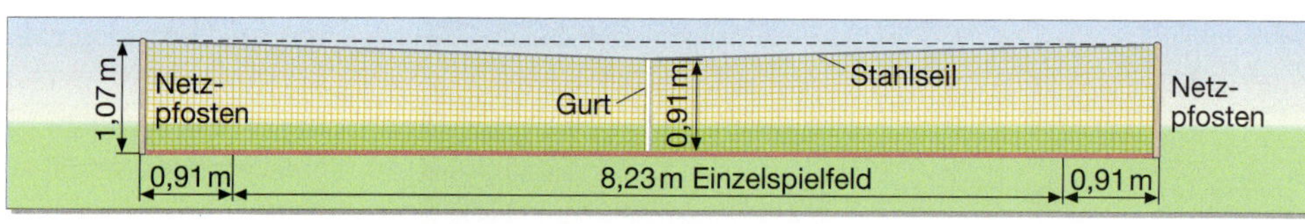

Wie lang muss das Stahlseil sein, wenn man davon ausgeht, dass an jedem Netzpfosten zusätzlich 30 cm für die Spannvorrichtung benötigt werden?

3 Die Flugbahn des Balles, den Herr Menke spielt, ist eine Parabel mit der Funktionsgleichung $\mathbf{y = -0{,}05\,(x + 3)^2 + 5}$.

a) Zeichne Netz und Grundlinie wie abgebildet in das Koordinatensystem ein. Die Länge des Platzes beträgt 23,77 m. Zeichne den Graphen der Funktion (0,5 cm $\triangleq$ 1 m).

b) Ermittle anhand des Graphen, in welcher Entfernung vom Netz der Ball den Boden berührt. Kommt der Ball noch im Spielfeld auf?

c) Bestimme die größte Höhe des Balles. Herr Jansen steht 2 m vom Netz entfernt, er erreicht mit seinem Schläger eine Höhe von 3,50 m. Kann er den Ball treffen?

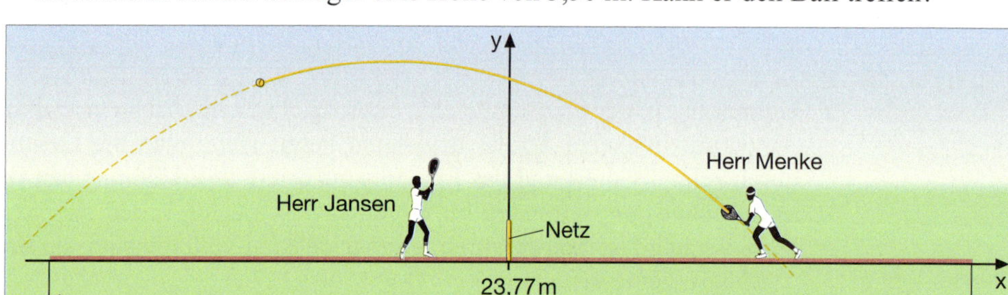

1

Seit September 2006 wird der Flughafen Schönefeld zum neuen Hauptstadt-Airport Berlin-Brandenburg International BBI ausgebaut. Ab 2011 wird der gesamte Flugverkehr der Region Berlin-Brandenburg auf diesem Airport abgewickelt. Die Flughäfen Tegel und Tempelhof werden geschlossen.

Die Berliner Flughäfen veröffentlichten für 2006 ihre Zahlen. Die letzte Spalte enthält die Veränderungen gegenüber dem Vorjahr.

Fluggäste	18 506 506	+7,9 %
Starts- und Landungen	250 502	+4,5 %
Luftfracht	27 165 t	−14,8 %
Luftpostfracht	9896 t	−18 %

a) Berechne die entsprechenden Zahlen für das Jahr 2005.

b) Die Fluggastzahlen für 2006 verteilen sich auf die drei Flughäfen:
Schönefeld – 6 059 343, Tegel – 11 812 625, Tempelhof – 634 538
Stelle die Anteile der einzelnen Flughäfen in einem Kreisdiagramm dar.

c) Für 2011 ist eine Startkapazität auf dem neuen Airport von 22 bis 25 Millionen Passagieren vorgesehen. Berechne die prozentuale Steigerung der Fluggastzahlen bei angenommenen 22 Millionen Passagieren 2011 gegenüber 2006.
Würden die geplanten Kapazitäten ausreichen, wenn die Steigerungsrate von 7,9 % beibehalten werden könnte?

2 Der neue Airport umfasst eine Fläche von 1470 ha. Vergleiche diese Fläche mit der eines Fußballfeldes.

3 Für den Flughafen BBI wird eine neue Landebahn mit einer Länge von 4 km und einer Breite von 60 m gebaut. Dazu werden sechs Millionen Kubikmeter Erde bewegt und 220 000 m^3 Beton angemischt.

a) Berechne die Höhe der Betonschicht der neuen Start- und Landebahn.

b) Eine Betonmischanlage hat eine Leistung von 90 m^3 pro Stunde. Wie viele Tage müsste eine solche Anlage rund um die Uhr arbeiten, um die erforderliche Menge Beton herzustellen?

1

Baumuster B 757-300
Sitzplatzkapazität 252 Passagiere
Geschwindigkeiten Start 310 km/h, Reise 850 km/h, Landung 260 km/h
maximale Flughöhe 12 500 m
Reichweite 5370 km
Kraftstoffkapazität 43495 Liter
Nutzlast 24 000 kg
Länge/Höhe 54,08 m/13,60 m
Spannweite 38,00 m

Familie Balzert fliegt mit einer Boing 757 an die türkische Riviera, um dort Urlaub zu machen. Das Flugzeug ist bis auf 3 Plätze voll besetzt.

a) Wie viel Kilogramm Gewicht muss der Kapitän beim Start für Passagiere und Gepäck berücksichtigen, wenn das Gesamtgewicht aller aufgegebenen Gepäckstücke 4880,4 kg beträgt und für einen Passagier ein durchschnittliches Körpergewicht von 75 kg gerechnet wird?

b) Das Flugzeug braucht für die Strecke von 2460 km 3 Stunden und 10 Minuten. Mit welcher durchschnittlichen Geschwindigkeit fliegt es?

2 Am Zielort tauscht Sara in einer Bank 18 € in türkische Lira um. Die Bank berechnet eine Wechselgebühr von 3 Prozent. Wie viele türkische Lira bekommt Sarah ausgezahlt?

Wechselkurs:
1 € = 1,9247 Türkische Lira

3 Sarah und Simon erhalten von ihrer Mutter Taschengeld für den Urlaub. Die Mutter verrät in Form eines Rätsels, wie viel Euro jeder bekommen hat.
Wenn Sarah 8 € mehr hätte, hätte sie so viel Euro wie Simon. Wenn Simon 7 € mehr hätte, hätte er doppelt so viel Euro wie Sarah. Wie viel Taschengeld hat jeder erhalten?

4 Simon steht am Meer und sieht am Horizont ein Schiff. Berechne, wie weit das Schiff von Simon entfernt ist. Gehe bei Simon von zwei Meter Augenhöhe über dem Meeresspiegel aus. (Mittlerer Erdradius: 6371 km)

5

Herr Balzert hängt an einem Fallschirm, der von einem Boot gezogen wird. Er betreibt „Parasailing“.
Wie viel Meter befindet sich Herr Balzert über dem Meeresspiegel bei einer Seillänge s von 50 m und einem Winkel α von 37°?
Wir nehmen dabei an, dass das Seil straff gespannt ist und 1,20 m über dem Meeresspiegel am Boot befestigt ist.

1 Eine Schokolinsenpackung hat die Form eines Zylinders. Die 40-g-Packung hat einen Durchmesser von 2,4 cm und eine Höhe von 13,6 cm. Boden und Deckel sind jeweils um 5 mm nach innen versenkt.

a) Wie viel Quadratzentimeter Pappe werden für die 40-g-Packung benötigt?

b) Berechne das Volumen der Packung.

c) Der Hersteller möchte 100-g-Packungen auf den Markt bringen. Welches Volumen müsste diese Packung haben? Begründe deine Meinung.

d) Aus verpackungstechnischen Gründen muss der Durchmesser der 100-g-Packung 4 cm betragen. Berechne die äußere Höhe der Packung und den Materialverbrauch in Quadratzentimeter. Runde sinnvoll.

2 Eine 60-g-Packung Schokolinsen wird vom Hersteller für 0,35 € an die Lebensmittelhändler verkauft. Was muss der Kunde bezahlen, wenn der Lebensmittelhändler 32 % für Kosten und Gewinn und anschließend 7 % Mehrwertsteuer aufschlägt?

3 In der Weihnachtszeit sollen vier 40-g-Röhrchen als Geschenkverpackung verkauft werden.
Wie viel Quadratzentimeter Pappe werden für die abgebildete Umverpackung benötigt?
Finde eine weitere Möglichkeit für eine quaderförmige Umverpackung. Fertige eine Skizze an, berechne den Materialbedarf und vergleiche.

4 Die Herstellerfirma möchte auch größere Mengen Schokolinsen verpacken.

a) Wie ändert sich das Volumen einer zylinderförmigen Packung, wenn die Höhe verdoppelt wird?

b) Wie ändert sich das Volumen der Packung, wenn der Durchmesser verdoppelt (verdreifacht) wird? Begründe.

5 In der Abbildung siehst du eine Tube und eine Verpackung.

a) Passt die Tube in die Verpackung? Begründe rechnerisch.

b) Eine Tube ist 6,1 cm breit. Eine Seite der rechteckigen Grundfläche der Verpackung ist 2,3 cm. Wie groß muss die zweite Seite mindestens sein?

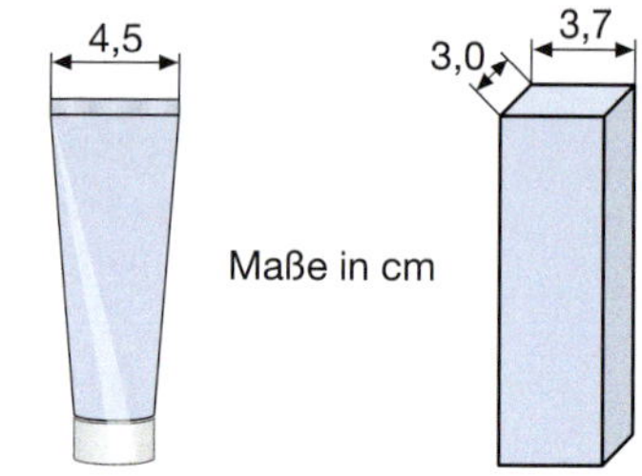

6 Jedem Arneimittel muss ein Beipackzettel beigelegt werden, der unter anderem über Risiken und Nebenwirkungen informiert. Deshalb müssen zum Beispiel Tropfenfläschchen zusätzlich in eine quaderförmige Pappschachtel gepackt werden.

a) Gib die Mindestmaße für eine solche Schachtel mit quadratischer Grundfläche an. Beachte, dass der Beipackzettel u-förmig um die Flasche gelegt wird. Er hat eine Dicke von 2 mm.

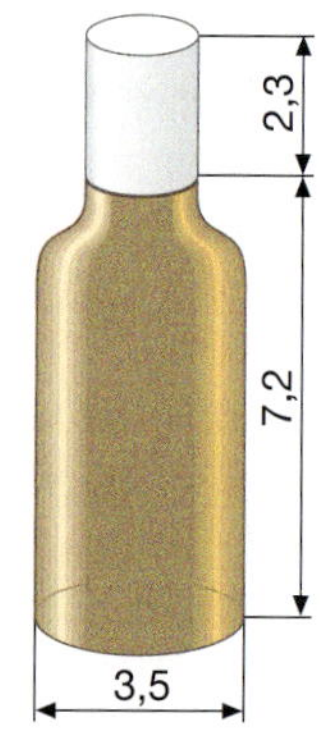

b) Zeichne ein Netz dieses Quaders.

c) Berechne den Materialbedarf für die Schachtel. Für Klebefalze und Überlappungen sind 10 % hinzuzurechnen.

d) Der Inhalt des Tropfenfläschchens ist mit 50 ml angegeben. Vergleiche mit dem Volumen der Verpackung.

7 Die Besucher eines Multiplex-Kinos mit 4000 Plätzen essen an einem durchschnittlichen Sonnabend 2000 *l* Popcorn.

a) Eine kleine Portion enthält 3 *l* Popcorn und kostet 3,50 €. Wie viele Portionen wurden verkauft? Welcher Umsatz wurde erzielt?

b) Würde man das gesamte Popcorn auf einen „Haufen“ schütten, so ergäbe sich ein Kegel mit einem Radius von 1,5 m. Wie hoch ist dieser Kegel?

c) Das Popcorn wird in Maschinen aus Maiskörnern hergestellt. Dabei vergrößert sich das Volumen auf das 40- bis 50-fache.
Das Volumen des fertigen Popcorns beträgt je nach Herstellungsart 37,3 ml pro Gramm. Die Maiskörner werden in Säcken zu je 22,68 kg geliefert. Wie viele Säcke werden für die Herstellung von 2000 *l* Popcorn benötigt?

1

Sparen und Kredite

Corinna informiert sich im Internet über die Zinssätze für Spareinlagen und Kredite.

→ Aktuelle Konditionen **Spareinlagen**

S-Future-Sparbuch
Zinsvorteile vom 12. bis zum 18. Lebensjahr

Staffel	Zinssatz p. a. (%)
bis 499,99 €	3,00
500 € – 999,99 €	3,10
1000 € – 2499,99 €	3,20
2500 € – 4999,99 €	3,30
5000 € – 10 000 €	3,50

Kredite

Dispositionskredit	12,25 %
Anschaffungsdarlehen	8,75 %
Hypothekendarlehen Zinssatz 5 Jahre fest	5,9 %

a) Erkläre die einzelnen Begriffe, die Corinna im Internet gefunden hat.
b) Suche selbst im Internet nach den aktuellen Zinssätzen für Spareinlagen und Kredite oder erkundige dich bei deiner Bank.
c) Vergleiche die Zinssätze für Spareinlagen und Kredite miteinander.

Zinsrechnung ist eine Anwendung der Prozentrechnung.

Der Grundwert heißt **Kapital (K).**	Der Prozentwert heißt **Zinsen (Z).**	Der Prozentsatz heißt **Zinssatz (p %).**

Wenn nicht anders vereinbart, bezieht sich der Zinssatz auf den Zeitraum von **einem Jahr.**

Jahreszinsen **2** Leon bekommt zu seinem 15. Geburtstag 2000 € von seinem Großvater. Da er sich einen Motorroller kaufen will, legt er den Betrag für ein Jahr auf einem Festgeldkonto bei der Sparbank an.
Im Beispiel wird gezeigt, wie du die Zinsen für ein Jahr bei einem Zinssatz von 4,2 % berechnen kannst.

a) Berechne die Jahreszinsen für folgende Zinssätze: 4,0 %; 3,8 %; 2,5 %; 2,7 %.
b) Der Roller kostet 2060 €. Bei welchen Zinssätzen reicht Leons Guthaben am Jahresende für den Kauf des Rollers?

Gegeben: K = 2000 €, p% = 4,2%
Gesucht: Z

$$Z = \frac{K \cdot p}{100}$$

$$Z = \frac{2000 \cdot 4{,}2}{100}\ €$$

$$Z = 84\ €$$

Die Zinsen betragen 84 €.

Für 11 Monate zahlt man $\frac{11}{12}$ der Jahreszinsen.

3 Firma Holzmann muss für die Finanzierung einer Maschine bei der Bank einen Kredit über 85 600 € zu einem Zinssatz von 9,2 % aufnehmen. Herr Holzmann rechnet damit, den Kredit nach 11 Monaten zurückzahlen zu können.

Formel für Monatszinsen

$$Z = \frac{K \cdot p}{100} \cdot \frac{n}{12}$$

n gibt hier die Anzahl der **Zinsmonate** an.

Formel für Tageszinsen

$$Z = \frac{K \cdot p}{100} \cdot \frac{n}{360}$$

n gibt hier die Anzahl der **Zinstage** an.

a) Berechne die Zinsen, die für diesen Zeitraum anfallen.
b) Der Kredit wird erst nach 346 Tagen zurückgezahlt. Wie hoch sind die Zinsen jetzt?

1 Zinsjahr
= 360 Tage

1 Zinsmonat
= $\frac{1}{12}$ Jahr
= 30 Tage

1 Zinstag
= $\frac{1}{360}$ Jahr

4 Berechne die fehlenden Werte. Überlege, welche Formel du anwenden kannst.

	a)	b)	c)	d)	e)	f)	g)
Kapital K	5600 €	47 000 €	560 €	■	■	540 €	1980 €
Zinssatz p %	3,40 %	5,20 %	4,30 %	3,50 %	4 %	■	■
Zeit	7 Monate	123 Tage	9 Tage	10 Monate	72 Tage	5 Monate	50 Tage
Zinsen Z	■	■	■	35 €	22,40 €	9,90 €	8,25 €

5 Malte hat für sein Sparguthaben von 1440 € bei einem Zinssatz von 3 % Zinsen in Höhe von 22,8 € erhalten. Im Beispiel wird die Anzahl der Zinstage berechnet.

a) Begründe, warum Malte die Formel für Tageszinsen gewählt hat.
b) Verwende die Formel für die Monatszinsen und berechne n. Vergleiche dein Ergebnis mit dem Ergebnis im Beispiel.
c) Wie lange war das Kapital bei den in der Tabelle angegebenen Zinssätzen angelegt?

Kapital K	2520 €	32 400 €	21 600 €
Zinssatz p %	4,0 %	5,0 %	2,5 %
Zinsen Z	38,08 €	436,50 €	469,50 €

Gegeben: K = 1440 €, Z = 22,80 €
p % = 3 %
Gesucht: Anzahl der Tage (n)

$$Z = \frac{K \cdot p}{100} \cdot \frac{n}{360} \quad | \cdot 36\,000$$

$$Z \cdot 36\,000 = K \cdot p \cdot n \quad | : (p \cdot K)$$

$$\frac{Z \cdot 36\,000}{p \cdot K} = n$$

$$n = \frac{22{,}8 \cdot 36\,000}{3 \cdot 1440}$$

$$n = 190$$

Malte hat das Geld für 190 Tage angelegt.

6 Frau Raschdorf hat ihr Auto für 13 450 € verkauft und legt das Geld für 5 Monate auf einem Festgeldkonto an. Über welchen Betrag kann sie am Ende der Laufzeit verfügen bei einem Zinssatz von 3,9 % (4,1 %; 4,6 %)?

7 Frau Braun hat für ihr Einzelhandelsgeschäft Waren für 6340 € eingekauft. Wenn sie die Ware sofort bezahlt, kann sie 3 % Skonto (Barzahlungsrabatt) vom Rechnungsbetrag abziehen. Sie müsste allerdings einen Dispositionskredit ihrer Bank über diesen Betrag für 21 Tage in Anspruch nehmen. Der Zinssatz beträgt 12,2 %.
Soll sie die Ware sofort per Kredit bezahlen oder 21 Tage warten und dann bar bezahlen?

8 Herr Lasrich musste für den Kauf eines Neuwagens einen kurzfristigen Kredit bei seiner Bank aufnehmen. Für die geliehenen 5400 € zahlte er 95,04 € Zinsen bei einem Zinssatz von 8,8 %. Wie lange hat er den Kredit in Anspruch genommen?

Zinseszinsen

9 Im Beispiel wird berechnet, wie groß ein Guthaben von 6000 € nach zwei Jahren ist, wenn es zu einem Zinssatz von 5 % mit Zinseszinsen angelegt wird.

Der Wachstumsfaktor wird in der Zinsrechnung Zinsfaktor **q** genannt.

Guthaben nach 1 Jahr:

$K_1 = 6000\,€ + 6000 \cdot \frac{5}{100}\,€$

$= 6000\left(1 + \frac{5}{100}\right)\,€$

$= 6000 \cdot 1{,}05\,€$

$K_1 = 6300\,€$

Guthaben nach 2 Jahren:

$K_2 = 6300 \cdot 1{,}05\,€$

$= 6000 \cdot 1{,}05 \cdot 1{,}05\,€$

$= 6000 \cdot 1{,}05^2\,€$

$K_2 = 6615\,€$

Die jeweiligen Jahreszinsen werden im kommenden Jahr wieder verzinst. Diese Zinsen werden **Zinseszinsen** genannt. Der Faktor **1,05** wird **Zinsfaktor** genannt.

Kapital einschließlich der Zinseszinsen: $K_n = K_0\left(1 + \frac{p}{100}\right)^n$

$K_n = K_0 \cdot q^n$

n gibt hier die Anzahl der Jahre an. K_0 ist das Anfangskapital und $q = 1 + \frac{p}{100}$ der Zinsfaktor.

Berechne mithilfe des Zinsfaktors das Guthaben nach drei (vier, fünf) Jahren.

Beispiele für die Berechnung von q

Zinssatz: $p\,\% = 3\,\%$ $\quad p\,\% = 5{,}7\,\%$

Zinsfaktor: $q = 1 + \frac{3}{100}$ $\quad q = 1 + \frac{5{,}7}{100}$

$q = 1 + 0{,}03$ $\quad q = 1 + 0{,}057$

$q = 1{,}03$ $\quad q = 1{,}057$

	a)	b)	c)
Kapital	6000 €	9000 €	14 000 €
Zinssatz	3,5 %	4,5 %	6,5 %

10 Herr Hase legt für seinen Sohn Nick am Tag der Geburt 1000 € zu einem Zinssatz von 6 % an. Auf welchen Betrag würde das Kapital bis zu Nicks 18. Geburtstag (Nicks 40. Geburtstag, Nicks 65. Geburtstag) anwachsen?

11 Berechne das Endkapital. Die Zinsen werden jährlich mitverzinst.

	a)	b)	c)	d)	e)	f)
Anfangskapital	6700 €	560 €	450 €	3400 €	8400 €	3453 €
Zinssatz p %	4 %	6 %	7 %	8,5 %	12,1 %	9,45 %
Laufzeit	3 Jahre	6 Jahre	4 Jahre	7 Jahre	11 Jahre	23 Jahre

12 Frau Alsdorf legte ihr Geld vor 5 Jahren zu 4 % Zinsen an. Nun werden ihr 10 390,22 € ausgezahlt.
Berechne wie im Beispiel das Anfangskapital.

	a)	b)	c)
Endkapital	184,48 €	105,34 €	20,00 €
Zinssatz p %	3 %	3,50 %	7,40 %
Laufzeit	7 Jahre	8 Jahre	10 Jahre

Gegeben: $K_n = 10\,390{,}22\,€$

$p\,\% = 4\,\%,\ n = 5$

Gesucht: K_0

$K_n = K_0 \cdot q^n$

$K_0 = \frac{K_n}{q^n}$

$K_0 = \frac{10\,390{,}22}{1{,}04^5}\,€$

$K_0 = 8540\,€$

Das Anfangskapital betrug 8540 €.

1 Annabel zahlt jeden Monat 100 € ihrer Ausbildungsvergütung in einen Sparvertrag ein. Der Vertrag wird mit 6 % verzinst.
Annabel berechnet mithilfe einer Tabellenkalkulation das Kapital am Ende des 1. Jahres.

Die Eingabe einer Formel beginnt immer mit dem Zeichen „=“.

Mit *Format-Zellen* kannst du Zahlen auf 2 Nachkommastellen formatieren.

Datei Bearbeiten Einfügen Format Extras Daten Fenster

Ansicht

HEUTE = = C3 + D3

	A	B	C	D	E	F
1			Guthaben	Einzahlung	Guthaben	
2			Monatsanfang	Monatsanfang	Monatsende	Zinsen
3	1. Jahr	1. Monat	0,00	100,00	= C3 + D3	
4		2. Monat				
5		3. Monat				
6		4. Monat				
7						
8						
9						

1. Gib die Tabelle wie abgebildet ein.
2. In der Spalte *„Guthaben Monatsanfang“* sollen *„Guthaben Monatsende“* und *„Einzahlung“* automatisch addiert werden. Gib hierzu die Zeichenfolge **=D3+E3** ein oder klicke die entsprechenden Felder an. Die Eingabe muss mit **Return** abgeschlossen werden.

A	B	C	D	E	F
		Guthaben	Einzahlung	Guthaben	
		Monatsanfang	Monatsanfang	Monatsende	Zinsen
1. Jahr	1. Monat	0,00	100,00	100,00	=E3*6/100/12
	2. Monat				
	3. Monat				
	4. Monat				

A	B	C	D	E	F
		Guthaben	Einzahlung	Guthaben	
		Monatsanfang	Monatsanfang	Monatsende	Zinsen
1. Jahr	1. Monat	0,00	100,00	100,00	0,50
	2. Monat				
	3. Monat				
	4. Monat				

3. In der Spalte Zinsen wird die Zinsformel **=F3*6/100/12** eingegeben und mit **Return** abgeschlossen.

Für die Division wird das Zeichen „/“ benutzt.

Datei Bearbeiten Einfügen Format Extras Daten Fenster

Ansicht

HEUTE = =E3

	A	B	C	D	E	F
1			Guthaben	Einzahlung	Guthaben	
2			Monatsanfang	Monatsanfang	Monatsende	Zinsen
3	1. Jahr	1. Monat	0,00	100,00	100,00	0,50
4		2. Monat	=E3			
5		3. Monat				
6		4. Monat				
7						
8						
9						

4. Das *Guthaben* des 1. Monats soll als *„Guthaben Monatsanfang“* des 2. Monats eingetragen werden.
Gib **=F3** ein oder klicke nach dem Gleichheitszeichen auf das Feld F3.

A	B	C	D	E	F
		Guthaben	Einzahlung	Guthaben	
		Monatsanfang	Monatsanfang	Monatsende	Zinsen
1. Jahr	1. Monat	0,00	100,00	100,00	0,50
	2. Monat	100,00	100,00	=C4+D4	1,00
	3. Monat				
	4. Monat				

A	B	C	D	E	F
		Guthaben	Einzahlung	Guthaben	
		Monatsanfang	Monatsanfang	Monatsende	Zinsen
1. Jahr	1. Monat	0,00	100,00	100,00	0,50
	2. Monat	100,00	100,00	200,00	=E4*6/100/12
	3. Monat				
	4. Monat				

5. Gib die entsprechenden Formeln für *„Guthaben im Monat“* und *„Zinsen“* ein.

Tipp: Du kannst eine Formel auch markieren, kopieren und an der neuen Stelle wieder einfügen.

	A	B	C	D	E	F
1			Guthaben	Einzahlung	Guthaben	
2			Monatsanfang	Monatsanfang	Monatsende	Zinsen
3	1. Jahr	1. Monat	0,00	100,00	100,00	0,50
4		2. Monat	100,00	100,00	200,00	1,00
5		3. Monat				
6		4. Monat				

	A	B	C	D	E	F
1			Guthaben	Einzahlung	Guthaben	
2			Monatsanfang	Monatsanfang	Monatsende	Zinsen
3	1. Jahr	1. Monat	0,00	100,00	100,00	0,50
4		2. Monat	100,00	100,00	200,00	1,00
5		3. Monat	200,00	100,00	300,00	1,50
6		4. Monat				

6. Markiere die Zellen wie abgebildet, kopiere sie und füge die kopierten Formeln und Zahlen in der Zeile des 3. Monats ein.
   Beobachte dabei die einzelnen Werte.

> Wenn man Formeln kopiert, werden die Feldbezeichnungen aktualisiert.

Datei Bearbeiten Einfügen Format Extras Daten Fenster

Ansicht

HEUTE = =SUMME(F3:F14)

	A	B	C	D	E	F
1			Guthaben	Einzahlung	Guthaben	
2			Monatsanfang	Monatsanfang	Monatsende	Zinsen
3	1.Jahr	1. Monat	0,00	100,00	100,00	0,50
4		2. Monat	100,00	100,00	200,00	1,00
5		3. Monat	200,00	100,00	300,00	1,50
6		4. Monat	300,00	100,00	400,00	2,00
7		5. Monat	400,00	100,00	500,00	2,50
8		6. Monat	500,00	100,00	600,00	3,00
9		7. Monat	600,00	100,00	700,00	3,50
10		8. Monat	700,00	100,00	800,00	4,00
11		9. Monat	800,00	100,00	900,00	4,50
12		10. Monat	900,00	100,00	1000,00	5,00
13		11. Monat	1000,00	100,00	1100,00	5,50
14		12. Monat	1100,00	100,00	1200,00	6,00
15						
16		Zinsen 1. Jahr				=SUMME(F3:F14)
17						
18		Zinsen 1. Jahr				39,00
19						
20		**Kontostand Jahresende**				**1239,00**

7. Vervollständige die Tabelle für das 1. Jahr und addiere in Feld F16 die Monatszinsbeträge.

> Du kannst hier auch die Funktion „SUMME“ benutzen.
> Klicke auf Σ.

8. Berechne in Feld F20 den Kontostand am Ende des 1. Jahres.

Berechne ebenso das Guthaben am Ende eines Jahres für folgende Sparverträge. Lege dazu jeweils eine neue Arbeitsmappe an.

	a)	b)	c)	d)
monatlicher Sparbetrag	200 €	50 €	120 €	331 €
Zinssatz	4%	3,5%	4,9%	5,25%

2 Hendriks Sparvertrag läuft über **vier Jahre**. Der Kontostand am Ende des ersten Jahres wird ins zweite Jahr übertragen.
monatlicher Sparbetrag: 50 €
Zinssatz: 4,2%

a) Berechne den Kontostand am Ende des zweiten, dritten und vierten Jahres.
b) Berechne den Kontostand am Ende des vierten Jahres für folgende Werte:
   monatlicher Sparbetrag: 150 €; Zinssatz: 5,1%

	A	B	C	D	E	F
12		10. Monat	450,00	50,00	500,00	1,75
13		11. Monat	500,00	50,00	550,00	1,93
14		12. Monat	550,00	50,00	600,00	2,10
15						
16		Zinsen 1. Jahr				13,65
17		Kontostand Jahresende				613,65
18						
19	2. Jahr	1. Monat	= F17			
20		2. Monat				
21		3. Monat				

L 1253,07; 1919,35; 2613,62; 7984,41

1 Für dringende Renovierungsarbeiten an ihrem Haus braucht Frau Böger ein Darlehen über 30000 €. Sie erkundigt sich bei der Sparkasse nach den Konditionen für Hypothekendarlehen. Die Bank macht ihr folgendes Angebot:

Mit der **jährlichen Anfangstilgung** wird der Eurobetrag bezeichnet, der im ersten Jahr zurückgezahlt wird.
Hier: 2% von 30000 € = 600 €

Die **jährliche Annuität** ist die jährlich zu leistende Gesamtzahlung (Zinsen + Tilgung).
Hier: 8% von 30000 € = 2400 €

Darlehen:	30000 €
Zinssatz:	6%
jährliche Anfangstilgung:	2% von 30000 €
jährliche Annuität:	2400 €
Monatsrate:	200 €
Tilgungsverrechnung:	monatlich

Erstelle mithilfe einer Tabellenkalkulation den Rückzahlungsplan für Frau Böger.
Die Werte für Darlehen, Zinssatz und Anfangstilgung in % sollen veränderbar sein. Alle anderen Werte sollen berechnet werden.

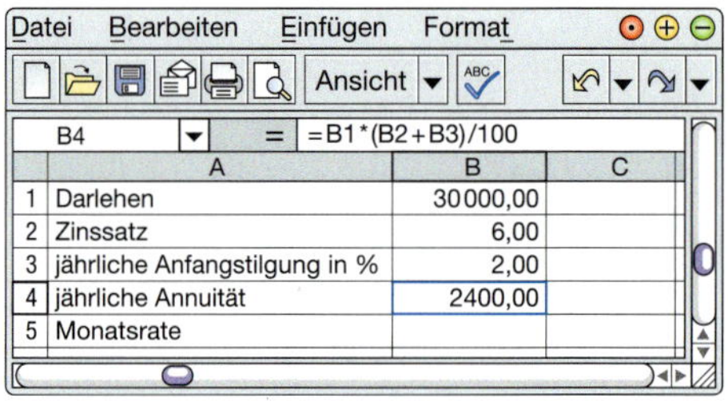

	A	B	C
1	Darlehen	30000,00	
2	Zinssatz	6,00	
3	jährliche Anfangstilgung in %	2,00	
4	jährliche Annuität	2400,00	
5	Monatsrate		

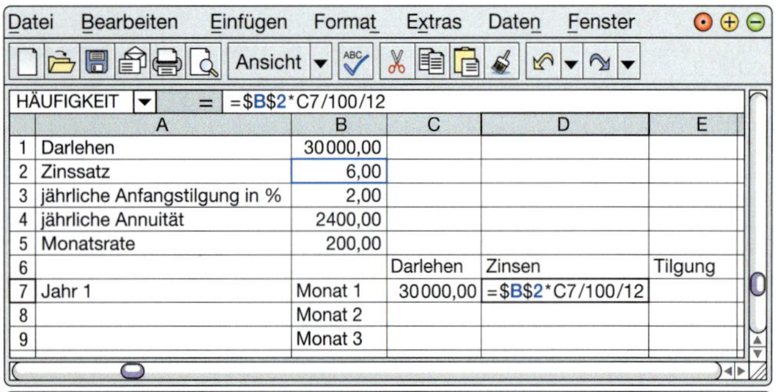

	A	B	C	D	E
1	Darlehen	30000,00			
2	Zinssatz	6,00			
3	jährliche Anfangstilgung in %	2,00			
4	jährliche Annuität	2400,00			
5	Monatsrate	200,00			
6			Darlehen	Zinsen	Tilgung
7	Jahr 1	Monat 1	30000,00	=$B$2*C7/100/12	
8		Monat 2			
9		Monat 3			

1. Damit beim Kopieren der Formel die Feldadresse B3 nicht verändert wird, musst du bei der Berechnung der Zinsen für Feld B3 die *absolute Adressierung ($B$3)* wählen.

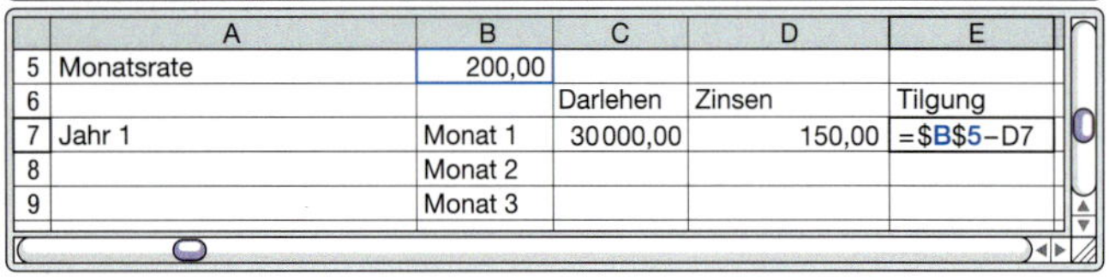

	A	B	C	D	E
5	Monatsrate	200,00			
6			Darlehen	Zinsen	Tilgung
7	Jahr 1	Monat 1	30000,00	150,00	=$B$5–D7
8		Monat 2			
9		Monat 3			

2. Die Tilgung kann als Differenz aus Monatsrate (absolute Adressierung) und Zinsen berechnet werden.

3. Zu Beginn des zweiten Monats wird die Tilgung verrechnet. Der Tilgungsbeitrag des ersten Monats wird vom Darlehen abgezogen, so dass im zweiten Monat auch weniger Zinsen anfallen und der Tilgungsbetrag bei gleich bleibender Monatsrate ansteigt.
Die Zins- und Tilgungsformel kannst du dabei kopieren.

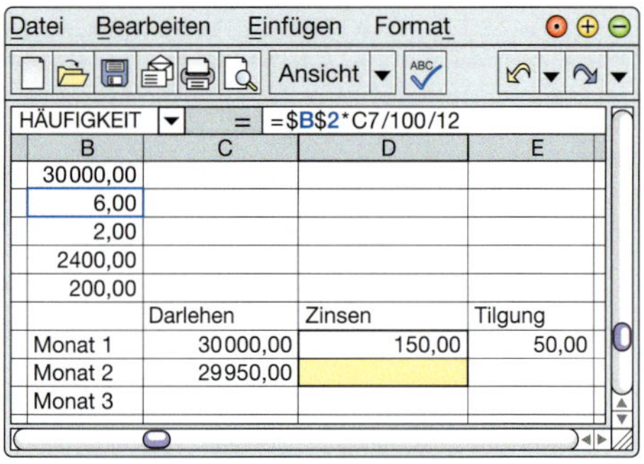

B	C	D	E
30000,00			
6,00			
2,00			
2400,00			
200,00			
	Darlehen	Zinsen	Tilgung
Monat 1	30000,00	150,00	50,00
Monat 2	29950,00		
Monat 3			

A	B	C	D	E	F	G
Darlehn	30000,00					
Zinssatz	6,00					
jährliche Anfangstilgung in %	2,00					
jährliche Annuität	2400,00					
Monatsrate	200,00					
		Darlehn	Zinsen	Tilgung	Summe Tilgung	Summe Zinsen
Jahr 1	Monat 1	30000,00	150,00	50,00		
	Monat 2	29950,00	149,75	50,25		
	Monat 3	29899,75	149,50	50,50		
	Monat 4	29849,25	149,25	50,75		
	Monat 5	29798,49	148,99	51,01		
	Monat 6	29747,49	148,74	51,26		
	Monat 7	29696,22	148,48	51,52		
	Monat 8	29644,71	148,22	51,78		
	Monat 9	29592,93	147,96	52,04		
	Monat 10	29540,89	147,70	52,30		
	Monat 11	29488,60	147,44	52,56		
	Monat 12	29436,04	147,18	52,82		

4. Kopiere die Formeln für Folgemonate und berechne anschließend die Summen für bisherige Tilgungs- und Zinszahlungen.

		Summe	Summe
en	Tilgung	Tilgung	Zinsen
150,00	50,00	50,00	
149,75	50,25	=E11+F10	
149,50	50,50		

		Zinsen	Tilgung	Summe Tilgung	Summe Zinsen	Summe Zahlungen
	0	150,00	50,00	50,00	150,00	200,00
	0	149,75	50,25	100,25	299,75	400,00
Monat 3	29899,75	149,50	50,50	150,75	449,25	600,00
Monat 4	29849,25	149,25	50,75	201,51	598,49	800,00
Monat 5	29798,49	148,99	51,01	252,51	747,49	1000,00
Monat 6	29747,49	148,74	51,26	303,78	896,22	1200,00
Monat 7	29696,22	148,48	51,52	355,29	1044,71	1400,00
Monat 8	29644,71	148,22	51,78	407,07	1192,93	1600,00
Monat 9	29592,93	147,96	52,04	459,11	1340,89	1800,00
Monat 10	29540,89	147,70	52,30	511,40	1488,60	2000,00
Monat 11	29488,60	147,44	52,56	563,96	1636,04	2200,00
Monat 12	29436,04	147,18	52,82	616,78	1783,22	2400,00

5. Addiere in einer weiteren Spalte die Summen der Tilgungs- und Zinszahlungen zur Summe aller Zahlungen.
   Welchen Betrag musst du am Ende von 12 Monaten erhalten? Vergleiche auch die Summe der Zinszahlungen mit der Summe der Tilgungen am Ende des Jahres.

6. Markiere die letzte Zeile und ziehe sie mit gedrückter Maustaste herunter um den weiteren Darlehensverlauf zu berechnen.

Monat 11	29488,60	147,44	52,56	563,96	1636,04	2200,00
Monat 12						

Maus

a) Nach wie vielen Monaten (Jahren) ist das Darlehen abbezahlt?
b) Wie hoch ist die Summe aller Zahlungen (Zinszahlungen, Tilgungszahlungen) bis zu diesem Zeitpunkt?
c) Erhöhe die jährliche Anfangstilgung auf 5 %. Wie lange dauert es jetzt, bis das Darlehen abbezahlt ist?
d) Um die monatliche Belastung gering zu halten, haben die meisten Hypothekendarlehen eine jährliche Anfangstilgung von einem Prozent. Berechne Laufzeit und Summen für diesen Wert. Vergleiche.
e) Markiere die Spalten Zinsen und Tilgung und stelle die Werte in einem Diagramm dar. Erkläre den Verlauf von Tilgungs- und Zinskurve.

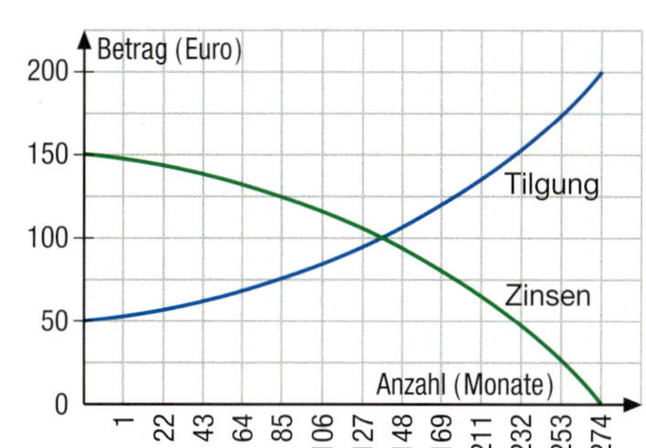

95 000 Berliner stecken in der Schuldenfalle

Schuldnerberatungen werden immer mehr in Anspruch genommen

Berlin. Der Jahresbeginn wird für Menschen mit finanziellen Problemen meist zur Zerreißprobe. Im Januar laufen alle Rechnungen auf, die im Voraus für das ganze Jahr zu zahlen sind und grundsätzlich nicht gestundet werden. Hinzu kommen laufende Ratenkaufverpflichtungen und Nachforderungen der Energieversorgungsunternehmen. …

Vorteilhaft einkaufen mit Ratenkauf

Bei größeren Anschaffungen können Sie bequem in 3, 6, 12, 18, 24, 36 oder 48 Monatsraten bezahlen.

Ratenkauf	Ratenkaufpreise (in €) bei Zahlung in Monatsraten						
Monatsraten	3	6	12	18	24	36	48
Kaufpreis in €							
50	51,14	52,01	53,78	■	■	■	65,12
100	102,28	104,02	107,56	■	■	■	130,24
200	204,56	208,04	215,12	■	■	■	260,48
300	306,84	312,06	322,68	■	■	■	390,72
400	409,12	**416,08**	430,24	■	■	■	520,96
500	511,40	520,10	537,80	■	■	■	651,20
600	613,68	624,12	645,36	■	■	■	781,44
800	818,24	832,16	860,48	■	■	■	1041,92
1000	1022,80	1040,20	1075,60	■	■	■	1302,40
monatlicher Aufschlag	0,76 %	**0,67 %**	0,63 %	0,62 %	0,61 %	0,62 %	0,63 %
Jahreszinssatz	■	**8,04 %**	■	■	■	■	■
effektiver Jahreszins							

a) Viele Versandhäuser bieten dem Kunden eine Ratenzahlung für seine Anschaffungen an. Mit welchen Argumenten werben die Anbieter für den Ratenkauf? Welche finanziellen Probleme können auf den Kunden zukommen?

b) Berechne die Ratenkaufpreise in der Tabelle für 18 (24, 36) Monate wie im Beispiel.
Hier lohnt sich der Einsatz einer Tabellenkalkulation.

Ein Kaufpreis von 400 € wird in sechs Monatsraten zurückgezahlt.
Wie hoch ist der Ratenkaufpreis?

1. Jahreszinssatz
   $p\% = 0{,}67\,\% \cdot 12 = 8{,}04\,\%$
2. Zinsen
   $Z = \frac{K \cdot p \cdot n}{100 \cdot 12}$
   $Z = \frac{400 \cdot 8{,}04 \cdot 6}{100 \cdot 12}\ €$
   $Z = 16{,}08\ €$
3. Ratenkaufpreis
   Ratenkaufpreis = 400 € + 16,08 €
   Ratenkaufpreis = 416,08 €

Der Ratenkaufpreis beträgt 416,08 €.

effektiver Jahreszins

2

Die Kreditinstitute und alle anderen Kreditgeber sind durch die **Preisangabenverordnung** dazu verpflichtet, neben dem monatlichen Zinssatz oder Jahreszinssatz **(Nominalzinssatz)** auch den **effektiven Jahreszinssatz** auszuweisen. Der effektive Jahreszinssatz soll die Konditionen der unterschiedlichen Kreditgeber (Banken, Versandhäuser, …) vergleichbar machen. Beim Nominalzinssatz wird innerhalb eines Jahres nicht berücksichtigt, dass die Restschuld durch monatliche Rückzahlung **(Tilgung)** immer kleiner wird.
Beim **effektiven (tatsächlichen) Jahreszinssatz** müssen alle Tilgungen und alle sonstigen anfallenden Kosten (Gebühren und Provisionen) während der Laufzeit berücksichtigt werden. Auch innerhalb eines Jahres wird mit Zinseszins gerechnet.

Jana hat sich bei der Bank erkundigt, wie man den effektiven Jahreszinssatz für einen Kredit über 800 € und einem Zinssatz von 9,2% berechnet. Das geliehene Geld soll nach sechs Monaten mit den angefallenen Zinsen zurückgezahlt werden.

1. Berechnung des Rückzahlungsbetrages

Gegeben: $K_0 = 800$ €, $p\,\% = 9{,}2\,\%$
Anzahl der Monate: $n = 6$
Gesucht: Z

$$Z = \frac{K_0 \cdot p \cdot n}{100 \cdot 12}$$

$$Z = \frac{800 \cdot 9{,}2 \cdot 6}{100 \cdot 12}\ €$$

$$Z = 36{,}80\ €$$

Der Rückzahlungsbetrag beträgt
800 € + 36,80 € = 836,80 €

2. Berechnung des effektiven Jahreszinssatzes mithilfe der Zinseszinsformel

Gegeben: $K_0 = 800$ €, $K_n = 836{,}80$ €, $n = 0{,}5$ (n bezeichnet hier die Anzahl der Jahre, K_n den Rückzahlungsbetrag)
Gesucht: p_{eff} (effektiver Jahreszins)

$$K_n = K_0 \cdot q^n$$

$$q^n = \frac{K_n}{K_0}$$

$$q = \left(\frac{K_n}{K_0}\right)^{\frac{1}{n}}$$

$$q = \left(\frac{836{,}80}{800}\right)^{\frac{1}{0{,}5}}$$

$$q = 1{,}094116$$

$$p_{eff} \approx 9{,}41\,\%$$

Der effektive Jahreszinssatz beträgt 9,41%.

Gemäß der Preisangabenverordnung wird auch innerhalb eines Jahres mit der Zinseszinsformel gerechnet.

Berechne den effektiven Jahreszinssatz für die folgenden Kredite. Die Rückzahlung und die Zinszahlung erfolgen immer erst am Ende der Laufzeit.

	a)	b)	c)
Kapital	500 €	620 €	2000 €
Zinssatz	6%	4,20%	8,50%
Laufzeit	1 Jahr	15 Monate	3 Monate

3 Ein Kredit von 600 € soll in drei Monatsraten zurückgezahlt werden. Bei einem Nominalzinssatz von 8 % müssen 12 € Zinsen gezahlt werden.
Im folgenden Beispiel wird verdeutlicht, wie der effektive Jahreszins bei monatlicher Ratenzahlung berechnet wird. Zum Vergleich wird parallel dazu eine Berechnung durchgeführt, bei der der Kreditbetrag am Ende der Laufzeit zurückgezahlt wird.

Gegeben: $K_0 = 600$ €, $K_n = 612$ €, $n = \frac{3}{12}$ (hier Anzahl der Jahre)
Gesucht: q, p_{eff}

Berechnung 1 (Rückzahlung am Ende der Laufzeit)

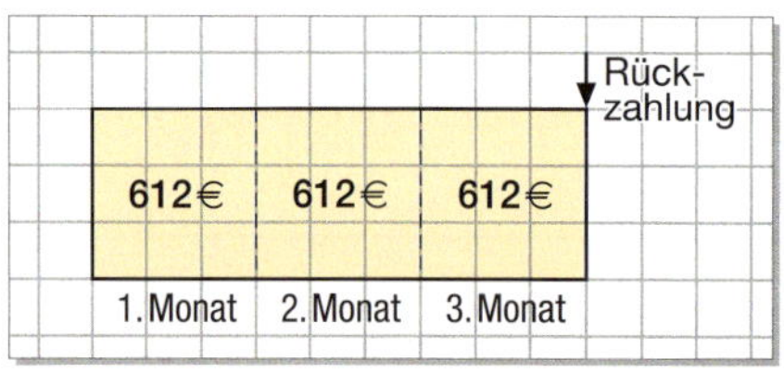

$$K_0 = \frac{K_n}{q^n}$$

$$q = \left(\frac{K_n}{K_0}\right)^{\frac{1}{n}}$$

$$q = \left(\frac{612}{600}\right)^{\frac{1}{0,25}}$$

$$q \approx 1{,}08243216$$

$$p_{eff} \approx 8{,}24\,\%$$

Berechnung 2 (Der Kreditbetrag wird in 3 Monatsraten zu je 204 € zurückgezahlt.)

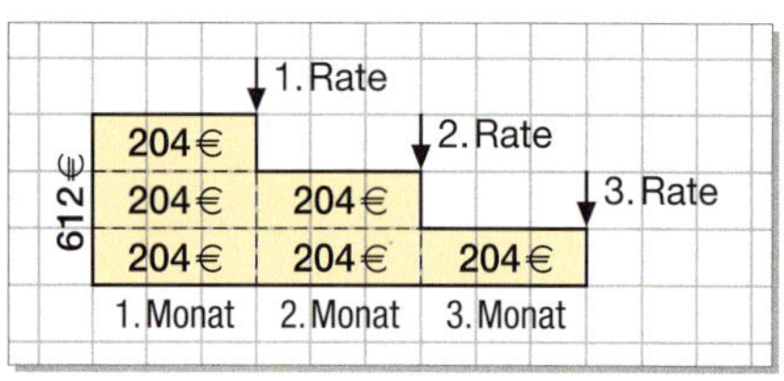

$$K_0 = \frac{Rate_1}{q^{n_1}} + \frac{Rate_2}{q^{n_2}} + \frac{Rate_3}{q^{n_3}}$$

$$600 = \frac{204}{q^{\frac{1}{12}}} + \frac{204}{q^{\frac{2}{12}}} + \frac{204}{q^{\frac{3}{12}}}$$

Die Bestimmung von q kann hier nicht durch Formelumstellung erfolgen.
Mit einer Tabellenkalkulation kann q durch Annäherung bestimmt werden.

Bestimmung von q mit einer Tabellenkalkulation durch Annäherung

Gib die Formel für die monatliche Rückzahlung in eine Tabellenkalkulation ein und verändere den Wert für q solange, bis der Wert für K_0 möglichst genau erreicht wird.

Der effektive Jahreszins beträgt 12,63 %.

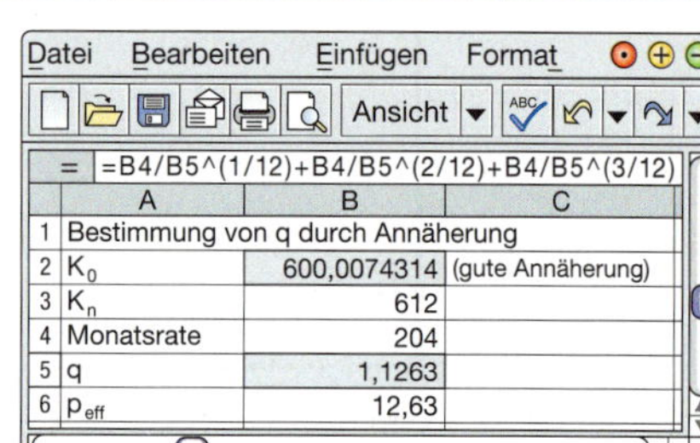

	A	B	C
1	Bestimmung von q durch Annäherung		
2	K_0	600,0074314	(gute Annäherung)
3	K_n	612	
4	Monatsrate	204	
5	q	1,1263	
6	p_{eff}	12,63	

a) Vergleiche die effektiven Zinssätze bei Ratenzahlung und Rückzahlung am Ende der Laufzeit.

b) Berechne den effektiven Jahreszinssatz für die folgenden Kredite. Die Rückzahlung erfolgt monatlich.
Berechne anschließend den Nominalzinssatz und vergleiche.

	a)	b)	c)
Kreditsumme K_0	900 €	1800 €	660,00 €
Rückzahlungsbetr. K_n	911,25 €	1848 €	684,75 €
Anz. Monate	3	4	5

Brüche

Der **Nenner** eines **Bruches** gibt an, in wie viele gleich große Teile das Ganze eingeteilt wurde.
Der **Zähler** gibt an, wie viele Teile genommen werden.

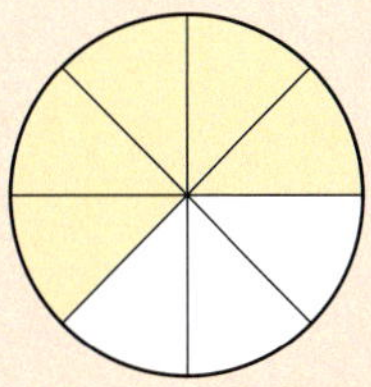

Bruch $\frac{5}{8}$ — Zähler (5), Bruchstrich, Nenner (8)

Erweitern von Brüchen

$\frac{5}{8} = \frac{5 \cdot 3}{8 \cdot 3} = \frac{15}{24}$

Zähler und Nenner werden mit der gleichen Zahl multipliziert.

Kürzen von Brüchen

$\frac{15}{24} = \frac{15 : 3}{24 : 3} = \frac{5}{8}$

Zähler und Nenner werden durch die gleiche Zahl dividiert.

Dezimalbrüche

Ein Dezimalbruch ist ein Bruch mit dem Nenner 10, 100, 1000, …

$0{,}7 = \frac{7}{10}$ $\quad 0{,}17 = \frac{17}{100}$ $\quad 0{,}137 = \frac{137}{1000}$

$0{,}2 = \frac{2}{10} = \frac{1}{5}$ $\quad 0{,}6 = \frac{6}{10} = \frac{3}{5}$

$0{,}25 = \frac{25}{100} = \frac{1}{4}$ $\quad 0{,}75 = \frac{75}{100} = \frac{3}{4}$

$\frac{8}{50} = \frac{16}{100} = 0{,}16$ $\quad \frac{27}{50} = \frac{54}{100} = 0{,}54$

$\frac{7}{20} = \frac{35}{100} = 0{,}35$ $\quad \frac{5}{8} = \frac{625}{1000} = 0{,}625$

1 Welcher Bruchteil ist gefärbt (weiß)?

a) b) c)

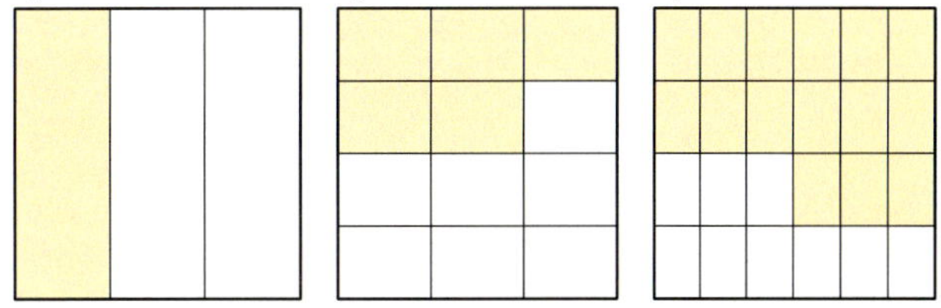

b) c)

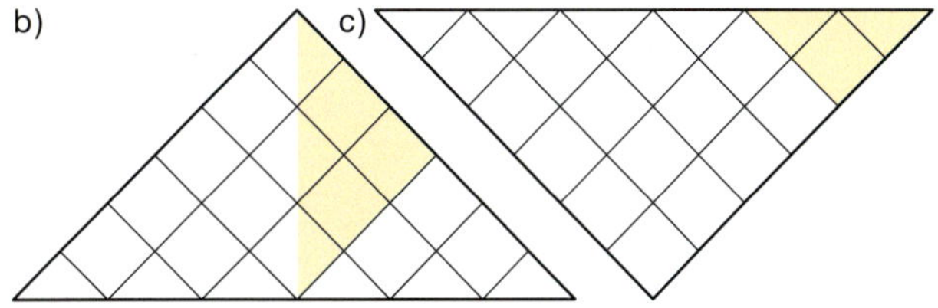

2 Erweitere mit 2 (4, 5, 7).

$\frac{2}{3}$ $\quad \frac{3}{4}$ $\quad \frac{7}{9}$ $\quad \frac{1}{14}$ $\quad \frac{5}{13}$ $\quad \frac{7}{11}$

3 Erweitere auf den angegebenen Nenner.

a) $\frac{3}{4} = \frac{\square}{8}$ $\quad \frac{2}{3} = \frac{\square}{24}$ $\quad \frac{3}{4} = \frac{\square}{32}$

b) $\frac{5}{6} = \frac{\square}{30}$ $\quad \frac{5}{16} = \frac{\square}{64}$ $\quad \frac{7}{15} = \frac{\square}{90}$

4 Kürze so weit wie möglich.

a) $\frac{6}{8}$ $\quad \frac{12}{16}$ $\quad \frac{16}{24}$ $\quad \frac{20}{32}$ $\quad \frac{18}{36}$

b) $\frac{36}{64}$ $\quad \frac{24}{128}$ $\quad \frac{36}{90}$ $\quad \frac{74}{148}$ $\quad \frac{51}{119}$

5 Schreibe als Bruch. Kürze, wenn möglich.

a) 0,5 0,6 0,8 0,3 0,1
b) 0,40 0,65 0,001 0,007 0,020
c) 0,005 0,0004 0,0008 0,0061 0,0307

6 Schreibe als Dezimalbruch.

a) $\frac{1}{2}$ $\quad \frac{3}{4}$ $\quad \frac{1}{10}$ $\quad \frac{9}{10}$ $\quad \frac{7}{100}$

b) $\frac{1}{1000}$ $\quad \frac{321}{1000}$ $\quad \frac{25}{100}$ $\quad \frac{105}{1000}$ $\quad \frac{600}{1000}$

7 Erweitere und schreibe als Dezimalbruch.

a) $\frac{1}{5}$ $\quad \frac{4}{5}$ $\quad \frac{3}{2}$ $\quad \frac{1}{4}$ $\quad \frac{7}{50}$

b) $\frac{3}{20}$ $\quad \frac{21}{20}$ $\quad \frac{11}{25}$ $\quad \frac{1}{40}$ $\quad \frac{37}{500}$

c) $\frac{41}{200}$ $\quad \frac{1}{250}$ $\quad \frac{13}{5000}$ $\quad \frac{1}{80}$ $\quad \frac{5}{16}$

Eine **gemischte Zahl** besteht aus einer **natürlichen Zahl** und einem **echten Bruch**.

$3\frac{4}{5}$

natürliche Zahl (3) echter Bruch ($\frac{4}{5}$)

gemischte Zahl

$\frac{7}{8} = 7 : 8 =$

7 : 8 = 0,875
70
64
 60
 56
  40
  40
   0

$\frac{7}{11} = 7 : 11 =$

7 : 11 = 0,6363… = $0,\overline{63}$
70
66
 40
 33
  70
  66
   40…

Runden von Dezimalbrüchen

Beim Runden eines Dezimalbruchs auf eine bestimmte Stelle kommt es nur auf die nachfolgende Stelle an.
Steht dort die Ziffer 0, 1, 2, 3, 4, wird **ab**gerundet.
Steht dort die Ziffer 5, 6, 7, 8, 9, wird **auf**gerundet.

Runden auf Zehntel:
0,3**4**8 ≈ 0,3   0,9**5**4 ≈ 1,0

Runden auf Hundertstel:
0,32**3**9 ≈ 0,32   0,54**6**2 ≈ 0,55

1 Schreibe als Bruch.

a) $1\frac{1}{2}$	$2\frac{1}{3}$	$3\frac{1}{4}$	$7\frac{2}{5}$	$9\frac{5}{12}$
b) 1,2	4,3	5,071	6,031	55,03

2 Schreibe als gemischte Zahl.

a) $\frac{5}{2}$	$\frac{25}{4}$	$\frac{7}{3}$	$\frac{31}{9}$	$\frac{42}{5}$
b) 2,3	7,07	19,301	17,051	22,001

3 Bestimme den Dezimalbruch durch Division.

a) $\frac{3}{4}$	$\frac{3}{8}$	$\frac{17}{40}$	$\frac{17}{20}$	$\frac{5}{16}$
b) $\frac{11}{16}$	$\frac{10}{32}$	$\frac{19}{20}$	$\frac{7}{200}$	$\frac{9}{125}$
c) $\frac{9}{8}$	$\frac{20}{16}$	$\frac{27}{20}$	$\frac{41}{32}$	$\frac{90}{80}$
d) $\frac{201}{4}$	$\frac{73}{40}$	$\frac{35}{16}$	$\frac{45}{40}$	$\frac{18}{16}$

4 Bestimme den Dezimalbruch durch Division. Du erhältst einen periodischen Dezimalbruch.

a) $\frac{1}{3}$	$\frac{5}{9}$	$\frac{5}{6}$	$\frac{1}{11}$	$\frac{5}{18}$
b) $\frac{17}{18}$	$\frac{7}{12}$	$\frac{19}{33}$	$\frac{15}{22}$	$\frac{1}{90}$
c) $\frac{5}{33}$	$\frac{50}{22}$	$\frac{18}{37}$	$\frac{17}{11}$	$\frac{25}{12}$
d) $2\frac{1}{3}$	$5\frac{1}{9}$	$6\frac{1}{11}$	$8\frac{5}{12}$	$4\frac{20}{37}$

5 Runde auf Zehntel.

a) 0,36	0,93	0,554	0,436	0,29
b) 2,64	6,97	7,849	6,048	8,9914
c) 25,787	64,949	91,691	25,95	59,97
d) 0,05	0,08	0,007	9,099	1,999

6 Runde auf Hundertstel.

a) 0,515	0,376	0,613	0,739	0,544
b) 2,776	3,828	3,565	7,795	4,444
c) 26,976	6,9449	7,9051	6,8838	6,9949
d) 0,5	0,7	3,4	2,59	11,51

7 Runde auf Tausendstel.

a) 0,8345	0,57646	0,96251	0,66654
b) 2,45791	3,90953	0,00033	8,699522
c) 9,99952	0,00349	6,6	0,7

Addition (Subtraktion) von Brüchen

$\frac{1}{5} + \frac{2}{5} = \frac{3}{5}$

$\frac{1}{2} + \frac{1}{3} = \frac{3}{6} + \frac{2}{6} = \frac{5}{6}$

$\frac{7}{11} - \frac{3}{11} = \frac{4}{11}$

$\frac{5}{8} - \frac{1}{3} = \frac{15}{24} - \frac{8}{24} = \frac{7}{24}$

Die Brüche müssen vor dem Addieren (Subtrahieren) so erweitert werden, dass sie den gleichen Nenner haben. Dann werden die Zähler addiert (subtrahiert). Der Nenner ändert sich nicht.

Addition von Dezimalbrüchen

Beim schriftlichen Addieren gilt: Komma unter Komma.

2,88 + 0,354 + 6,6 = ▭

2,	8	8	
0,	3	5	4
6,	6		
1	1		
9,	8	3	4

2,88 + 0,354 + 6,6 = 9,834

Subtraktion von Dezimalbrüchen

Beim schriftlichen Subtrahieren gilt: Komma unter Komma.

3,8 − 2,567 − 0,84 = ▭

	3,	8	0	0
−	2,	5	6	7
−	0,	8	4	
	1	2	1	
	0,	3	9	3

3,8 − 2,567 − 0,84 = 0,393

1 Bestimme den Hauptnenner und addiere. Kürze das Ergebnis, wenn möglich.

a) $\frac{1}{6} + \frac{3}{6}$ $\quad \frac{9}{20} + \frac{7}{20}$ $\quad \frac{1}{4} + \frac{1}{5}$ $\quad \frac{1}{2} + \frac{2}{5}$

b) $\frac{2}{3} + \frac{1}{4}$ $\quad \frac{3}{16} + \frac{1}{4}$ $\quad \frac{3}{8} + \frac{5}{12}$ $\quad \frac{5}{18} + \frac{5}{9}$

c) $1\frac{1}{2} + \frac{1}{2}$ $\quad 1\frac{1}{2} + \frac{3}{4}$ $\quad 2\frac{1}{5} + \frac{1}{6}$ $\quad 5\frac{1}{8} + \frac{1}{2}$

d) $2\frac{5}{8} + 3\frac{1}{6}$ $\quad 4\frac{7}{12} + 3\frac{2}{3}$ $\quad 5\frac{5}{6} + 4\frac{7}{9}$ $\quad 8\frac{9}{10} + 1\frac{13}{15}$

2 Bestimme den Hauptnenner und subtrahiere. Kürze das Ergebnis, wenn möglich.

a) $\frac{7}{15} - \frac{3}{15}$ $\quad \frac{9}{20} - \frac{6}{20}$ $\quad \frac{1}{2} - \frac{1}{3}$ $\quad \frac{1}{5} - \frac{1}{6}$

b) $\frac{2}{3} - \frac{1}{4}$ $\quad \frac{7}{8} - \frac{5}{12}$ $\quad \frac{7}{9} - \frac{5}{8}$ $\quad \frac{3}{40} - \frac{4}{60}$

c) $3\frac{1}{2} - \frac{1}{3}$ $\quad 4\frac{1}{5} - \frac{1}{6}$ $\quad 8\frac{7}{15} - \frac{3}{5}$ $\quad 7\frac{1}{3} - \frac{5}{12}$

d) $8\frac{1}{5} - 4\frac{1}{2}$ $\quad 9\frac{3}{10} - 4\frac{1}{7}$ $\quad 1\frac{1}{2} - \frac{1}{13}$ $\quad 5 - \frac{18}{19}$

3 Schreibe richtig untereinander und addiere.

a) 8,35 + 4,09 + 1,74
2,47 + 3,35 + 4,84
3,88 + 4,51 + 3,87

b) 3,77 + 6,4 + 0,561
0,753 + 1,76 + 2,6
2,8 + 0,786 + 4,55

c) 13,8 + 12,5 + 33,7 + 34,6 + 17,5
6,87 + 0,64 + 2,88 + 0,95 + 9,83
10,85 + 42,04 + 30,06 + 11,64 + 42,22

4 Schreibe richtig untereinander und subtrahiere.

a) 12,7 − 7,3
27,5 − 8,9
47,8 − 18,8

b) 6,46 − 2,89
3,52 − 2,39
5,36 − 4,59

c) 5,3 − 3,18
6,8 − 4,94
10,3 − 6,28

d) 5,7 − 1,562 − 3,3
4,2 − 0,875 − 2,4
4,81 − 2,5 − 0,965

e) 52,087 − 23,8 − 16,09
50,7 − 30,05 − 20,006
13,92 − 5,842 − 7,4

5 Berechne.

a) 38,6 − 6,095 + 0,07 − 5,469 + 6
b) 120 − 13,8 + 22,04 − 0,3258 + 5
c) 19,45 − 13,67 + 4,306 − 7,435 + 1,04
d) 653 − 8,45 − 94,7 − 0,648 + 30
e) 357,07 − 5,077 − 61,08 + 0,6735
f) 5,09 + 53,795 + 0,061 − 43,009 − 9,040
g) 4,76 + (34,2 − 1,45) + 12
h) 500,91 − (33,5 − 0,061) − 33,091 + 19,14
i) 4 + (56 − 0,04) + 0,002 − 12

Multiplizieren von Brüchen

$\frac{5}{8} \cdot \frac{4}{15} = \frac{\overset{1}{\cancel{5}} \cdot \overset{1}{\cancel{4}}}{\underset{2}{\cancel{8}} \cdot \underset{3}{\cancel{15}}} = \frac{1}{6}$

$\frac{2}{3} \cdot 5 = \frac{2 \cdot 5}{3} = \frac{10}{3} = 3\frac{1}{3}$

Der Zähler wird mit dem Zähler und der Nenner mit dem Nenner multipliziert.

Dividieren von Brüchen

$\frac{1}{4} : \frac{1}{2} = \frac{1 \cdot \overset{1}{\cancel{2}}}{\underset{2}{\cancel{4}} \cdot 1} = \frac{1}{2}$

$\frac{3}{8} : 5 = \frac{3 \cdot 1}{8 \cdot 5} = \frac{3}{40}$

Wir dividieren durch einen Bruch, indem wir mit seinem Kehrwert multiplizieren.

Multiplizieren von Dezimalbrüchen

Beim Multiplizieren gilt: Das Ergebnis hat so viele Stellen nach dem Komma wie beide Faktoren zusammen.

		3 Stellen					2 Stellen		
	0,	0	4	6	·	0,	6	8	
					2	7	6		
						3	6	8	
					1	1			
			0,	0	3	1	2	8	
				5 Stellen					

Dividieren von Dezimalbrüchen

Bei beiden Zahlen wird das Komma um so viele Stellen nach rechts verschoben, dass die zweite Zahl eine ganze Zahl wird.

1,932 : 0,14 = ▫
193,2 : 14 = 13,8
<u>14</u>
 53
 <u>42</u>
 112
 <u>112</u>
   0

Beim Überschreiten des Kommas wird im Ergebnis das Komma gesetzt.

1 Berechne. Kürze vor dem Ausrechnen.

a) $\frac{1}{2} \cdot \frac{1}{3}$ $\frac{2}{5} \cdot \frac{5}{6}$ $\frac{4}{9} \cdot \frac{1}{4}$ $\frac{5}{9} \cdot \frac{3}{10}$

b) $\frac{7}{11} \cdot \frac{11}{14}$ $\frac{5}{13} \cdot \frac{26}{25}$ $\frac{7}{12} \cdot \frac{9}{14}$ $\frac{5}{9} \cdot \frac{27}{55}$

c) $\frac{1}{3} \cdot 3$ $\frac{1}{4} \cdot 8$ $\frac{2}{3} \cdot 27$ $15 \cdot \frac{3}{10}$

2 Berechne. Kürze vor dem Ausrechnen.

a) $\frac{1}{3} : \frac{1}{3}$ $\frac{1}{3} : \frac{1}{2}$ $\frac{5}{9} : \frac{5}{6}$ $\frac{5}{4} : \frac{1}{8}$

b) $\frac{5}{12} : \frac{1}{6}$ $\frac{32}{35} : \frac{10}{21}$ $\frac{33}{35} : \frac{22}{14}$ $\frac{14}{25} : \frac{21}{40}$

c) $\frac{1}{2} : 7$ $\frac{2}{3} : 4$ $35 : \frac{7}{10}$ $24 : \frac{12}{19}$

3 Multipliziere im Kopf.

a) 0,1 · 4; 0,3 · 2; 0,6 · 2
b) 2,5 · 2; 1,5 · 3; 4,5 · 6
c) 0,6 · 3; 0,4 · 10; 0,35 · 2

d) 0,1 · 0,1; 0,1 · 0,2; 0,1 · 0,8
e) 0,02 · 2; 0,07 · 4; 0,13 · 3
f) 0,006 · 0,3; 0,002 · 0,16; 0,014 · 0,5

4 Multipliziere schriftlich.

a) 5,8 · 7; 6,5 · 8; 7,8 · 5
b) 4,97 · 7; 3,65 · 9; 7,06 · 9
c) 4,65 · 28; 7,38 · 35; 5,89 · 97

d) 5,6 · 7,4; 4,8 · 8,7; 2,6 · 8,3
e) 0,86 · 7,8; 3,72 · 4,5; 5,4 · 0,76
f) 0,76 · 7,6; 0,48 · 7,95; 2,47 · 0,944

5 Berechne im Kopf.

a) 57 : 10; 57,1 : 10; 5,7 : 10; 0,57 : 10
b) 345 : 100; 455,9 : 100; 55,421 : 100; 0,045 : 100
c) 5345 : 1000; 679,1 : 1000; 0,43 : 1000; 0,097 : 1000

6 Dividiere.

a) 2,492 : 0,7; 8,912 : 1,6; 0,0896 : 3,2
b) 0,8675 : 0,25; 13,398 : 0,29; 0,0282 : 0,015
c) 0,10572 : 0,04; 333,409 : 0,59; 0,60214 : 0,023

Masseeinheiten

$1\,t = 1000\,kg$ $1\,kg = 0{,}001\,t$
$1\,kg = 1000\,g$ $1\,g = 0{,}001\,kg$
$1\,g = 1000\,mg$ $1\,mg = 0{,}001\,g$

Im Alltag ist der Begriff „Gewicht" an Stelle von Masse gebräuchlich.

$15\,kg + 560\,g + 480\,mg$
$= 15\,000\,g + 560\,g + 0{,}48\,g$
$= 15\,560{,}48\,g$

$8{,}2\,t + 360\,kg + 4\,t$
$= 8{,}2\,t + 0{,}36\,t + 4\,t$
$= 12{,}56\,t$

Längeneinheiten

$1\,km = 1000\,m$ $1\,m = 0{,}001\,km$
$1\,m = 10\,dm$ $1\,dm = 0{,}1\,m$
$1\,dm = 10\,cm$ $1\,cm = 0{,}1\,dm$
$1\,cm = 10\,mm$ $1\,mm = 0{,}1\,cm$

$13{,}86\,km + 34\,m$
$= 13\,860\,m + 34\,m$
$= 13\,894\,m$

$18\,km + 1450\,m + 125\,dm$
$= 18\,km + 1{,}450\,km + 0{,}0125\,km$
$= 19{,}4625\,km$

Flächeneinheiten

$1\,km^2 = 100\,ha$ $1\,ha = 0{,}01\,km^2$
$1\,ha = 100\,a$ $1\,a = 0{,}01\,ha$
$1\,a = 100\,m^2$ $1\,m^2 = 0{,}01\,a$
$1\,m^2 = 100\,dm^2$ $1\,dm^2 = 0{,}01\,m^2$
$1\,dm^2 = 100\,cm^2$ $1\,cm^2 = 0{,}01\,dm^2$
$1\,cm^2 = 100\,mm^2$ $1\,mm^2 = 0{,}01\,cm^2$

Hektar (ha), Ar (a)

Raumeinheiten (Volumeneinheiten)

$1\,m^3 = 1000\,dm^3$ $1\,dm^3 = 0{,}001\,m^3$
$1\,dm^3 = 1000\,cm^3$ $1\,cm^3 = 0{,}001\,dm^3$
$1\,cm^3 = 1000\,mm^3$ $1\,mm^3 = 0{,}001\,cm^3$

1 Wandle in die Einheit um, die in Klammern steht.

a) 3 kg (g); 4 g (mg); 3 t (kg)
b) 61 g (mg); 65 t (kg); 32 kg (g)
c) 7000 g (kg); 33 000 mg (g); 87 000 kg (t)

d) 2,5 kg (g); 1,5 t (kg); 1,2 g (mg)
e) 5,87 t (kg); 2,06 g (mg); 7,75 kg (g)
f) 0,125 kg (g); 0,0365 t (kg); 0,0074 t (kg)

g) 2200 g (kg); 6600 kg (t); 4600 g (kg)
h) 200 g (kg); 600 kg (t); 300 mg (g)
i) 43 kg (t); 27 g (kg); 5 g (kg)

2 Wandle zuerst in die gleiche Einheit um.

a) 14 kg + 670 g + 140 g; 2470 g + 17 kg + 6 kg; 3 t + 2500 kg + 570 kg
b) 32 kg − 1480 g; 6 t − 580 kg; 2 t − 45 kg

3 Wandle in die Einheit um, die in Klammern steht.

a) 7 cm (mm); 1,3 m (cm); 2,30 m (cm); 70 cm (m)
b) 51 dm (cm); 230 mm (cm); 18 mm (cm); 6,34 m (dm)
c) 5 m (cm); 3,4 km (m); 450 m (km); 6,4 cm (mm)

4 Wandle in die kleinere Einheit um und berechne.

a) 3,3 m + 55 cm; 4,9 cm + 22 mm; 3,67 m + 8 cm
b) 120 km + 7256 m + 2,1 km; 6,72 m + 99 cm + 2 m; 7,89 km + 563 m + 0,6 km

5 Wandle in die Einheit um, die in Klammern steht.

a) $3\,dm^2$ (cm^2); 5 ha (a); $7\,km^2$ (ha)
b) $4\,cm^2$ (mm^2); $3{,}8\,m^2$ (dm^2); $3{,}6\,m^2$ (cm^2)
c) 5,5 a (m^2); 3,9 ha (a); 2,6 ha (m^2)

6 Wandle in die nächstgrößere Einheit um.

a) $20\,000\,cm^2$; $200\,mm^2$; $6000\,dm^2$
b) $3400\,dm^2$; 45,9 a; 156,8 ha
c) 23,8 ha; $7{,}5\,mm^2$; $31{,}8\,cm^2$

7 Wandle in die Einheit um, die in Klammern steht.

a) $5\,dm^3$ (cm^3); $13\,cm^3$ (mm^3); $5{,}3\,m^3$ (cm^3)
b) $3{,}4\,cm^3$ (mm^3); $1{,}9\,m^3$ (dm^3); $0{,}4\,m^3$ (dm^3)
c) $1100\,dm^3$ (m^3); $3000\,cm^3$ (dm^3); $800\,mm^3$ (cm^3)

d) $4{,}1\,cm^3$ (mm^3); $0{,}04\,km^3$ (m^3); $0{,}013\,m^3$ (dm^3)
e) $1{,}02\,dm^3$ (m^3); $0{,}2\,dm^3$ (mm^3); $0{,}0031\,m^3$ (dm^3)
f) $0{,}03\,m^3$ (dm^3); $0{,}01\,m^3$ (cm^3); $0{,}071\,m^3$ (cm^3)

8 Zitronen kosten 1,68 €.

Anzahl ⟶ Preis

Anzahl	Preis (€)
8	1,68
16	3,36
24	5,04
8	1,68
4	0,84
2	0,42

(·2: 8 ⟶ 16, 1,68 ⟶ 3,36; ·3: 8 ⟶ 24, 1,68 ⟶ 5,04; :2: 8 ⟶ 4, 1,68 ⟶ 0,84; :4: 8 ⟶ 2, 1,68 ⟶ 0,42)

doppelte Anzahl ⟶ **doppelter** Preis
dreifache Anzahl ⟶ **dreifacher** Preis

Hälfte d. Anzahl ⟶ **Hälfte** d. Preises
Drittel d. Anzahl ⟶ **Drittel** d. Preises

Diese Zuordnung ist **proportional**.

Dreisatz

18 Kiwis kosten 3,42 €.
Wie viel kosten 7 Kiwis?

Anzahl	Preis (€)
18	3,42
1	0,19
7	1,33

(:18, ·7)

18 Kiwis kosten 3,42 €.
1 Kiwi kostet 3,42 € : 18 = 0,19 €.
7 Kiwis kosten 0,19 € · 7 = 1,33 €.

800 Schrauben wiegen 10 kg.
Wie viel Kilogramm wiegen 300 Schrauben?

Anzahl	Masse (kg)
800	10
100	1,25
300	3,75

(:8, ·3)

300 Schrauben wiegen 3,75 kg.

1 Die folgenden Zuordnungen sind proportional. Berechne die fehlenden Werte.

a)

kg	€
4	2,04
2	
8	

b)

kg	€
3	14,97
6	
9	

c)

l	km
2	65
4	
6	
1	

d)

l	km
8	138
4	
2	
1	

e)

kg	€
2,5	5
1	
3,5	
7,6	

f)

l	km
46,8	1099,8
1	
12,8	
33,7	

2 Fünf Kilogramm Kartoffeln kosten 2,30 €. Wie teuer sind 7,6 kg?

3 Ein Maurer braucht 40 Ziegelsteine, um eine Mauer mit einem Flächeninhalt von 2,5 m^2 zu errichten. Wie viele Steine braucht er für eine Mauer von 6 m^2 Fläche?

4 Eine Klasse von 28 Schülern zahlt im Zoo 63 € Eintritt. Was kostet der Zoobesuch, wenn zwei Schüler weniger mitkommen?

5 Ein Landschaftsgärtner braucht drei Arbeitstage von jeweils 8 Stunden, um einen Weg von 12 m Länge anzulegen. Wie lange braucht er für einen Weg von 15 m Länge? Gib die Zeit in Tagen und Stunden an.

6 Ein Flugzeug braucht für eine Strecke von 2565 km Länge 3 Stunden und 10 Minuten. Wie lange braucht es für 3375 km, wenn es mit gleicher Durchschnittsgeschwindigkeit weiterfliegt? Gib die Lösung in Stunden und Minuten an.

7 Frau Meier erhält für eine Woche (35 Stunden) Arbeit einen Lohn von 329 €. Sie bekommt eine Lohnerhöhung von 0,50 € pro Stunde. Wie viel Euro verdient sie jetzt pro Woche?

8 Herr Petersdorf braucht für die 450 km lange Strecke von Halle zum Fähranleger Dagebüll 4 h 10 min. Mit welcher Durchschnittsgeschwindigkeit ist er gefahren?

Eine Rolle Schnur lässt sich in sechs jeweils 1,20 m lange Stücke zerschneiden.

Anzahl ⟶ Länge pro Stück

	Anzahl	Länge (m)	
	6	1,20	
:2	3	2,40	·2
:3	2	3,60	·3
	6	1,20	
·2	12	0,60	:2
·3	18	0,40	:3

Hälfte d. Anzahl ⟶ **doppelte** Länge
Drittel d. Anzahl ⟶ **dreifache** Länge

doppelte Anzahl ⟶ **Hälfte** d. Länge
dreifache Anzahl ⟶ **Drittel** d. Länge

Diese Zuordnung ist **antiproportional**.

Dreisatz

Eine Rolle Schnur lässt sich in sechs jeweils 1,20 m lange Stücke zerschneiden. Wie lang ist jedes Stück bei fünf gleich langen Stücken?

	Anzahl	Länge (m)	
	6	1,20	
:6	1	7,20	·6
·5	5	1,44	:5

Bei sechs Stücken hat jedes eine Länge von 1,20 m.
Die ganze Schnur hat eine Länge von 6 · 1,20 m = 7,20 m.
Bei fünf Stücken hat jedes eine Länge von 7,20 m : 5 = 1,44 m.

1 Die folgenden Zuordnungen sind antiproportional. Berechne die fehlenden Werte.

a)

Anzahl	Tage
3	150
6	■
12	■
15	■

b)

Anzahl	Tage
24	8
6	■
8	■
12	■

c)

Anzahl	Tage
18	13
9	■
6	■
2	■

d)

cm	cm
14	36
28	■
70	■
1	■

e)

cm	cm
24,5	30
1	■
30	■

f)

cm	cm
12,64	90
1	■
160	■

2 Eine Busfahrt zur Eisbahn kostet 2,40 € pro Schüler, wenn 58 Schüler mitfahren. Wie teuer ist die Fahrt für jeden, wenn nur 48 Schüler mitfahren und der Busunternehmer den gleichen Gesamtpreis verlangt?

3 Ein Auto braucht bei einer Durchschnittsgeschwindigkeit von 100 km/h 50 Minuten von Bielefeld bis Dortmund. Wie lange braucht es für die gleiche Strecke bei einer Durchschnittsgeschwindigkeit von 80 km/h?

4 Ein Tischler zersägt eine Leiste in fünf gleiche Teile von je 28 cm Länge. Wie lang wird jedes Teil, wenn er die Leiste in sieben gleich lange Abschnitte zersägt?

5 Wenn eine 60-W-Glühlampe 100 Stunden lang leuchtet, betragen die Kosten für elektrische Energie 1,20 €. Wie lange kann eine 12-W-Sparlampe für den gleichen Betrag leuchten?

6 Martin rechnet: Wenn mein Urlaub durchschnittlich 35 € pro Tag kostet, komme ich mit meinem Geld acht Tage aus.
Wie lange kann Martin Urlaub machen, wenn er täglich nur 28 € ausgibt?

7 Der Tankinhalt seines Sportwagens reicht für 600 km, wenn Herr Schnell ökonomisch fährt und der Durchschnittsverbrauch seines Autos bei 7,5 *l* pro 100 km liegt. Wie viele Kilometer schafft er bei sportlicher Fahrweise (9,5 *l* Durchschnittsverbrauch)?

Der Anteil an einer Gesamtgröße wird häufig in **Prozent** (%) angegeben.

$\frac{1}{100} = 1\,\%$ $\frac{5}{100} = 5\,\%$ $\frac{116}{100} = 116\,\%$

Prozentsatz gesucht

18 m von 120 m

$$\mathbf{p\,\% = \frac{W \cdot 100}{G}\,\%}$$

$$p\,\% = \frac{18 \cdot 100}{120}\,\%$$

$$p\,\% = 15\,\%$$

Prozentwert gesucht

35 % von 250 kg

$$\mathbf{W = \frac{G \cdot p}{100}}$$

$$W = \frac{250 \cdot 35}{100}\text{ kg}$$

$$W = 87{,}5\text{ kg}$$

Grundwert gesucht

30 % ≙ 120 €

$$\mathbf{G = \frac{W \cdot 100}{p}}$$

$$G = \frac{120 \cdot 100}{30}\text{ €}$$

$$G = 400\text{ €}$$

Vermehrter Grundwert

alter Preis: 13,80 €
Preiserhöhung: 20 %

alter Preis —(· 1,20)→ **neuer Preis**; **neuer Preis** —(: 1,20)→ **alter Preis**

13,80 € —(· 1,20)→ 16,56 €; 16,56 € —(: 1,20)→ 13,80 €

Verminderter Grundwert

alter Preis: 24,20 €
Preisermäßigung: 10 %

alter Preis —(· 0,9)→ **neuer Preis**; **neuer Preis** —(: 0,9)→ **alter Preis**

24,20 € —(· 0,9)→ 21,78 €; 21,78 € —(: 0,9)→ 24,20 €

1 Berechne den Prozentsatz (p %).

a) 5 € von 10 €
6 € von 60 €
12 € von 120 €
5 € von 500 €
6 € von 30 €

b) 12 m von 48 m
18 m von 90 m
24 m von 40 m
24 m von 80 m
16 m von 20 m

c) 36 kg von 60 kg
13,5 kg von 67,5 kg
16,5 kg von 75 kg
44,8 kg von 128 kg
1,68 kg von 10,5 kg

d) 25,12 a von 62,8 a
91 a von 140 a
221 a von 325 a
2,84 a von 56,8 a
38,25 a von 255 a

2 Berechne den Prozentwert (W).

a) 1 % von 300 € (700 €; 240 €; 88 €)
b) 25 % von 96 t (140 t; 34 t; 10,6 t; 0,56 t; 1,1 t)
c) 20 % von 12,8 m (126 m; 28,5 m; 37,5 m; 7 m)
d) 3 % von 115 € (25 €; 1200 €; 7 €)
e) 156 % von 13,5 m (66,3 m; 13,7 m; 12,6 m; 8 m)

3 Berechne den Grundwert (G).

a) 5 % = 20 kg (30 kg; 100 kg; 2 kg; 32 kg)
b) 20 % = 55 t (100 t; 2,2 t; 1,001 t; 0,8 t)
c) 70 % = 70 m (11,9 m; 0,35 m; 99,4 m; 2,8 m)
d) 120 % = 14,4 a (2448 a; 4,8 a; 1,56 a; 2,52 a)
e) 275 % = 430,1 € (40,7 €; 12,1 €)

4 Berechne den fehlenden Wert.

	a)	b)	c)
alter Preis	50 €	■	45,50 €
Preiserhöhung	5 %	7 %	■
neuer Preis	■	42,80 €	50,96 €

5 Berechne den fehlenden Wert.

	a)	b)	c)
alter Preis	45 €	■	45,80 €
Preisermäßigung	10 %	20 %	■
neuer Preis	■	67,20 €	43,51 €

6 Frau Löcherer verkauft ihr fünf Jahre altes Auto für 12 090 €. Das sind 60 % des ursprünglichen Kaufpreises. Wie teuer war der Neuwagen? Wie viel Euro beträgt der Wertverlust?

7 Herr Vogt zahlte bisher 520 € Miete. Wie viel Euro zahlt Herr Vogt nach einer Mieterhöhung von 3,5 %?

8 Von den insgesamt 960 Schülerinnen und Schülern einer Schule sind 432 Mädchen. Berechne den Prozentsatz.

Zinssatz gesucht

K = 500 €, Z = 16 €, p % = ▫

$$p\,\% = \frac{Z \cdot 100}{K}\,\%$$

$$p\,\% = \frac{16 \cdot 100}{500}\,\%$$

$$p\,\% = 3{,}2\,\%$$

Zinsen gesucht

K = 650 €, p % = 3 %, Z = ▫

$$Z = \frac{K \cdot p}{100}$$

$$Z = \frac{650 \cdot 3}{100}\,€$$

$$Z = 19{,}50\,€$$

Kapital gesucht

Z = 32 €, p % = 2,5 %, K = ▫

$$K = \frac{Z \cdot 100}{p}$$

$$K = \frac{32 \cdot 100}{2{,}5}\,€$$

$$K = 1280\,€$$

Tageszinsen

$$Z = \frac{K \cdot p}{100} \cdot \frac{n}{360}$$

n gibt hier die Zahl der Zinstage an.
1 Jahr = 360 Zinstage

Monatszinsen

$$Z = \frac{K \cdot p}{100} \cdot \frac{n}{12}$$

n gibt hier die Zahl der Zinsmonate an. 1 Jahr = 12 Zinsmonate

Zinseszinsen

K = 200 €, p % = 5 %

Kapital nach 1 Jahr:
$K_1 = 200 \cdot 1{,}05$ €

Kapital nach 2 Jahren:
$K_2 = 200 \cdot 1{,}05^2$ €

Kapital nach 3 Jahren:
$K_3 = 200 \cdot 1{,}05^3$ €

Kapital nach n Jahren:
$\mathbf{K_n = 200 \cdot 1{,}05^n}$ **€**

1 Berechne den Zinssatz.

	a)	b)	c)	d)	e)
Kapital (€)	200	240	1600	740	1480
Zinsen (€)	40	48	400	37	592

	f)	g)	h)	i)	k)
Kapital (€)	380	650	2100	240	36,50
Zinsen (€)	17,10	48,75	44,10	26,88	9,49

2 Berechne die Zinsen für ein Jahr. Runde auf zwei Stellen nach dem Komma.
a) 400 € (450 €; 1100 €) zu 5 %
b) 220 € (70 €; 290 €) zu 4 %
c) 3240 € (1365 €; 765 €) zu 6,2 %
d) 2468 € (746,20 €; 994,10 €) zu 3,25 %

3 Berechne das Kapital.
a) 145 € (28 €; 7,56 €) Zinsen bei 10 %
b) 7 € (40 €; 7,50 €) Zinsen bei 5 %
c) 9,80 € (16,10 €; 7 €) Zinsen bei 2,5 %
d) 23,56 € (125,65 €) Zinsen bei 6,25 %

4 Berechne die Zinsen. Runde auf zwei Stellen nach dem Komma.
a) 1560 € zu 3 % für 32 (12; 8; 67; 135) Tage
b) 13 000 € zu 3,5 % für 58 (99; 168; 264) Tage
c) 4530 € zu 2,5 % für 79 (245; 345; 91) Tage
d) 164,50 € zu 4,5 % für 5 (7; 9; 11) Monate
e) 1932,60 € zu 3,75 % für 7 (3; 5; 10) Monate

5 Berechne die Zinsen, die für das angegebene Darlehen zu zahlen sind. Runde sinnvoll.
a) 560 € zu 12,5 % für 23 (36; 57; 19) Tage
b) 2430 € zu 16,5 % für 112 (214; 317) Tage
c) 845 € zu 15,75 % für 7 (8; 3; 5; 9) Monate
d) 1000 € zu 16,25 % für 2 (6; 10; 11) Monate

6 Herr Schemmel hat eine Hypothek von 90 000 € zu einem Zinssatz von 5,2 %. Wie viel Euro Zinsen muss er monatlich bezahlen?

7 Frau Siebert überzieht 50 Tage lang ihr Konto um 7200 €. Wie viel Euro Zinsen muss sie bei einem Zinssatz von 12,75 % dafür bezahlen?

8 Ein Kapital von 7000 € wird zu einem Zinssatz von 6 % (5,5 %; 4,75 %) fest angelegt. Berechne, auf welchen Wert das Kapital nach 12 (15; 20; 35) Jahren angewachsen ist.

Rechteck

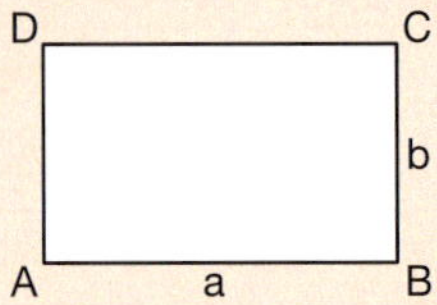

Quadrat

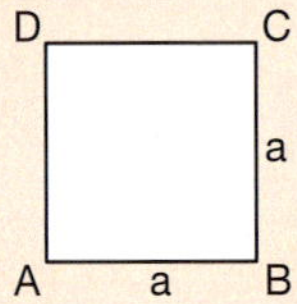

Umfang:

$u = 2a + 2b$

$u = 2 \cdot (a + b)$

$u = 4a$

Flächeninhalt:

$A = a \cdot b$

$A = a^2$

Parallelogramm

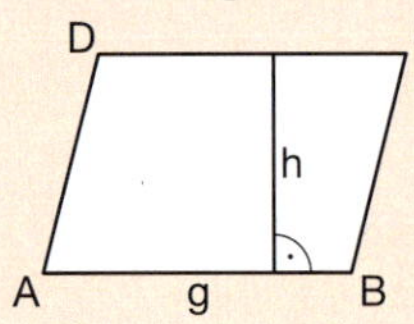

Dreieck

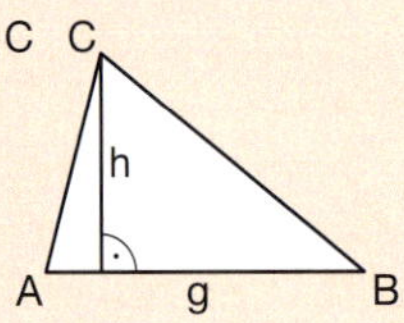

Flächeninhalt:

$A = g \cdot h$

$A = \frac{g \cdot h}{2}$

Dreieck

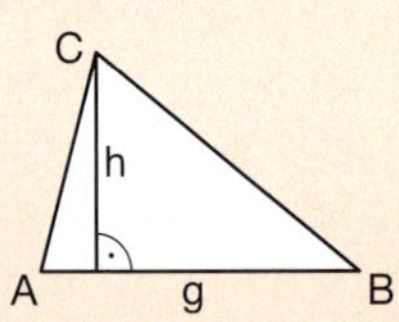

Gegeben: $A = 202{,}5\ cm^2$
$g = 27\ cm$

Gesucht: h

$A = \frac{g \cdot h}{2}$

$202{,}5 = \frac{27 \cdot h}{2} \quad | \cdot 2$

$27 \cdot h = 405 \quad | : 27$

$h = 15$

Die Höhe ist 15 cm lang.

Trapez

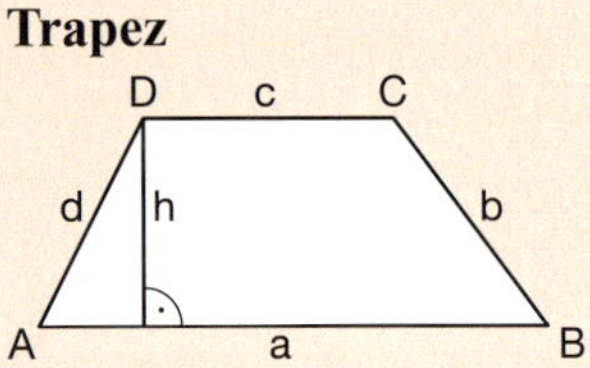

Flächeninhalt: $A = \frac{(a + c) \cdot h}{2}$

1 Ein 36 m langer und 18 m breiter rechteckiger Straßenabschnitt soll mit Ziegelsteinen (20 cm x 10 cm) gepflastert werden. Wie viele Steine werden dafür benötigt?

2 Berechne die fehlenden Größen (a, b, u, A) eines Rechtecks.
a) $a = 15{,}4$ cm; $b = 6{,}5$ cm b) $b = 12{,}8$ cm; $A = 66\ cm^2$
c) $u = 52$ m; $a = 14$ m d) $a = 14{,}6$ m; $u = 248{,}2$ m

3 Berechne die fehlenden Größen (a, u, A) eines Quadrats.
a) $a = 6{,}6$ cm b) $u = 21{,}6$ m c) $A = 73{,}96\ m^2$

4 Ein 49 m langes und 25 m breites rechteckiges Grundstück soll gegen ein quadratisches Grundstück mit gleich großem Flächeninhalt getauscht werden. Wie lang muss die Seite des Quadrats sein?

5 Ein Grundstück hat die Form eines Parallelogramms. Die Länge einer Grundseite beträgt 35 m, die Länge der zugehörigen Höhe 24,80 m. Das Grundstück soll zu einer Blumenwiese umgestaltet werden. Für 1 m^2 Fläche werden 60 g Samen benötigt. Wie viel Kilogramm Samen müssen eingekauft werden?

6 Bestimme die fehlenden Größen (g, h, A) eines Dreiecks. Achte auf die Einheiten.
a) $g = 13{,}6$ dm; $h = 15{,}5$ dm
b) $g = 160$ cm; $h = 5{,}8$ dm
c) $g = 11$ dm; $A = 37{,}4\ dm^2$
d) $h = 6{,}5$ cm; $A = 40{,}3\ cm^2$

7 Um den Wärmeschutz des abgebildeten Hauses zu verbessern, sollen die Außenwände ausreichende Dämmschichten erhalten. Berechne den Flächeninhalt der Außenwände. Für Fenster und Türen musst du 23 % der Gesamtfläche abziehen.

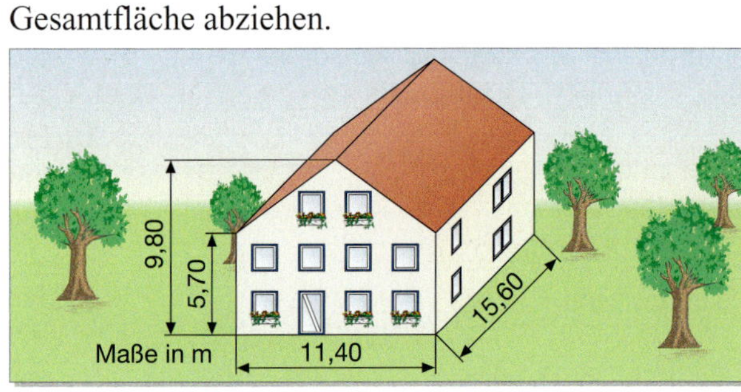

8 Berechne die fehlenden Größen (a, c, h, A) eines Trapezes.
a) $a = 10{,}8$ m; $c = 7{,}6$ m; $h = 9{,}2$ m
b) $a = 14{,}8$ cm; $c = 9{,}6$ cm; $A = 65{,}88\ cm^2$
c) $a = 24{,}6$ dm; $h = 14{,}5$ dm; $A = 274{,}05\ dm^2$

Grafische Lösung linearer Gleichungssysteme
Zwei lineare Gleichungen mit zwei Variablen bilden ein lineares Gleichungssystem.

I $y = 1{,}25x - 2$ II $y = -0{,}5x + 1{,}5$

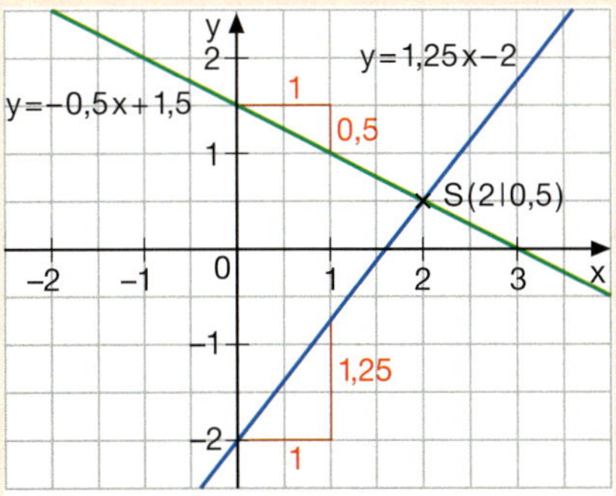

Schnittpunkt: S (2 | 0,5)

Einsetzen der Schnittpunktkoordinaten:

I $0{,}5 = 1{,}25 \cdot 2 - 2$ w

II $0{,}5 = -0{,}5 \cdot 2 + 1{,}5$ w

Lösungsmenge: L = {(2|0,5)}

Lösungsmengen

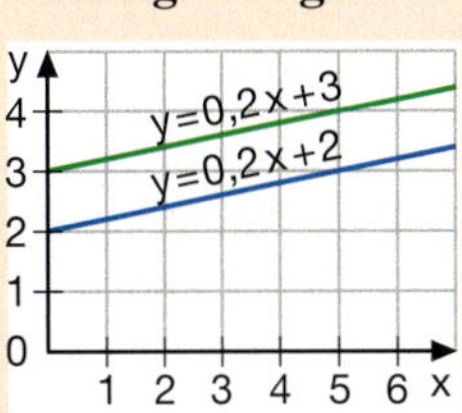

Keine Lösung

L = { }

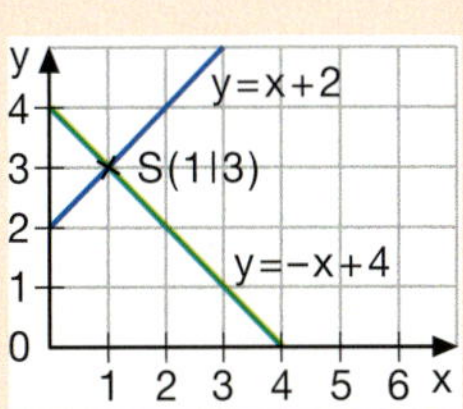

Eine Lösung

L = {(1|3)}

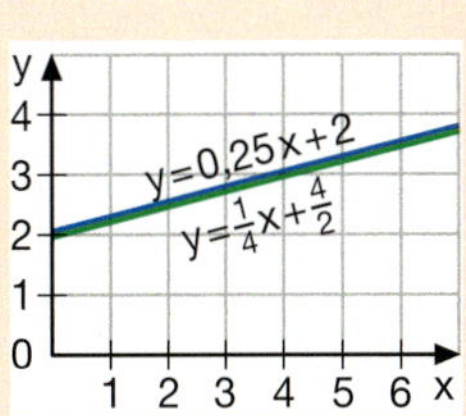

Unendlich viele Lösungen
Die Koordinaten jedes Punktes der Geraden sind eine Lösung.

1 Gib jeweils die Gleichung der abgebildeten Geraden an. Zeige durch Einsetzen, dass die Koordinaten des Schnittpunktes S eine Lösung beider Gleichungen sind.

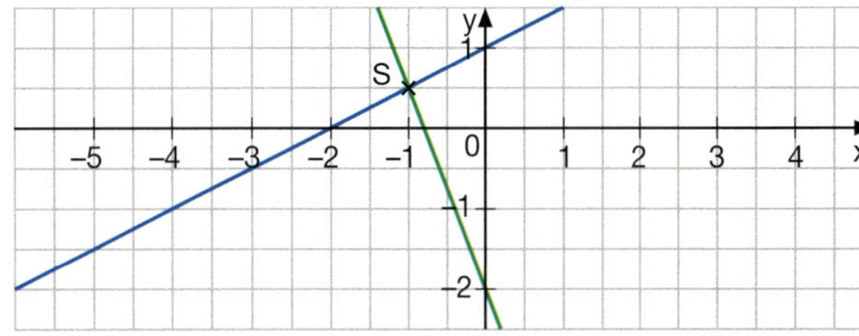

2 Bestimme grafisch die Lösungsmenge des Gleichungssystems.
Mache die Probe, indem du die Koordinaten des Schnittpunktes in beide Gleichungen einsetzt.

a) $y = x - 2$; $y = -x + 10$
b) $y = x - 1$; $y = -2x + 11$
c) $y = 2x - 2$; $y = 0{,}25x + 5$

3 Bestimme grafisch die Lösung des Gleichungssystems. Forme dazu beide Gleichungen zunächst in ihre Normalform um.
Mache die Probe, indem du die Koordinaten des Schnittpunktes in beide Ausgangsgleichungen einsetzt.

a) $4x + 4y = 8$; $2y + 6x = -4$
b) $3x + 3y = 21$; $4x - 2y = 10$
c) $2x + 2y = -4$; $3x - 6y = -24$
d) $6 - 2y = 2x$; $4y - 2x = -18$
e) $8y - 4x = -6$; $6y - 6x = 0$
f) $-4y - 2x = 2$; $2y + 2x = 4$

4 Forme beide Gleichungen des linearen Gleichungssystems in ihre Normalform um.
Entscheide anhand der Geradengleichung, ob es keine Lösung oder unendlich viele Lösungen gibt.

a) $3y + 1{,}5x = 6$; $-6 - 4y = 2x$
b) $3x - 2y = -4$; $6y - 9x = -3$
c) $10x - 4y = 6$; $2y - 5x = -3$

5 Forme beide Gleichungen des linearen Gleichungssystems in ihre Normalformen um.
Entscheide anhand der Geradengleichungen, wie viele Lösungen das Gleichungssystem hat. Gibt es eine Lösung, so bestimme diese grafisch.

a) $3y - 9x = -15$; $2y + 2x = 14$
b) $0{,}5y + x = -2$; $3y - 15 = 3x$
c) $3y - 1{,}5x = 12$; $8y + 4x = 16$
d) $6y - 9x = 18$; $3y - 2 = 3x$
e) $2y + 5 = 3x$; $4{,}5x - 3y = 7{,}5$
f) $2{,}5y - x = 2{,}5$; $1{,}5y + 4{,}5 = 3x$
g) $8y + 8 = 8x$; $12 - 12y = 36x$
h) $1{,}5y + 0{,}5x = 3$; $x + 3y = 9$
i) $6y - 2x = 12$; $4y + 8 = 12x$
k) $3{,}5y - x = 14$; $14y + 4x = 18$
l) $2x - 6y = 24$; $-3y - 3x = -6$
m) $x + 1{,}5y = 3$; $9 - 4{,}5y = 3x$

Gleichsetzungsverfahren

I $4x + 2y = 14$
II $6x - 3y = -3$

1. Umformen in die Normalform
I $4x + 2y = 14 \quad |-4x \,|: 2$
$y = -2x + 7$

II $6x - 3y = -3 \quad |-6x\,|:(-3)$
$y = 2x + 1$

2. Rechte Seiten der Normalform gleichsetzen
$-2x + 7 = 2x + 1 \quad |-2x\,|-7$
$-4x = -6 \quad |:(-4)$
$x = 1{,}5$

3. x-Wert einsetzen und y bestimmen
$y = 2x + 1$
$y = 2 \cdot 1{,}5 + 1$
$y = 4$

4. Lösungsmenge notieren
$L = \{(1{,}5\,|\,4)\}$

Einsetzungsverfahren

I $5y + 2x = 28$
II $2y = 6x$

1. Gleichung II nach y auflösen
$2y = 6x \quad |: 2$
$y = 3x$

2. Term 3x anstelle von y in Gleichung I einsetzen
$5y + 2x = 68$
$5 \cdot 3x + 2x = 68$
$17x = 68 \quad |: 17$
$x = 4$

3. x-Wert einsetzen und y bestimmen
$2y = 6x$
$2y = 6 \cdot 4 \quad |: 2$
$y = 12$

4. Lösungsmenge notieren
$L = \{(4\,|\,12)\}$

1 Bestimme rechnerisch die Lösung des Gleichungssystems.
Mache die Probe, indem du die Lösung in die beiden Ausgangsgleichungen einsetzt.

a) $4y - 16x = 8$
$4y + 100 = 40x$

b) $12x + 6y = 12$
$8x - 2y = -94$

c) $18y = -54x$
$14x = 2y - 106$

2 Löse nach einem Vielfachen von y auf und wende das Gleichsetzungsverfahren an.

a) $6y - 10x = 22$
$6y + 2 = 22x$

b) $2y + 4{,}5x = 4{,}5$
$-11x - 6y = -26$

c) $10y + 14x = 130$
$10x - 6y = 244$

3 Bestimme die Lösungsmenge, indem du beide Gleichungen nach x auflöst und dann gleichsetzt.

a) $x + 2y = 16$
$6x + 120 = 6y$

b) $6x + 6y = -12$
$3{,}5y + 42 = -x$

c) $2x + 4y = -98$
$12y = 12x - 96$

d) $6x - 18y = -66$
$-x + 5y = 24$

e) $4x - 2y = 8$
$-2x + 6y = 28$

f) $3x - 4{,}5y = 10{,}5$
$4y - 4x = 20$

4 Bestimme mithilfe des Einsetzungsverfahrens die Lösungsmenge des Gleichungssystems.

a) $4y + 6x = 84$
$y = 9x$

b) $10y - 18x = 48$
$2y = 6x$

c) $8x - 4y = 10$
$y - 3x = 0$

d) $10x - 12y = 100$
$2y - 5x = 0$

e) $6y = -24x$
$20x + 14y = -72$

f) $15y = 72 + 27x$
$3y = 9x$

5 Bestimme die Lösung mithilfe des Einsetzungsverfahrens. Löse dazu nach y auf.
Beachte, dass der Term, den du für y einsetzt, in Klammern stehen muss.

a) $22x - 6y = 12$
$y - 3x = 2$

b) $4y - 8x = 24$
$34x - 10y = -18$

c) $6y + 6x = 48$
$14x + 16y = 10$

d) $2y + 8x = 2$
$6y - 12x = 78$

e) $9{,}5x - 1{,}5y = 31$
$y + 3x = -2$

f) $14x - 4y = 2$
$6y + 18x = 36$

6 Löse die Klammern auf und fasse gleichartige Terme zusammen.
Bestimme dann die Lösungsmenge mithilfe eines geeigneten Lösungsverfahrens.

a) $6(x + 12) - 10(y - 2) = 284 - 20y$
$30 - 4(x + 2y) = 10 - 2(9x + 7y)$

b) $4x - (3y - 25) - y = 5x + 10$
$7(x + y) - 36 = 4y - (x - 26)$

c) $3(x + 4) - 22 = 2(y - 1)$
$-3(y + 2) - 43 = -5(x + 7)$

d) $7x - (9y - 12) + (3x + 4) = 3y - (5x - 4)$
$4y + (5x + 7) - (3y + 6) = 9 + (6x - y)$

Additionsverfahren

I $5x + 3y = 21$
II $6x + 2y = 22$

1. Gleichungen so umformen, dass bei Addition y herausfällt

I $5x + 3y = 21$ | $\cdot 2$
II $6x + 2y = 22$ | $\cdot (-3)$

I $10x + 6y = 42$
II $-18x - 6y = -66$

2. Beide Gleichungen addieren und anschließend nach x auflösen

I $10x + 6y = 42$
II $-18x - 6y = -66$

III $-8x = -24$ | $:(-8)$
III $x = 3$

3. x-Wert einsetzen und y bestimmen

in I: $5x + 3y = 21$
$5 \cdot 3 + 3y = 21$ | -15
$3y = 6$ | $:3$
$y = 2$

4. Lösungsmenge notieren

$L = \{3|2\}$

Janina bezahlt für drei Müsliriegel und zwei Flaschen Orangensaft 1,90 €, Mirko für vier Müsliriegel und eine Flasche Orangensaft 1,70 €.
Preis für einen Müsliriegel (€): x
Preis für eine Flasche Orangensaft (€): y

I $3x + 2y = 1{,}90$
II $4x + y = 1{,}70$ | $\cdot (-2)$

I $3x + 2y = 1{,}90$
II $-8x - 2y = -3{,}40$

III $-5x = -1{,}50$ | $:(-5)$
$x = 0{,}30$

in II: $1{,}20 + y = 1{,}70$ | $-1{,}20$
$y = 0{,}50$

Ein Müsliriegel kostet 0,30 €, eine Flasche Orangensaft 0,50 €.

1 Bestimme die Lösung des Gleichungssystems mithilfe des Additionsverfahrens.

a) $3x - 2y = 11$; $8x + 4y = 48$
b) $7x + 3y = 37$; $4x - 9y = -11$
c) $5x + 6y = 2$; $11x - 9y = 71$
d) $6x + 5y = 49$; $7x + 4y = 48$
e) $3x + 2y = 4$; $5x + 3y = 7$
f) $3x + 5y = 9$; $7x + 3y = -5$

2 Bestimme die Lösung des Gleichungssystems mithilfe des Additionsverfahrens.
Forme die Gleichungen zunächst so um, dass bei der anschließenden Addition x herausfällt.

a) $x + 7y = 95$; $2x - 3y = -14$
b) $12x + 11y = 4$; $8x - 13y = -160$
c) $-15x + 8y = -139$; $10x - 7y = 81$
d) $14x - 13y = -283$; $7x + 12y = 62$
e) $22x + 15y = 501$; $11x - 23y = 37$
f) $19x + 17y = 438$; $-38x - 11y = -669$

3 Bestimme die Lösung des Gleichungssystems. Wähle dazu ein geeignetes rechnerisches Verfahren.

a) $y = -0{,}5x$; $y = -2x + 24$
b) $y = 4x$; $13x - 3y = 15$
c) $7x - 6y = 23$; $26 + 2y = 4x$
d) $3y + 9x = 59{,}4$; $11x - 8y = 30{,}6$
e) $y = 3{,}5x + 20$; $y = 2x + 14{,}6$
f) $4x - 10y = 35{,}2$; $x = -3y$

4 Bestimme die Lösung des Zahlenrätsels.

a) Die Summe zweier Zahlen beträgt 31. Das Doppelte der ersten Zahl und das Dreifache der zweiten Zahl ergeben zusammen 87.
b) Das Doppelte einer Zahl ist um 15 größer als das Dreifache einer zweiten Zahl. Die Summe beider Zahlen ist um 3 kleiner als das Vierfache der zweiten Zahl.

5 Der Umfang eines Rechtecks beträgt 84 cm. Die Länge einer Seite ist um 6 cm größer als die Länge der anderen Seite. Berechne die Seitenlängen.

6 Ein Draht von 240 cm Länge soll zu einem Rechteck gebogen werden, bei dem die größere Rechteckseite dreimal so lang ist wie die kleinere.
Berechne die Länge der Rechteckseiten.

7 In der Cafeteria bezahlt Arne für drei belegte Brötchen und ein Mineralwasser zusammen 3,00 €. Nuran werden für zwei belegte Brötchen und zwei Flaschen Mineralwasser 2,80 € berechnet.
Bestimme jeweils den Preis für ein belegtes Brötchen und eine Flasche Mineralwasser.

Zentrische Streckung

Bei einer zentrischen Streckung liegen Original- und Bildpunkt auf einer Geraden durch das Streckungszentrum Z.
Für die Entfernung von Z gilt:

$\frac{\overline{ZA'}}{\overline{ZA}} = \frac{\overline{ZB'}}{\overline{ZB}} = k$ (Streckungsfaktor)

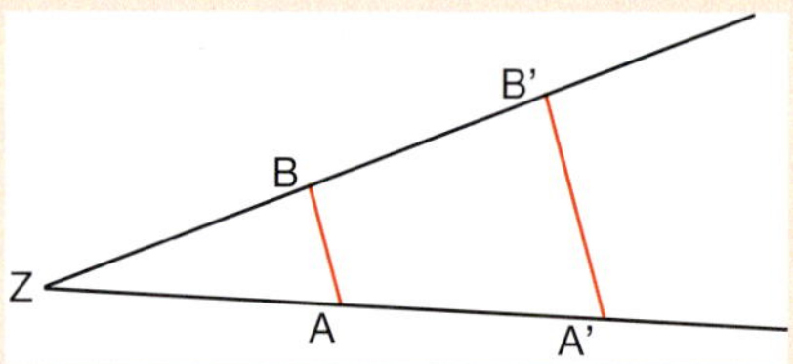

1. Strahlensatz

Werden zwei Strahlen (Halbgeraden) mit einem gemeinsamen Anfangspunkt von zwei Parallelen geschnitten, so verhalten sich die Längen von je zwei Streckenabschnitten auf dem einen Strahl wie die Längen der entsprechenden Streckenabschnitte auf dem anderen Strahl.

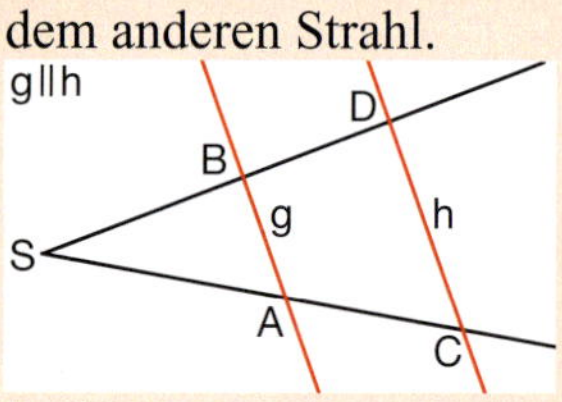

$\frac{\overline{SC}}{\overline{SA}} = \frac{\overline{SD}}{\overline{SB}}$

$\frac{\overline{SA}}{\overline{AC}} = \frac{\overline{SB}}{\overline{BD}}$

2. Strahlensatz

Werden zwei Strahlen (Halbgeraden) mit einem gemeinsamen Anfangspunkt von zwei Parallelen geschnitten, so verhalten sich die Längen der Streckenabschnitte auf den Parallelen wie die vom Anfangspunkt aus gemessenen Längen der entsprechenden Abschnitte auf jedem der Strahlen.

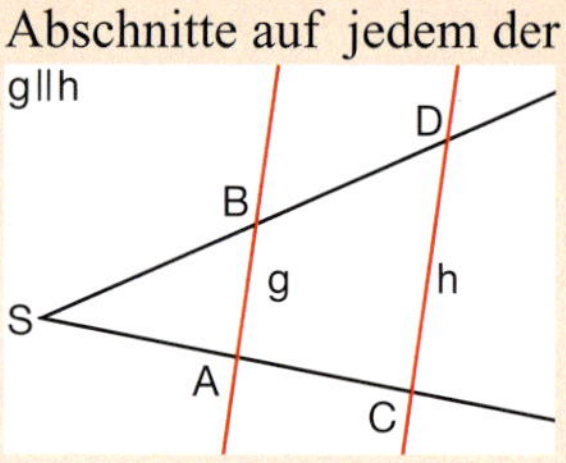

$\frac{\overline{CD}}{\overline{AB}} = \frac{\overline{SC}}{\overline{SA}}$

$\frac{\overline{CD}}{\overline{AB}} = \frac{\overline{SD}}{\overline{SB}}$

1 Verdopple (verdreifache) eine Strecke von 3 cm Länge mithilfe einer geeigneten zentrischen Streckung.

2 Zeichne ein unregelmäßiges Viereck (Fünfeck, Sechseck). Strecke es von einem Eckpunkt aus mit $k = 2{,}5$ ($k = 0{,}5$).

3 Zeichne in ein Koordinatensystem (Einheit 1 cm) das Originaldreieck ABC mit A (2,5|4), B (2,5|−1) und C (3,5|1) sowie das Bilddreieck A′B′C′ mit A′ (5,5|5,5), B′ (5,5|−4,5) und C′ (7,5|−0,5). Das Dreieck A′B′C′ ist durch zentrische Streckung entstanden.
a) Ermittle zeichnerisch das Streckungszentrum Z. Gib die Koordinaten von Z an.
b) Bestimme den Streckungsfaktor k.

4 Berechne mithilfe des 1. Strahlensatzes die Länge des Streckenabschnitts $\overline{SB_1}$ ($\overline{SB_2}$, $\overline{SB_3}$).

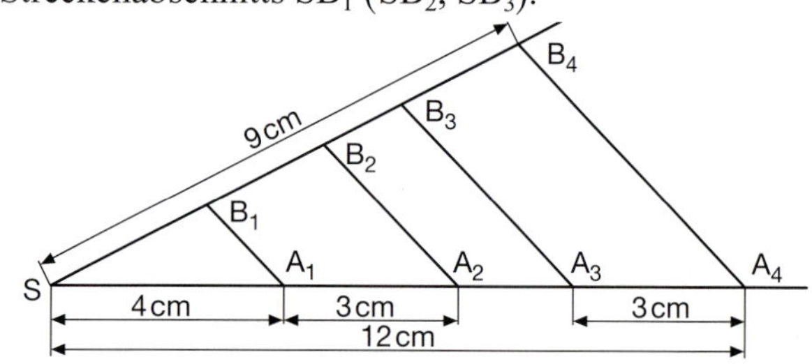

5 Berechne mithilfe des 2. Strahlensatzes die Länge des Parallelabschnitts $\overline{A_2B_2}$ ($\overline{A_3B_3}$, $\overline{A_4B_4}$).

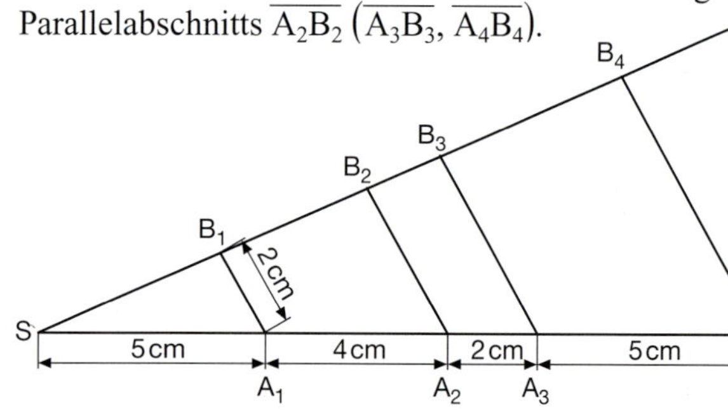

6 Um die Länge des Sees zu bestimmen, werden Punkte im Gelände markiert. Berechne die Entfernung zwischen den Geländepunkten A und B.

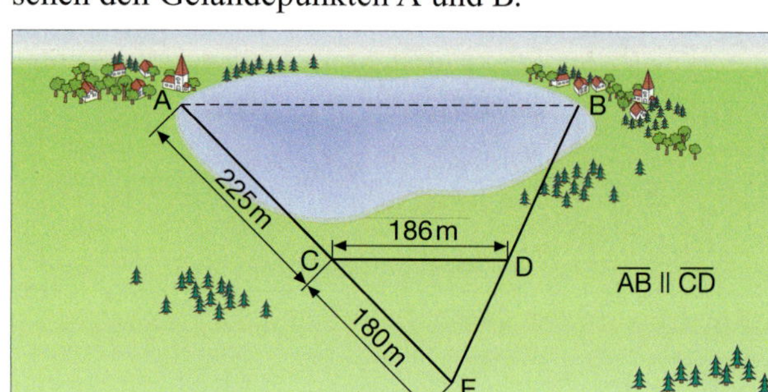

Quadratzahlen

Wird eine Zahl mit sich selbst multipliziert, ist das Ergebnis das **Quadrat der Zahl.** Die Rechenoperation heißt **Quadrieren.**

$13 \cdot 13 = 13^2 = 169$

$(-5) \cdot (-5) = (-5)^2 = 25$

$4{,}6 \cdot 4{,}6 = 4{,}6^2 = 21{,}16$

$\frac{5}{7} \cdot \frac{5}{7} = \left(\frac{5}{7}\right)^2 = \frac{25}{49}$

Das Quadrat einer Zahl ist immer größer oder gleich Null.
Die Quadrate der natürlichen Zahlen heißen **Quadratzahlen.**

Quadratwurzeln

Für positive Zahlen gilt: Die Umkehrung des Quadrierens wird als **Ziehen der Quadratwurzel** bezeichnet.
Die Zahl unter dem Wurzelzeichen heißt **Radikand.**

$\sqrt{49} = 7$, denn $7^2 = 49$

$\sqrt{0} = 0$, denn $0^2 = 0$

$\sqrt{2{,}25} = 1{,}5$, denn $1{,}5^2 = 2{,}25$

$\sqrt{\frac{36}{121}} = \frac{6}{11}$, denn $\left(\frac{6}{11}\right)^2 = \frac{36}{121}$

Das Ziehen der Quadratwurzel aus einer negativen Zahl ist nicht zulässig.

Irrationale Zahlen

Zahlen, die sich als unendliche, nicht periodische Dezimalbrüche darstellen lassen, heißen irrationale Zahlen.

$\sqrt{2} = 1{,}414213562\ldots$

$-\sqrt{10} = -3{,}16227766\ldots$

Die rationalen Zahlen und die irrationalen Zahlen bilden die Menge $\mathbb{R}$ der **reellen Zahlen.**

1 Berechne jeweils das Quadrat der angegebenen Zahlen.
a) 7 5 9 11 13 15 16 17 20 25 40
b) −3 −4 −6 −10 −12 −15 −20 −30 −500
c) 0,6 0,05 0,8 1,1 0,13 −0,07 −2,5 −0,03
d) $\frac{1}{2}$ $\frac{1}{3}$ $\frac{2}{3}$ $\frac{3}{4}$ $\frac{3}{5}$ $\frac{4}{7}$ $\frac{5}{8}$ $\frac{7}{13}$ $\frac{8}{9}$ $\frac{11}{12}$
e) 100 1000 200 2000 70000 15000 1600

2 Berechne.
a) $(-0{,}12)^2$ $(-1{,}2)^2$ $(-12)^2$ $(-120)^2$
b) $0{,}08^2$ $0{,}8^2$ 8^2 800^2 $0{,}008^2$ 80^2

3 Berechne jeweils die Quadratwurzel.
a) $\sqrt{169}$ $\sqrt{144}$ $\sqrt{36}$ $\sqrt{324}$ $\sqrt{196}$
b) $\sqrt{4900}$ $\sqrt{8100}$ $\sqrt{1960000}$ $\sqrt{62500}$
c) $\sqrt{\frac{49}{81}}$ $\sqrt{\frac{16}{121}}$ $\sqrt{\frac{25}{144}}$ $\sqrt{\frac{169}{225}}$ $\sqrt{\frac{289}{400}}$ $\sqrt{\frac{36}{361}}$

4 Gib zwei aufeinander folgende natürliche Zahlen an, zwischen denen die Wurzel liegt.
a) $\sqrt{50}$ b) $\sqrt{120}$ c) $\sqrt{90}$ d) $\sqrt{500}$ e) $\sqrt{170}$

5 Berechne.
a) $\sqrt{36} + \sqrt{81}$ b) $\sqrt{196} - \sqrt{144}$ c) $\sqrt{100} - \sqrt{225}$
d) $\sqrt{1{,}69} - \sqrt{0{,}49}$ e) $\sqrt{1} - \sqrt{0{,}04}$ f) $\sqrt{0{,}25} + \sqrt{0{,}0049}$

6 Bestimme x. Es gibt zwei Lösungen.
a) $x^2 = 289$ b) $x^2 = 0{,}64$ c) $x^2 = 0{,}0144$

7 Bestimme die Lösung der Gleichung.
a) $\sqrt{x} = 9$ b) $\sqrt{x} = 0{,}4$ c) $\sqrt{x} = 1{,}5$ d) $\sqrt{x} = 400$

8 Welche reellen Zahlen werden jeweils dargestellt?

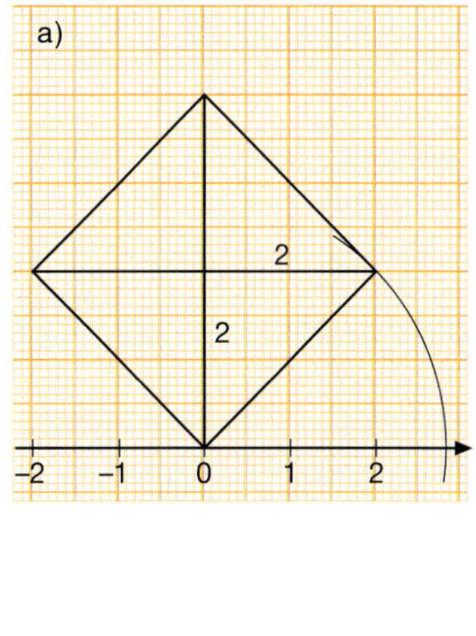

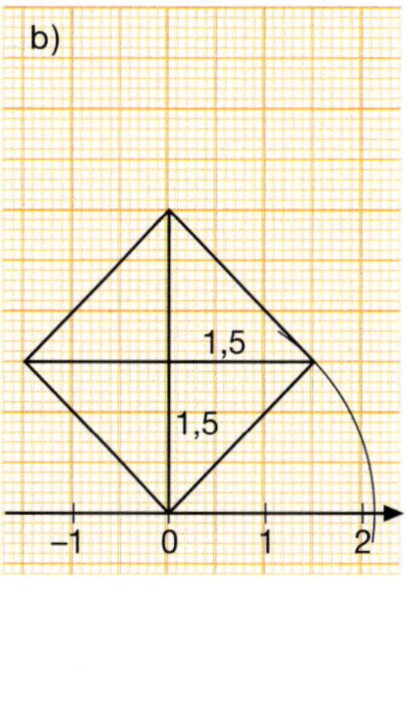

Multiplizieren

$\sqrt{20} \cdot \sqrt{5} = \sqrt{20 \cdot 5} = \sqrt{100} = 10$

$\sqrt{3} \cdot \sqrt{27} = \sqrt{3 \cdot 27} = \sqrt{81} = 9$

$\sqrt{8} \cdot \sqrt{18} = \sqrt{8 \cdot 18} = \sqrt{144} = 12$

Teilweises Wurzelziehen

Lässt sich der Radikand einer Wurzel so in ein Produkt zerlegen, dass ein Faktor eine Quadratzahl ist, kann die Wurzel teilweise gezogen werden.

$\sqrt{72} = \sqrt{36 \cdot 2} = \sqrt{36} \cdot \sqrt{2} = 6\sqrt{2}$

$\sqrt{147} = \sqrt{49 \cdot 3} = \sqrt{49} \cdot \sqrt{3} = 7\sqrt{3}$

$\sqrt{150} = \sqrt{25 \cdot 6} = \sqrt{25} \cdot \sqrt{6} = 5\sqrt{6}$

Dividieren

$\frac{\sqrt{500}}{\sqrt{5}} = \sqrt{\frac{500}{5}} = \sqrt{100} = 10$

$\frac{\sqrt{4,8}}{\sqrt{0,3}} = \sqrt{\frac{4,8}{0,3}} = \sqrt{16} = 4$

Addieren und Subtrahieren

$3\sqrt{2} - 5\sqrt{2} + 9\sqrt{3} - \sqrt{3}$
$= -2\sqrt{2} + 8\sqrt{3}$

$-13\sqrt{3} + 12\sqrt{7} - 8\sqrt{3} + 11\sqrt{7}$
$= -21\sqrt{3} + 23\sqrt{7}$

Rationalmachen des Nenners

Ein Bruch mit einer Wurzel im Nenner kann so erweitert werden, dass im Nenner nur noch eine rationale Zahl steht.

$\frac{6}{\sqrt{2}} = \frac{6\sqrt{2}}{\sqrt{2} \cdot \sqrt{2}} = \frac{6\sqrt{2}}{2} = 3\sqrt{2}$

$\frac{3\sqrt{5}}{\sqrt{6}} = \frac{3\sqrt{5} \cdot \sqrt{6}}{\sqrt{6} \cdot \sqrt{6}} = \frac{3\sqrt{30}}{6} = \frac{\sqrt{30}}{2}$

$\frac{2}{\sqrt{5}+4} = \frac{2 \cdot (\sqrt{5}-4)}{(\sqrt{5}+4) \cdot (\sqrt{5}-4)}$

$= \frac{2\sqrt{5}-8}{5-16}$

$= \frac{2\sqrt{5}-8}{-11}$

1 Vereinfache so weit wie möglich.

a) $\sqrt{3} \cdot \sqrt{12}$; $\sqrt{5} \cdot \sqrt{45}$; $\sqrt{5} \cdot \sqrt{20}$
b) $\sqrt{8} \cdot \sqrt{32}$; $\sqrt{6} \cdot \sqrt{54}$; $\sqrt{8} \cdot \sqrt{18}$
c) $\sqrt{8} \cdot \sqrt{24,5}$; $\sqrt{0,5} \cdot \sqrt{50}$; $\sqrt{3,2} \cdot \sqrt{80}$

2 Ziehe die Wurzel teilweise.

a) $\sqrt{112}$; $\sqrt{125}$; $\sqrt{108}$
b) $\sqrt{245}$; $\sqrt{180}$; $\sqrt{243}$
c) $\sqrt{1,92}$; $\sqrt{0,72}$; $\sqrt{2,88}$
d) $\sqrt{1,25}$; $\sqrt{0,27}$; $\sqrt{5,67}$

3 Bringe den Faktor unter die Wurzel.

a) $3\sqrt{5}$ b) $2\sqrt{6}$ c) $4\sqrt{7}$ d) $5\sqrt{11}$ e) $7\sqrt{6}$

4 Multipliziere zunächst und ziehe anschließend die Wurzel teilweise.

a) $\sqrt{3} \cdot \sqrt{24}$ b) $\sqrt{6} \cdot \sqrt{48}$ c) $\sqrt{5} \cdot \sqrt{30}$ d) $\sqrt{13,5} \cdot \sqrt{18}$

5 Vereinfache so weit wie möglich.

a) $\frac{\sqrt{432}}{\sqrt{3}}$ b) $\frac{\sqrt{405}}{\sqrt{5}}$ c) $\frac{\sqrt{1,28}}{\sqrt{8}}$ d) $\frac{\sqrt{0,343}}{\sqrt{0,7}}$

6 Fasse so weit wie möglich zusammen.

a) $4\sqrt{2} + 6\sqrt{5} - 3\sqrt{2}$ b) $11\sqrt{7} + 3\sqrt{10} - 8\sqrt{7} - 6\sqrt{10}$

7 Löse die Klammern auf.

a) $\sqrt{2} \cdot (\sqrt{8} + \sqrt{18})$ b) $\sqrt{3} \cdot (\sqrt{48} - \sqrt{27})$
c) $(\sqrt{20} - \sqrt{245}) : \sqrt{5}$ d) $(\sqrt{1,6} - \sqrt{4,9}) : \sqrt{2,5}$
e) $(\sqrt{135} - \sqrt{60}) : \sqrt{15}$ f) $(\sqrt{200} + \sqrt{512}) : \sqrt{8}$
g) $(\sqrt{3} \cdot \sqrt{27}) : - \sqrt{48} + \sqrt{12}$
h) $(\sqrt{32} + \sqrt{18} - \sqrt{72}) \cdot \sqrt{2}$

8 Wende die binomischen Formeln an und forme um.

a) $(5 + \sqrt{3})(5 - \sqrt{3})$ b) $(\sqrt{3} + \sqrt{5})(\sqrt{3} - \sqrt{5})$
c) $(\sqrt{3} - \sqrt{2})^2$ d) $(\sqrt{2} + \sqrt{6})^2$ e) $(5\sqrt{6} + \sqrt{10})^2$
f) $(5\sqrt{5} + 3\sqrt{6})(5\sqrt{5} - 3\sqrt{6})$
g) $(12\sqrt{3} - 10\sqrt{8})(12\sqrt{3} + 10\sqrt{8})$

9 Mache den Nenner rational.

a) $\frac{10}{\sqrt{5}}$ b) $\frac{3}{\sqrt{6}}$ c) $\frac{13}{\sqrt{26}}$ d) $\frac{34}{\sqrt{17}}$ e) $\frac{3\sqrt{2}}{\sqrt{6}}$
f) $\frac{4\sqrt{3}}{\sqrt{8}}$ g) $\frac{6\sqrt{5}}{\sqrt{15}}$ h) $\frac{12\sqrt{30}}{\sqrt{6}}$ i) $\frac{15\sqrt{15}}{\sqrt{30}}$ k) $\frac{6\sqrt{44}}{\sqrt{3}}$
l) $\frac{8}{5-\sqrt{6}}$ m) $\frac{6}{6-\sqrt{2}}$ n) $\frac{1}{2-\sqrt{2}}$ o) $\frac{4}{3+\sqrt{5}}$

Bei **statistischen Untersuchungen** werden **Daten** durch Befragung, Beobachtung oder Experiment gesammelt. Die in einer **Urliste** gesammelten Daten können mithilfe einer **Strichliste** geordnet und dann in einer **Häufigkeitstabelle** dargestellt werden.

Häufigkeitstabelle

Lebensalter (Jahre)	absolute Häufigk.	relative Häufigkeit	
		Dez.bruch	Prozent
15	8	0,32	32 %
16	14	0,56	56 %
17	2	0,08	8 %
18	1	0,04	4 %
Summe	25	1,00	100 %

Die **relative Häufigkeit** jedes Ergebnisses gibt den **Anteil** der Versuche mit diesem Ergebnis an.

$$\textbf{rel. Häufigkeit} = \frac{\textbf{absolute Häufigkeit}}{\textbf{Anzahl der Daten}}$$

Die in einer Häufigkeitstabelle aufbereiteten Daten können in verschiedenen Diagrammformen grafisch dargestellt werden.

Säulendiagramm

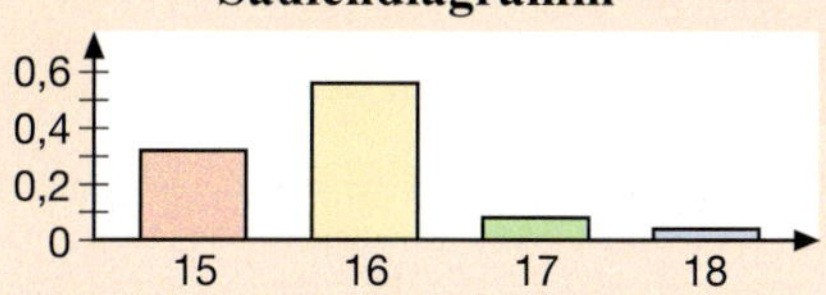

Streifendiagramm

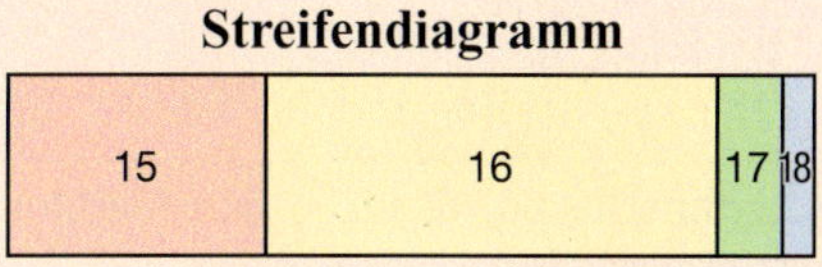

Kreisdiagramm

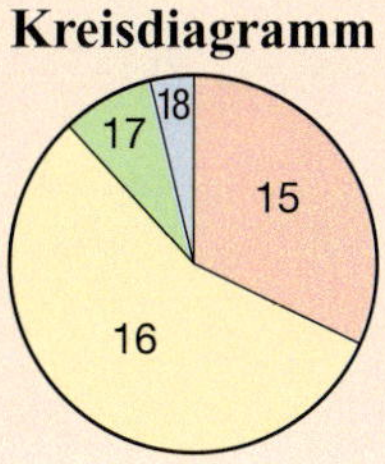

1 In der Schule wurde eine Umfrage zum Thema „Freizeitgestaltung" gemacht. Dabei wurden Schülerinnen und Schüler zunächst nach ihrem Lebensalter gefragt.

Urliste (Lebensalter der befragten Mädchen und Jungen)
12 13 14 13 12 15 16 11 13 12 14 11 15 14 14
15 13 12 15 16 14 15 15 14 14 15 16 14 13 13
13 15 15 16 15 14 13 14 14 15 14 15 16 13 13
14 14 13 16 12

a) Lege zunächst eine Strichliste, dann eine Häufigkeitstabelle an. Berechne auch die relativen Häufigkeiten als Dezimalbruch (in Prozent).
b) Stelle die absoluten Häufigkeiten in einem Säulendiagramm dar.

2 In der Häufigkeitstabelle sind die Antworten auf die Frage „Welche Sportart betreibst du in deiner Freizeit am liebsten?" zusammengefasst.

Sportart	absolute Häufigkeit
Fußball	18
andere Mannschaftsballspiele	13
Schwimmen	12
Turnen, Tanz, Gymnastik	17
Leichtathletik	9
Tennis	6

a) Berechne die relativen Häufigkeiten.
b) Stelle das Ergebnis der Umfrage in einem Streifendiagramm (Gesamtlänge 15 cm) grafisch dar.
c) Stelle das Ergebnis in einem Kreisdiagramm (Radius 5 cm) grafisch dar.

3 50 Schülerinnen und Schüler wurden gefragt, welche Art von Spielen (Genres) sie auf dem Computer spielen. Es waren Mehrfachnennungen möglich.
Das Ergebnis der Befragung wird in dem Säulendiagramm dargestellt.

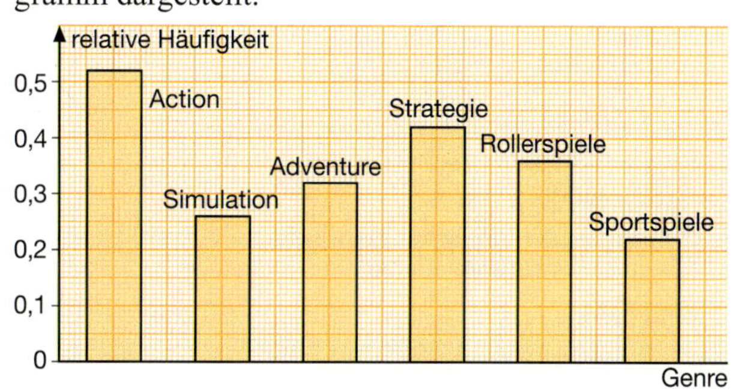

Berechne die zugehörigen absoluten Häufigkeiten und stelle sie in einer Tabelle dar.

Mittelwerte

Handelt es sich bei den Daten um Zahlen, kannst du das **arithmetische Mittel $\overline{x}$** berechnen.

$$\overline{x} = \frac{\textbf{Summe aller Daten}}{\textbf{Anzahl der Daten}}$$

$$\overline{x} = \frac{8 \cdot 15 + 12 \cdot 16 + 2 \cdot 17 + 18}{25} = 15{,}84$$

Das Durchschnittsalter beträgt 15,84 Jahre.

Insbesondere bei statistischen Untersuchungen mit stark abweichenden Werten (Ausreißern) ist es sinnvoll, als Mittelwert den **Median $\tilde{x}$** zu wählen.
Bei einer ungeraden Anzahl von Daten ist der Median der mittlere Wert in der geordneten Urliste, bei einer geraden Anzahl von Daten liegt er zwischen den beiden mittleren Werten.

geordnete Urliste:
15, 15, 15, 15, 15, 15, 15, 15, 16, 16, 16, 16, 16, 16, 16, 16, 16, 16, 16, 16, 16, 16, 17, 17, 18

Median: $\tilde{x} = 16$

Streumaße

Die **Spannweite** gibt die Differenz zwischen dem größten und dem kleinsten Stichprobenwert an.

Spannweite: 18 – 15 = 3

Die **mittlere lineare Abweichung $\overline{s}$** ist das arithmetische Mittel der Abweichungen von $\overline{x}$.

$$\overline{s} = \frac{\textbf{Summe der Abweichungen von } \overline{x}}{\textbf{Anzahl der Daten}}$$

$\overline{x} = 15{,}84$

$$\overline{s} = \frac{8 \cdot 0{,}84 + 14 \cdot 0{,}16 + 2 \cdot 1{,}16 + 2{,}16}{25}$$

$\overline{s} = 0{,}5376$

4 Pascal hat an elf Tagen die Zeitdauer aufgeschrieben, die er für seine Hausaufgaben benötigt hat.

Dauer der Hausaufgaben (min)										
37	42	45	39	33	78	51	47	48	50	42

a) Berechne das arithmetische Mittel $\overline{x}$. Runde auf eine Nachkommastelle.
b) Berechne den Median $\tilde{x}$.
c) Welcher Mittelwert kennzeichnet die Dauer der Hausaufgaben besser?

5 Eine Befragung von Schülerinnen und Schülern nach der Länge ihres Schulwegs führte zu den in der Urliste abgebildeten Ergebnissen.

Schulweglänge (km)													
3	11	6	7	7	5	4	13	9	23	1	6	11	5

a) Berechne das arithmetische Mittel $\overline{x}$. Runde sinnvoll.
b) Berechne den Median $\tilde{x}$.
c) Welcher Mittelwert kennzeichnet die Schulweglänge besser?

6 Vergleiche die von Helen und Nina beim Weitsprung erzielten Ergebnisse. Berechne dazu jeweils die Spannweite, das arithmetische Mittel $\overline{x}$ und die mittlere lineare Abweichung $\overline{s}$. Was stellst du fest?

Helen (Sprungweite in m)							
3,65	3,87	3,65	3,77	3,85	3,70	3,73	
Nina (Sprungweite in m)							
3,56	3,89	4,01	3,54	3,77	3,69	3,75	3,51

7 Schülerinnen und Schüler im 10. Jahrgang wurden nach der Höhe ihres monatlichen Taschengeldes befragt.

Monatliches Taschengeld (€)												
25	32	40	36	40	25	32	32	48	36	40	50	80
32	40	36	44	25	32	40	32	25	36	50	32	25

a) Bestimme das arithmetische Mittel $\overline{x}$, den Median $\tilde{x}$ und die mittlere lineare Abweichung $\overline{s}$.
b) Vergleiche die Mittelwerte miteinander.

Kreis

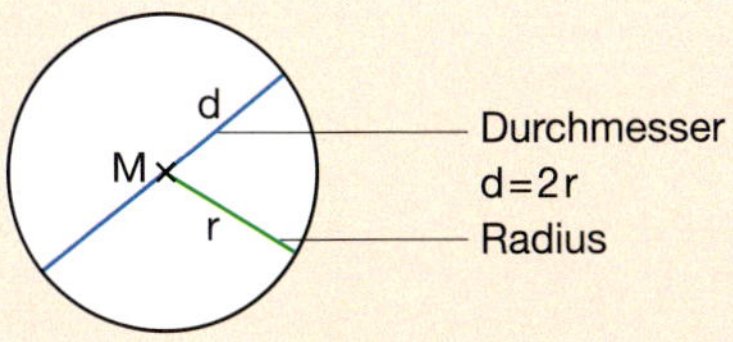

Umfang: $u = \pi \cdot d$

$u = 2 \cdot \pi \cdot r$

Flächeninhalt: $A = \pi \cdot r^2$

$A = \pi \cdot \left(\frac{d}{2}\right)^2$

Gegeben: $A = 480\ cm^2$
Gesucht: r

$A = \pi \cdot r^2 \quad | : \pi$

$\frac{A}{\pi} = r^2$

$r = \sqrt{\frac{A}{\pi}}$

$r = \sqrt{\frac{480}{\pi}}\ cm$

$r \approx 12{,}4\ cm$

Kreisring

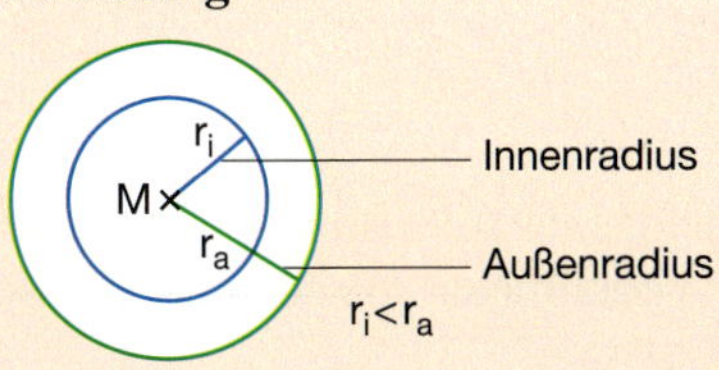

Flächeninhalt: $A = \pi \cdot r_a^2 - \pi \cdot r_i^2$

$A = \pi \cdot (r_a^2 - r_i^2)$

Kreisausschnitt und Kreisbogen

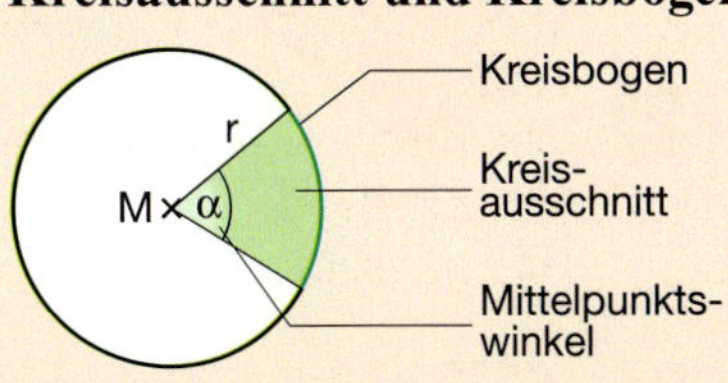

Flächeninhalt eines Kreisausschnitts:

$A_s = \frac{\pi \cdot r^2}{360°} \cdot \alpha$

Länge eines Kreisbogens:

$b = \frac{\pi \cdot r}{180°} \cdot \alpha$

1 Berechne die fehlenden Größen (r, d, u, A) eines Kreises. Runde sinnvoll.

a) r = 12,4 cm b) d = 6,82 m c) u = 53,2 cm d) $A = 164\ m^2$

2 a) Die Räder eines Fahrrades haben jeweils einen Außendurchmesser von 650 mm. Bestimme die Länge der Strecke (in km), die das Fahrrad bei 10 000 Umdrehungen eines Rades zurücklegt.
b) Laura legt während einer Fahrradtour eine Strecke von 24 km zurück.
Wie viele Umdrehungen macht dabei jedes Rad (Außendurchmesser eines Rades: 716 mm)?

3 Der Flächeninhalt eines Kreises beträgt $128\ cm^2$. Berechne seinen Umfang.

4 Aus einer quadratischen Blechplatte (a = 1600 mm) wird eine möglichst große Kreisfläche herausgeschnitten. Wie viel Quadratmeter Blech bleiben als Verschnitt übrig? Gib den Verschnitt auch in Prozent an.

5 Berechne den Flächeninhalt und den Umfang der farbig markierten Flächen.

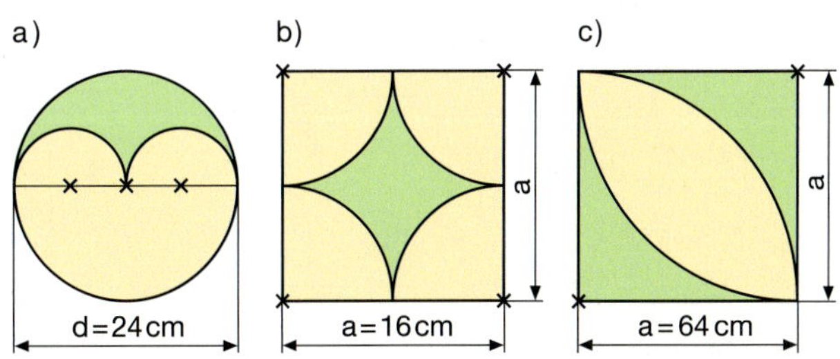

6 Ein Sportplatz soll wie abgebildet eine 5 m breite Laufbahn erhalten.
Wie viel Quadratmeter Kunststoffbahn müssen dafür verlegt werden?

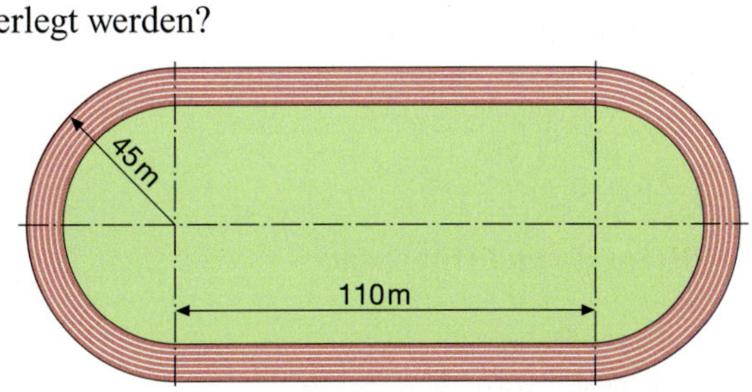

7 Berechne die fehlenden Größen (r, α, A_s, b) eines Kreisausschnitts.

a) r = 8 cm; α = 30° b) $A = 225{,}83\ cm^2$; α = 163°
c) r = 15,5 cm; $A_s = 268{,}36\ cm^2$ d) b = 4,5 m; r = 7,2 m

In einem rechtwinkligen Dreieck heißen die Schenkel des rechten Winkels Katheten. Die dritte Seite heißt Hypotenuse; sie liegt dem rechten Winkel gegenüber.

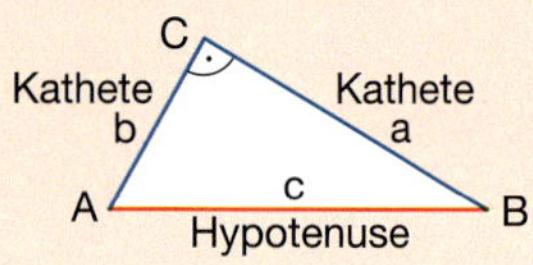

Satz des Pythagoras
In jedem rechtwinkligen Dreieck haben die beiden Kathetenquadrate zusammen den gleichen Flächeninhalt wie das Hypotenusenquadrat.

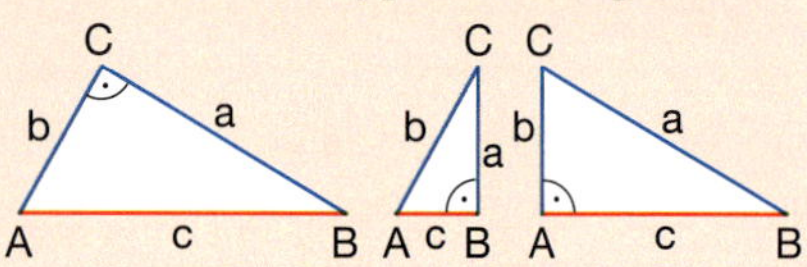

$a^2+b^2=c^2$ $\quad a^2+c^2=b^2$ $\quad b^2+c^2=a^2$

Hypotenuse im Dreieck ABC gesucht
$a = 26$ cm; $b = 14$ cm; $\gamma = 90°$

$$c^2 = a^2 + b^2$$
$$c = \sqrt{a^2 + b^2}$$
$$c = \sqrt{26^2 + 14^2}\text{ cm}$$
$$c \approx 30\text{ cm}$$

Kathete a im Dreieck ABC gesucht
$b = 12{,}0$ cm; $c = 4{,}0$ cm; $ß = 90°$

$$b^2 = a^2 + c^2 \qquad | - c^2$$
$$b^2 - c^2 = a^2$$
$$a = \sqrt{b^2 - c^2}$$
$$a = \sqrt{12^2 - 4^2}\text{ cm}$$
$$a \approx 11\text{ cm}$$

Kathetensatz und Höhensatz

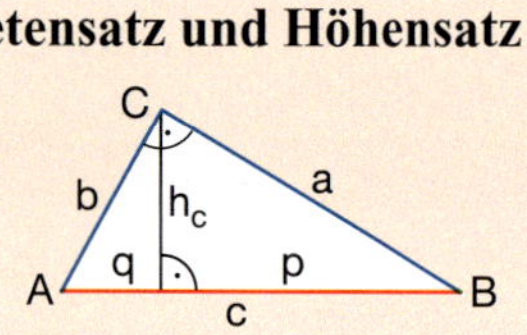

Kathetensatz: $a^2 = c \cdot p$
$b^2 = c \cdot q$
Höhensatz: $h_c^{\,2} = p \cdot q$

1 Berechne die fehlende Seitenlänge in einem rechtwinkligen Dreieck ABC. Überlege zunächst, welche Seite des Dreiecks die Hypotenuse ist.
a) $a = 12$ cm; $b = 16$ cm; $\gamma = 90°$
b) $a = 40$ m; $c = 96$ m; $\beta = 90°$
c) $b = 3{,}5$ dm; $c = 8{,}4$ dm; $\alpha = 90°$
d) $a = 153$ m; $b = 72$ m; $\alpha = 90°$
e) $a = 16{,}8$ cm; $c = 18{,}2$ cm; $\gamma = 90°$
f) $b = 10{,}4$ m; $c = 9{,}6$ m; $\beta = 90°$
g) $b = 7{,}0$ m; $c = 16{,}8$ m; $\alpha = 90°$
h) $b = 25{,}5$ m; $a = 22{,}5$ m; $\beta = 90°$

2 Berechne die fehlenden Größen in einem gleichschenkligen Dreieck ABC.
a) $c = 12$ cm; $h_c = 14$ cm b) $a = 29{,}6$ m; $c = 49{,}2$ m

3 Berechne Umfang und Flächeninhalt des gleichschenkligen Trapezes ABCD.

a) Maße in cm
b=d

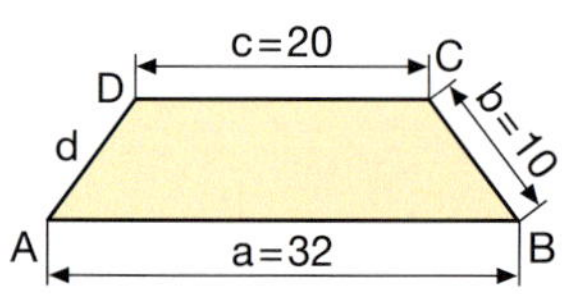

b)
b=d

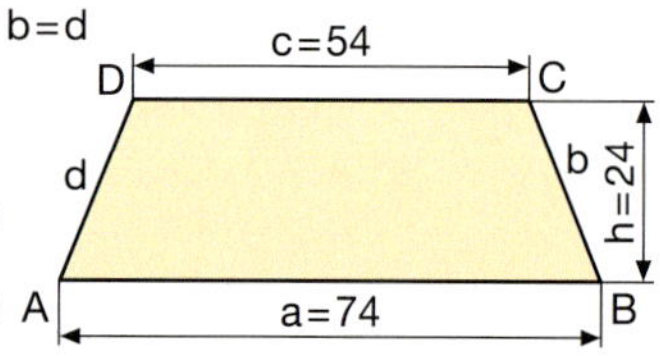

4 Berechne die fehlenden Größen (a, h, A) in einem gleichseitigen Dreieck ABC.
a) $a = 32$ cm b) $h = 8$ m c) $A = 72\text{ cm}^2$

5 Die Fläche eines Satteldaches soll neu eingedeckt werden. Für wie viel Quadratmeter Dachfläche müssen Dachpfannen bestellt werden?

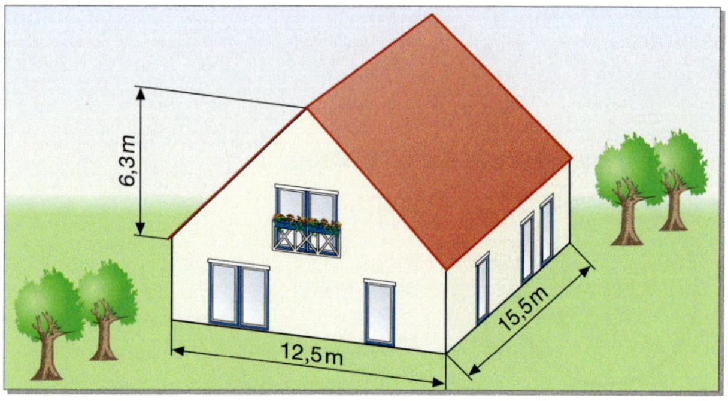

6 Berechne die fehlenden Größen (a, b, c, p, q, h_c) in einem rechtwinkligen Dreieck ABC ($\gamma = 90°$).
a) $a = 16$ cm; $c = 24$ cm b) $a = 12$ dm; $b = 22$ dm
c) $c = 170$ cm; $p = 70$ cm d) $c = 12{,}4$ m; $q = 2{,}4$ m
e) $q = 5$ cm; $h_c = 7$ cm f) $p = 36$ cm; $h_c = 52$ cm
g) $a = 30$ m; $p = 18$ m h) $p = 13$ cm; $q = 9$ cm

Gerades Prisma

Ein Körper heißt gerades Prisma, wenn er von zwei zueinander parallelen und kongruenten Vielecksflächen und von rechteckigen Seitenflächen begrenzt wird.

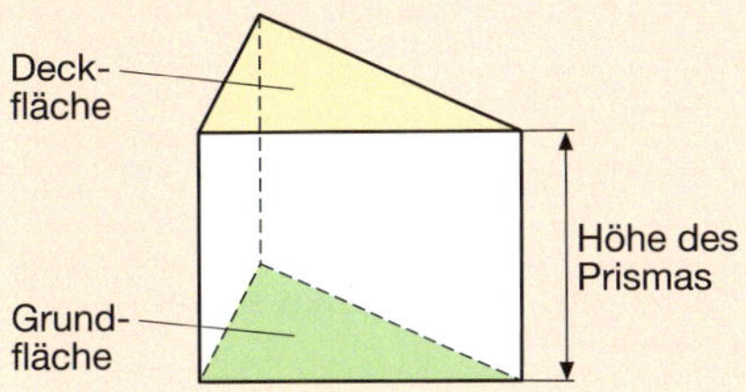

Mantel und Oberflächeninhalt

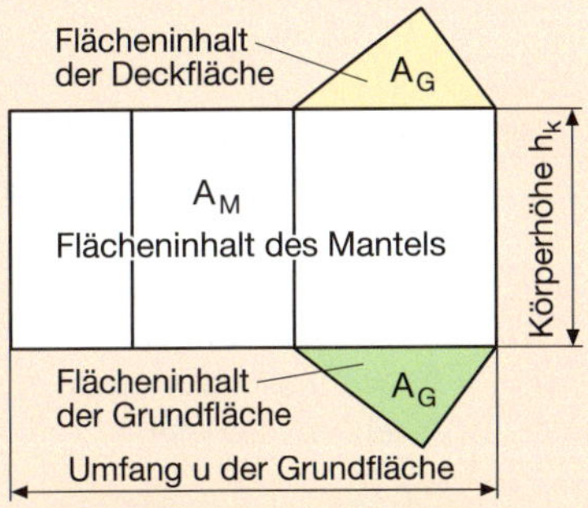

Flächeninhalt des Mantels: $A_M = u \cdot h_k$
Oberflächeninhalt: $A_O = 2 \cdot A_G + A_M$

Oberflächeninhalt gesucht

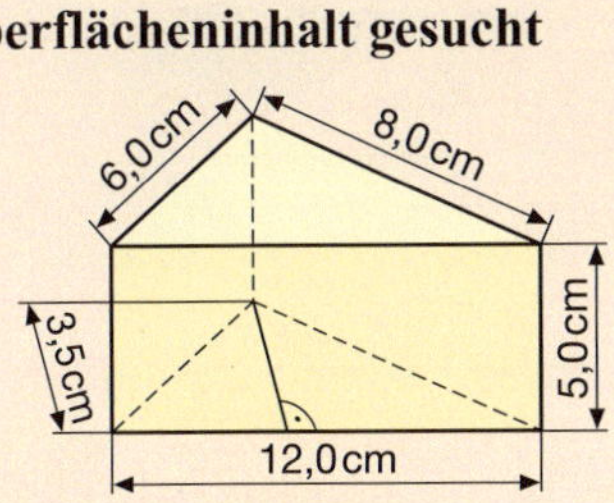

$A_O = 2 \cdot A_G + A_M$

$A_O = 2 \cdot \frac{g \cdot h}{2} + u \cdot h_k$

$A_O = 2 \cdot \frac{12\text{ cm} \cdot 3{,}5\text{ cm}}{2} +$

$(12\text{ cm} + 8\text{ cm} + 6\text{ cm}) \cdot 5\text{ cm}$

$A_O = 42\text{ cm}^2 + 130\text{ cm}^2$

$A_O = 172\text{ cm}^2$

$A_O \approx 170\text{ cm}^2$

1 Die Abbildung zeigt das Netz eines Prismas. Berechne seinen Oberflächeninhalt.

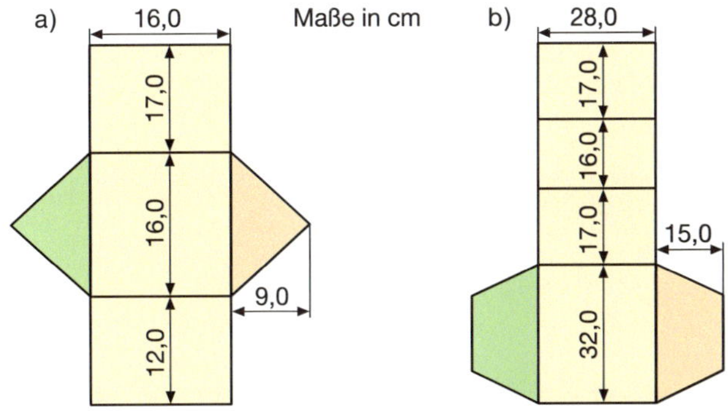

2 Berechne den Oberflächeninhalt des Prismas. Eine fehlende Kantenlänge bestimme mithilfe des Satzes von Pythagoras.

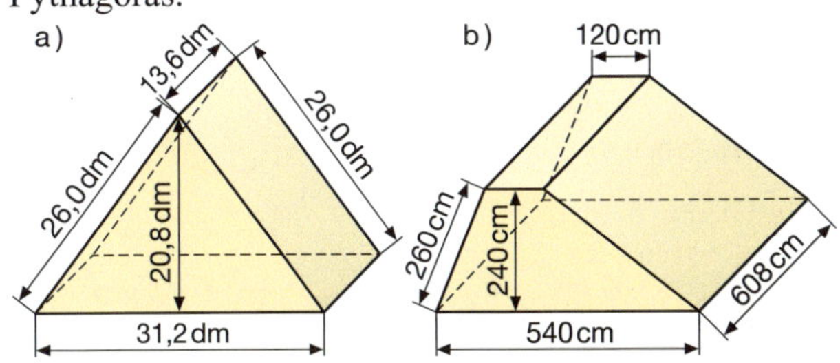

3 Wie viel Quadratzentimeter Blech werden zur Herstellung des abgebildeten Behälters benötigt? Für Verschnitt müssen 10 % hinzugerechnet werden.

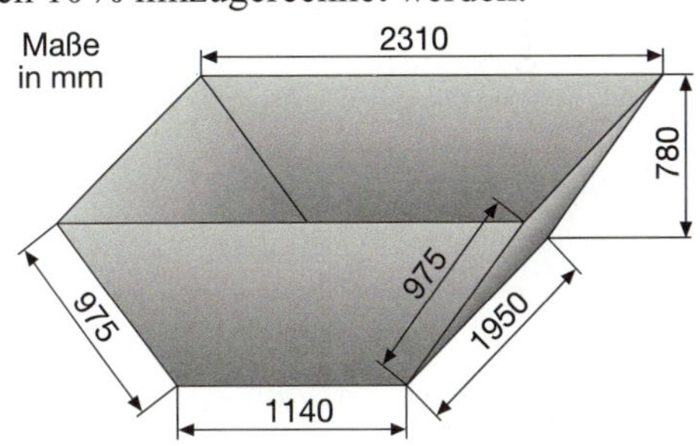

4 Die Oberfläche des abgebildeten Eisenträgers (Länge: 3 m) soll mit einer Schutzfarbe gestrichen werden. Für 1 m² Fläche werden 0,2 kg Farbe verbraucht.

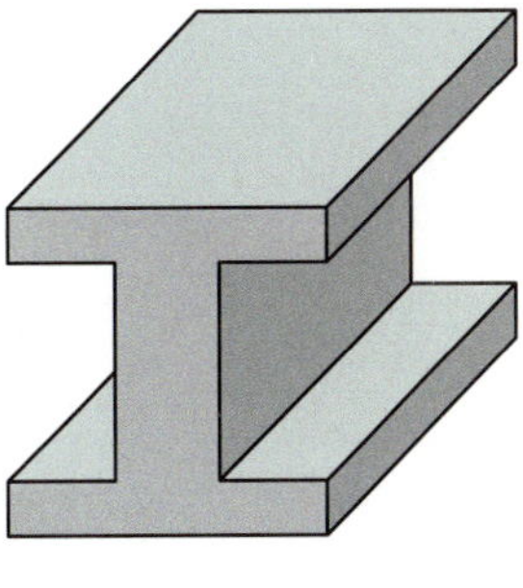
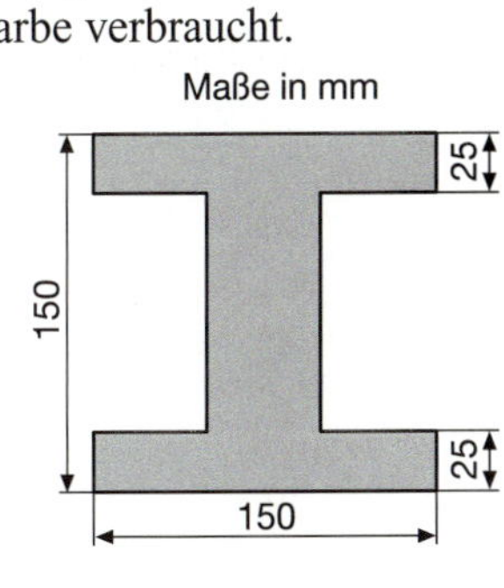

Volumen

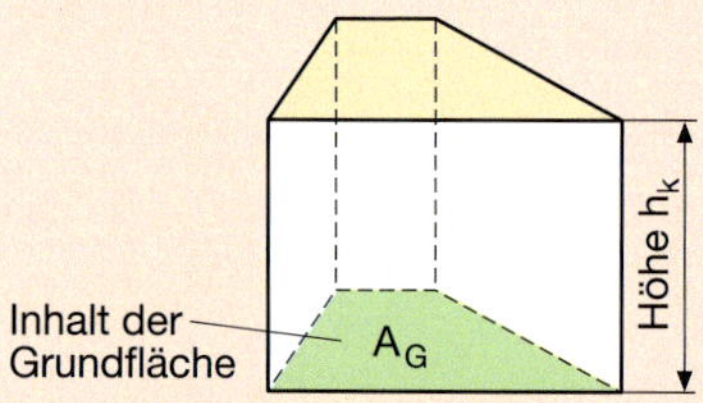

Flächeninhalt der Grundfläche

$V = A_G \cdot h_k$

Volumen gesucht

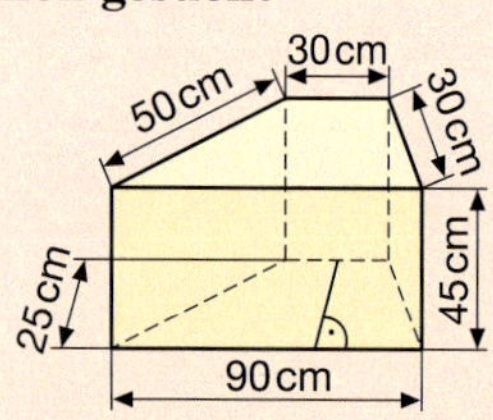

$V = A_G \cdot h_k$

$V = \frac{a + c}{2} \cdot h \cdot h_k$

$V = \frac{90\ \text{cm} + 30\ \text{cm}}{2} \cdot 25\ \text{cm} \cdot 45\ \text{cm}$

$V = 67\,500\ \text{cm}^3$

$V \approx 68\,000\ \text{cm}^3$

Längeneinheiten	**Flächeneinheiten**
1 m = 10 dm	$1\ \text{m}^2 = 100\ \text{dm}^2$
1 dm = 10 cm	$1\ \text{dm}^2 = 100\ \text{cm}^2$
1 cm = 10 mm	$1\ \text{cm}^2 = 100\ \text{mm}^2$
1 m = 100 cm	$1\ \text{a} = 100\ \text{m}^2$
1 km = 1000 m	$1\ \text{ha} = 10\,000\ \text{m}^2$

Volumeneinheiten

$1\ \text{m}^3 = 1000\ \text{dm}^3$

$1\ \text{dm}^3 = 1000\ \text{cm}^3$

$1\ \text{cm}^3 = 1000\ \text{mm}^3$

$1\ \text{dm}^3$ = 1 Liter (1 *l*)

$1\ \text{cm}^3$ = 1 Milliliter (1 ml)

5 Bestimme das Volumen und den Oberflächeninhalt des Prismas.

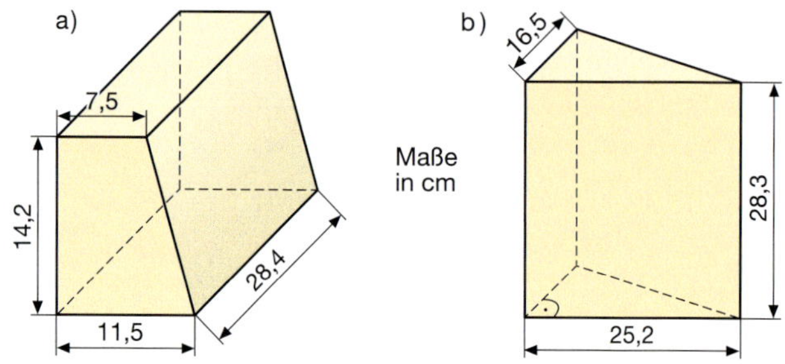

6 Berechne das Volumen des abgebildeten Körpers.

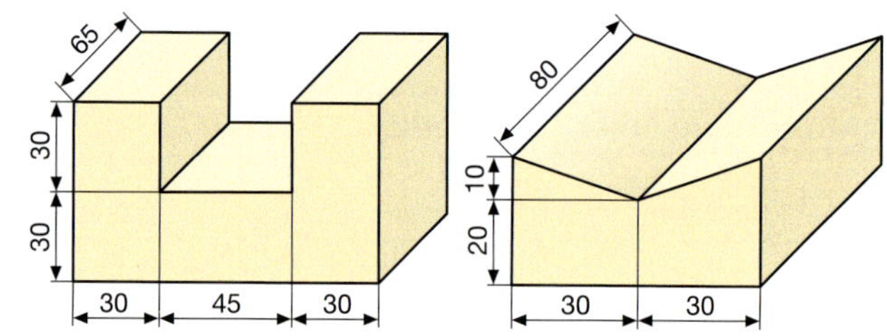

7 In der Abbildung siehst du den Querschnitt eines Deiches. Wie viel Kubikmeter Erde müssen für einen 12 km langen Deichabschnitt aufgeschüttet werden?

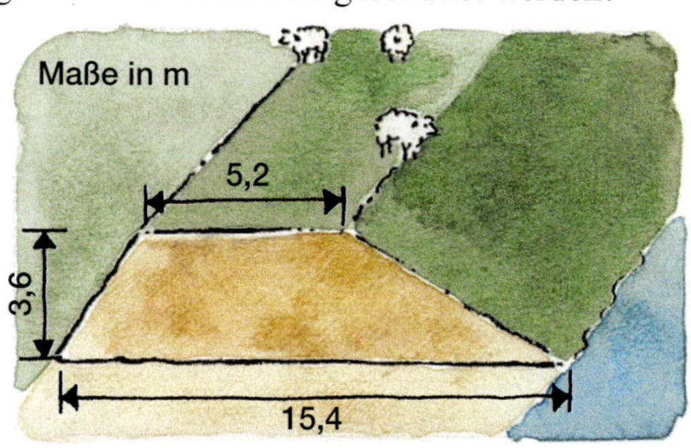

8 a) Berechne das Volumen des Wohnhauses und das der Garage.

b) Die Baukosten für das Wohnhaus betragen 414 540 €. Wie viel Euro wurden für einen Kubikmeter umbauten Raumes bezahlt?

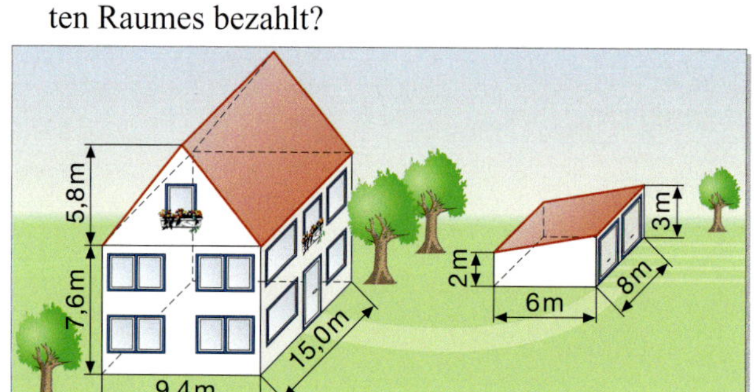

Dichte

Jeder Stoff hat eine bestimmte Dichte. Die Dichte eines Stoffes – angebegen in $\frac{g}{cm^3}$ – gibt die Masse von 1 cm^3 des Stoffes in Gramm an.

$$\text{Dichte} = \frac{\text{Masse}}{\text{Volumen}}$$

$$\varrho = \frac{m}{V}$$

* griech. Buchstabe: rho (ϱ)

Dichte von Eisen: $\varrho = 7{,}8\ \frac{g}{cm^3}$

1 cm^3 Eisen hat eine Masse von 7,8 g

1 dm^3 Eisen hat eine Masse von 7,8 kg

1 m^3 Eisen hat eine Masse von 7,8 t

Stoff	Dichte in $\frac{g}{cm^3}$
Gold	19,3
Blei	11,3
Kupfer	8,9
Eisen	7,2 bis 7,9
Aluminium	2,7
Quecksilber	13,6
Zink	7,1
Glas	2,5
Beton	1,8 bis 2,2
Holz	0,5 bis 0,9
Kork	0,2
Styropor	0,03 bis 0,04
Wasser	1,0

Um die Masse eines Körpers zu berechnen, musst du das Volumen des Körpers mit seiner Dichte multiplizieren: $m = \varrho \cdot V$.

Gegeben: $V = 250\ cm^3$

$\varrho = 7{,}8\ \frac{g}{cm^3}$ (Eisen)

Gesucht: m

$m = \varrho \cdot V$

$m = 7{,}8\ \frac{g}{cm^3} \cdot 250\ cm^3$

$m = 1950\ g$

9 Bestimme die Masse des abgebildeten Körpers. Berechne dazu zunächst das Volumen des Körpers.

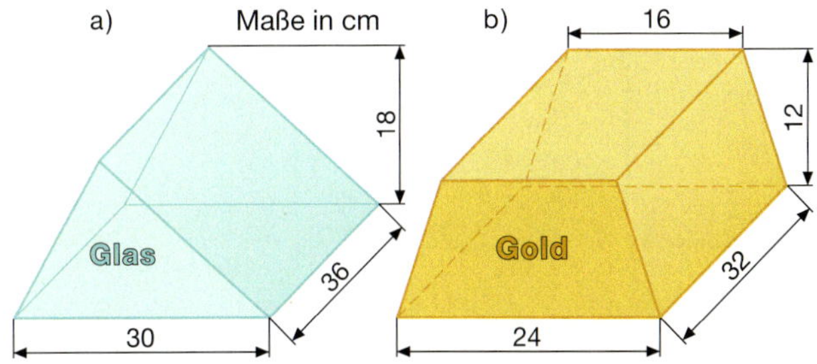

10 a) Ein 8,5 m langes und 3,0 m breites Flachdach einer Garage soll eine 5 cm hohe Kiesschicht erhalten. Berechne die Masse dieser Schicht (Kies: $\varrho = 1{,}9\ \frac{g}{cm^3}$).

b) Ein Lastwagen darf nur mit 3 t beladen werden. Wie viel Kubikmeter kann er mit einer Fuhre transportieren?

11 Die Abbildung zeigt die Querschnitte zweier jeweils 2 m langer Eisenträger.

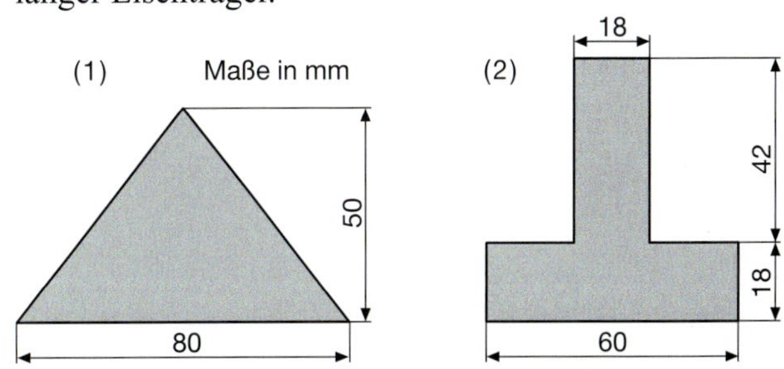

a) Darf ein Lastwagen mit einer erlaubten Zuladung von 6 t gleichzeitig 200 Eisenträger einer Sorte transportieren (Eisen: $\varrho = 7{,}8\ \frac{g}{cm^3}$)?

b) Wie viele Träger einer Sorte dürfen höchstens aufgeladen werden?

12 Berechne die fehlenden Größen (A_G, h_k, V, ϱ, m) eines Prismas. Achte auf die Einheiten.

a) $A_G = 120\ cm^2$; $h_k = 12\ cm$; $\varrho = 10{,}5\ \frac{g}{cm^3}$

b) $A_G = 280\ dm^2$; $h_k = 15\ dm$; $\varrho = 7{,}1\ \frac{g}{cm^3}$

c) $A_G = 67{,}5\ m^2$; $h_k = 3{,}2\ m$; $m = 604{,}8\ t$

d) $A_G = 8{,}4\ cm^2$; $V = 25{,}2\ cm^3$; $\varrho = 21{,}5\ \frac{g}{cm^3}$

e) $h_k = 8{,}6\ dm$; $\varrho = 2{,}7\ \frac{g}{cm^3}$; $m = 522{,}45\ kg$

f) $A_G = 0{,}75\ m^2$; $\varrho = 8{,}9\ \frac{g}{cm^3}$; $m = 5{,}34\ t$

Volumen

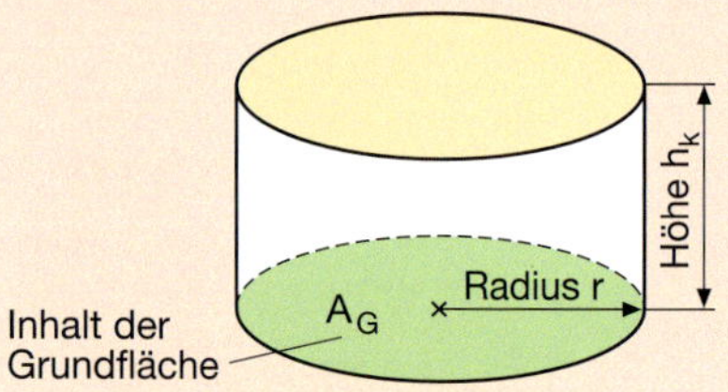

$$V = A_G \cdot h$$
$$V = \pi \cdot r^2 \cdot h_k$$

Gegeben: $V = 1131\ cm^3$; $h_k = 10$ cm
Gesucht: r

$$V = \pi \cdot r^2 \cdot h_k \quad | : (\pi \cdot h_k)$$

$$\frac{V}{\pi \cdot h_k} = r^2$$

$$r = \sqrt{\frac{V}{\pi \cdot h_k}}$$

$$r = \sqrt{\frac{1131}{\pi \cdot 10}}\ cm$$

$$r = 6{,}0\ cm$$

Mantel und Oberflächeninhalt

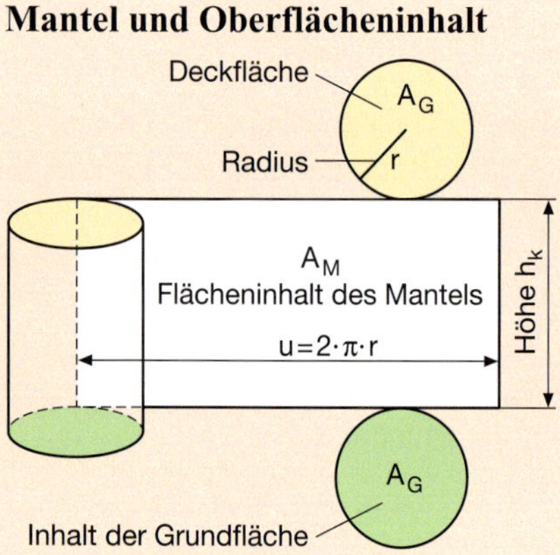

Flächeninhalt des Mantels:

$$A_M = u \cdot h_k$$
$$A_M = 2 \cdot \pi \cdot r \cdot h_k$$

Oberflächeninhalt:

$$A_O = 2 \cdot A_G + A_M$$
$$A_O = 2 \cdot \pi \cdot r^2 + 2 \cdot \pi \cdot r \cdot h_k$$
$$A_O = 2 \cdot \pi \cdot r \cdot (r + h_k)$$

1 Berechne das Volumen und den Oberflächeninhalt eines Zylinders.
a) r = 7,5 cm; h_k = 24,8 cm b) r = 0,75 m; h_k = 4,80 m
c) d = 40,8 dm; h_k = 20,4 dm d) d = 7,20 m; h_k = 13,50 m

2 Eine zylinderförmige Plakatsäule hat einen Durchmesser von 1,20 m. Die Höhe der zum Bekleben vorgesehenen Fläche beträgt 2,60 m. Wie groß ist diese Fläche?

3 Ein 5,40 m hoher zylinderförmiger Wasserbehälter hat einen Innendurchmesser von 8,40 m.
Wie viel Liter kann der Behälter fassen?

4 Berechne die Masse des abgebildeten Körpers.

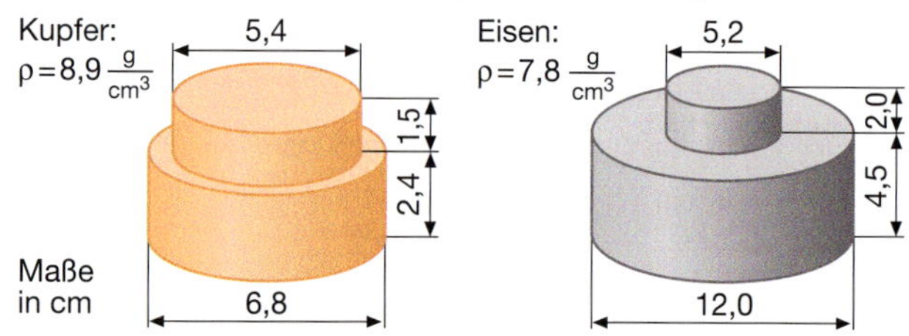

5 Berechne die fehlenden Größen (r, d, h_k, A_O, V) eines Zylinders.
a) $V = 14\,137\ cm^3$; h_k = 20 cm
b) $V = 24{,}43\ m^3$; r = 1,80 m
c) $V = 3{,}04\ dm^3$; d = 2,2 dm
d) $A_G = 452{,}40\ cm^2$; h_k = 23,5 cm

6 a) Ein neuer zylinderförmiger Gasbehälter soll ein Fassungsvermögen von $10\,857{,}60\ m^3$ erhalten. An seinem zukünftigen Standort steht eine $452{,}40\ m^2$ große Grundfläche zur Verfügung.
Berechne Radius und Höhe des Behälters.
b) Der Umfang eines zylinderförmigen Klärschlammbehälters beträgt 57,80 m. Der Behälter kann $1329{,}50\ m^3$ Klärschlamm aufnehmen.
Berechne seine Höhe.

7 Ein 3 m hoher zylindrischer Behälter enthält $24\ m^3$ Wasser. Er ist dabei nur zu drei Viertel gefüllt.
Wie groß ist der Innendurchmesser des Behälters?

8 a) Ein Stahlrohr mit einem Außendurchmesser von 500 mm und einer Wandstärke von 10 mm ist 5000 mm lang. Berechne die Masse des Rohres in Kilogramm (Stahl: $\varrho = 7{,}85\ \frac{g}{cm^3}$).
b) Das Rohr soll außen mit einer Kunststoffumhüllung versehen werden. Wie groß ist die Fläche, die beschichtet werden muss?

Volumen

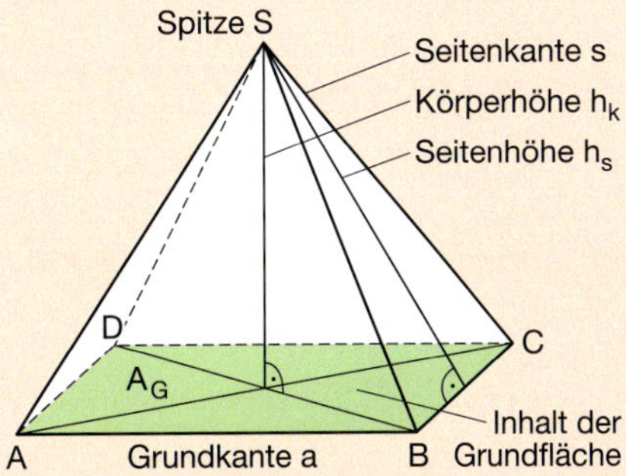

$$V = \frac{1}{3} \cdot A_G \cdot h_k$$

Gegeben: $V = 960\ cm^3$; $h_k = 20\ cm$
(Grundfläche: Quadrat)
Gesucht: a

$$V = \frac{1}{3} \cdot A_G \cdot h_k$$

$$V = \frac{1}{3} \cdot a^2 \cdot h_k \quad | \cdot 3 \;|: h_k$$

$$r^2 = \frac{3 \cdot V}{h_k}$$

$$r = \sqrt{\frac{3 \cdot V}{h_k}}$$

$$r = \sqrt{\frac{3 \cdot 960}{20}}\ cm$$

$$r = 12\ cm$$

Oberflächeninhalt gesucht

a = 24,0 m
b = 9,6 m
h_a = 8,0 m
h_b = 13,6 m

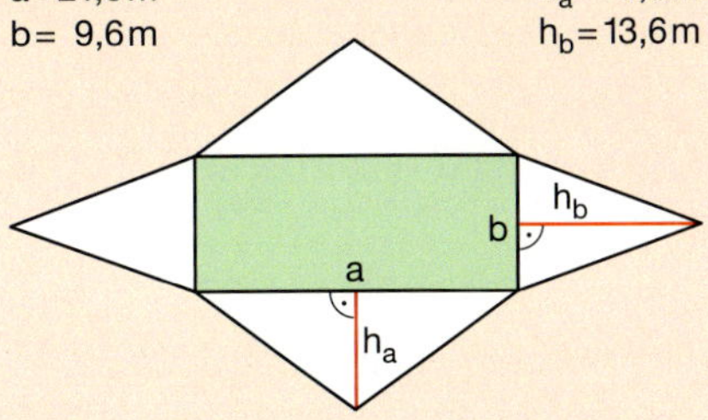

$$A_O = a \cdot b + 2 \cdot \frac{a \cdot h_a}{2} + 2 \cdot \frac{b \cdot h_b}{2}$$

$$A_O = a \cdot b + a \cdot h_a \cdot b \cdot h_b$$

$$A_O = 24\ m \cdot 9{,}6\ m + 24\ m \cdot 8\ m + 9{,}6\ m \cdot 13{,}6\ m$$

$$A_O = 552{,}96\ m^2$$

$$A_O \approx 550\ m^2$$

1 Bestimme das Volumen und den Oberflächeninhalt einer quadratischen Pyramide.

a) a = 10 cm; h_k = 12 cm; h_s = 13 cm

b) a = 16 m; h_k = 15 m; h_s = 17 m

c) a = 4,8 dm; h_k = 0,7 dm; h_s = 2,5 dm

2 Ein pyramidenförmiges Turmdach hat als Grundfläche ein Quadrat. Der Umfang der Grundfläche beträgt 22,4 m. Die Seitenhöhe einer dreieckigen Dachfläche ist 5,3 m lang. Das Dach soll neu eingedeckt werden. Für einen Quadratmeter werden 16 Ziegel benötigt.
Wie viele Ziegel müssen für die gesamte Dachfläche eingekauft werden?

3 Berechne die Kantenlänge a einer quadratischen Pyramide.

a) h_k = 16 m; V = 19 200 m^3

b) h_k = 3,2 dm; V = 24,576 dm^3

4

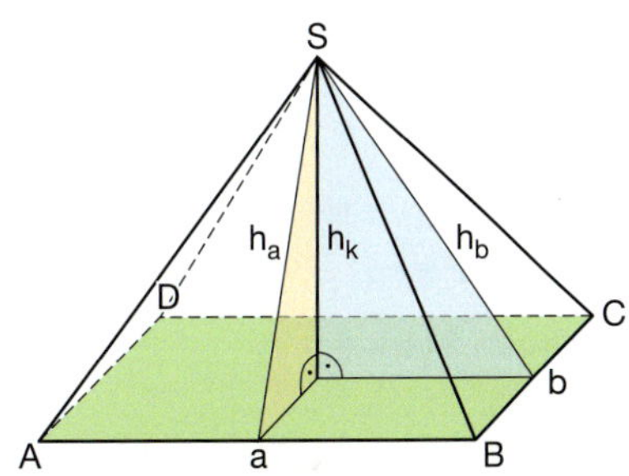

Berechne den Oberflächeninhalt einer rechteckigen Pyramide. Bestimme mithilfe des Satzes von Pythagoras zunächst die Größe der Seitenhöhe h_a bzw. h_b.

a) a = 26 dm; b = 92 dm; h_k = 110 dm

b) a = 17,4 m; b = 10,6 m; h_k = 7,5 m

c) a = 14,4 m; b = 20,8 m; h_k = 6,0 m

5 Berechne den Oberflächeninhalt einer quadratischen Pyramide mit der Grundkantenlänge a und der Seitenkantenlänge s.

a) a = 8,5 m; s = 7,5 m b) a = 4,25 dm; s = 24,0 dm

6 Ein Zelt hat die Form einer Pyramide mit einer quadratischen Grundfläche. Die Grundkante beträgt 2,50 m, die Höhe 1,50 m. Berechne die Mantelfläche und das Volumen des Zeltes.

7 Berechne das Volumen und den Oberflächeninhalt einer quadratischen Pyramide.

a) a = 19,2 cm; h_s = 10,4 cm b) a = 43,2 m; s = 36,0 m

Volumen

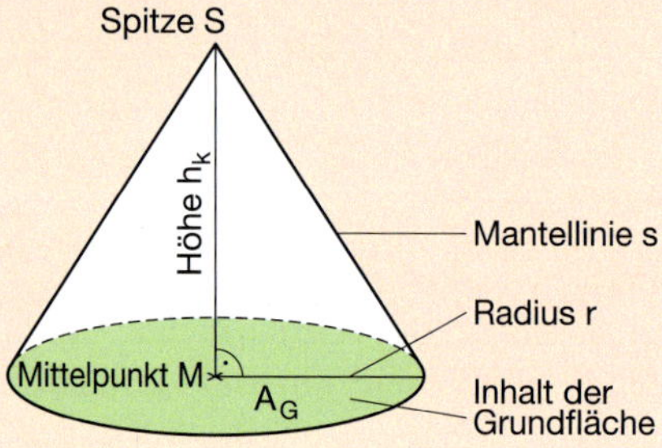

$$V = \frac{1}{3} \cdot A_G \cdot h_k$$

$$V = \frac{1}{3} \cdot \pi \cdot r^2 \cdot h_k$$

Mantel und Oberflächeninhalt

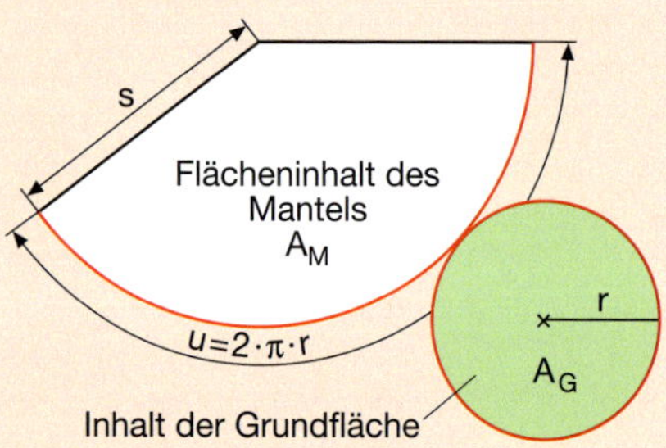

Flächeninhalt des Mantels:

$$A_M = \pi \cdot r \cdot s$$

Oberflächeninhalt:

$$A_O = A_G + A_M$$
$$A_O = \pi \cdot r^2 + \pi \cdot r \cdot s$$
$$A_O = \pi \cdot r \cdot (r + s)$$

Gegeben: $A_O = 1071{,}28\ \text{m}^2$; $r = 11$ m
Gesucht: s

$$A_O = \pi \cdot r \cdot (r + s) \quad | : (\pi \cdot r)$$
$$\frac{A_O}{\pi \cdot r} = r + s \quad | - r$$
$$s = \frac{A_O}{\pi \cdot r} - r$$
$$s = \frac{1071{,}28}{\pi \cdot 11}\ \text{m} - 11\ \text{m}$$
$$s \approx 20\ \text{m}$$

1 Berechne das Volumen und den Oberflächeninhalt eines Kegels.
a) $r = 63$ cm; $h_k = 60$ cm; $s = 87$ cm
b) $d = 6{,}4$ m; $h_k = 2{,}4$ m; $s = 4{,}0$ m
c) $d = 21{,}6$ dm; $h_k = 6{,}72$ dm; $s = 12{,}72$ dm

2 Berechne die Masse des abgebildeten Werkstücks.

a) Blei: $\rho = 11{,}3\ \frac{\text{g}}{\text{cm}^3}$ b) Zink: $\rho = 7{,}1\ \frac{\text{g}}{\text{cm}^3}$

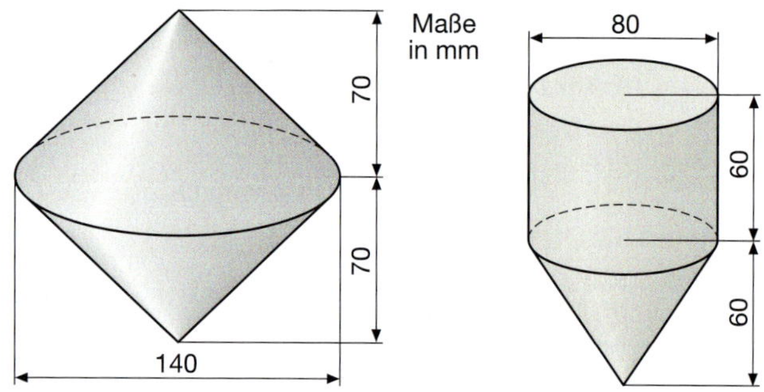

3 Berechne die fehlenden Größen (r, h_k, s, V, O) eines Kegels.
a) $h_k = 72$ cm; $s = 90$ cm b) $r = 4{,}0$ m; $s = 10{,}4$ m
c) $r = 5{,}5$ dm; $h_k = 13{,}2$ dm d) $V = 27{,}14\ \text{m}^3$; $r = 2{,}4$ m
e) $A_O = 628{,}32\ \text{m}^2$; $r = 8{,}0$ m f) $A_M = 4662{,}12\ \text{cm}^2$; $r = 28$ cm

4 Der Umfang eines aufgeschütteten kegelförmigen Kieshaufens wird mit 37,70 m gemessen. Sein Volumen beträgt 132 m³. Welche Höhe hat der Kegel?

5 Ein zylinderförmiger Turm hat einen Umfang von 31 m. Das 12 m hohe kegelförmige Dach wird erneuert. Wie viel Quadratmeter Kupferblech werden für die Renovierung benötigt?

6 Das Bild zeigt die Abwicklung eines Kegelmantels. Berechne das Volumen und Oberflächeninhalt des zugehörigen Kegels.

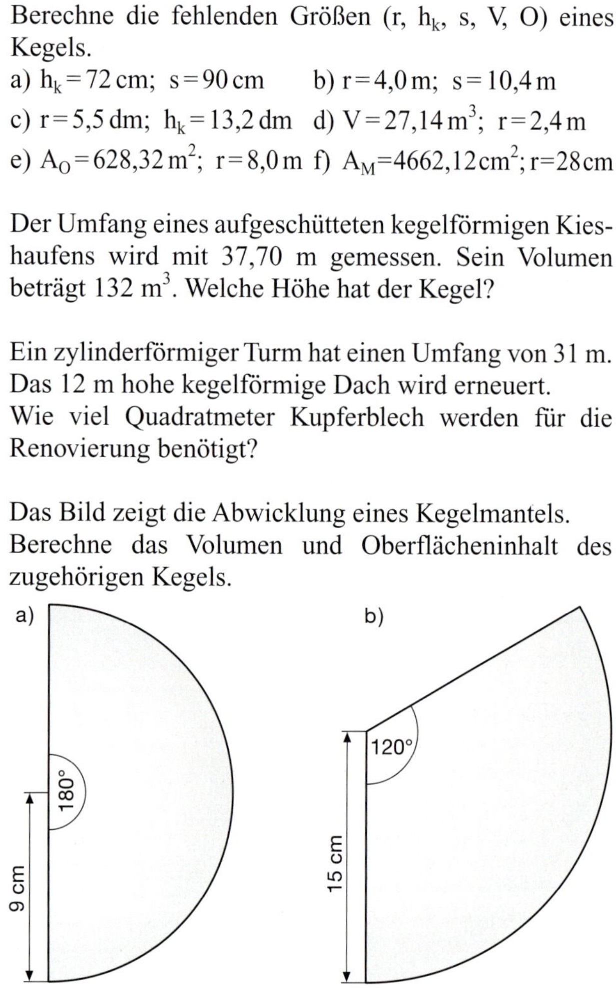

Volumen und Oberflächeninhalt

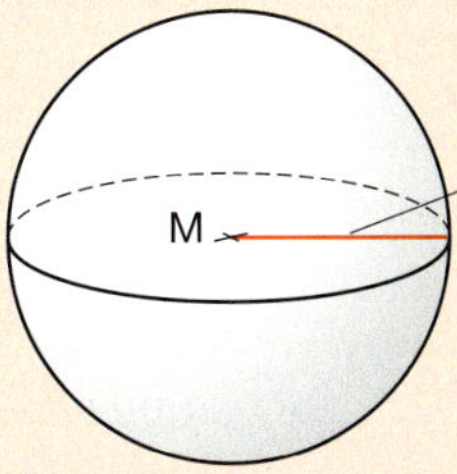

$V = \frac{4}{3} \cdot \pi \cdot r^3$

$A_O = 4 \cdot \pi \cdot r^2$

Gegeben: $V = 2000\ cm^3$
Gesucht: r

$V = \frac{4}{3} \cdot \pi \cdot r^3 \quad | : \frac{4}{3}$

$\frac{3 \cdot V}{4} = \pi \cdot r^3 \quad | : \pi$

$r = \sqrt[3]{\frac{3 \cdot V}{4 \cdot \pi}}$

$r = \sqrt[3]{\frac{3 \cdot 2000}{4 \cdot \pi}}\ cm$

$r \approx 7{,}8\ cm$

Volumen und Masse einer Hohlkugel gesucht

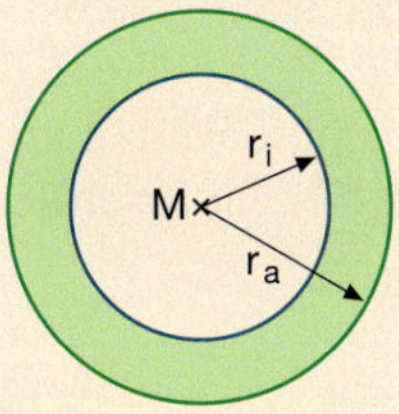

Messing:
$\varrho = 8{,}5\ \frac{g}{cm^3}$
Innenradius
$r_i = 6{,}0\ cm$
Außenradius
$r_a = 8{,}0\ cm$

$V = V_a - V_i$

$V = \frac{4}{3} \cdot \pi \cdot r_a^3 - \frac{4}{3} \cdot \pi \cdot r_i^3$

$V = \frac{4}{3} \cdot \pi \cdot (8\ cm)^3 - \frac{4}{3} \cdot \pi \cdot (6\ cm)^3$

$V \approx 1240\ cm^3$

$m = V \cdot \varrho$

$m = 1240\ cm^3 \cdot 8{,}5\ \frac{g}{cm^3}$

$m \approx 10\,500\ g$

1 Berechne das Volumen und den Oberflächeninhalt einer Kugel.
a) $r = 10{,}8\ cm$ b) $r = 7{,}6\ dm$ c) $d = 2{,}4\ m$ d) $d = 9{,}2\ cm$

2 Berechne die Masse der einzelnen Metallkugeln in Kilogramm.

	Aluminium	Kupfer	Gold	Platin	Blei
d	100 cm	0,10 m	0,2 dm	10 mm	5 cm
ϱ	$2{,}7\ \frac{g}{cm^3}$	$8{,}9\ \frac{g}{cm^3}$	$19{,}3\ \frac{g}{cm^3}$	$21{,}4\ \frac{g}{cm^3}$	$11{,}3\ \frac{g}{cm^3}$

3 Berechne die Masse der einzelnen Hohlkugeln in Kilogramm.
a) Messing: $\varrho = 8{,}5\ \frac{g}{cm^3}$; $r_a = 5\ cm$; $r_i = 4\ cm$
b) Gusseisen: $\varrho = 7{,}3\ \frac{g}{cm^3}$; $r_a = 9{,}5\ cm$; $r_i = 7{,}5\ cm$
c) Aluminium: $\varrho = 2{,}7\ \frac{g}{cm^3}$; $d_a = 32\ cm$; $d_i = 29\ cm$

4 Berechne die fehlenden Größen (r, V, A_O) einer Kugel.
a) $V = 135\ dm^3$ b) $A_O = 95\ cm^2$
c) $V = 3{,}2\ m^3$ d) $A_O = 17{,}2\ m^2$

5 Die Oberfläche eines kugelförmigen Gasbehälters beträgt $3217\ m^2$.
Wie viel Kubikmeter Gas fasst der Behälter?

6 Eine Bleikugel mit einem Durchmesser von 20 cm wird eingeschmolzen.
Wie viele kleine Kugeln (d = 2 cm) lassen sich aus der Bleikugel herstellen?

7 Ein Werkstück aus Blei $\left(\varrho = 11{,}3\ \frac{g}{cm^3}\right)$ hat eine Masse von 50 kg.
Berechne die Anzahl der Kugeln mit d = 2 cm, die sich aus dem Werkstück gießen lassen.

8 Der Innendurchmesser eines kugelförmigen Öltanks misst 1,62 m.
a) Die Innenfläche des Tanks wird neu beschichtet. Wie viel Quadratmeter werden dazu bearbeitet?
b) Nach Abschluss der Arbeiten wird der Tank zu drei Viertel gefüllt. Wie viel Liter Öl enthält er dann?

9 Aus einem Holzwürfel (a = 22 cm) soll eine möglichst große Kugel gedrechselt werden.
Wie groß ist das Volumen der Kugel? Berechne den Abfall in Prozent.

Potenzen und Potenzfunktionen

A

1 Berechne.

a) $5{,}2 \cdot 10^{13} \cdot 2 \cdot 10^{3}$ b) $2{,}5 \cdot 10^{-6} \cdot 3 \cdot 10^{-7}$ c) $2{,}3 \cdot 10^{17} \cdot 4 \cdot 10^{5}$ d) $3{,}5 \cdot 10^{-9} \cdot 5 \cdot 10^{-4}$

2 Schreibe ohne Zehnerpotenz.

a) $5 \cdot 10^{6}$ b) $4{,}7 \cdot 10^{9}$ c) $1{,}35 \cdot 10^{4}$ d) $2 \cdot 10^{-4}$ e) $1{,}2 \cdot 10^{-2}$ f) $2{,}346 \cdot 10^{-5}$

3 Schreibe mithilfe von Zehnerpotenzen.

a) 20 000 000 b) 170 000 c) 5 730 000 000 d) 0,0009 e) 0,0000271

4 Eine Bakterienzelle ist 3 µm lang. Gib die Länge in Metern an.

5 Die Wellenlänge des Ultraschalls beträgt $4 \cdot 10^{3}$ nm. Gib die Wellenlänge mithilfe von Zehnerpotenzen in Metern an.

6 Schreibe als Potenz.

a) $x^4 \cdot x^9 \cdot x^4$ b) $r^{-4} \cdot r^5 \cdot r^{-3} \cdot r^4$ c) $\frac{a^3 \cdot a^8}{a^7}$ d) $\frac{x^{-3} \cdot x^2}{x^4}$

$y^3 \cdot y^5 \cdot y^7$ $s^{-6} \cdot s^3 \cdot s \cdot s^{-2}$ $\frac{b^5 \cdot b^3}{b^8}$ $\frac{y^{-3} \cdot y}{y^{-2}}$

7 Vereinfache zunächst und berechne dann den Wert der Potenz.

a) $3^5 \cdot 3^{-3}$ b) $12^{-3} : 12^{-5}$ c) $(-2)^9 \cdot (-2)^{-5}$ d) $3^7 \cdot 3^{-6} \cdot 3^{-2} \cdot 3^4$

$2^6 \cdot 2^{-2}$ $10^7 : 10^{-2}$ $(-5)^8 \cdot (-5)^{-5}$ $7^4 \cdot 7^9 \cdot 7^{-6} \cdot 7^{-5}$

8 Berechne. a) $(2^2)^2$ b) $(3^2)^3$ c) $(4^3)^4$

B

1 Lege für die Funktion f mit der Gleichung $y = x^3$ eine Tabelle mit x-Werten zwischen −2 und 2 (Schrittweite 0,5) an und zeichne den Graphen von f in ein Koordinatensystem.

2 Lege für die Funktion f mit der Gleichung $y = x^{-1}$ eine Wertetabelle mit x-Werten zwischen −2 und 2 (Schrittweite 0,25) an und zeichne den Graphen von f in ein Koordinatensystem.

3 Im Koordinatensystem ist jeweils ein Ausschnitt der Graphen der Potenzfunktionen f und g mit den Gleichungen $f(x) = x^2$ und $g(x) = x^4$ dargestellt.

a) Beschreibe das Steigungsverhalten der beiden Graphen.

b) Welche Punkte haben beide Graphen gemeinsam?

c) Beschreibe, wie der Graph der Funktion h mit der Gleichung $h(x) = x^6$ in diesem Koordinatensystem verliefe.

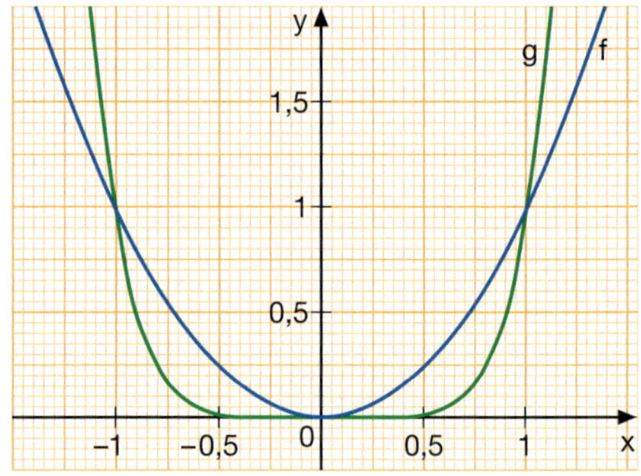

4 Die Punkte P und Q liegen auf dem Graphen der Funktion f. Bestimme die fehlenden Koordinaten von P und Q.

a) $f(x) = x^5$ P (−3| ■) Q (■ |−3,125) b) $f(x) = x^{-3}$ P (−0,25| ■) Q (■ |−0,125)

c) $f(x) = x^4$ P (−4| ■) Q (−0,2| ■) d) $f(x) = x^{-1}$ P (■ |−100) Q (■ |−1,25)

A

1 Der Tank eines Autos enthält 6 *l* Benzin. Beim Tanken fließen pro Sekunde 0,4 *l* in den Tank.
a) Wie viel Liter Benzin enthält der Tank nach 10 (20, 30, … 100) Sekunden. Lege eine Wertetabelle an.
b) Zeichne den Graphen der Zuordnung „Zeit ⟶ Tankinhalt“ in ein Koordinatensystem.
c) Gib die Gleichung der Zuordnung an.
d) Der Tank des Wagens fasst 50 *l* Benzin. Nach wie vielen Sekunden ist er ganz gefüllt?

2 Die Masse einer Kultur von Milchsäurebakterien verdoppelt sich innerhalb einer Stunde. Zu Beginn der Beobachtung beträgt die Masse 1 Gramm.
a) Bestimme die Masse der Bakterien nach einer Stunde (2 h, 3 h , 4 h, 5 h).
b) Zeichne den Graphen der Zuordnung „Zeit ⟶ Masse“ in ein Koordinatensystem.
c) Gib die Gleichung der Zuordnung an.
d) Wie groß ist die Masse der Bakterien nach 6 Stunden (8 Stunden)?

3 a) Frau Wertmann hat ein Guthaben von 8500 € für fünf Jahre angelegt. Der Zinssatz beträgt 4,5 %. Wie groß ist ihr Kapital am Ende der Laufzeit?
b) Vor vier Jahren hat Herr Klinger ein Guthaben von 20 000 € zu einem Zinssatz von 5,5 % angelegt. Wie groß ist sein Guthaben heute?

4 a) Herr Kath hat 10 000 € für zwei Jahre angelegt. Am Ende der Laufzeit erhält er 10 506,25 €. Wie groß ist der Zinssatz?
b) Vor drei Jahren hat Frau Hebel 5000 € angelegt. Heute beträgt ihr Guthaben 5624,32 €. Bestimme den Zinssatz.

B

1 Eine Badewanne, die mit 240 *l* Wasser gefüllt ist, wird geleert. Dabei fließen pro Sekunde 2 *l* Wasser ab.
a) Wie viel Liter Wasser enthält das Becken nach 10 (20, 30, … 100) Sekunden. Lege eine Wertetabelle an.
b) Zeichne den Graphen der Zuordnung „Zeit ⟶ Inhalt der Wanne“ in ein Koordinatensystem.
c) Gib die Gleichung der Zuordnung an.
d) Wie lange dauert es, bis die Badewanne vollständig geleert ist?

2 a) Herr Schlicht hat 12 500 € für sechs Jahre angelegt. Der Zinssatz beträgt 5,25 %. Berechne das Kapital am Ende der Laufzeit.
b) Frau Körner hat 18 000 € für fünf Jahre angelegt. Am Ende der Laufzeit beträgt ihr Guthaben 22 700,88 €. Bestimme den Zinssatz.
c) Herr Kirchner hat sein Kapital zu einem Zinssatz von 5,6 % angelegt. Nach wie vielen Jahren hat sich sein Kapital verdoppelt?

3 Südafrika hatte im Jahr 2007 eine Bevölkerung von 47,9 Millionen Menschen. Das jährliche Bevölkerungswachstum beträgt 0,8 %.
a) Gib die Gleichung an, die die Bevölkerungsentwicklung beschreibt.
b) Mit welcher Einwohnerzahl ist bei gleich bleibendem Wachstum im Jahr 2020 (2050) zu rechnen?

4 Arsen 74 hat eine Halbwertszeit von 10 Tagen. Zu Beginn der Beobachtung sind 80 mg vorhanden.
Welche Menge ist nach 10 (20, 30, 40, 50) Tagen noch vorhanden? Lege eine Wertetabelle an und zeichne den Graphen der Zuordnung „Zeit ⟶ Masse“ in ein Koordinatensystem.

A

1 Berechne die fehlenden Seitenlängen und Winkelgrößen in einem Dreieck ABC.
a) $a = 54$ cm; $\alpha = 34°$; $\gamma = 90°$
b) $b = 12{,}8$ cm; $\gamma = 28°$; $\alpha = 90°$
c) $a = 15{,}6$ cm; $c = 24{,}8$ cm; $\beta = 90°$
d) $b = 0{,}50$ m; $\beta = 12{,}3°$; $\alpha = 90°$

2 Eine 8,50 m lange Leiter lehnt an einer Hauswand. Die Leiter bildet mit dem waagerechten Boden einen Winkel von 67°.
In welcher Höhe liegt das oberste Ende der Leiter an der Wand?

3 a) Eine Drahtseilbahn überwindet auf einer 126 m langen Strecke einen Höhenunterschied von 38,0 m. Berechne die Größe des zugehörigen Steigungswinkels.
b) Die Steigung eines geradlinigen Straßenstücks beträgt 7 %. Berechne den zugehörigen Steigungswinkel.

4 In einem gleichschenkligen Dreieck ABC ($a = b$) sind $h_c = 17$ cm und $\alpha = 38°$ gegeben. Berechne den Flächeninhalt des Dreiecks.

5 Berechne den Flächeninhalt und den Umfang des abgebildeten Trapezes.

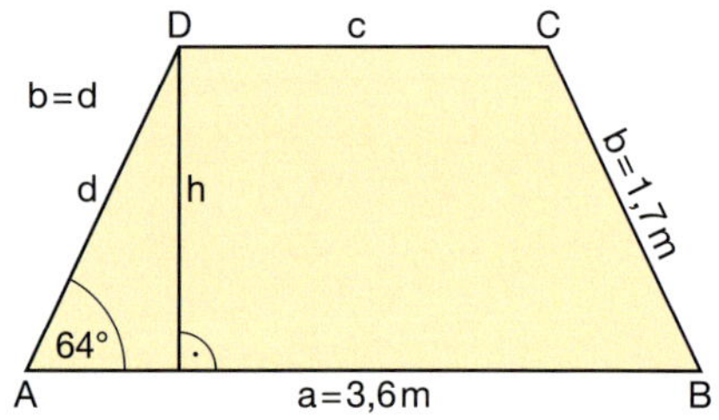

B

1 Die Entfernung des Uferpunktes P von den beiden Punkten A und B soll jeweils ermittelt werden.
Dazu werden die Größen der Winkel $\alpha = 40°$ und $\beta = 86°$ sowie die Länge der Standlinie $\overline{AB}$ bestimmt.
Berechne jeweils die Länge der Strecke $\overline{AP}$ und $\overline{BP}$.

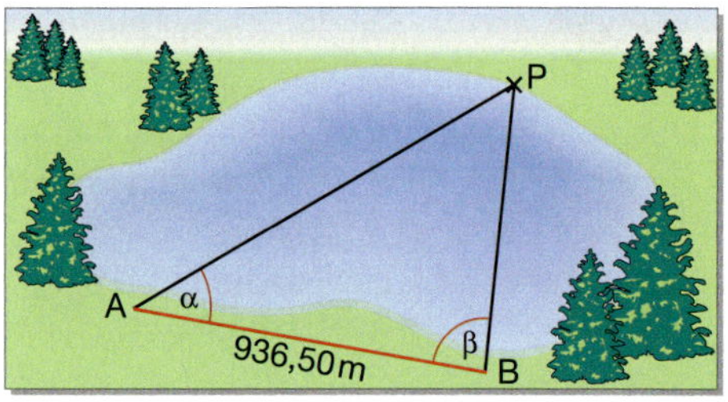

2 Ein Winkelmessgerät steht 600 m vom Fußpunkt des abgebildeten Gebäudes entfernt 1,50 m hoch über dem Erdboden. Die Spitze des Gebäudes erscheint im Fernrohr des Messgerätes unter einem Höhenwinkel von 4,8°. Berechne die Höhe des Gebäudes.

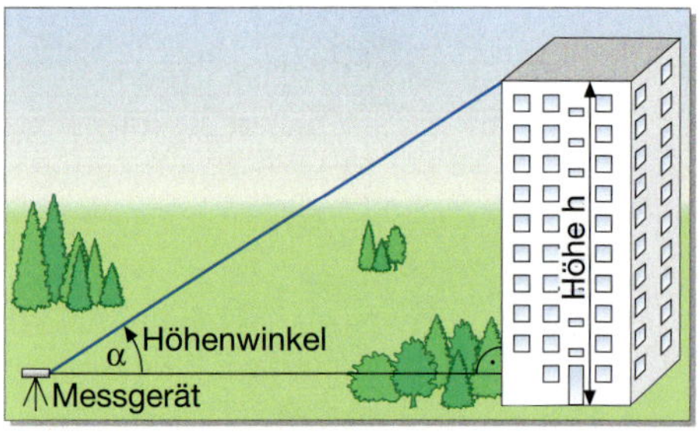

3 Der Querschnitt eines Bahndammes ist ein gleichschenkliges Trapez.
Berechne jeweils die Länge der Böschung und den Inhalt der Querschnittsfläche.

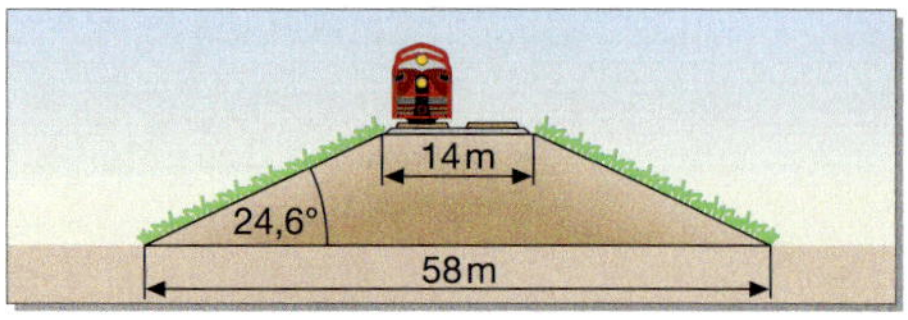

A

1 Welche Winkelgrößen zwischen 0° und 180° gehören zu dem folgenden Sinuswert? Runde die Winkelgrößen jeweils auf eine Nachkommastelle.
a) 0,7923 b) 0,3697 c) 0,9989 d) 0,0209

2 Bestimme die Winkelgrößen zwischen 180° und 360°, bei denen der Wert der Sinusfunktion den gleichen Betrag, aber das entgegengesetzte Vorzeichen hat wie bei dem angegebenen Winkel.
a) 34° b) 67° c) 83,5° d) 45,1°

3 Gib den Winkel α zwischen 0° und 90° an, bei dem die Sinusfunktion den gleichen Betrag hat wie bei dem angegebenen Wínkel.
a) 122° b) 156° c) 200° d) 256° e) 311° f) 356°

4 Zeichne den Graphen der Sinusfunktion für Winkel zwischen −270° und 450° (x-Achse: 30° = 0,5 cm, y-Achse: Einheit 2 cm). Lege zunächst eine Wertetabelle an.

5 Bestimme die Winkelgrößen zwischen 90° und 270°, bei denen der Wert der Kosinusfunktion den gleichen Betrag, aber das entgegengesetzte Vorzeichen hat wie bei dem angegebenen Winkel.
a) 27° b) 44° c) 62,3° d) 88,5°

6 Welche Winkelgrößen zwischen 0° und 90° bzw. 270° und 360° gehören zu dem folgenden Kosinuswert? Runde auf eine Nachkommastelle.
a) 0,6101 b) 0,9845 c) 0,2011 d) 0,9965

B

1 Sinus- und Kosinusfunktion sind periodische Funktionen mit gleicher Periode.
a) Nenne die Periode und gib zu $\alpha = 37°$ vier positive und vier negative Winkelgrößen an, die jeweils den gleichen Sinuswert bzw. Kosinuswert haben.
b) Gib vier Nullstellen der Sinusfunktion und vier Nullstellen der Kosinusfunktion an.
c) Gib jeweils zwei Winkelgrößen an, bei denen die Sinusfunktion ihr Maximum bzw. ihr Minimum annimmt.
d) Gib jeweils zwei Winkelgrößen an, bei denen die Kosinusfunktion ihr Maximum bzw. ihr Minimum annimmt.

2 Zeichne den Graphen von sin x für x-Werte zwischen −4 und 7 (Einheit 2 cm). Lege zunächst eine Wertetabelle mit der Schrittweite 0,5 an.

3 Die unten abgebildeten Graphen zeigen den zeitlichen Verlauf von Schwingungsvorgängen. Bestimme anhand der Graphen jeweils die Amplitude und die Schwingungsdauer T.

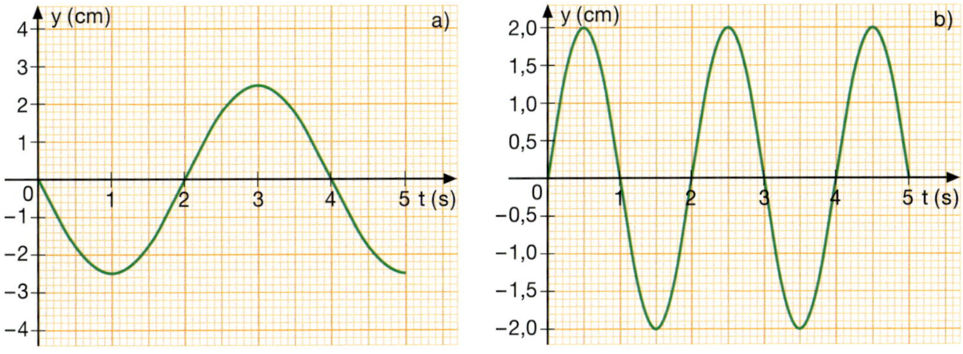

A

1 Bestimme das Volumen und den Oberflächeninhalt der quadratischen Pyramide.
a) $a = 19{,}2$ dm; $h_k = 2{,}8$ dm; $h_s = 10{,}0$ dm b) $a = 102{,}4$ m; $h_k = 38{,}4$ m; $h_s = 64{,}0$ m

2 Ein Pyramidendach mit einem Quadrat als Grundfläche soll einen Belag aus Kupferblech erhalten. Die Grundkante ist 4,60 m, die Seitenhöhe einer dreieckigen Dachfläche 5,40 m lang.
a) Berechne den Inhalt der gesamten Dachfläche.
b) Der Dachdecker verlangt für das Eindecken 120 € pro Quadratmeter. Wie viel Euro kostet das Eindecken der gesamten Dachfläche?

3 Berechne das Volumen und den Oberflächeninhalt des Kegels.

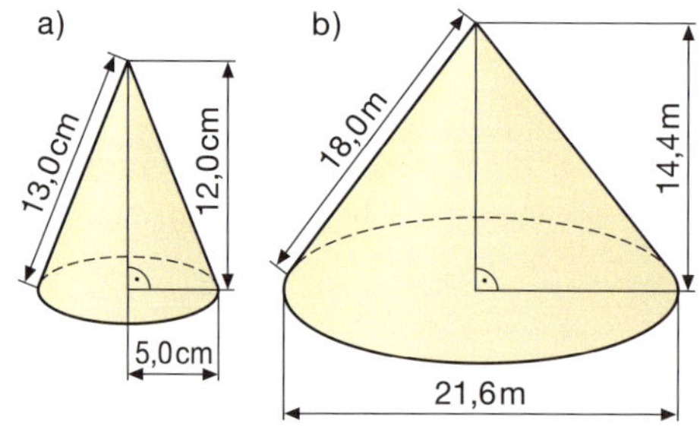

4 Ein Sandkegel ist 5,40 m hoch. Sein Durchmesser beträgt 23,20 m. Berechne die Masse des Kegels (Sand: $\varrho = 1{,}6\ \frac{g}{cm^3}$).

5 a) Der Durchmesser eines kugelförmigen Freiballons beträgt 38 m. Er wird mit Helium gefüllt. Wie viel Kubikmeter Helium werden benötigt?
b) Ein Liter Helium wiegt 0,1785 g. Berechne die Masse des Gases.
c) Ein Quadratmeter Stoff der Hülle wiegt 42 g. Wie schwer ist die Ballonhülle?

B

1 Berechne das Volumen und den Oberflächeninhalt der abgebildeten quadratischen Pyramide.

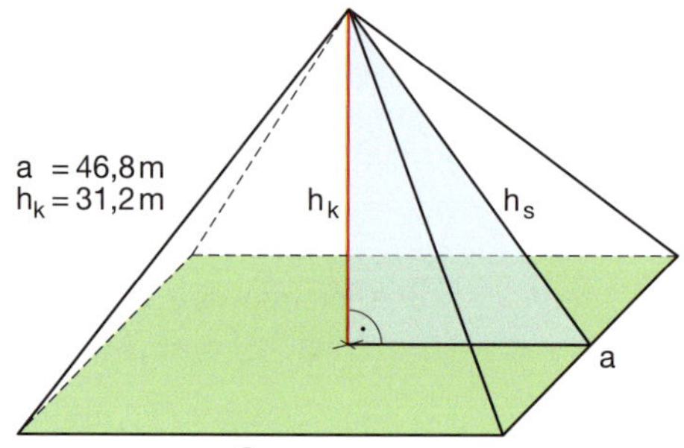

2 Ein Salzkegel ist 4,20 m hoch. Sein Umfang beträgt 53,40 m. Berechne die Masse des Kegels (Salz: $\varrho = 2{,}16\ \frac{g}{cm^3}$).

3 Aus dem abgebildeten Holzwürfel soll eine möglichst große Kugel gedreht werden.
Wie groß ist das Volumen der Kugel?
Berechne den Holzabfall in Prozent.

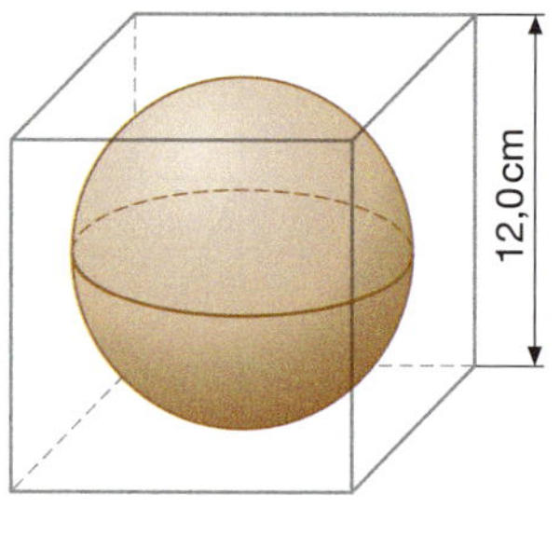

1 In einer Urne befinden sich vier gleichartige Kugeln, die die Buchstaben A, B, C und D tragen. Aus der Urne werden zwei Kugeln nacheinander gezogen. Jede Kugel wird sofort nach ihrer Ziehung wieder zurückgelegt.
Zeichne das zugehörige Baumdiagramm. Gib die Ergebnismenge S an und berechne die Wahrscheinlichkeit für die folgenden Ereignisse:
E_1: Die erste gezogene Kugel trägt den Buchstaben „A“, die zweite den Buchstaben „B“.
E_2: Die erste gezogene Kugel trägt den Buchstaben „D“, die zweite den Buchstaben „A“.
E_3: Die zweite gezogene Kugel trägt den Buchstaben „D“.
E_4: Die zweite gezogene Kugel trägt den Buchstaben „B“.

2 In einer Fabrik für Herrenoberbekleidung werden Hemden genäht. Von den hergestellten Hemden sind 90 % ohne Mängel (OM), 9 % haben leichte Mängel (LM), der Rest ist Ausschuss (A). Der Produktion werden nacheinander drei Hemden entnommen.
a) Zeichne das zugehörige Baumdiagramm.
b) Bestimme die Wahrscheinlichkeit dafür, dass zwei Hemden ohne Mängel sind und ein Hemd Ausschuss ist.

3 In einer Urne befinden sich acht schwarze und vier gelbe gleichartige Kugeln. Es werden nacheinander drei Kugeln gezogen. Die Farbe jeder Kugel wird notiert, die Kugeln werden nicht wieder in die Urne zurückgelegt.
a) Übertrage das Baumdiagramm in dein Heft und vervollständige es. Beachte, dass nach der ersten Ziehung nur noch neun Kugeln in der Urne sind.
b) Gib die Ergebnismenge S an und berechne die Wahrscheinlichkeiten aller Ergebnisse.
c) Gib die folgenden Ereignisse jeweils als Teilmenge von S an und berechne ihre Wahrscheinlichkeiten:
E_1: Es werden genau zwei gelbe Kugeln gezogen.
E_2: Es werden genau drei schwarze Kugeln gezogen.
E_3: Es werden höchstens zwei gelbe Kugeln gezogen.
E_4: Es wird mindestens eine schwarze Kugel gezogen.

4 In einer Warensendung befinden sich zehn funktionsfähige (f) und vier defekte (d) elektronische Bauteile. Ein funktionsfähiges elektronisches Bauteil soll herausgefunden werden.
a) Zeichne das zugehörige Baumdiagramm.
b) Berechne die Wahrscheinlichkeit dafür, dass höchstens drei elektronische Bauteile getestet werden müssen, um ein funktionsfähiges Bauteil zu erhalten.
c) Wie viele Bauteile müssen der Warensendung höchstens entnommen werden, um ein funktionsfähiges Bauteil zu erhalten? Berechne die Wahrscheinlichkeit für diesen Fall.

5 Bei einer Lotterie gewinnen 1 % der Lose 10 €, 2 % der Lose 5 €, 3 % der Lose 2 € und 4 % der Lose 1 €. Die restlichen Lose sind Nieten. Jedes Los kostet 0,50 €.
a) Welchen Gewinn kannst du erwarten, wenn du 200 Lose kaufst?
b) Wie viel Euro muss ein Los kosten, wenn der Lotterieveranstalter im Mittel pro Los 0,70 € verdienen will?

zu Seite 182

A

1 a) $1{,}04 \cdot 10^{17}$ b) $7{,}5 \cdot 10^{-13}$ c) $9{,}2 \cdot 10^{22}$ d) $1{,}75 \cdot 10^{-12}$

2 a) 5 000 000; 20 000 000 b) 4 700 000 000; 680 000 000 c) 13 500; 7410 d) 0,0002; 0,00000009 e) 0,012; 0,00000075 f) 0,00002346; 0,000001526

3 a) $2 \cdot 10^{7}$; $7 \cdot 10^{8}$ b) $1{,}7 \cdot 10^{5}$; $1{,}1 \cdot 10^{7}$ c) $5{,}73 \cdot 10^{9}$; $4{,}7174 \cdot 10^{10}$ d) $9 \cdot 10^{-4}$; $2{,}8 \cdot 10^{-5}$ e) $2{,}71 \cdot 10^{-5}$; $2{,}391 \cdot 10^{-7}$

4 $0{,}000003\ \text{m} = 3 \cdot 10^{-6}\ \text{m}$

5 $4 \cdot 10^{-6}\ \text{m}$

6 a) x^{17}; y^{15} b) r^2; s^{-4} c) a^4; $b^0 = 1$ d) x^{-5}; $y^0 = 1$

7 a) 9; 16 b) 144; 100 000 c) 16; −125 d) 27; 49

8 a) $2^4 = 16$ b) $3^6 = 729$ c) $4^{12} = 16\,777\,216$

B

1

x	−2	−1,5	−1	−0,5	0	0,5	1	1,5	2
y	−8	−3,375	−1	−0,125	0	0,125	1	3,375	8

2

x	−2	−1,75	−1,5	−1,25	−1	−0,75	−0,5	−0,25	0	0,25	0,5	0,75	1	1,25	1,5	1,75	2
y	−0,5	−0,57	$-0{,}\overline{6}$	−0,8	−1	$-1{,}\overline{3}$	−2	−4	0	4	2	$1{,}\overline{3}$	1	0,8	$0{,}\overline{6}$	0,57	0,5

3 a) Für $x \leq 0$ fallen die Graphen, für $x \geq 0$ steigen sie.
b) (−1 | 1); (0 | 0); (1 | 1)
c) Für $-1 < x < 1$ verläuft der Graph von h unterhalb der Graphen von g, für $x > 1$ und $x < -1$ oberhalb des Graphen von g.

4 a) P (−3 | −243) Q (−2 | 32) b) P (−0,25 | −64) Q (2 | 0,125)

zu Seite 183

A

1 a)

Zeit (s)	10	20	30	40	50	60	70	80	90	100
Tankinhalt (*l*)	10	14	18	22	26	30	34	38	42	46

b)

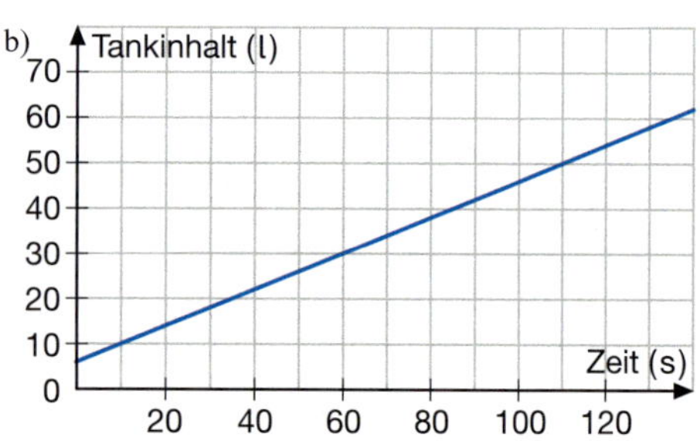

c) $y = 6 \cdot 0{,}4 \cdot x$
d) 110 s

2 a)

Zeit (h)	0	1	2	3	4	5
Masse (g)	1	2	4	8	16	32

b)

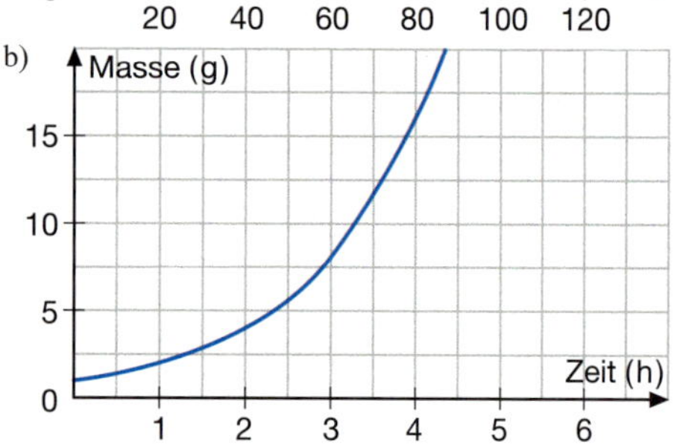

c) $y = 2^x$
d) 64 g, 256 g

3 a) 10 592,55 €
b) 24 776,49 €

4 a) 2,5 % b) 4 %

zu Seite 183

B

1 a)

Zeit (s)	10	20	30	40	50	60	70	80	90	100
Inhalt (*l*)	220	200	180	160	140	120	100	80	60	40

b)

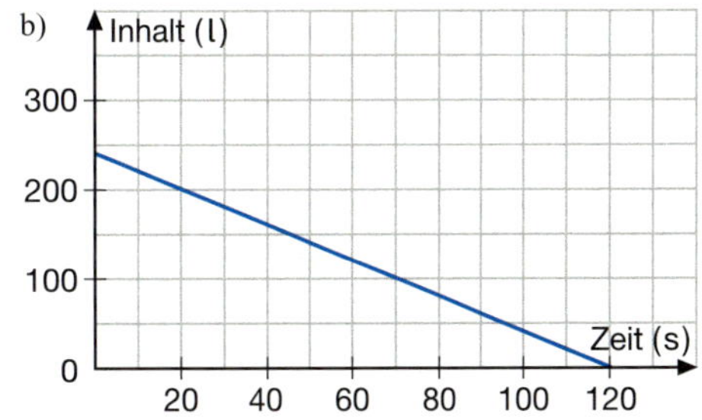

c) $y = 240 - 2 \cdot x$
d) 120 s = 2 min

2 a) 16991,93 €
b) 4,75 %
c) 12,5 Jahre

3 a) $y = 47{,}9 \cdot 1{,}008^x$
b) y = 53,1 Mio. (67,5 Mio.)

4 a)

Zeit (d)	10	20	30	40	50
Masse (mg)	40	20	10	5	2,5

b)

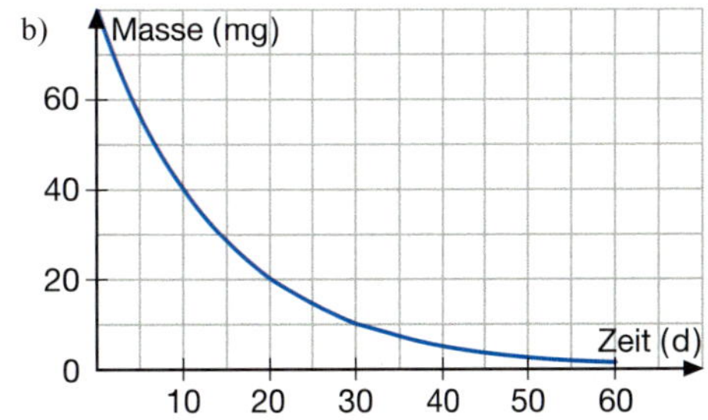

---

zu Seite 184

A

1 a) c = 96,5677… cm; c ≈ 97 cm; b = 80,0582… cm; b ≈ 80 cm
b) c = 6,8058… cm; c ≈ 6,81 cm; a = 14,4968… cm; a ≈ 14,5 cm
c) α = 32,17…°; α ≈ 32,2°; b = 29,2984… cm; b ≈ 29,3 cm; β ≈ 57,8°
d) a = 2,3470… cm; a ≈ 2,35 m; c = 2,2932… cm; c ≈ 2,29 cm; γ ≈ 77,7°

2 h = 7,8242… m; h ≈ 7,82 m

3 a) α = 17,55… °; α ≈ 17,6° b) α = 4,00… °; α ≈ 4°

4 A ≈ 370 cm²

5 A ≈ 4,4 m² u ≈ 9,2 m

B

1 $\overline{AP}$ = 1154,7578… m; $\overline{AP}$ ≈ 1154,8 m $\overline{BP}$ = 744,0765… m; $\overline{BP}$ ≈ 744,08 m

2 h ≈ 51,9 m (50,4 m + 1,50 m)

3 Böschungslänge l ≈ 24,2 m A ≈ 323 m²

---

zu Seite 185

A

1 a) 52,4°; 127,6° b) 21,7°; 158,3° c) 87,3°; 92,7° d) 1,2°; 178,8°

2 a) 214°; 326° b) 247°; 293° c) 263,5°; 276,5° d) 225,1°; 314,9°

3 a) 58° b) 24° c) 20° d) 76° e) 49° f) 4°

4 –

5 a) 153°; 207° b) 136°; 224° c) 96,5°; 263,5° d) 134,9°; 225,1°

6 a) 52,4°; 307,6° b) 10,1°; 348,9° c) 78,4°; 281,6° d) 4,8°; 355,2°

zu Seite 185

B

1 a) Periode: 360°
positive Winkelgrößen z. B.: 397° 757° 1117° 1477°
negative Winkelgrößen z. B.: −323° −683° −1043° −1403°
b) Nullstellen der Sinusfunktion z. B.: 0° 180° 360° 540°
Nullstellen der Kosinusfunktion z. B.: 90° 270° 450° 630°
c) Maximum z. B.: 90° 450° Minimum z. B.: 270° 630°
d) Maximum z. B.: 0° 360° Minimum z. B.: 180° 540°

2 –

3 a) Amplitude: 2,5 cm; T = 4s b) Amplitude: 2 cm; T = 1s

---

zu Seite 186

A

1 a) $V = 344{,}064\ dm^3 \approx 340\ dm^3$
$A_O = 752{,}64\ dm^2 \approx 753\ dm^2$

b) $V = 134\,217{,}728\ m^3 \approx 1\,340\ m^3$
$A_O = 23\,592{,}96\ m^2 \approx 23\,600\ m^2$

2 a) $A_M = 49{,}68\ m^2 \approx 49{,}7\ m^2$
b) 5961,60 € ≈ 5962 €

3 a) $V = 314{,}159\ldots\ cm^3 \approx 300\ cm^3$
$A_O = 282{,}743\ldots\ cm^2 \approx 300\ cm^2$
b) $V = 1758{,}889\ldots\ m^3 \approx 1760\ m^3$
$A_O = 977{,}160\ldots\ m^2 \approx 977\ m^2$

4 m = 1 217,470… t ≈ 122 t

5 a) $V = 28\,730{,}912\ldots\ m^3 \approx 29\,000\ m^3$
b) m = 5 128 467,7… g ≈ 5 128 000 g
c) $A_O = 4536{,}459\ldots\ m^2$; m = 190 531,5… g ≈ 190 000 g

---

B

1 $V = 740{,}48\ m^3 \approx 740\ m^3$
$h_s = 39\ m$ $A_O = 5840{,}64\ m^2 \approx 5840\ m^2$

2 m = 490,147 t ≈ 490 t

3 $V_{Würfel} = 1728\ cm^3$ p% ≈ 48 %
$V_{Kugel} = 904{,}7786\ cm^3 \approx 904{,}8\ cm^3$

---

zu Seite 187

1 a) S = {(A; A), (A; B), (A; C), (A; D), (B; A), (B; B), (B; C), (B; D), (C; A), (C; B), (C; C), (C; D), (D; A), (D; B), (D; C), (D; D)}
$P(E_1) = 0{,}0625$, $P(E_2) = 0{,}0625$, $P(E_3) = 25$, $P(E_4) = 0{,}25$

2 a) –
b) P (zwei Hemden ohne Mängel, ein Hemd Ausschuss) = 0,0243

3 a) –
b) S = {(s; s; s), (s; s; g), (s; g; s), (s; g; g), (g; s; s), (g; s; g), (g; g; s), (g; g; g)}

$P(s; s; s) = \frac{336}{1320}$, $P(s; s; g) = \frac{224}{1320}$, $P(s; g; s) = \frac{224}{1320}$, $P(s; g; g) = \frac{96}{1320}$, $P(g; s; s) = \frac{224}{1320}$,

$P(g; s; g) = \frac{96}{1320}$, $P(g; g; s) = \frac{96}{1320}$, $P(g; g; g) = \frac{24}{1320}$

c) $P(E_1) = \frac{288}{1320}$, $P(E_2) = \frac{336}{1320}$, $P(E_3) = \frac{1296}{1320}$, $P(E_4) = \frac{1296}{1320}$

4 a) –
b) $P(E) = \frac{2160}{2184} = \frac{90}{91}$

c) höchstens 5, $P(5\ \text{Entnahmen}) = P(d; d; d; d) = \frac{1}{1001}$

5 a) Zu erwartender Auszahlungsbetrag minus Einsatz bei 200 Spielen: 60 € − 100 € = −40 €
b) Ein Los muss 1,00 € kosten, wenn im Mittel pro Los 0,70 € verdient werden soll.

Prozentrechnung

Berechnen des *Prozentsatzes*	$p\,\% = \frac{W \cdot 100}{G}\,\%$
Berechnen des *Prozentwertes*	$W = \frac{G \cdot p}{100}$
Berechnen des *Grundwertes*	$G = \frac{W \cdot 100}{p}$

Zinsrechnung

Berechnen des *Zinssatzes*	$p\,\% = \frac{Z \cdot 100}{K}\,\%$
Berechnen der *Jahreszinsen*	$Z = \frac{K \cdot p}{100}$
Berechnen des *Kapitals*	$K = \frac{Z \cdot 100}{p}$
Berechnen der *Tageszinsen*	$Z = \frac{K \cdot p}{100} \cdot \frac{n}{360}$

Rationale Zahlen

Kommutativgesetz	$a + b = b + a$	$a \cdot b = b \cdot a$
Assoziativgesetz	$a + (b + c) = (a + b) + c$	$a \cdot (b \cdot c) = (a \cdot b) \cdot c$
Distributivgesetz	$a \cdot (b + c) = a \cdot b + a \cdot c$	$a \cdot (b - c) = a \cdot b - a \cdot c$

Beschreibende Statistik

$$\text{relative Häufigkeit} = \frac{\text{absolute Häufigkeit}}{\text{Anzahl der Daten}}$$

$$\text{arithmetisches Mittel} = \frac{\text{Summe aller Daten}}{\text{Anzahl der Daten}}$$

$$\text{Mittlere lineare Abweichung} = \frac{\text{Summe der Abweichungen von } \bar{x}}{\text{Anzahl aller Daten}}$$

Wahrscheinlichkeit für gleichwahrscheinliche Ergebnisse

$$P\,(E) = \frac{\text{Anzahl der günstigen Ergebnisse}}{\text{Anzahl aller Ergebnisse}}$$

Quadratische Funktionen

Allgemeine Form: $y = ax^2 + bx + c$

Quadratische Gleichungen

Normalform:

$x^2 + px + q = 0$

Lösungsformel:

$x_1 = -\frac{p}{2} + \sqrt{\left(\frac{p}{2}\right)^2 - q}$; $x_2 = -\frac{p}{2} - \sqrt{\left(\frac{p}{2}\right)^2 - q}$

Potenzrechnung

$a^m \cdot a^n = a^{m+n}$ $\quad \frac{a^m}{a^n} = a^{m-n}$ $\quad (a \cdot b)^n = a^n \cdot b^n$ $\quad \left(\frac{a}{b}\right)^n = \frac{a^n}{b^n}$

$(a^m)^n = a^{m \cdot n}$ $\quad a^{-n} = \frac{1}{a^n}$ $\quad a^{\frac{m}{n}} = \sqrt[n]{a^m} = \left(\sqrt[n]{a}\right)^m$

Geometrie

Satz des Pythagoras

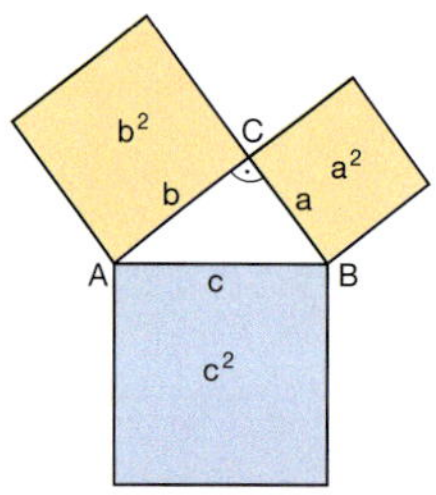

$a^2 + b^2 = c^2$

Höhensatz

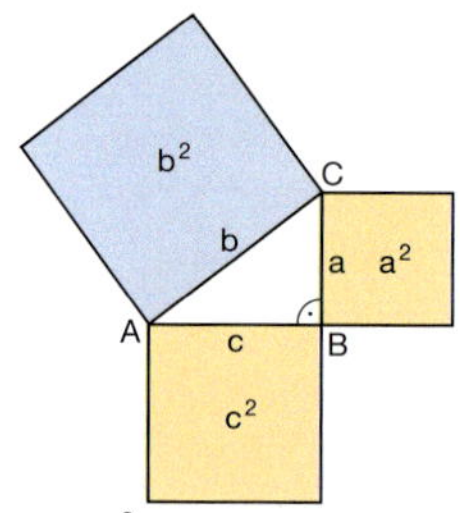

$h_c^2 = p \cdot q$

Kathetensatz

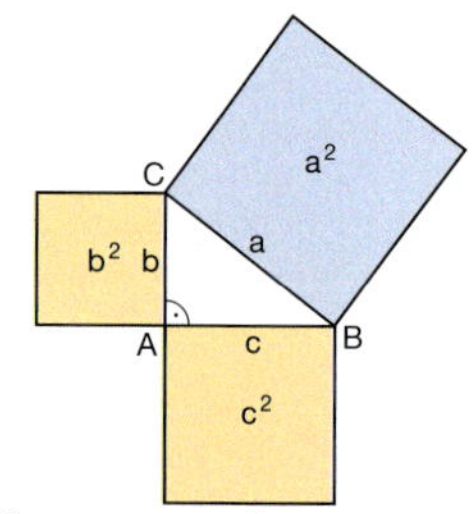

$a^2 = c \cdot p \quad b^2 = c \cdot q$

Rechteck

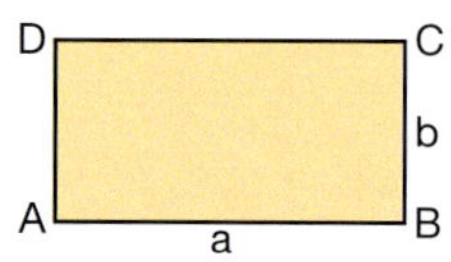

Quadrat

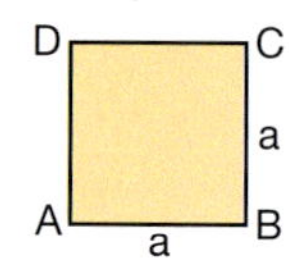

Umfang: $u = 2a + 2b$
$u = 2(a + b)$ $\qquad u = 4a$

Flächeninhalt: $A = a \cdot b$ $\qquad A = a^2$

Parallelogramm

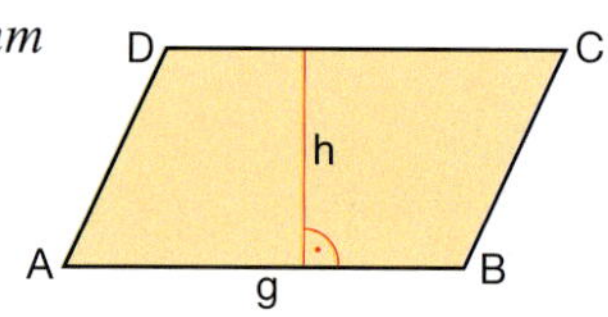

$A = g \cdot h$

Dreieck

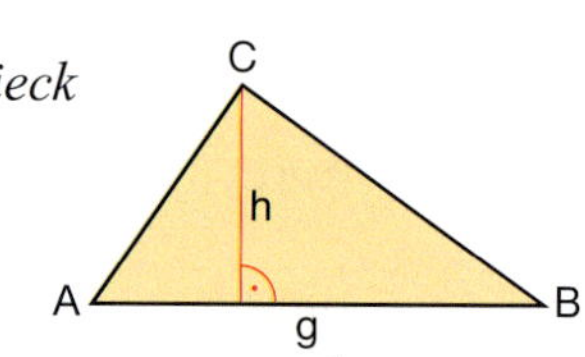

$A = \frac{g \cdot h}{2}$

Trapez

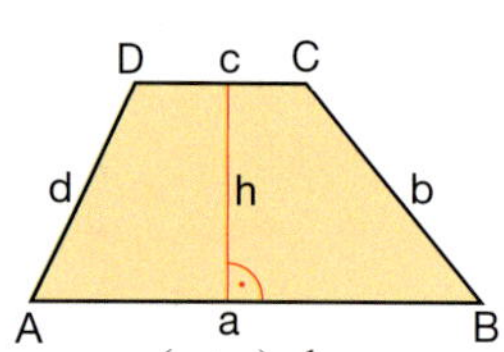

$A = \frac{(a + c) \cdot h}{2}$

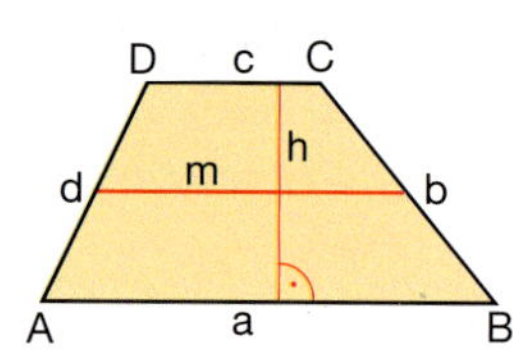

$A = m \cdot h \qquad A = \frac{(a + c)}{2} \cdot h$

Drachenviereck

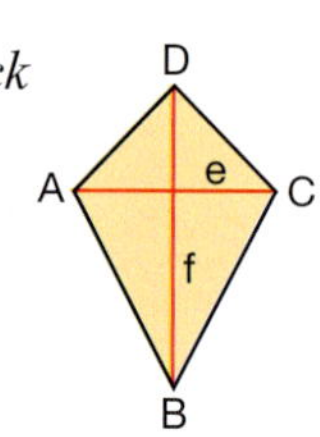

$A = \frac{e \cdot f}{2}$

Raute

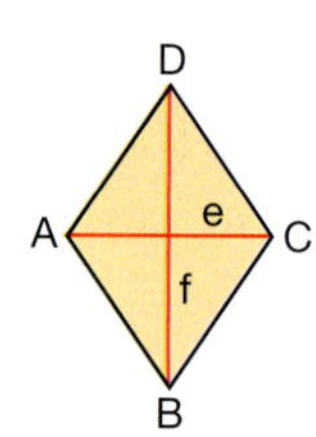

$A = \frac{e \cdot f}{2}$

Kreis

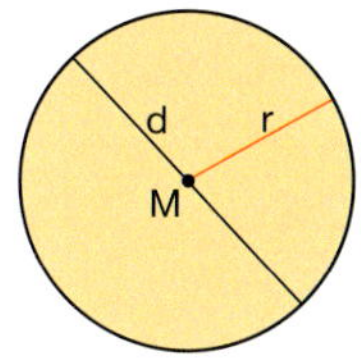

Kreisring

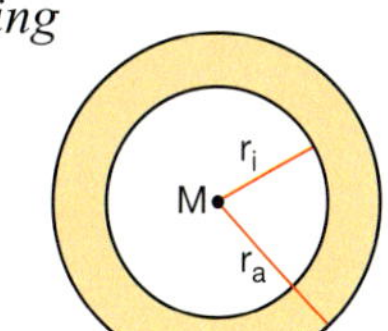

Umfang: $u = \pi \cdot d$

$u = 2 \cdot \pi \cdot r$

$A = \pi \cdot \frac{d^2}{4}$

$A = \pi \cdot r^2$

$A = \pi \cdot r_a^2 - \pi \cdot r_i^2$

$A = \pi \cdot (r_a^2 - r_i^2)$

Kreissektor

Länge des Kreisbogens:

$b = \frac{\pi \cdot r}{180°} \cdot \alpha$

Flächeninhalt:

$A_s = \frac{\pi \cdot r^2}{360°} \cdot \alpha$

$A_s = \frac{b \cdot r}{2}$

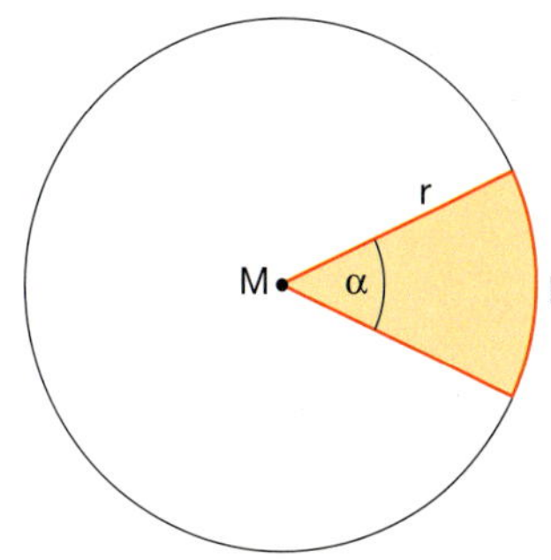

Quader

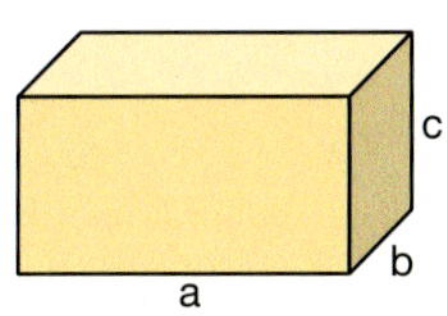

Würfel

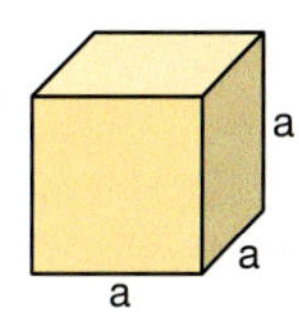

Oberflächeninhalt: $A_O = 2ab + 2bc + 2ac$

$A_O = 2\,(ab + bc + ac)$

Volumen: $V = a \cdot b \cdot c$

$A_O = 6a^2$

$V = a^3$

Prismen

$V = A_G \cdot h_k$

$A_M = u \cdot h_k$

$A_O = 2 \cdot A_G + A_M$

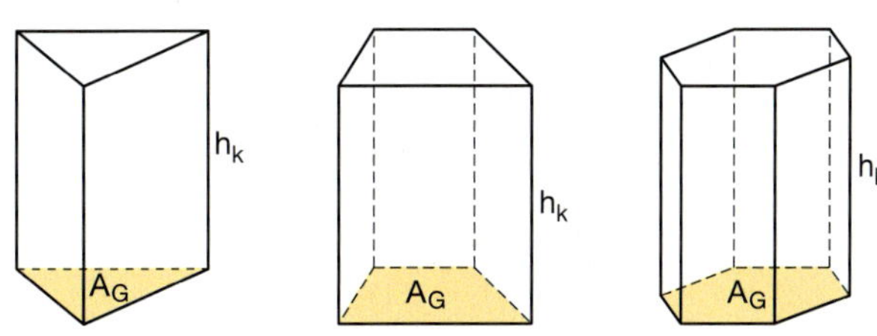

Zylinder

Oberflächeninhalt: $A_O = 2 \cdot A_G + A_M$

$A_O = 2 \cdot \pi \cdot r^2 + 2 \cdot \pi \cdot r \cdot h_k$

Volumen: $V = A_G \cdot h_k$

$V = \pi \cdot r^2 \cdot h_k$

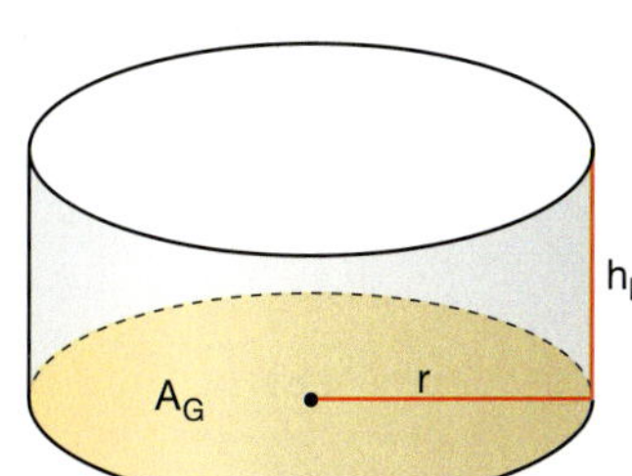

Pyramide

Oberflächeninhalt: $A_O = A_G + A_M$

Volumen: $V = \frac{1}{3} \cdot A_G \cdot h_k$

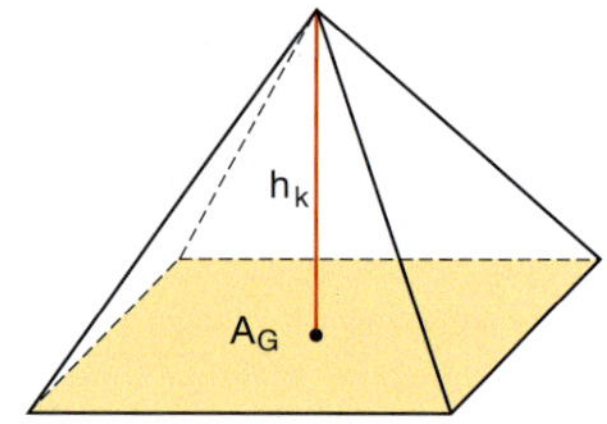

Kegel

Kegelmantel $A_M = \pi \cdot r \cdot s$

Oberflächeninhalt: $A_O = A_M + A_G$

$A_O = \pi \cdot r(r + s)$

Volumen: $V = \frac{1}{3} \cdot A_G \cdot h_k$

$V = \frac{1}{3} \cdot \pi \cdot r^2 \cdot h_k$

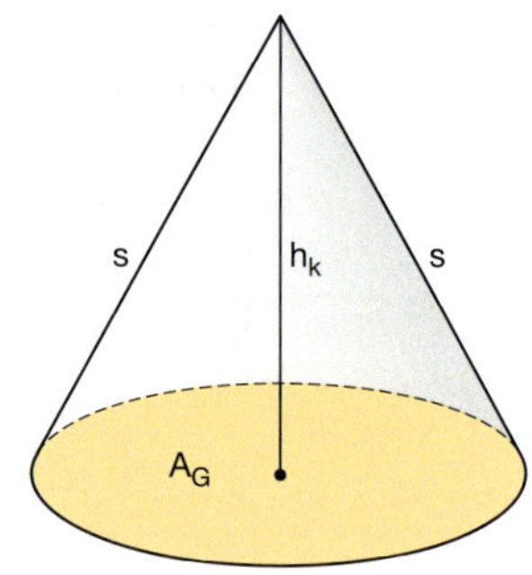

Kugel

Oberflächeninhalt: $A_O = 4 \cdot \pi \cdot r^2$

Volumen: $V = \frac{4}{3} \cdot \pi \cdot r^3$

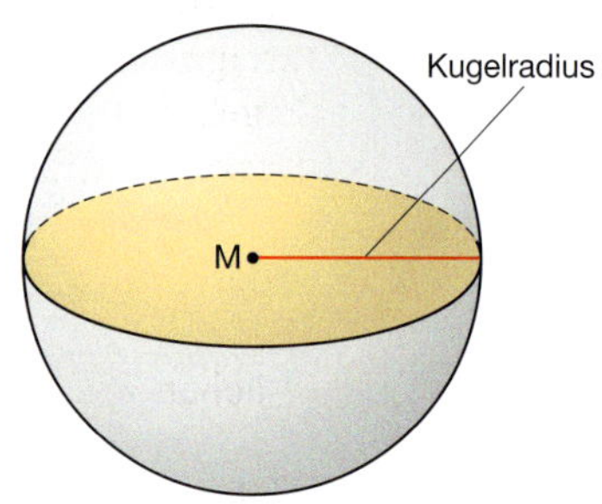

Trigonometrie

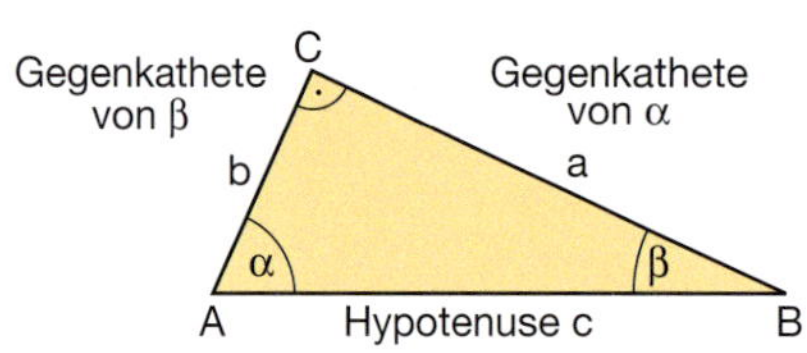

$\sin \alpha = \frac{a}{c}$ $\sin \beta = \frac{b}{c}$

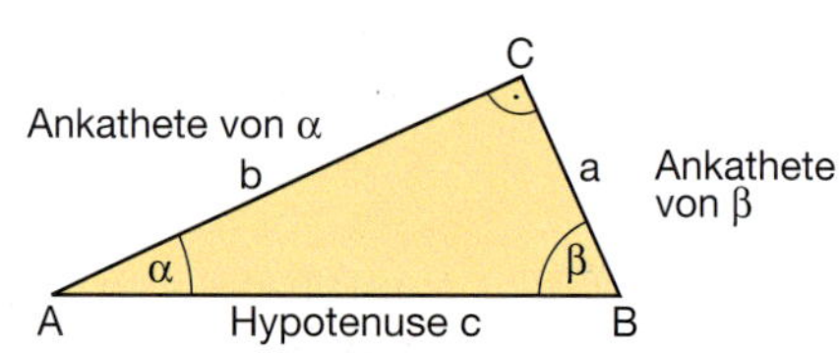

$\cos \alpha = \frac{b}{c}$ $\cos \beta = \frac{a}{c}$

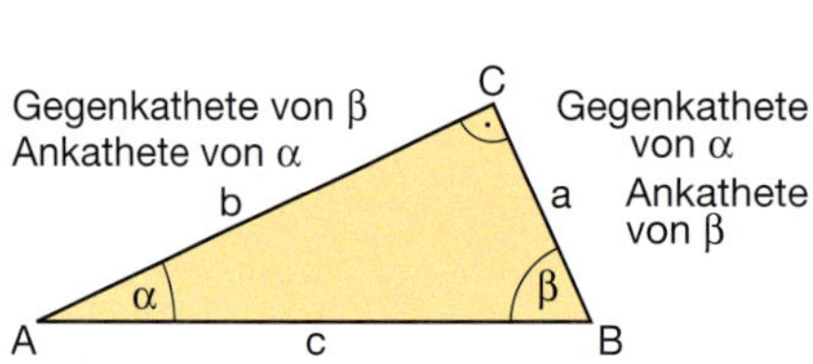

$\tan \alpha = \frac{a}{b}$ $\tan \beta = \frac{b}{a}$

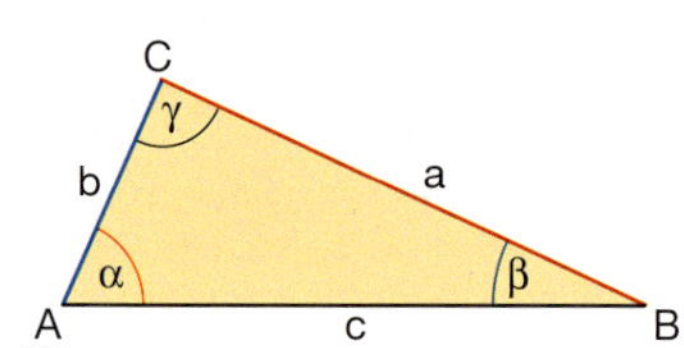

Sinussatz

$\frac{a}{b} = \frac{\sin \alpha}{\sin \beta}$ $\frac{b}{c} = \frac{\sin \beta}{\sin \gamma}$ $\frac{c}{a} = \frac{\sin \gamma}{\sin \alpha}$

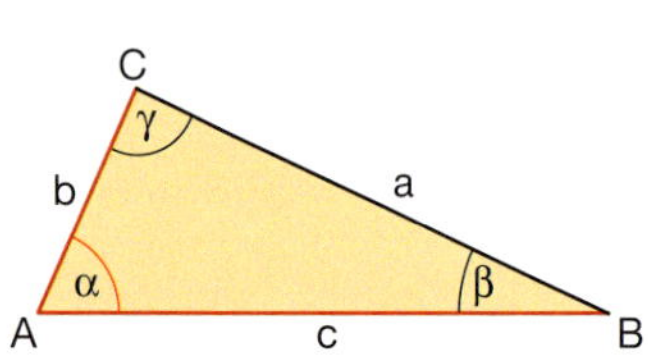

Kosinussatz

$a^2 = b^2 + c^2 - 2bc \cdot \cos \alpha$

$b^2 = a^2 + c^2 - 2ac \cdot \cos \beta$

$c^2 = a^2 + b^2 - 2ab \cdot \cos \gamma$

Bildquellennachweis
Airbus/EADS Deutschland GmbH, München: 35.1; ARD, München: 39.1; Astrofoto Bildagentur GmbH, Sörth: 8.1/2; 22.6; 110.10; Avenue Images GmbH, Hamburg: 144.7a; Ballonsportgruppe, Stuttgart: 110.8

Burligh Instruments GmbH, Pfungstadt: 9.2; Conatext Didactic Lehrmittel GmbH, Neunkirchen: 96.3; Corbis, Düsseldorf: 121.1; Deutscher Wetterdienst, Hamburg: 44.2; Deutsches Museum, München: 105.4M; Jochen Eckel, Berlin: 31.1; Eye of Science, Reutlingen: 9.1; 23.7.1–4; F1 ONLINE, Frankfurt/M.: 34.6.2–5 (Imagine); 35.4 (Imagine); 129.5 (Imagine); Fotoagentur Visum, Hamburg: 32.3 (Wolfgang Korall); 135.5 (Thomas Langreder); Kurt Fuchs Presse Foto Design, Erlangen: 32.1; Geomatics & Engeneering, Raunheim: 55.1a; ©gmp Architekten, JSK International, Visualisierung: Archimation/Berliner Flughäfen: 141.1; Graffiti, Stuttgart: 32.2 (Joachim E. Röttgers); Hessischer Rundfunk, Wiesbaden: 134.1; IFA Bilderteam GmbH, Düsseldorf: 40.1; Institut für wissenschaftliche Fotografie/M.P.Kage, Lautenstein: 13.8; Keystone Pressedienst, Hamburg: 55.2 (Volkmar Schulz); Karl-Heinz Kuhlmann, Bielefeld: 113.2; Matthias Luedecke, Berlin: 13.5; mauritius images GmbH, Mittenwald: 23.10; 34.6.1; 44.4; 56.1; 137.7 (Andre Pöhlmann); Niedersächsisches Forstplanungsamt, Wolfenbüttel: 42.1; Okapia KG, Frankfurt: 36.1; 37.3; Werner Otto, Oberhausen: 33.1; Phywe, Göttingen: 81.1; picture-alliance GmbH, Frankfurt/M.: 12.3 (dpa); 38.2 (dpa); 69M (dpa); 109.2; 136.1 (dpa); 136.3 (dpa); 140.1 (dpa); Doris Poklekowski, Berlin: 54.1M; Klaus Schäfer, Staufenberg: 38.1; Schuster, Oberursel: 81.2; Thomas Semmler, Plettenberg: 31.3; Maximilian Stock LTD/Stock-Food, München: 144.7b; Superbild Bildarchiv, München: 109.5; vision photos, Berlin: 31.2; Volkswagen Media Services, Wolfsburg: 69.6; 133.2a–d; Westend61 GmbH, Fürstenfeldbruck: 55.1b (Liane Riss); Westermann Archiv, Braunschweig: 81.3/4; Wilhelm Wilke, Stadthagen: 70.1–4; zefa visual media GmbH, Hamburg: 121.2

Titelbild: Klaus Wefringhaus, Braunschweig
Alle übrigen Fotos: Fotostudio Druwe & Polastri, Weddel
Alle Illustrationen: Irmgard Arnold, Negenborn
Alle technischen Zeichnungen wurden von der Technisch-Graphischen-Abteilung Westermann, Braunschweig (H. Wohlt) angefertigt.